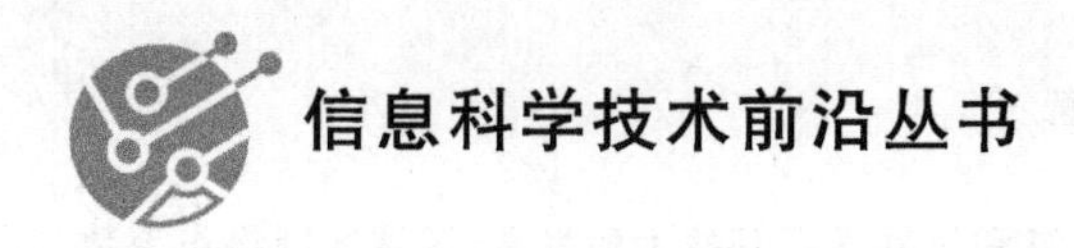


# 城域光网络智能资源优化

尹　珊　著

北京邮电大学出版社
www.buptpress.com

## 内容简介


随着5G部署、6G探索，以及边缘计算、分布式计算和机器学习等技术的发展，城域光网络作为数字化基础设施的核心，正面临着资源配置和业务分布的重大变革。“东数西算”工程的推进进一步强化了对网络资源与算力资源协同优化的需求。本书深入探讨了城域光网络中的智能资源优化技术，提供了系统的解决方案和前沿的技术洞见。书中全面介绍了新一代城域光网络结构与关键技术、新型业务与传输技术挑战、算网资源协同优化技术、网络生存性资源优化技术，以及机器学习方法在该领域的应用。这些研究成果不仅为学术界提供了新的研究思路和方法，也为产业界的技术升级和创新提供了实践指导。



**图书在版编目（CIP）数据**

城域光网络智能资源优化 / 尹珊著. -- 北京 : 北京邮电大学出版社，2024. -- ISBN 978-7-5635-7312-7

Ⅰ. TN929.11

中国国家版本馆 CIP 数据核字第 202451FG95 号

**策划编辑**：刘纳新　姚　顺　**责任编辑**：姚　顺　陶　恒　**责任校对**：张会良　**封面设计**：七星博纳

**出版发行**：北京邮电大学出版社
**社　　址**：北京市海淀区西土城路 10 号
**邮政编码**：100876
**发 行 部**：电话：010-62282185　传真：010-62283578
**E-mail**：publish@bupt.edu.cn
**经　　销**：各地新华书店
**印　　刷**：河北虎彩印刷有限公司
**开　　本**：787 mm×1 092 mm　1/16
**印　　张**：16.5
**字　　数**：394 千字
**版　　次**：2024 年 8 月第 1 版
**印　　次**：2024 年 8 月第 1 次印刷

ISBN 978-7-5635-7312-7　　定　价：79.00 元



**·如有印装质量问题，请与北京邮电大学出版社发行部联系·**

# 前　言

欢迎各位读者开启探索城域光网络智能资源优化的学术之旅。在当今这个信息爆炸的时代，通信技术的每一次革新都在推动着社会的进步和变革。第五代移动通信技术（5G）的部署和第六代移动通信技术（6G）的探索，以及边缘计算、分布式计算、机器学习大模型等技术的不断涌现，不仅极大地丰富了我们的数字生活体验，也深刻地重塑了城域光网络（Metro Optical Networks，MON）这一数字化基础设施的核心。其资源配置和业务分布的变革，给城域光网络资源优化研究带来了前所未有的挑战与机遇，"东数西算"工程的推进，进一步加剧了对网络资源与算力资源协同优化的需求，将这一问题变成行业焦点。

在这一背景下，我们迫切地需要运用智能化手段来显著地降低业务时延，并提高网络的资源效率和可靠性，以适应社会对于高速、稳定数据传输的不断增长的需求。本书旨在深入探讨这一领域的核心问题，不仅系统地总结了当前的技术进展，而且对未来的发展趋势进行了深入的预测和探讨，提供了系统的解决方案和前沿的技术洞见，以期为城域光网络的未来发展和优化实践提供坚实的理论和实践基础。

本书全面地探讨了城域光网络中的智能资源优化技术，从新一代城域光网络结构与关键技术、新型业务与传输技术挑战、算网资源协同优化技术、网络生存性资源优化技术、机器学习方法相关应用等多个方面，对城域光网络智能资源优化技术及研究成果进行了详细而全面的介绍。通过对城域光网络智能资源优化技术的深入研究，本书不仅为学术界提供了新的研究思路和方法，也为产业界的技术升级和创新提供了实践指导。本书的研究成果将对城域光网络的未来发展产生深远的影响，为构建更加高效、智能、可靠的通信网络作出重要贡献。

作者希望通过阅读本书，读者能够对城域光网络的未来发展趋势有更深入的理解，希望本书能为相关领域的研究和实践提供有益的参考。愿本书成为您在城域光网络智能资源优化领域的知识宝库，帮助您在这一充满变革和挑战的领域中，不断探索、学习和成长。

**尹　珊**

**2024. 03. 10**

# 目　　录

第 1 章　城域光网络及其资源优化 …… 1

1.1　城域光网络及资源优化概述 …… 1

1.1.1　城域光网络概念 …… 1

1.1.2　城域光网络的组网特征 …… 3

1.1.3　城域光网络关键技术 …… 5

1.1.4　资源优化技术概述 …… 7

1.1.5　资源优化常规方法 …… 8

1.2　5G 时代的城域光网络发展 …… 12

1.2.1　5G 概述 …… 12

1.2.2　5G 发展下的城域光网络 …… 15

1.2.3　5G 时代城域光网络的技术革新 …… 15

1.3　城域光网络通信场景新挑战 …… 17

1.3.1　边缘计算 …… 17

1.3.2　分布式训练 …… 18

1.3.3　算力网络 …… 18

1.3.4　服务器无感知计算 …… 19

1.3.5　6G 通信技术 …… 20

1.3.6　城域光网络发展新挑战 …… 21

1.4　城域光网络资源优化新挑战 …… 21

1.4.1　新型传输技术的资源约束多样性 …… 22

1.4.2　边缘计算驱动的实时资源调控 …… 22

1.4.3　算力网络中的异质资源协同优化 …… 23

1.4.4　高可靠的网络抗故障能力 …… 23

1.4.5　内生的智能决策能力 …… 24

参考文献 …… 24

**第 2 章　城域光网络中的新型传输技术** ………………………………………… 26

2.1　弹性光网络 ……………………………………………………………… 26
2.1.1　弹性光网络概述 ……………………………………………………… 26
2.1.2　弹性光网络核心技术 ………………………………………………… 27
2.1.3　弹性光网络中的资源优化 …………………………………………… 29
2.2　空分复用光网络 ………………………………………………………… 32
2.2.1　空分复用技术概述 …………………………………………………… 32
2.2.2　空分复用光网络核心技术 …………………………………………… 34
2.2.3　空分复用光网络中的资源优化 ……………………………………… 39
2.3　空分复用弹性光网络 …………………………………………………… 40
2.3.1　空分复用弹性光网络及其资源优化概述 …………………………… 40
2.3.2　空分复用弹性光网络中的超级信道 ………………………………… 41
2.3.3　SDM-EON 中高可靠 XT 感知的多径资源优化策略 ………………… 42
2.4　多波段光网络 …………………………………………………………… 46
2.4.1　多波段光网络概述 …………………………………………………… 46
2.4.2　多波段光网络中的信道损伤 ………………………………………… 47
2.4.3　C＋L＋S 光网络中基于周期性波段轮换的动态资源分配策略 …… 48
参考文献 ……………………………………………………………………… 53

**第 3 章　城域光网络与端到端切片** ………………………………………………… 56

3.1　光网络切片技术概述 …………………………………………………… 56
3.1.1　光网络切片管控技术 ………………………………………………… 57
3.1.2　虚拟网络嵌入技术 …………………………………………………… 59
3.1.3　虚拟网络映射技术 …………………………………………………… 59
3.1.4　动态切片管理技术 …………………………………………………… 60
3.2　基于成本和时延的切片资源优化策略 ………………………………… 60
3.2.1　研究场景与问题描述 ………………………………………………… 60
3.2.2　切片资源优化模型 …………………………………………………… 61
3.2.3　基于成本和时延的虚拟化映射算法 ………………………………… 62
3.2.4　仿真实验与数值分析 ………………………………………………… 63
3.3　动态切片重配置中的资源优化 ………………………………………… 64

3.3.1　研究背景与问题描述 …… 64
3.3.2　动态切片重配置模型 …… 65
3.3.3　时延感知的重配置策略 …… 66
3.3.4　仿真实验与数值分析 …… 71
3.4　基于预测的端到端切片资源优化 …… 73
3.4.1　研究背景与问题描述 …… 73
3.4.2　网络切片管理与资源优化 …… 75
3.4.3　基于预测的动态网络切片资源优化机制 …… 76
3.4.4　仿真实验与数值分析 …… 78
参考文献 …… 82

**第 4 章　城域光网络中的算网协同资源优化** …… 85

4.1　城域光网络中的任务卸载与资源协同优化 …… 85
4.1.1　从云计算到边缘计算 …… 85
4.1.2　边缘计算任务模型 …… 88
4.1.3　边缘计算资源局限性 …… 89
4.1.4　协同卸载与资源优化 …… 90
4.2　MON 中延迟感知的边缘计算任务对等卸载 …… 91
4.2.1　研究背景与问题描述 …… 91
4.2.2　任务对等协同卸载模型 …… 92
4.2.3　基于 GA 的延迟感知任务对等卸载策略 …… 95
4.2.4　仿真实验与数值分析 …… 97
4.3　MON 中依赖感知的边缘计算任务协同卸载 …… 103
4.3.1　研究背景与问题描述 …… 103
4.3.2　依赖感知的协同卸载模型 …… 103
4.3.3　基于 GA 的依赖感知任务协同卸载策略 …… 108
4.3.4　仿真实验与数值分析 …… 111
4.4　MON 中能耗感知的边缘计算依赖型任务卸载 …… 118
4.4.1　研究背景与问题描述 …… 118
4.4.2　依赖任务时延和能耗感知卸载模型 …… 118
4.4.3　基于果园算法的能耗感知依赖型任务卸载策略 …… 121
4.4.4　仿真实验与数值分析 …… 124

4.5 MON 中具有泛化性的算网资源智能协同 …… 127
4.5.1 研究背景与问题描述 …… 127
4.5.2 算网任务与时延模型 …… 127
4.5.3 基于 DQN 的算网资源协同策略 …… 129
4.5.4 基于迁移学习的改进算网资源协同策略 …… 130
4.5.5 仿真实验与数值分析 …… 135
4.6 MON 中自适应高可靠的边云协同优化 …… 141
4.6.1 研究背景与问题描述 …… 141
4.6.2 高可靠边云协同 DNN 推理加速模型 …… 141
4.6.3 基于 RL 的自适应高可靠边云协同策略 …… 144
4.6.4 仿真实验与数值分析 …… 146
4.7 MON 中异步分布式训练任务的联合资源优化 …… 152
4.7.1 研究背景与问题描述 …… 152
4.7.2 异步分布式训练任务模型 …… 153
4.7.3 资源感知均衡分配算法 …… 155
4.7.4 仿真实验与数值分析 …… 157
参考文献 …… 159

**第 5 章 城域光网络中考虑生存性的资源优化** …… 163

5.1 考虑生存性的光网络资源优化技术 …… 163
5.1.1 光网络中的保护技术 …… 164
5.1.2 光网络中的恢复技术 …… 165
5.1.3 生存性资源优化关键指标 …… 166
5.2 基于环覆盖的多路径串扰感知生存性资源共享优化 …… 166
5.2.1 研究背景和问题描述 …… 166
5.2.2 SDM-EON 网络及串扰模型 …… 167
5.2.3 基于环覆盖的多路径资源共享保护策略 …… 168
5.2.4 仿真实验与数值分析 …… 173
5.3 多波段城域光网络中的生存性资源优化策略 …… 176
5.3.1 研究背景和问题描述 …… 176
5.3.2 频段分区保护方案及优化模型 …… 177
5.3.3 基于遗传算法的高可靠资源优化算法 …… 182

5.3.4　仿真实验与数值分析 …… 184
5.4　抗多故障的多路径虚拟网络嵌入资源优化策略 …… 191
5.4.1　研究背景和问题描述 …… 191
5.4.2　抗多故障的 SMVNE 方案 …… 191
5.4.3　SMVNE 资源优化模型 …… 197
5.4.4　仿真实验与数值分析 …… 200
参考文献 …… 206

**第 6 章　城域光网络资源优化与机器学习** …… 209

6.1　机器学习简述 …… 210
6.1.1　机器学习的基本概念 …… 210
6.1.2　机器学习的分类 …… 213
6.1.3　常见的强化学习算法 …… 215
6.2　基于 *K*-means 的城域资源节能优化策略研究 …… 221
6.2.1　研究背景与问题描述 …… 221
6.2.2　节能与资源优化问题建模 …… 223
6.2.3　基于 *K*-means 的自适应节能资源优化策略 …… 225
6.2.4　仿真实验与数值分析 …… 227
6.3　MON 中基于预测的 DQN 资源均衡策略研究 …… 230
6.3.1　研究背景与问题描述 …… 230
6.3.2　TA-KSP-DQN 模型架构 …… 231
6.3.3　TA-KSP-DQN 模型建模 …… 233
6.3.4　仿真实验与数值分析 …… 234
6.4　基于 DDPG 的路由与频谱资源分配策略研究 …… 237
6.4.1　研究背景与问题描述 …… 237
6.4.2　DDPG-SF-RSA 策略 …… 238
6.4.3　DDPG-DI-RSA 策略 …… 240
6.4.4　仿真实验与数值分析 …… 242
参考文献 …… 250

# 第1章 城域光网络及其资源优化

近年来，通信与计算技术飞速发展，第五代移动通信技术、第六代移动通信技术、边缘计算、分布式计算、机器学习大模型、服务器无感知架构等新型技术不断涌现并逐步得到广泛应用，促使城域光网络的资源特征、业务流向等发生巨大改变，对其资源优化研究领域造成了深刻的影响。随着"东数西算"工程的持续推进，新一代城域光网络中的网络资源与算力资源协同优化问题亟须解决，如何智能降低业务的时延、提升可靠性也越来越被广泛关注。为了应对这些日益严峻的挑战，本书将全面探讨城域光网络中的智能资源优化技术。本书将从新一代城域光网络结构与关键技术、新型业务与传输技术挑战、算网资源协同优化技术、网络生存性资源优化技术、机器学习方法相关应用等多个方面，对城域光网络智能资源优化技术及研究成果进行详细而全面的介绍。作者希望本书能让读者对城域光网络的未来发展趋势有更深入的理解，并为相关领域的研究和实践提供有益的参考。

本章将引导读者进入城域光网络及其资源优化这个充满变革和挑战的领域，了解前沿技术对新一代城域光网络及其资源优化技术的影响，同时展现城域光网络所经历的技术、结构变化，分析城域光网络资源优化面临的新场景与新挑战，重新审视现有技术的局限性和潜在问题。

## 1.1 城域光网络及资源优化概述

### 1.1.1 城域光网络概念

城域网络是专门设计用于大城市及其周边地区的数据传输网络，旨在满足这些地区对高速和稳定数据传输的不断增长的需求。新型通信场景和流量规模的快速增长也使城域网络面临越来越高的带宽需求，促使城域网络中引入光通信技术，形成城域光网络

(Metro Optical Networks，MON)。城域光网络为用户提供了一个强大的平台，具备兼容多种通信协议和支持多样业务的能力。数字化时代的来临使得城域光网络成为连接智能设备、信息通信技术与多样化业务服务的关键基础设施，对于现代城市的持续发展至关重要。城域光网络的主要优势之一是其采用光纤作为主要传输介质，能够提供卓越的传输速率。不同于微波、铜缆等传输介质，光纤由高纯度二氧化硅等材料构成，能够传输光波信号，提供更快速和更稳定的数据传输。此外，光纤具有对抗电磁干扰和其他外部干扰的出色性能，从而保证了数据传输的稳定性和安全性。光纤的大容量传输能力使其能够同时为用户提供语音、视频、数据和计算等多种服务，满足大规模用户的需求[1]。

本书所研究的城域光网络是面向第五代移动通信技术(The 5th Generation Mobile Communication Technology，5G)和第六代移动通信技术(The 6th Generation Mobile Communication Technology，6G)的新一代城域光网络。为满足一系列新的挑战和需求，最新的技术和革新需在新一代城域光网络中被应用。首先，为了确保城域光网络具备高带宽的特性，需要采用多种新型光传输技术，以提供更高的传输速率和更大的带宽。其次，为实现资源的灵活调度与动态分配，软件定义光网络(SDON)、网络功能虚拟化(NFV)等技术应被采用，从而保障城域光网络异质资源协同管控的能力。最后，为了实现高可靠、低时延，应采用人工智能(Artificial Intelligence，AI)技术来提高网络的自我修复能力和智能化水平，实现资源的智能优化，从而提高网络的适应性和灵活性。

如图 1-1 所示，从结构上来看，城域光网络由核心层、汇聚层和接入层三大部分组成。核心层是网络的中枢，主要负责管理和调度整个网络的数据流，能够确保信息在高速条件下的交互，并与省际传输网连接。这一层具有高带宽、大容量和高可靠性的特点，设计上保证了网络的持续性和可扩展性。汇聚层起到将来自接入层的众多数据源整合并传送到核心层的作用。同时，随着边缘计算、雾计算等技术的发展，汇聚层也往往承担着边缘计算资源的联通作用，并满足了整个网络的扩展性需求。接入层则作为用户与网络之

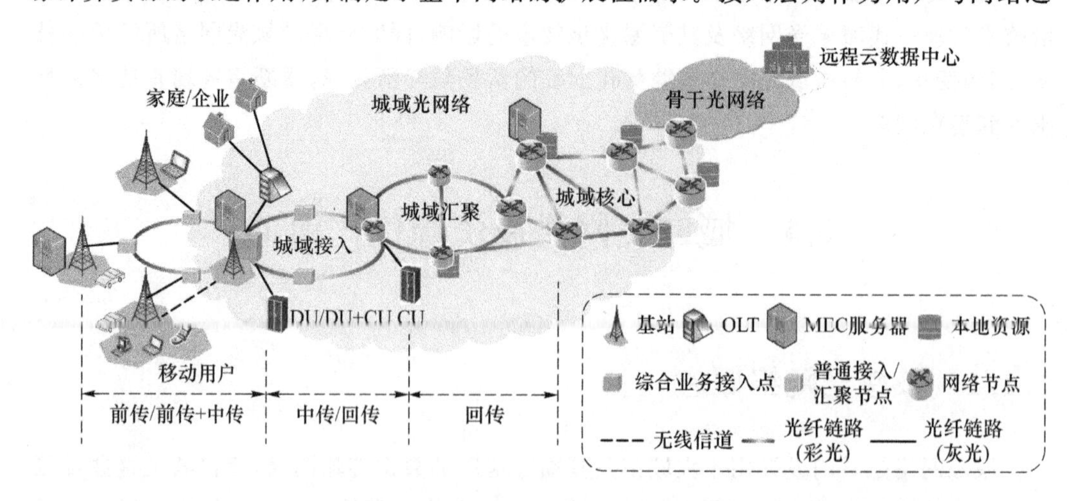


图 1-1　新一代城域光网络结构示意图

间的桥梁,确保家庭、办公室以及企事业单位都能够顺利接入网络。根据实际需求,接入层可以采用无源光网络技术(Passive Optical Network, PON)、数字用户线路(Digital Subscriber Line, DSL)或光纤接入技术(Fiber To The x, FTTx)等解决方案,并形成链状、环状、星状或树状的网络结构,以满足用户独特的需求和数据流动的特性。

随着5G、物联网以及人工智能的迅速发展和普及,城域光网络的地位变得更加关键。这些技术所带来的海量数据和对实时传输的需求对传输网络提出了前所未有的挑战。城域光网络以其超高的传输速度、低时延和出色的稳定性,已经被证明是最能满足这些技术需求的网络解决方案。它不仅为各种新兴技术提供了强大的支持,还使得远程医疗、自动驾驶和智慧城市等前沿应用得以实现。进一步地,它为现代城市的数字化转型奠定了坚实的基础,推动整个社会向更加智能、高效和互联的方向发展。

## 1.1.2 城域光网络的组网特征

城域光网络相较于其他光网络,其组网特征主要体现在传输距离与范围、接入方式、网络拓扑、容错性与可靠性等四个方面。

### 1. 传输距离与范围

城域光网络的传输距离通常在10 km至100 km之间,这样的距离最适合满足大型城市或都市圈的通信需求。它主要服务于都市圈、城市市域范围,连接城市内的数据中心、企业、政府部门以及其他关键设施,实现快速且稳定的数据交互。其覆盖范围可能是一个大城市、数个毗邻城市或一个完整的都市圈,具体取决于地域和通信需求。城域光网络确保了在高密度的城市环境中提供持续和稳定的数据服务,促进了信息的高效传输与共享。

### 2. 接入方式

城域光网络采用多种接入方式,以适应不同的使用需求和技术场景,这决定了如何为各种用户和应用提供高速、稳定的数据连接。其中,光以太网接入在企业和家庭网络中得到了广泛应用,能够提供1 Gbit/s、10 Gbit/s或更高的传输速度,满足了大数据和云计算的高带宽需求。FTTx技术的目的是将光纤直接延伸至用户的住所或工作场所,这不仅带来了快速的网络体验,还能为企业带来如专线、虚拟专网等增值服务。无线接入如5G等提供了更为灵活的连接方式,允许用户在移动状态下也能享受到优质的网络服务。光局域网接入适合大型建筑或园区环境,它能够突破传统铜缆和中继设备的局限,实现更高效的数据交换。这些接入方式为城域光网络带来了巨大的灵活性,确保了各类用户和应用都能实现高效、可靠的连接。

### 3. 网络拓扑

城域光网络的拓扑结构是指节点之间的物理或逻辑连接方式,能够对数据在网络中的传输和流动产生直接影响。不同的应用需求需要选择适合的拓扑结构,以便城域光网络能够更灵活地适应各种通信环境。

一种常见的城域光网络配置是星型拓扑〔图 1-2(a)〕,其中的所有终端节点都直接连接到一个充当网络核心的中心节点。这种结构的优点在于简化了网络的管理和维护,因为每个连接都是相对独立的。然而,中心节点的重要性也带来了潜在风险,一旦中心节点出现问题,整个网络的运行都将受到严重影响。另一种城域光网络配置是环型拓扑〔图 1-2(b)〕,其中的节点形成一个封闭的环,数据可以在环中单向或双向流动。这种设计提供了内置的冗余性,对于单故障,当环中的某一部分出现问题时,数据仍然可以选择另一方向继续传输。城域光网络还可以采用网格型拓扑〔图 1-2(c)〕,其中的每个节点可以与多个其他节点连接,形成复杂的网状结构。这种设计为数据提供了多条传输路径,增强了网络的灵活性和韧性。尽管这种高度互连性可能导致更复杂的网络设计和更高的成本,但对于那些需要高稳定性和高可用性的应用来说,网格型拓扑毫无疑问是最佳选择。由于业务流量从南北向,向东西向转变,在新一代城域光网络中网格型拓扑结构的占比越来越多。

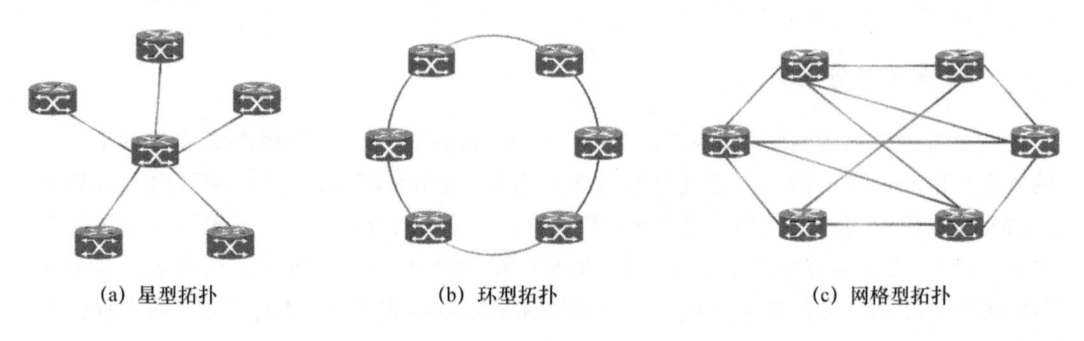


图 1-2 城域光网络拓扑示意图

### 4. 容错性与可靠性

城域光网络在设计与实施的过程中,强调其容错性和可靠性,以确保大量用户和核心业务的无缝运行。容错性确保了当网络的一部分受损时,系统仍能正常工作。例如通过采纳双环架构,即使某一路径受阻,数据仍可通过备用路径流通。如遇链路或节点故障,城域光网络能够在毫秒内迅速转到替代通道。这得益于各关键区域的冗余配置,为业务的连续性提供了保障。可靠性则确保了长期稳定的服务交付。光纤相对于传统铜缆具有优越的抗干扰性,增强了数据的稳定传输。现代城域光网络还搭载了高级的网络管理工具,实时监测并响应潜在问题,确保及时修复,即使面对极端事件,如自然灾害,通过备份中心,它也能快速恢复关键业务,为城市的稳健发展提供稳固的基础。

综上可见,城域光网络的独特设计和技术应用,体现了一系列引人注目的组网特征,使其能够为现代都市的快节奏经济提供坚实的通信支撑。

### 1.1.3 城域光网络关键技术

#### 1. 传输技术

城域光网络的高速、大容量和稳定性很大程度上得益于其背后的核心传输技术。同时,为了满足日益增长的通信需求,新一代城域光网络中也将采用越来越多的新型传输技术。本节主要介绍同步数字体系(Synchronous Digital Hierarchy, SDH)、波分复用(Wavelength Division Multiplexing, WDM)和光传送网络(Optical Transport Network, OTN)等已商用的传输技术,它们各自有着独特的原理和优势,共同构建起现有城域光网络的强大传输能力。

SDH技术是一种高度标准化的光通信技术,专门设计来实现在光纤中稳定、高效地传输数字信号。其核心思想在于将数据切分为精确的时间槽,并确保这些数据块在光纤中按固定的时间间隔进行同步传输。可以将它的工作方式比喻为一列按照严格的时间表运行的高速列车:SDH将数据精确地切分成特定的时间槽,并确保每一个数据块都像列车的车厢一样,准时到达预定的目的地。SDH采用了特殊的数据结构("容器"),用于固定数量的数据打包,同时保持数据在传输过程中的完整性和顺序。

WDM技术是光纤通信领域一种先进的传输方法,其核心思想是在单根光纤中同时使用多个不同波长的光信号进行数据传输。这一策略类似于将光纤视为多车道的高速公路,其中每个车道代表一个独特的波长。这种并行的传输方式意味着每个光信号都在其专属的波长"车道"上独立传输,互不干扰,从而极大地增加了光纤的总传输容量。特别是在密集波分复用(Dense Wavelength Division Multiplexing, DWDM)中,每个波长之间的间隔非常小,使得在同一光纤中可以并行传输大量的数据流,有效地满足了现代通信对高带宽的迫切需求。

OTN技术是一种高容量光通信技术,其原理基于将数字数据转换为光信号并在光纤网络中传输。类比于高速公路,OTN如同一条具有不同车道的高速公路,每个车道都有不同的速度和容量,分别对应着不同速率的数据传输。这种分层结构使得OTN在网络传输中变得非常灵活,可适应不同数据速率的需求,如2.5 Gbit/s、10 Gbit/s、40 Gbit/s或100 Gbit/s等。重要的是,OTN定义了光通道传输单元(OTU)等级,它标准化了不同速率的数据流在光纤中的传输方式,简化了不同设备和接口间的兼容性问题。OTN不仅提供了更好的容错和恢复机制,也与波分复用技术结合使用,通过多波长传输多种速度和类型的光信号,从而提高了网络容量和效率。

#### 2. 接入技术

在城域光网络中,接入技术是确保数据能够高效地进入网络并最终到达用户的关键。城域光网络采用多种接入技术来满足不同用户和应用的需求。其中,PON和FTTx

是两种重要的接入技术，它们在城域光网络中都具有较广泛的应用。

PON 旨在为用户提供高带宽的光纤接入，无须在分配网络中放置电源设备。PON 的原理是将一条光纤通过分光器连接到多个用户，实现了单根光纤同时为多个用户提供服务。光信号通过分光器分配给不同用户，这样多个用户可以共享同一根光纤，使光网络更加高效。PON 的工作原理涉及光信号的分光和合波。一根主光纤通过分光器将一个光信号分为多个光信号，每个光信号为一个用户提供服务。然后，这些光信号通过用户侧的光网络单元（Optical Network Unit，ONU）进行接收和解调。ONU 将光信号转换为电信号，使其适用于用户终端设备。最后，ONU 将用户生成的数据转换为光信号并发送回主光纤，以完成双向通信。

FTTx 代表了光纤到用户终端的各种技术，包括光纤到户（Fiber To The Home，FTTH）、光纤到大楼（Fiber to The Building，FTTB）和光纤到节点（Fiber to The Node，FTTN）。FTTx 的核心思想是将光纤引入用户的终端位置，从而提供高速、稳定的通信服务。FTTH 是其中最常见的一种技术，它是指将光纤直接引入用户的住宅或办公室。这种接入方式提供了最高的带宽和服务质量，使用户能够享受高清视频、大容量文件传输和实时应用等服务。FTTB 是指将光纤引入建筑，然后通过内部的铜线或无线技术将信号传送到用户。FTTN 则是指将光纤引入距离用户较远的节点，然后通过 DSL 等传统技术将信号传送到用户。

**3. 交换技术**

城域光网络高度依赖交换技术以保证信息在网络内的流畅、高速与稳定传输。这些交换技术旨在确保数据在光网络中得到精准、高效的传输和路由。在众多交换技术中，光交叉连接（Optical Cross-Connect，OXC）和可重构光分插复用器（Reconfigurable Optical Add-Drop Multiplexer，ROADM）尤为关键。

OXC 采用纯光学手段实现光信号的路由与交换，避免了将其转换为电信号的需求。它主要利用微电机系统（Micro-Electro-Mechanical System，MEMS）或液晶技术，通过操控光束的方向，达到光信号高速交换的目的。这种技术跳过了从光到电再转回光的转换，从而减少了传输中的延迟，提高了网络的整体效率和稳定性。简而言之，OXC 好比一个高效的交通协调员，保证数据“高速公路”上的光信号能够连续、流畅地运行。

ROADM 是基于 OXC 技术进一步优化的产物，为网络带来了前所未有的灵活性与动态调整能力。ROADM 的核心在于可以动态地更改光信号的路径，而无须手动介入或调整设备设置。特定的光波长可以被动态加入、移除或重定向，而其他的光波长仍保持原状。这种调整能力允许服务提供商根据当前的网络流量或状况实时地调整波长交换路径，进一步提升网络性能。ROADM 利用可调节的光滤波器或特定的波长开关进行工作，这意味着在数据流量变化或新的业务需求出现时，可以迅速响应和调整。可以将 ROADM 视为一个先进的交通管理系统，它不仅指导数据流，还能根据网络流量和控制要求调整光信号的传输路径，确保网络的最大效率。

**4. 网络管理与控制技术**

为了确保城域光网络能够高效、稳定并富有灵活性地运作，网络管理和控制技术变得尤为关键。

自动交换光网络(Automatically Switched Optical Network，ASON)基于传统光网络技术进一步发展而来。其特点在于，管理层与控制层相分离。控制层能够更智能、更动态地进行网络调控。具体而言，当网络出现链路中断或数据拥堵等问题时，ASON可以即时感知并作出调整，例如自动切换到备用链路，确保数据的连续传输。这种即时调整能力提高了光网络的适应性和韧性。

软件定义光网络(Software Defined Optical Network，SDON)是一种创新的网络管理理念。在SDON模式下，各光网络设备主要负责光信号的传输，而决策与控制则由一个集中的“控制器”来完成。这种集中式的管理方式使得光网络操作更为集约和高效，能够轻松应对各种光网络需求变化，并灵活实施诸如光网络虚拟化、光网络分片等高级功能。

## 1.1.4 资源优化技术概述

随着边缘计算、算力网络、6G等技术的快速发展，城域光网络革新与发展已经成为必然。有效地优化城域光网络中的异质异构资源成为重中之重，因为资源优化调控性能直接关乎网络的效率、服务质量和可靠性。资源优化是一个复杂的过程，它涉及对光网络中的各种物理和虚拟资源进行有效管理和配置，以实现高效、可靠的数据传输。这一过程包含以下核心内容。

① 光信道资源优化：针对光信道资源的优化可以有效提高网络资源效率。光频谱资源是光网络中的核心信道资源，它决定了网络的带宽潜力。以WDM技术为例，在一根光纤中同时传输多个光信号，每个光信号占据不同的波长。资源优化需要考虑如何分配这些波长，在波长一致性等约束下，最大化网络容量，同时确保不同业务之间的隔离，避免信号干扰。

② 光交换资源优化：光交换资源允许数据在光层面上进行路由和交换，而无须将光信号转换为电信号，这样可以减少转换过程中的延迟和损耗。优化应用这些资源意味着提高网络的灵活性和响应速度，确保数据能够快速、准确地从一个节点传输到另一个节点。

③ 光放大与调制技术：随着信号在光纤中传输距离的增加，信号强度会逐渐衰减。光放大器用于增强信号，而调制技术则用于在有限的频谱资源中传输更多的信息。资源优化需要考虑如何合理部署放大器和选择合适的调制方案，以保障信号质量和传输效率。

④ 服务质量(QoS)保障：在资源优化中，不仅要追求高吞吐量，还要确保服务质量。

这包括低延迟、高带宽、低数据丢失率和高可靠性。对于不同的应用场景，如视频流、在线游戏、远程医疗等，可能需要不同的 QoS 策略。为此，在资源优化中不仅要考虑通信资源，还要对计算存储资源进行协同优化。

⑤ 动态资源分配：随着网络流量的波动，资源需求会不断变化。动态资源分配策略能够根据实时流量情况调整资源分配，确保网络在不同时间段内都能高效运行。

⑥ 智能化决策：利用人工智能和机器学习技术，可以实现对网络资源的智能化决策。这些技术可以帮助预测流量模式，自动调整资源分配，并在出现问题时快速响应。

随着技术的发展，特别是人工智能、机器学习、大数据分析等技术的应用，网络资源优化正变得更加智能化和自动化。这些技术可以帮助网络运维人员更准确地预测流量需求，更有效地分配资源，以及更快地识别和解决网络问题，从而在满足日益增长的数据传输需求的同时，确保网络服务质量和可靠性。通过不断地技术创新和优化实践，光网络资源优化将为用户带来更加流畅、高效的通信体验。

### 1.1.5 资源优化常规方法

城域光网络为业务请求计算路径与资源分配的策略将直接影响网络的各方面性能。一个好的策略能够有效地提高网络性能，充分利用网络能力。由于路由的计算与选择可能影响资源优化程度，我们在进行资源优化策略研究时，经常会将路由的计算与选择作为策略的一部分。光网络的资源优化问题往往可以建模为一个最优化模型，并需要根据光网络资源特性与所求优化目标的不同，进行特异性设计。通过确定性算法、启发式算法求解所建模的问题，或通过智能算法接近最优解是资源优化的常规方法。本小节将对光网络资源优化中的常规方法进行介绍。

#### 1. 最优化问题建模与线性规划

资源优化在光网络中的实现通常涉及多方面的考虑，其中一种常见的方法是最优化问题建模与线性规划。这一方法在光网络资源优化领域得到了广泛的应用，其核心思想是通过数学建模，将光网络中的问题抽象成一系列的数学变量和线性公式，以建立一个具体的线性规划模型。通过设定目标函数和约束条件，可以在仿真软件中进行求解，从而获得最优的资源分配方案。

最优化问题建模与线性规划的关键步骤如下。

① 提出和形成问题：要弄清问题的目标、可能的约束、问题的可控变量以及有关参数，搜集有关资料。

② 建立模型：把问题中的可控变量、参数、目标与约束之间的关系用一定的模型表示出来。

③ 求解：用各种手段（主要是数学方法，也可用其他方法）将模型求解。解可以是最优解、次优解、满意解。复杂模型的求解需用计算机，解的精度要求可由决策者提出。

④ 解的检验:检查求解步骤和程序有无错误,然后检查解是否反映现实问题。

⑤ 解的控制:通过控制解的变化过程决定是否对解作一定的改变。

在资源优化问题中,最优化问题建模与线性规划的过程需要充分考虑实际的光网络情况和优化目标。首先,需要明确定义问题的优化目标,可能是最大化网络吞吐量、最小化延迟,或者在有限资源下实现最佳性能等。其次,通过数学建模,将网络中的节点、链路、流量等因素用数学变量表示,并利用线性公式描述它们之间的关系。线性规划模型的建立涉及目标函数的设计,该函数反映了优化目标,例如最大化或最小化某个性能指标。同时,必须考虑约束条件,这些条件可以包括网络带宽、节点处理能力、链路容量等方面。这样的模型不仅能够反映光网络的拓扑结构,还能够考虑各种资源的约束和需求。

随着计算机技术的进步,出现了许多专门用于线性规划的软件,如LINGO、CPLEX、Gurobi等。这些软件提供了用户友好的界面和强大的求解引擎,使得线性规划问题求解变得更加便捷和高效。同时,机器学习算法,特别是强化学习,被用来改进线性规划的求解策略。通过学习历史数据,算法可以自动调整求解策略,以适应不同的问题结构。通过对线性规划模型的求解,可以得到在给定约束条件下最优的资源分配方案,为光网络的高效运行提供了有力的支持。

**2. 常用启发式算法**

启发式算法是一类基于经验和直觉的搜索算法,用于在大规模、复杂问题的解空间中找到接近最优解的解决方案。这些算法通常通过引入问题特定的启发信息,以有效而快速的方式搜索解空间。启发式算法最重要的意义便是大大地缩减了寻找合理规划方案的时间,不同于求最优解算法的严谨计算和验证,融合了实践经验的启发式算法牺牲最终规划方案的质量换取了算法的计算时间。下面对常用启发式算法的原理进行简单的介绍。

1) 遗传算法

遗传算法(Genetic Algorithm, GA)是一种基于达尔文进化论的优化算法,它引入了优胜劣汰和适者生存的自然法则,通过模拟生物进化的过程,在搜索问题的解空间中寻找优秀的解。它的核心思想是通过遗传操作,即复制、交叉和突变等操作,生成适应度更高的个体,从而逐步改进和优化解的质量。在GA中,问题的解被编码为染色体,而染色体上的基因则对应问题的不同变量或特征。通过一个适应度函数来评估每个个体解的优劣,这个函数通常衡量了解对问题的拟合程度或性能。根据适应度的高低,GA进行选择、交叉和突变等操作,生成下一代个体。这一过程模拟了自然界的进化机制,使得适应度更高的解逐渐在群体中占据主导地位。

2) 模拟退火算法

模拟退火算法(Simulated Annealing, SA)最早的思想由Metropolis等人于1953年提出。1983年,Kirkpatrick等成功地将退火思想引入组合优化领域。他将热力学中热平衡问题的思想引入到优化问题的求解过程中,试图模拟高温物体退火过程,提出一种求解大规模组合优化问题的方法。在 SA 中，如果模拟降温的过程足够缓慢，得到最优解的概率会比较大；但是如果模拟降温的过程过快，很可能得不到全局最优解。

3）蚁群算法

蚁群算法（Ant Colony Optimization，ACO）是由 Marco Dorigo 等学者提出的一种用来在图中寻找优化路径的自适应算法。ACO 从蚂蚁在寻找食物和发现食物所寻找路径的行为中得到启发，算法初始为摸索阶段，蚂蚁选择路线的概率平均分布，随后通过蚂蚁的反馈找到一条最佳路径，最后走到最佳路线的蚂蚁越来越多，这样这条路线就区别其他路线，被选择出来。ACO 在初始摸索阶段费时较多，并且可能会遇到算法收敛过快而终止于局部最优解的情况。

4）粒子群算法

粒子群算法（Particle Swarm Optimization，PSO）是一种基于群体智能的优化算法，源于对群体协同行为（如鸟群或鱼群的集体移动）的模拟。该算法的目的是通过模拟个体（粒子）在解空间中的协同搜索和信息共享，以寻找全局最优解。

在 PSO 的执行过程中，首先，随机初始化一群粒子，每个粒子代表问题的一个可能解，并携带位置和速度信息。其次，根据问题的目标函数，计算每个粒子的适应度，即解的质量。再次，在不断地迭代中，每个粒子根据当前位置、速度以及全局最优和个体最优的位置，更新自身的速度和位置。整个群体在解空间中的协同移动和信息传递的过程中，有助于搜索潜在的优秀解。最后，通过不断地迭代和更新，PSO 试图找到问题的最优解或接近最优的解。

### 3. 常用机器学习算法

在资源优化的广阔领域中，线性规划和启发式算法作为传统的优化手段在很多情境下都发挥着重要的作用。然而，随着网络规模和复杂性的不断增加，以及用户需求的多样化，在应对动态性强且结构复杂的问题时，传统方法显得稍欠效率和适应性。因此，机器学习算法成为一种前瞻性的选择。下面我们将在机器学习算法中着重探讨强化学习、深度学习和图神经网络这三种方法，它们与传统方法的差异将为资源优化提供更广泛、智能的视角。

1）强化学习

强化学习（Reinforcement Learning，RL）是一种通过智能体与环境的交互来学习，通过试错过程来优化决策策略的方法。在光网络资源优化中，强化学习可以用于动态调整网络参数，以适应网络负载、拓扑结构变化等。例如，智能体可以学习在高负载时调整带宽分配，以确保服务质量不受影响。常见的强化学习算法包括 Q-learning、Deep Q Network（DQN）等。

2）深度学习

深度学习（Deep Learning，DL）是一种基于神经网络的机器学习方法，通过多层次的神经网络结构学习输入与输出之间的复杂映射关系。在光网络中，深度学习可以用于预测网络流量、优化拓扑结构等任务。例如，使用卷积神经网络（CNN）进行流量预测，以便提前调整网络资源分配。深度学习模型的高度非线性特性使其能够更好地适应网络中的复杂关系。

3) 图神经网络

图神经网络(Graph Neural Networks, GNN)是专门处理图结构数据的机器学习模型,能够充分考虑节点之间的关系和拓扑结构。在光网络资源优化中,图神经网络可以用于拓扑结构优化、节点间通信预测等任务。例如,通过图神经网络学习网络拓扑结构的表示,以便更有效地进行路由和资源分配。图卷积神经网络(Graph Convolutional Networks, GCN)是常用于处理图结构数据的一种图神经网络模型。

**4. 确定性频谱分配算法**

频谱分配是光网络资源优化中的关键内容,需要根据业务所需的工作带宽以及对应频段为业务分配最适合传输的网络资源。常用的确定性频谱分配算法有以下几类。

1) 随机命中

随机命中(Random Fit, RF)策略思路比较简单,当业务请求到来时,RF选择分配给业务的频隙的方式没有规律,只需找到满足业务条件的所有频谱分配方案,并在这些分配方案中随机选择一个可用方案即可。在RF策略下,业务占用的频隙在频谱上的分布较为均匀,可以减少多个请求反复选择相同频谱的可能性,但频谱碎片化严重,只能满足业务的最低要求,无法进一步提升网络的各项性能。

2) 首次命中

首次命中(First Fit, FF)策略的基本思路为,当承载业务的路由确定时,网络在该条路由上对频隙以升序方法进行排序,然后按照顺序搜寻满足业务要求的频谱块,一旦搜寻到符合条件的频谱块,就停止搜索,直接以该种频谱分配方法建立业务。在FF策略下,被分配的业务所占频隙在频谱上的分布更加整齐集中,可以预留出更多频隙(Frequency Slot, FS)以供后续分配,但有可能会造成频谱负载不均衡。

3) 最后命中

最后命中(Last Fit, LF)策略的思路与首次命中相似,不同的是对频隙的排序方法从升序改为降序,在按照顺序搜寻满足业务的频谱时,一旦搜寻到满足条件的频谱块即停止搜索,同样有可能会造成频谱负载不均衡。

4) 最多使用

最多使用(Most Used, MU)策略的基本思路是记录各频谱块的被使用次数,当路由确定后,搜寻到符合业务所需条件的频谱块时,网络会优先选择被使用次数最多的频谱块来承担业务。

5) 最少使用

最少使用(Least Used, LU)策略与上述最多使用策略频谱分配方法相似,不同的是网络将选择被使用次数最少的频谱块来承载业务。

6) 精确命中

精确命中(Exact Fit, EF)策略的基本思路是先计算业务所需的频隙数量,当路由确定后,网络会按照给定的频隙数量搜寻符合条件的可用频谱块,并将业务建立在该段频谱上。

# 1.2 5G时代的城域光网络发展

## 1.2.1 5G概述

### 1. 5G的定义与特点

第五代移动通信技术(5G)作为新的移动通信技术标准,于2019年年底在我国开始正式商用。近年来,物联网(Internet of Things, IoT)和自动驾驶技术获得了更广泛的应用,对移动通信技术的需求显著增加,超越了第四代移动通信技术(The 4th Generation Mobile Communication Technology, 4G)的极限。为应对这些挑战,5G技术应运而生。5G不仅意味着单纯的速率提升,它的目标是为高速率、低延时通信,支持海量的互联设备,以及为推动智慧城市的建设提供技术支持。具体来说,根据3GPP的定义,5G网络要求在小区容量上能够提供相较于LTE提高20倍的性能,用户体验速率提升10倍,同时大大减少空口时延至4G时延的1/10[2]。

相比于4G的最高理论下载速度通常只有100 Mbit/s,5G已能提供高达数Gbit/s的下载速度。这显著的速度提升为用户带来了前所未有的体验,包括下载和上传数据、流畅的高清视频播放,以及超快速的文件传输和更快的网页加载。不仅如此,5G在延迟方面也取得了巨大的进步。与4G的典型延迟通常为30~50 ms相比,5G成功地将这个数字降低到了仅1 ms。这种几乎即时的响应对于诸如远程医疗、自动驾驶和虚拟现实等实时互动应用至关重要。在连接能力上,5G同样表现出色,支持了更多设备的同时连接,实现了真正的海量互联。与4G在大规模设备连接时可能会出现的拥堵问题相比,5G可支持每平方千米数以百万计的设备连接,这无疑为IoT的进一步发展提供了巨大的支持。

### 2. 5G的核心技术

5G代表无线通信领域的革命性发展,它的核心技术所带来的不仅是更快的数据传输速度,更为重要的是,这些技术为各种新兴应用场景奠定了坚实的基础,为现代通信技术设置了新的里程碑。下面对其核心技术进行简要介绍。

1) 大规模天线技术

大规模天线技术(Massive MIMO)使用数百甚至上千个天线元件在单一基站上进行数据的发送和接收。与传统的MIMO系统相比,Massive MIMO能够大大地增加网络的容量,提高信号质量和效率。这种技术的关键优势在于它可以有效地提高频谱效率,这意味着在相同的频率资源下可以传输更多的数据。通过更复杂的信号处理和波束成型技术，Massive MIMO 可以将能量集中在特定的方向上，直接针对各个用户设备，从而减少干扰、增强信号质量，为用户提供更加稳定和高速的连接体验。

2）毫米波技术

毫米波技术（Millimeter Wave Communication）是 5G 通信中的关键创新，它指的是操控在 30 GHz～300 GHz 的超高频率范围内的无线信号。这个频率范围的主要优势是能够提供极高的数据传输速度和带宽，从而支持大量的并发连接和超高清的视频流。毫米波的传播距离相对较短，且对物理障碍物特别敏感，这意味着它可能在穿越建筑物或其他障碍物时受到阻挡。为了克服这一挑战，5G 网络设计中通常包括大量的小型基站，以确保在使用毫米波频段时仍能保持覆盖范围的稳定。尽管存在以上挑战，毫米波技术仍被视为未来无线通信技术的关键组成部分，特别是在高流量的都市区域。

3）波束成型技术

在传统的无线通信系统中，信号通常会在多个方向上广播，导致能量分散并可能引发多路径干扰。与之不同，波束成型技术（Beamforming）使得无线信号可以在特定的方向上进行集中传输。这是通过使用多天线阵列并调整每个天线的相位和幅度来实现的，可以形成一个强大的、集中的信号波束。这个波束可以直接瞄准一个特定的移动设备或用户，大大地增强信号质量和扩大覆盖范围。波束成型技术不仅可以增加信号的传输距离和提高信号的传输质量，还可以减少其他不必要方向的干扰。这种技术的应用对于高数据速率、大容量和低延迟的 5G 通信环境至关重要，尤其在高密度的用户环境，如城市中心或体育场馆中，它能够确保用户获得稳定、高效的连接。

4）小基站技术/微基站技术

小基站技术（Small Cell）在 5G 时代扮演了关键的角色，为无线通信网络的密集化和容量提升铺平了道路。相对于传统的大型通信基站，小基站具有尺寸小、部署灵活、成本低的特点，这使其能够在城市的街道、建筑物内部或其他需要增强信号覆盖的区域迅速部署。小基站技术的引入有效地解决了传统大型基站无法覆盖的"死角"问题，并提高了网络的总体容量，因为它允许更多的用户在同一地区内实现高速和低延迟的网络连接。此外，小基站还有助于分担数据流量，从而减轻传统基站的负载压力，为用户提供更加稳定和高效的服务。

5）网络切片技术

网络切片技术（Network Slicing）允许一个物理网络被划分为多个虚拟网络，每个网络都能够独立运行并为特定的应用或业务需求提供服务。这意味着可以根据不同的业务需求，如自动驾驶、远程医疗、大规模 IoT 设备连接等，为每一个应用创建一个高度定制化的网络"切片"。这不仅大大地提高了网络的效率和灵活性，还能够确保各种应用在获得所需资源的同时不会相互干扰。网络切片技术为 5G 带来了前所未有的多功能性和可扩展性，使得网络可以随着需求的变化进行动态调整和优化。

### 3. 5G 的应用场景与需求

国际电信联盟无线电通信部门（ITU-Radiocommunicationssector，ITU-R）为 5G 描

绘了三种主要的应用场景(图 1-3):增强移动宽带(Enhanced Mobile Broadband, EMBB)、大规模机器通信(Massive Machine Type Communications, MMTC)和超可靠低时延通信(Ultra Reliable and Low Latency Communications, URLLC)。这些应用场景将共同推动 5G 技术的发展和应用。

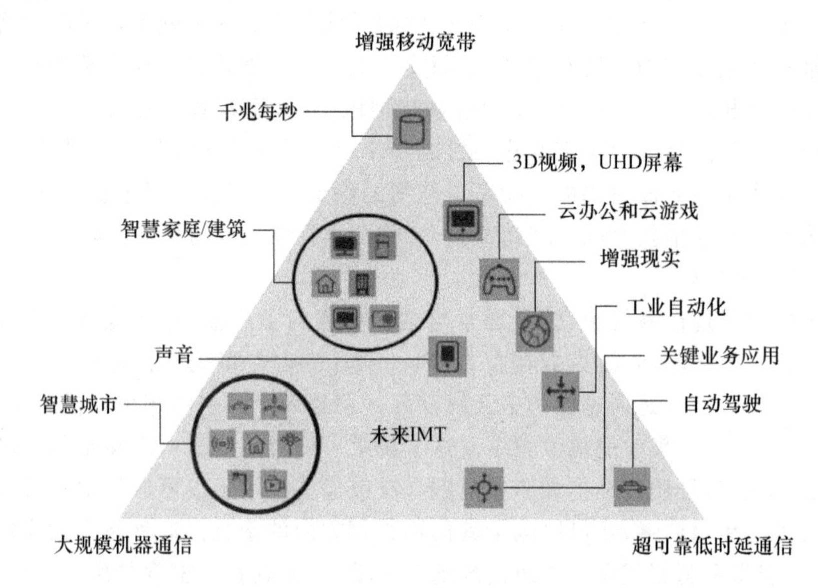


图 1-3　5G 应用场景图[3]

1) 增强移动宽带

EMBB 是 5G 的最初应用场景,主要针对移动互联网用户,提供高速率、大容量的数据传输服务。在 3GPP R17 标准中,EMBB 的峰值速率可达 10 Gbit/s,用户体验速率可达 100 Mbit/s。为了满足这一需求,5G 网络需要支持更高的频谱效率、更高的小区容量和更低的时延。在商业模式上,运营商可以通过提供更高速率的数据套餐、增值服务等方式来吸引用户。EMBB 的核心特性包括大规模 MIMO、波束赋形、小区密集化等。

2) 大规模机器通信

MMTC 主要应用于 IoT 场景,实现大量设备的连接和数据交换。根据 3GPP R17 标准,5G 网络每平方千米可支持百万级别的设备连接。为了满足 MMTC 的需求,5G 网络需要具备高效的频谱利用、低功耗、低成本的特点。在商业模式上,运营商可以通过提供连接管理、数据分析、设备管理等服务来获取收益。MMTC 的核心特性包括窄带物联网(Narrow Band Internet of Things, NB-IoT)、低成本设备设计、能耗优化等。

3) 超可靠低时延通信

URLLC 主要应用于关键业务场景,如自动驾驶、远程医疗、工业自动化等,对通信的可靠性和时延有极高的要求[3]。根据 3GPP R17 标准,5G 网络端到端的时延可以降低到 1 ms,可靠性达到 99.999%。为了满足 URLLC 的需求,5G 网络需要具备高速调度、高可靠性传输、低时延等特点。在商业模式上,运营商可以通过为企业提供定制化的服务、合作开发应用等方式来获取收益。URLLC的核心特性包括网络切片、资源预留、实时调度等。

### 1.2.2 5G发展下的城域光网络

随着5G的快速发展,城域光网络以其高带宽、低延迟、高可靠性的特性与连接无线网络和骨干网络的关键位置,成为5G架构中的关键组成。伴随5G技术带来的高速率和大容量传输需求,城域光网络正在经历一次前所未有的变革。这种变革不仅体现在技术细节上,还深刻地触及整个网络的架构和部署策略。相较于4G,5G会带来10倍或更高的数据传输速度,这引发了更多的数据流量在网络中传输,尤其是在城域范围内,增量非常显著。为了给5G提供足够的带宽支撑,城域光网络面临着升级和扩展的压力。另外,5G还以其极低的延迟著称,这对于实时应用,例如自动驾驶和远程手术,尤为关键。低延迟的需求直接催生了城域光网络向更高的处理能力和更敏捷的调控能力方向发展的趋势。同时,5G的设计初衷并不局限于提供更快速的互联网连接,它还考虑到了诸如EMBB、URLLC和MMTC等多种服务层次。这也意味着城域光网络在未来需要灵活地支持这些多样化的业务需求,确保5G在各种应用场景中的高效运行。

在城域光网络的演进中,通信业务从以南北流向为主转变为以东西流向为主,这一转变凸显了城域网络在实现区域内互联互通中的关键作用。这种转变不仅是数据流方向的简单调整,也代表一种战略层面的升级,赋予了城域光网络更大的灵活性和更高的效率,以连接城市中的各个关键节点。通过构建南北和东西方向的高速数据通道,城域光网络确保了5G基站之间以及基站与核心网络之间的连接更加稳定和迅速,从而应对不同区域通信需求的增长。这一进步不仅提升了城域光网络对城市特殊环境的适应性,也为5G网络架构提供了更为坚实的基础。

此外,随着网络切片技术在5G网络中的普及,每个网络切片都能够根据其特定业务需求进行定制化优化。5G对延迟的要求格外严格,在这种背景下,城域光网络的重要性愈发凸显,因为它需要为5G端到端切片提供跨无线与有线异质资源的传输解决方案,确保每个切片都能达到预期的性能标准。这种高度的适应性进一步巩固了城域光网络在5G网络架构中的关键作用,也对城域光网络提出了新的异质资源动态协同能力挑战。

### 1.2.3 5G时代城域光网络的技术革新

为了应对5G的高带宽、低延迟和高连接性要求,城域光网络经历了一系列技术革新。下面对新一代城域光网络中的三项技术革新进行简要介绍。

1) 高速大容量

随着技术的不断发展,光网络的数据传输速率也在不断提升,从最初的100 Gbit/s、200 Gbit/s逐渐演进到更高的400 Gbit/s、800 Gbit/s。近年来,随着200 Gbit/s系统的广泛部署,用户对其的接受度显著提高,这标志着高速传输技术已逐渐成为主流。进一步地，400 Gbit/s 技术在城域短距离传输中展现出卓越的性能，这不仅证明了其技术成熟度，也预示着未来网络传输速度将迈向更高的标准。前瞻未来，研究和探索单波长 1.2 Tbit/s、1.6 Tbit/s等更高速率已成为不可逆转的趋势。当前，800 Gbit/s 技术和相关标准的研发正在稳步进行，这预示着更大的单纤传输容量不再遥不可及。

要提升城域光网络传输能力，光纤技术的创新是核心。近年来，多芯光纤、多模光纤、空芯光纤等技术的发展有望增加城域光网络容量。其中，多芯光纤包含多个独立的光传输通道，每个通道都可以独立传输数据，从而在不增加额外光纤的情况下显著提高网络的总带宽。多模光纤允许多种模式的光波在同一光纤中传播，通过优化模式分布和使用更先进的信号处理技术，可以提高数据传输速率和网络的容量。空芯光纤具有一个中空的核心，这种结构可以减少光信号的散射和吸收，从而实现更远距离和更高速率的数据传输，同时降低信号衰减。

此外，增加城域光网络容量的关键技术还有频谱扩展。C 波段频谱已商用，C+L 波段技术结合 C 波段和 L 波段的特点，能够进一步增加传输容量。展望未来，全波段技术，例如 S/U/O 波段，有望为光网络带来更广的传输频谱，推动城域光网络进入 P 比特传输新时代。

2）全光低时延

随着 5G、边缘计算和虚拟现实等应用在城域光网络中业务占比的增加，低时延的重要性日益凸显。为了应对这一挑战，城域光网络采用网状拓扑互联，增强光路由与资源的灵活性，缩短网络传输时延。但仅依赖路由与资源优化技术不足以满足所有应用的低时延需求，实时监测时延也非常关键，现代光网络技术已能实时测量光层与电层间的物理链路时延，这种实时监测不仅有助于优化业务路由，还能确保延迟敏感的应用获得所需的低延迟服务。此外，全光交叉调度技术进一步优化了光层路由与资源，降低了端到端路径的时延，而光电协同调度技术则解决了数据在光层和电层间频繁转换所带来的额外延迟问题，显著提高了整体网络的传输效率[4]。这些技术的结合应用，将共同推动城域光网络在低延迟传输方面的进步，以更好地支持新兴的高速通信应用。

3）融合确定性

城域光网络正面临一次发展的机遇，融合确定性逐渐成为这一趋势的核心。随着大数据的增长和多种网络协议的共存，融合各类协议以保障更高效的数据传输变得至关重要。简而言之，传统的技术隔离方法已不符合当下的需求，尤其在应对高速、高带宽和多应用场景的挑战时。其中，时分复用（Time-Division Multiplexing，TDM）、光网络和网际互连协议（Internet Protocol，IP）的整合成为这一趋势的重要方面。TDM 为数据提供了准确的时间传输窗口，光网络保障了数据的快速可靠传输，而 IP 协议负责用户数据互通。这三者的融合如同按照精确时间为不同货物规划合适的传输路径。再者，多层次和多粒度的切片技术也是这一趋势的重要组成部分。它们允许网络资源更有针对性地细分，适应不同应用或用户的特定需求，使网络资源配置更具灵活性和精确性。此外，业务的精细识别和差异化承载也应受到重视。借助于深度学习和 AI，网络能够实时识别和优化各业务流，确保不同业务都获得最佳传输体验。

# 1.3 城域光网络通信场景新挑战

随着技术的进步,城域光网络在支持新型通信场景方面面临着新的挑战,这些场景对网络的性能、可靠性和灵活性提出了更高的要求。为了应对这些挑战,城域光网络需要进行技术革新,以实现网络的智能化、一体化和动态资源优化与分配,从而帮助城域光网络更好地适应不断变化的流量模式,提高资源利用率,降低运营成本,并提升用户体验。本节针对本书关注的一些新型通信场景及其对城域光网络资源优化的影响进行简要介绍。

## 1.3.1 边缘计算

边缘计算是一种分布式计算范式,它将数据处理和计算任务从中心化的数据中心转移到网络的边缘,即靠近数据源或用户的地方[5]。这种计算模式的目标是减少数据传输延迟,提高响应速度,增强数据安全性,以及优化带宽使用。这在IoT、自动驾驶、智慧城市等场景尤为重要,因为这些场景要求实时数据处理和快速决策。边缘计算是云计算的一个补充,两者结合使用,可以形成一个更加灵活和高效的计算环境。在新型业务的驱动下,边缘计算节点之间的信息交互和资源调度变得越来越重要和频繁,因此,灵活、大容量的城域光网络是传输延迟敏感任务的理想选择。同时,将光网络与边缘计算技术结合可以很好地契合城域光网络分布式特点,增强光网络自感知能力,提高服务速度与质量。尽管边缘计算技术已经取得了一些成果和进展,但是在城域光网络中光网络与边缘计算技术的结合模式仍需要进一步的研究和探索。

首先是资源协同优化问题。边缘计算涉及大量的异构异质、分布式、动态变化的边缘资源,包括计算资源、存储资源、通信资源等,为实现边缘和核心节点间的高效协同和优化,需要实现光网络中对边缘资源的快速发现,并能对资源进行有效管理和调度。此外,由于来自用户的计算密集型任务会被发送到最近的边缘计算服务器进行处理,在一个区域内同时产生大量任务请求,会出现多台服务器闲置而某台服务器过载的情况,这可能会导致任务处理时间超过最大限制。在这种服务器过载的情况下,可以考虑将接收到的任务进一步卸载到附近负载较轻的服务器上。为此城域光网络必须具备卸载功能,以优化边缘服务器间的协作策略,提升整体性能。城域光网络资源优化需要综合考虑光网络通信资源和计算资源,实现边缘资源的有效负载均衡,并确保对数据的安全保护,这已成为当前城域光网络面临的核心挑战之一。同时,随着数据在边缘节点的存储量增加,对网络带宽的需求也随之变化。在传统的云计算架构中,通常的做法是为数据中心配置较高的带宽,而为边缘节点配置较低的带宽。现在城域光网络将根据协同策略,灵活地调整带宽分配,以适应不断变化的需求。

综上,城域光网络亟须高效灵活的调控机制和资源优化策略,以适应边缘计算场景需求,协同算网资源,提升服务质量。

### 1.3.2 分布式训练

随着深度学习的迅速普及,训练数据集和神经网络模型参数呈爆炸式增长,许多较复杂的任务需要使用更强大的模型。然而,强大模型加上海量的训练数据,单个图形处理器(Graphics Processing Unit, GPU)通常无法处理模型训练问题,经常导致模型训练耗时严重。为了实现模型的可扩展训练,如何高效地训练深度神经网络变得非常重要。在给 AI 大模型提供足够的算力用于训练和部署的各项技术中,分布式训练正在占据越来越重要的位置。

随着计算资源部署边缘化和城域光网络灵活互联能力的提升,城域光网络与分布式训练系统相结合,可为数据密集型应用提供良好的计算与通信环境。城域光网络分布式训练系统将位于不同地理位置,如边缘数据中心、数据中心、虚拟现实设备、科学仪器等的计算资源,通过城域光网络进行连接,以提供计算服务。对于这种复杂的融合不同类型资源分布式训练系统,不同时刻到达系统的应用请求在不同时刻分布不同。所以,需要将不同资源协调组织才能在实际场景中满足用户需求。基于城域光网络分布式训练系统的资源可以分为两种,一是计算资源,包括处理计算任务的各种计算设备和存储设备等;二是通信资源,包括用于连接计算资源的光收发模块、光链路和光交换节点等。

分布式训练的性能在很大程度上取决于任务调度的有效性,这一点已得到广泛认同。在分布式计算的相关研究中,许多工作专注于设计算法来解决任务调度问题,但这些研究往往假设计算资源之间存在专用且全连接的网络,而没有充分考虑通信资源的竞争[6]。实际上,在城域光网络中分布式训练网络不可能是理想的全连接网络,链路资源的竞争是不可避免的。因此,合理分配通信和计算资源以满足用户的应用请求,成为基于城域光网络的分布式训练系统面临的关键问题。

在分布式训练场景下,核心问题是资源的协同调度,要能够快速响应用户请求,处理大量并发请求,同时确保整体处理时间的最小化和执行的公平性。特别地,要协同计算与通信资源,使其能在大量的用户应用请求中最大程度地满足用户服务质量要求。此外,考虑分布式训练过程中可能出现的故障,使得城域光网络分布式训练系统具有容错保护能力,以提高训练过程的安全性,也是需要深入研究的问题。为了应对这些问题,需要不断地探索和完善城域光网络资源优化与调控技术,以实现其在更广泛分布式训练场景中的有效部署。

### 1.3.3 算力网络

在当前工业变革的浪潮中,数据已成为关键的生产要素,算力作为信息社会的核心动力,对数字经济发展与社会智能化进程至关重要。我国在 4G 网络和 5G 网络方面的领先地位推动了移动互联网经济的快速增长,也推动了算力的快速发展与算力分布的多样性。在这种背景下,“以网强算,以算促网”的算力网络快速演进,算力和网络的边界日益模糊。在我国,“东数西算”工程对跨地理空间的计算网络资源进行协同调度,算力网络融合一体发展的趋势日趋明确。在国家政策、算力需求及商业需求的驱动下,国内三大运营商纷纷致力于算网基础设施建设,促进算网一体化发展。2019 年 11 月,中国联通发布业界首部《算力网络白皮书》,率先倡导算力网络概念,提出算力网络是云网融合新发展阶段[7]。随后,中国联通推出 CUBE-Net3.0 网络创新体系,希望以算网为基、数智为核、低碳集约为核心理念,提供可信赖的算网一体化运营服务[8]。2022 年 5 月,中国联通在“世界电信和信息社会日”当天正式发布算力时代全光底座,旨在提供超广覆盖、超大带宽、超低时延、超高可靠、智能调度等网络能力。中国移动将算力网络体系架构分为算网运营、算网大脑、算网底座三层,提出以算为中心、网为根基,网、云、数、智、安、边、端、链等深度融合,提供一体化服务的新型信息基础设施的核心理念[9]。中国电信的算力网络发展则坚持云网融合主线,提出服务提供层、管理编排层、网络控制层、资源层的架构分层方案[10],并提出“算力三定律”,以云网融合为主线,迈向云网融合 3.0 时代[11]。总的来看,虽然算力网络整体架构目前在国内达成了初步共识,但相关技术研究还处于初级阶段,国内各标准组织之间的协同与统一仍需加强。

光网络具有刚性管道特性,天然具备提供高品质连接的能力,光(通信)网络能够为算力的高效连接和灵活调度提供高可靠、低时延的运力保障,是算力网络的最佳载体。算力网络发展要求城域光网络提供算网一体化服务,这对城域光网络的调控与优化能力提出了新的挑战。

在资源优化方面,算力网络中的算网异质资源呈现深度耦合特性。在时间上,异质资源交替应用,相互依赖;在空间上,异质资源互联互通并发调度,制约彼此的效率和性能。算力资源调度需要综合考虑算力位置、成本、负载以及光网络的时延、带宽等因素,以满足整体业务需求。同时,算力网络场景中的业务多样,如高性能计算、数字医疗、自动驾驶、大数据处理、智慧工厂、VR/AR 实时传输等,业务态势和资源需求呈现差异性大、分布动态变化性强,进而影响网络资源环境的变化,在这些场景下,传统的资源优化机制暴露出静态配置滞后性严重、缺乏针对业务分布与拓扑变化的自适应能力等不足。因此,如何在非稳态和动态的应用环境中实现光网络异质资源的连续优化,以高效主动地满足时延和业务确定性等性能需求,是面向算网一体的城域光网络资源优化的关键问题。

### 1.3.4 服务器无感知计算

服务器无感知计算(Serverless Computing),如其名称所示,不是真正意义上的“无服务器”,而是一种将基础设施的管理和维护工作从开发者转移至云服务提供商的计算范式[12]。在这种模式下,开发者可以专注于编写代码和业务逻辑,而不需要关心底层的硬件、服务器配置、负载均衡或容量规划等细节。服务器无感知计算通常与函数即服务(Function as a Service, FaaS)概念相结合,允许开发者为特定的事件或触发器编写函数,然后按照实际执行次数进行计费。

在城域光网络中，数据传输的实时性和稳定性对于服务质量和用户体验至关重要。服务器无感知计算的兴起，对网络性能的要求进一步提升，特别是在 FaaS 场景下，网络需要在毫秒级时间内完成数据传输，以支持快速触发函数执行。这要求城域光网络必须具备出色的资源调度和分配能力，以适应数据流和应用需求的多样性，保障通信效率。动态分配是服务器无感知计算资源优化中的关键。动态分配基于实时的工作负载需求，自动调整分配给每个任务或服务的资源。这种方法减少了资源的浪费，因为它只在需要时才提供资源，而不是像传统的预先分配方式那样，不考虑实际需求就提前分配资源。但这也带来了新的挑战，例如如何快速地为突然增长的负载分配资源，以及如何确保在资源有限的情况下，优先满足关键任务的需求等。

面对服务器无感知计算，城域光网络资源调控不仅需要满足传统的带宽和速率需求，还要考虑如何在高并发和动态变化的场景中进行资源优化。传统的资源调控通常基于固定的规则和策略，但在服务器无感知计算的场景下，流量模式可能会在很短的时间内发生剧烈变化。因此，需要引入动态资源分配和负载平衡机制，以确保网络资源的最大化利用，提供服务器无感知计算所需的通信保障。

### 1.3.5 6G 通信技术

第六代移动通信技术(The 6th Generation Mobile Communication Technology, 6G)是继 5G 之后的下一代无线通信技术，预计于 2030 年之后满足未来的通信需求[13]。尽管 5G 网络已覆盖了一些典型的应用场景，但有些地方，如乡村和高速公路仍未得到良好的覆盖，限制了如无人驾驶车辆等应用的广泛使用。为实现无缝、全覆盖的服务，6G 将依赖于非地面通信网络，特别是卫星通信网络，以补充陆地网络。在传输数据速率方面，尽管 5G 中的毫米波可以提供 Gbit/s 级别的传输数据速率，但 6G 则需要 Tbit/s 级别的传输数据速率，以支持高清视频、VR 和 AR 混合应用。为此，太赫兹(THz)和光频带将成为潜在的选择。为满足这些需求，6G 将整合 AI 和机器学习技术，使网络自动化，提高网络性能，提高服务质量，保障安全性、故障管理和能效。

在 6G 时代，数据传输面临前所未有的挑战和变革。为了满足日益增长的设备和应用对超高速通信的需求，6G 预计提供太比特级别的传输速度，这对城域光网络提出了增强带宽能力的要求。为了实现这一目标，城域光网络需要采用更高级的调制技术，并在高速传输的同时保证信号质量与可靠性。6G 还追求亚毫秒级的低延时，以支持实时应用，如自动驾驶、遥控机器人和虚拟现实等，这要求城域光网络采用高效的调控策略，并对传输与处理进行优化，确保数据快速流动。

6G 的普及化网络覆盖目标要求城域光网络实现更广泛的部署，并适应不同应用和环境需求的变化。这需要智能的网络管理策略和动态资源分配机制。同时，网络中的计算、存储等算力异质资源也应在 6G 环境下得到优化配置。此外，能源效率、业务服务等级等也应在资源优化中被考虑。为解决这些挑战，可在资源调度和优化中引入预测和智能决策技术以实时协同调控和优化资源。

### 1.3.6 城域光网络发展新挑战

伴随着通信场景新挑战,城域光网络的快速发展也面临着一系列的挑战。

**1. 数据传输速率瓶颈**

近年来,全球数据流量呈现出前所未有的增长速度。光纤网络的传输能力尽管强大,但仍然可能在某些高流量区域遭遇瓶颈。这不仅是带宽带来的问题,网络的低延迟、高稳定性和高可靠性需求也对网络架构和技术产生了更高的要求。当下,城域光网络的技术迭代不仅要提高光网络的传输速度,还要考虑如何提高网络的灵活性,以适应不同应用场景的需求。

**2. 灵活自适应的协同优化能力不足**

随着新型通信场景的出现,通信服务呈现流量快速增长、新型场景多样、连接数量剧增、动态时变性强的发展趋势。承担关键变革的城域光网络需要提供全局统一、实时可靠、高计算资源效能的资源调控机制才能满足通信网络发展趋势。然而当前城域光网络异构异质特性明显,缺乏通信资源与计算资源联合协同机制,资源调控机制存在适应性低和滞后明显等问题。为了攻克上述难题,城域光网络迫切需要一套智能自适应的资源协同调控机制,从而解决异质通信资源间和通信资源与计算资源间的协同优化问题,保障城域网内资源的一体优化与协同分配,实现城域光网络的高效实时资源调控。

**3. 安全可靠与抗毁保障能力要求提升**

安全可靠始终是通信网络的核心问题。除了常规的网络攻击,光网络还可能面临如光信号干扰、非法监听等特定的威胁。防御这些攻击需要专业的设备技术,以及持续的安全培训与演练。加强城域光网络的安全防护,不仅要求技术上的创新,还需要运营商、供应商和政府部门之间的紧密合作。城域光网络涉及的数据量巨大,一旦出现毁坏,造成的损失是惊人的。自然灾害、人为破坏或意外事故可能导致光纤网络的物理损坏,影响通信连续性。为此需要考虑如何抗毁保障,通过配置冗余路径及资源等方法,在主路径受损时能够迅速切换到备用路径,保证通信不中断。城域光网络需要在提供高效通信服务的同时,增强其安全性和抗毁性,确保网络的可靠性和稳定性。

## 1.4 城域光网络资源优化新挑战

随着技术进步和数字化应用的普及,城域光网络已经成为现代通信的关键基础设施。但在追求更高带宽、更好的服务质量和更高的资源利用率的过程中,该网络面临着一系列新的资源优化问题。这些问题涉及如何应对新型传输技术带来的资源约束多样性、如何适应动态的流量需求快速配置、如何对算网异质资源进行协同优化、如何保证网络的高可靠性，以及如何实现智能资源优化分配，以在满足通信资源需求的同时，确保各类服务的质量要求得到满足。

### 1.4.1 新型传输技术的资源约束多样性

在光通信系统发展过程中，新型传输技术的革新为光网络带来了更大的单纤容量，同时也为光网络的资源分配引入一系列的约束和挑战。下面以弹性光网络、空分复用光网络和多波段光网络为例，概述这些新技术带来的约束多样性。进一步的讨论将在本书第二章展开。

弹性光网络是一种能够灵活适应不同业务需求和流量变化的光通信网络，与 WDM 光网络相比，弹性光网络增加了频谱约束，即频谱连续性与频谱一致性。频谱连续性要求分配给每个请求的频隙是连续的，频谱一致性要求为所选光路的所有链路分配相同的连续频隙。空分复用光网络常使用多芯光纤或多模/少模光纤作为光信号的传输介质，这为光网络资源分配引入纤芯、传播模式的约束，如多芯光纤中的芯间串扰、多模/少模光纤中的模式间串扰。多波段光网络在已部署光纤上使用传统 C 波段之外的其他波段传输光信号，对资源分配的物理约束提出更高的要求，如光纤在不同波段表现出的传输损耗的差异、波段之间存在不可忽略的非线性相互作用等。在多波段光网络资源分配过程中充分考虑物理约束能进一步保证传输的质量与可靠性。

综上所述，新型传输技术为光网络资源分配带来了多样的约束，理解光网络资源分配中的约束条件才能在有限的频谱资源和空间资源中实现高效的信号传输，以推动城域光网络更好地适应不断增长和多样化的通信需求。

### 1.4.2 边缘计算驱动的实时资源调控

边缘计算在城域光网络中的应用，通过将数据处理能力部署在网络边缘，为资源的快速响应带来了显著优势。这种策略的核心在于，数据处理更接近数据产生的地方，从而显著缩短了响应时间，使得网络资源能够实时或近实时地进行优化配置。边缘计算的引入使得城域光网络中流量需求的动态性大幅提升。例如，在某些高峰时段，可能会有大量的视频流量，而在其他时候，则可能以大数据分析或其他企业应用为主。传统的做法是，所有的数据都回传到数据中心进行处理，然后将结果传回用户，这样不仅响应速度慢，还可能造成网络资源的浪费。边缘计算改变了这一现状，它允许在网络的边缘进行初步的数据处理和分析，快速地进行资源协同，确保网络的资源总是在最需要的地方得到充分利用。

但这也使得城域光网络通信需求切换频繁，流量在南北向和东西向模式间动态变化，其业务态势和网络资源需求呈现差异性大、分布动态变化性强的特点。传统的资源调控技术往往以业务为驱动，在业务发生后展开资源配置工作，或需要外界干预才能对所需资源进行预设置，导致资源调控时效性难以满足业务的实时需求。因此需要对调控机制进行研究，改善调控机制适应性低和调控滞后问题，从而提高资源调控时效性，高效地满足业务实时通信资源请求。

### 1.4.3 算力网络中的异质资源协同优化

当前算力呈现立体泛在、形式多样的特性，如边缘数据中心、区域数据中心、云数据中心等，因此，对多样算力的统一度量体系仍待探讨。考虑到一些业务的数据依赖性问题，存储资源也必须被纳入资源协同范围，再加上当前光网络正在向时分、频分、空分多维传输技术共存的方向发展，导致通信资源自身也异质多样，包括时分资源、频分资源、空分资源等。算网一体中业务对异质资源的需求往往无法线性等效映射。例如当一个业务请求算力（一个计算任务）时，其对算力资源的需求要参考任务完成时间约束；对通信资源的需求依赖于服务该任务的算力资源位置、服务架构与通信过程；对存储资源的需求取决于任务的数据依赖情况等。传统机制独立分时分域处理各类资源，无法消除计算资源、通信资源、存储资源的物理差异以实现等效映射和异质资源的统一优化。算网一体场景下，业务时延更敏感，确定性要求更高，服务质量约束性更强，这就要求光网络必须实现异质资源的统一表征和优化，从而有效地协调不同资源间的需求差异，满足多重资源约束。统一优化的缺失会直接影响算力的有效协同应用。

### 1.4.4 高可靠的网络抗故障能力

近年来，随着光通信技术的发展与城域负载的增加，城域光网络故障带来的影响范围日益扩大，故障带来的数据丢失、业务中断可能导致极为严重的后果。城域光网络的可靠性不仅关系到用户体验，更涉及城市的正常运行。例如，交通管理、紧急救援、公共服务等需要城域光网络提供高度稳定连接的场景，一旦网络发生故障，可能引发城市内部各方面的紧急问题。这种高度依赖通信的情况为城域光网络资源优化带来了新挑战。一方面，城域光网络的规模逐步扩大，涉及大量的光缆、设备和基础设施。为了确保网络的高可靠性，需要进行密集的资源调控和配置工作。另一方面，随着数字化与智能化的发展，城域光网络不仅需要满足传统通信需求调配通信资源，还需要考虑其他资源的管控，需要能够支持各类传感器、监控设备等智能设备的连接，并实现智能动态协同优化。

为此，新一代城域光网络资源优化需要采用先进的智能可靠性策略，以快速响应故障，保障通信质量。通过利用人工智能（AI）和机器学习（ML）技术来预测网络流量与故障模式，自动调整备用资源分配，以及在出现异常时迅速采取行动。同时，网络的自愈能力也变得至关重要，它允许网络在不依赖人工干预的情况下，自动诊断问题并恢复服务。这些智能优化策略不仅提高了城域光网络的效率，还增强了其在面对不断变化的通信需求时的适应性和韧性，从而确保城域光网络在数字化时代持续稳定、可靠地发挥作用。

### 1.4.5 内生的智能决策能力

随着6G等通信技术的发展，智慧内生成为新一代城域光网络发展的关键方向。传统网络架构主要依赖被动、补丁式的功能增强，导致网络规模和功能逐渐复杂，难以满足全社会、全行业、全生态的多样业务需求。为解决这一问题，新一代网络发展倡导智慧内生的设计理念，以实现多维立体全场景深度智慧接入与多网共生融合[14]。智慧内生的关键特征是深度融合算力、数据与网络，形成具备自主运行和自我演进能力的机制。在城域光网络中，这一设计理念为网络注入了先进的AI技术，使其具备更高级别的智能决策能力。通过深度融合机器学习技术，实现对网络中环境、资源、干扰、业务和用户等多维特性的深度挖掘和利用，这使得网络能够实时感知环境，对网络状态进行动态调整，以应对不同场景下的变化。

城域光网络在智慧内生的新型网络架构下，将实现从云智能到分布式网络智能的范式转变。网络节点的通信、计算和感知能力得到充分利用，通过分布式学习、群智式协同以及云边端一体化算法部署，使具有智慧内生的网络原生支持AI应用。这使得网络具备自运维、自检测和自修复的能力，实现了网络的智能自我管理。智慧内生中的城域光网络赋予了网络更强大的智能决策能力，这种能力不仅体现在网络的高效运行和业务适应性上，也体现在网络能够根据实时情境做出智能决策，实现对物理世界的模拟、验证、预测和控制上。城域光网络的智慧内生，将为实现数字化、智能化的城市提供坚实的网络基础，推动光网络进入全新的智能时代。

## 参考文献

[1] 顾婉仪. 光纤通信系统[M]. 3版. 北京邮电大学出版社，2013.

[2] 陈骞. 全球5G进展与趋势[J]. 上海信息化，2017(5)：80-82.

[3] ITU-R. IMT愿景——2020年及之后IMT未来发展的框架和总体目标[Z]. 2015.

[4] 王光全，沈世奎. 云时代全光底座架构及关键技术[J]. 信息通信技术与政策，2021，(12)：19-26.

[5] REN J，ZHANG D，HE S，et al. A survey on end-edge-cloud orchestrated network computing paradigms：Transparent computing，mobile edge computing，fog computing，and cloudlet[J]. ACM Computing Surveys(CSUR)，2019，52(6)：1-36.

[6] YIN S，JIAO Y，YOU C，et al. Reliable adaptive edge-cloud collaborative DNN inference acceleration scheme combining computing and communication resources in optical networks[J]. Journal of Optical Communications and Networking 15

(2023)：750-764.

[7] 中国联通网络技术研究院. 中国联通算力网络白皮书[R/OL]. [2024-01-13]. http://www. digitalelite. cn/h-pd-759. html.

[8] 中国联合网络通信有限公司研究院. 中国联通 CUBE-Net 3.0 网络创新体系白皮书[R/OL]. [2024-01-13]. http://www. digitalelite. cn/h-nd-5120. html?fromMid=3&group=298.

[9] 中国移动通信集团有限公司. 算力网络白皮书[R/OL]. [2024-01-13]. http://www. digitalelite. cn/h-nd-1936. html.

[10] 中国通信标准化协会. 算力网络需求与架构[R]. 北京：中国通信标准化协会,2021.

[11] 中国电信集团公司. 云网融合 2030 技术白皮书[R/OL]. [2024-01-13]. http：www. doc88. com/p-99659423657680. html.

[12] JONAS E,SCHLEIER-SMITH J, SREEKANTI V, et al. Cloud programming simplified: A berkeley view on serverless computing[J]. arXiv preprint arXiv: 1902. 03383, 2019.

[13] 中国信通院 IMT-2030(6G)推进组. 6G 总体愿景与潜在关键技术白皮书[R]. 北京：中国信通院,2021.

[14] 李琴,李唯源，孙晓文，等. 6G 网络智能内生的思考[J]. 电信科学，2021，37(9)：20-29.

# 第2章

# 城域光网络中的新型传输技术

在当今数字化时代，城域光网络作为连接城市各位置的高速信息传输系统，重要性日益凸显。城域光网络不仅提供了高速、大容量的数据传输能力，而且在确保通信服务的可靠性和稳定性方面发挥着关键作用。随着城市的信息化和互联网应用的增长，新一代城域光网络面临资源利用效率、调控灵活性、抗毁可靠性以及数据流量的挑战。为此城域光网络在多个关键领域实现了显著的技术升级。其中的传输技术不仅代表了光通信技术发展的前沿趋势，而且极大地增强了城域光网络的传输容量和整体性能。

本章将深入探讨城域光网络中的新型传输技术及其资源优化策略，尤其关注弹性光网络、空分复用光网络、空分复用弹性光网络以及多波段光网络等。它们代表了城域光网络中传输技术演进的趋势，也在资源优化中具有各自的特征约束。灵活栅格技术通过频谱可变，提高了资源分配的灵活性。空分复用技术在空间维度上复用信号，增加了资源容量。多波段传输技术在不同波段上传输数据，提高了传输效率和容量。这些新型传输技术，不仅提升了网络的性能，还增强了网络的可用性和可扩展性，为城市信息化的未来发展奠定了坚实的基础。随着技术的不断进步，我们有理由相信，城域光网络将能够更好地满足未来城市通信的需求，为数字经济发展提供强有力的支撑。

## 2.1 弹性光网络

### 2.1.1 弹性光网络概述

随着业务需求的日益多样化，网络带宽资源的灵活分配变得日益重要。传统波分复用(Wavelength Division Multiplexing，WDM)技术受限于固定波长栅格，即以固定波长间隔(如25 GHz、50 GHz、100 GHz)作为带宽分配的基本单位，这限制了对业务带宽需求的精确匹配。同时，由于业务带宽需求的多样性，这种固定分配方式往往导致资源浪费和频谱利用率不高。为此，弹性光网络(Elastic Optical Network，EON)应运而生。

EON 技术能够根据实际业务需求动态调整收发器带宽配置,提供灵活栅格传输通道,实现了对带宽资源的高效利用[1]。与传统 WDM 技术相比,EON 技术在频谱资源优化上展现了显著的优势,不仅提高了频谱效率,还增强了网络对多样化业务需求的适应能力。

弹性光网络采用光正交频分复用技术(Optical Orthogonal Frequency Division Multiplexing, O-OFDM)作为其核心技术,将频谱资源细分为更精细的频隙(Frequency Slot, FS)。O-OFDM 技术通过频分复用和并行传输,实现了子载波间的正交性,使得它们可以紧密排列而不产生相互干扰。相较于传统的波分复用,EON 在频谱粒度上实现了显著提升。根据国际电信联盟(ITU)的规定,EON 的频谱栅格常见设置为 12.5 GHz 或 6.25 GHz,比 WDM 的最小栅格 25 GHz 还小。更小的频谱粒度提供了更高的网络资源配置灵活性,有效提升了频谱的利用率,使得 EON 在网络资源管理和动态分配方面具有明显的优势。

## 2.1.2　弹性光网络核心技术

### 1. 光正交频分复用技术

光正交频分复用是一种在光通信领域中应用的先进调制技术,它基于正交频分复用原理,用于提高光纤通信系统的频谱效率和传输容量。正交频分复用技术(Orthogonal Frequency Division Multiplexing,OFDM)是一种多载波调制(Multi-Carrier Modulation, MCM)方案。OFDM 技术最初在无线通信领域得到广泛应用,用于解决多径衰落和频率选择性衰落问题。它通过将宽带信道分解为多个正交的窄带子载波,每个子载波上独立传输数据,有效地减少了子载波间的干扰。在光通信中,O-OFDM 同样利用这一原理,通过在频域内将信号分配到多个正交的子载波上,实现了高速、大容量的数据传输。如图 2-1 所示,与通常需要固定波长间隔以消除串扰的 WDM 系统相比,O-OFDM 的信道正交性允许各个子载波的频谱部分重叠。

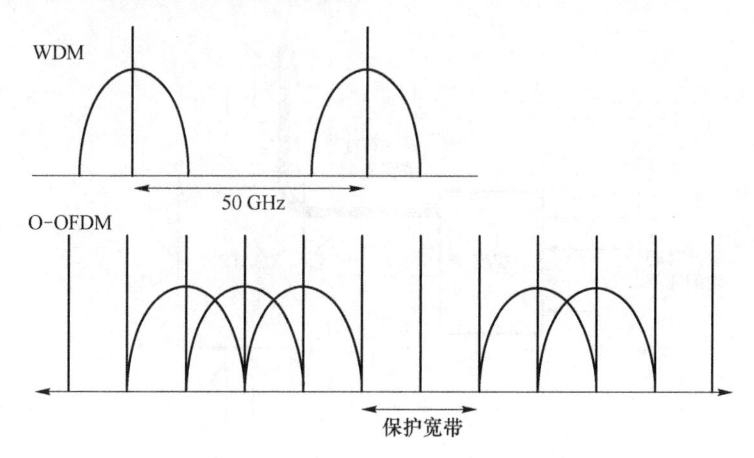


图 2-1　WDM 与 O-OFDM 的对比

在弹性光网络中,“弹性”特性得益于光正交频分复用技术的核心贡献。在 EON 技术发展的过程中,O-OFDM 技术因其与光信号传输特性的高度契合而成为主导技术,显著提升了网络的实际应用效能,具体优势如下。

① 频谱资源的高效利用:O-OFDM 通过精确的频谱划分,实现了频谱资源的最大化利用,减少了频谱浪费。

② 动态带宽分配:O-OFDM 支持根据业务需求动态调整带宽,使得网络能够灵活地应对不同速率和容量的传输需求。

③ 抗干扰能力:正交子载波的设计减少了信号间的干扰,提高了网络的传输质量和可靠性。

④ 简化网络架构:O-OFDM 技术简化了网络节点的设计,降低了复杂度,有助于构建更加高效和经济的光网络。

综上所述,O-OFDM 技术在光网络中的应用,不仅提升了网络的性能和灵活性,还为 EON 成为未来光通信网络发展的重要方向奠定了基础。

### 2. 带宽可变收发器

带宽可变收发器(Bandwidth-Variable Transponder,BVT)一般分布于网络边缘,其主要功能有二,一是根据用户的业务需求选择与之相适应的调制格式;二是为各个子载波分配带宽,通过调整传输比特率或调制格式的方式,调整业务所占用的网络带宽资源。因其得天独厚的优势,BVT 可以根据业务需求的带宽资源来选择低阶或者高阶的调制技术,并借此为业务分配合适的带宽。具体到特定场景中,信号选择的调制方式、信道的实时环境都与业务传输距离密切相关。考虑到在各种传输场景下保证信号质量,在长距离传输场景中,低阶调制方式更为稳妥,同样该调制方式也适用于在信道环境相对较差时使用;而在传输距离较短或信道环境相对较好的情况下,选择如 16QAM、64QAM 等高阶调制格式效果更佳。BVT 及节点示意图如图 2-2 所示,其中 ROADM 为可重构光分插复用器。

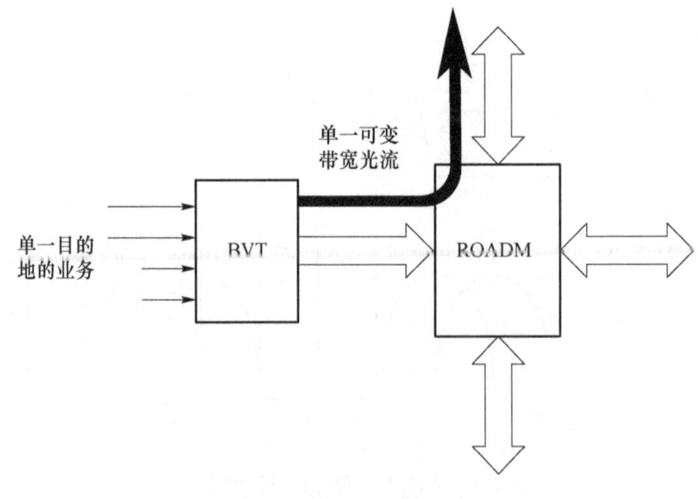


图 2-2　BVT 及节点示意图

**3. 带宽可变交叉连接器**

在弹性光网络中，带宽可变交叉连接器（Bandwidth-Variable Cross-Connect，BV-WXC）至关重要，它负责提供网络中间节点的交叉连接能力与资源。BV-WXC 内含多个带宽可变频谱选择开关（Bandwidth-Variable Spectrum Selective Switch，BV-SSS）[2]，BV-SSS 一般通过硅基液晶和微机电系统实现其中的开关元件，其开关粒度间隔满足灵活栅格需求，且具有弹性调节带宽和中心频率的功能，它能使开关颗粒适配信道宽度。弹性光网络要为各业务构造端到端的光通路，不仅需要为各类型业务分配足够的频谱资源，还需要调控 BV-WXC 建立交叉连接，保障传输效率。BV-WXC 结构示意图如图 2-3 所示，其中 Splitter 为分路器。

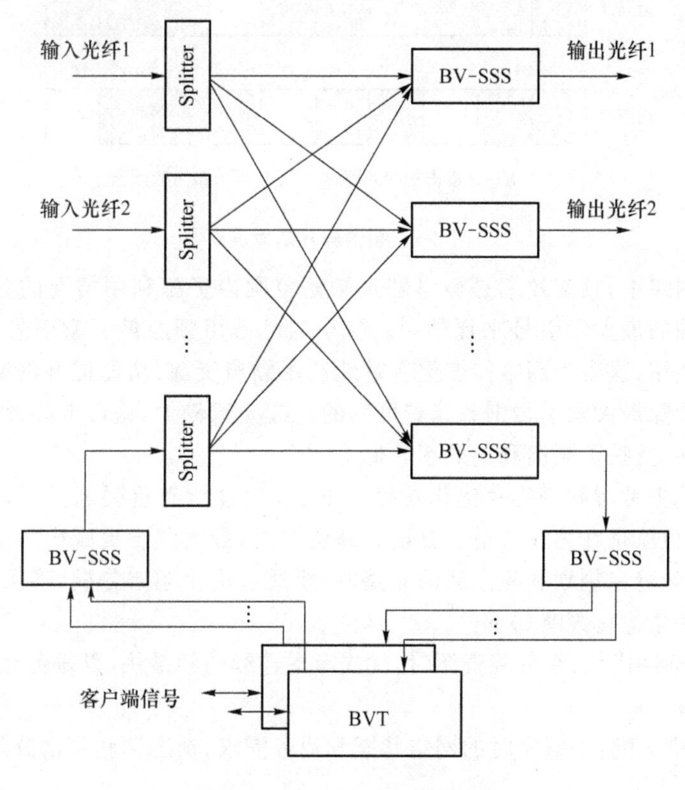


图 2-3　BV-WXC 结构示意图

## 2.1.3　弹性光网络中的资源优化

弹性光网络中的资源优化是指在保证传输质量和信息速率的前提下，选择合适的路由、频谱部分和传输参数（包括调制格式和编码），降低动态配置时的阻塞概率，优化频谱资源效率。由于弹性光网络使用 O-OFDM 技术和 BVT、BV-SSS 等关键器件，其资源建模具有独特性，在进行资源优化时也产生了独特的碎片问题。本小节将围绕弹性光网络资源优化的主题,对 EON 中的重要资源优化问题和典型资源优化模型进行介绍。

### 1. 弹性光网络中的碎片优化

在弹性光网络中,频谱碎片是指在信道动态、非均匀地建立和拆除的过程中,光谱产生的未对齐、孤立和小尺寸的连续子载波频隙块。由于它们在频域中既不连续,也不沿路由路径对齐,网络调控难以将这些频隙分配给未来的连接请求。随着时间的推移,频谱碎片的累积使得连续可用频谱资源不足,降低了频谱效率,增加了网络阻塞的概率。如图 2-4 所示,若网络中单个业务占用的最小频隙数为 2,则图中未被占用的频隙均变为频谱碎片。

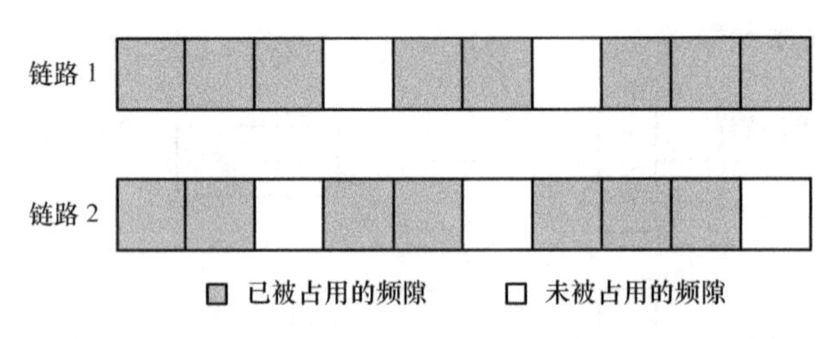


图 2-4　频谱碎片示意图

在弹性光网络中,频谱效率是衡量特定频谱范围内资源利用情况的关键指标,通常通过已占用频隙的最大索引号来评估[3]。较小的已占用频隙最大索引号意味着更多的连续频隙可供使用,这表明网络能够更有效地利用频谱资源,从而提升网络性能。相反,较大的已占用频隙最大索引号则意味着可用的连续频隙较少,这可能导致后续业务请求更容易遭遇阻塞,反映了频谱利用效率较低。

在资源优化中考虑频谱碎片优化对提升 EON 的性能有重要意义[4],碎片优化的核心是“预处理”,也就是在为业务请求分配光路资源时,最大限度地减少频谱碎片的产生。具体来说,这意味着在规划和建立新的光路时,要通过优化频谱分配,确保资源的连续性和高效利用。场景优化策略如下。

① 频谱连续性优化:在分配资源时,优先考虑连续的频谱块,以避免在已分配的频谱中产生新的碎片。

② 动态频谱分配:根据实时的网络状态和业务需求,动态调整频谱分配策略,以减少频谱碎片。

③ 资源预留策略:在网络规划时,预留一定量的频谱资源作为缓冲,以应对未来可能出现的业务增长和频谱碎片化问题。

④ 碎片避免策略:在进行路由与资源分配选择时,评估碎片产生情况,以避免碎片为核心优化目标选择路由和资源优化策略。

### 2. 弹性光网络中的碎片整理

碎片整理(Defragmentation, DF)是碎片优化的补救方案,通过重新排列已部署光路去除频谱碎片,提高频谱效率。大多数碎片整理方案可以分为主动式碎片整理和被动式碎片整理两种。主动式碎片整理与网络是否遇到特定的阻塞无关，按一定周期执行方案，目标是减少特定指标的频谱碎片，如占用的频隙总数、碎片指数。被动式碎片整理由请求阻塞触发，目标是对现有光路进行重排，为原本被阻塞的请求让出空间。但碎片整理对光路的重新配置通常会导致某种形式的请求中断，所以主动式碎片整理和被动式碎片整理有一个共同的目标，即减少受碎片整理影响的现有光路的数量，从而最大限度地减少请求中断。

**3. 典型弹性光网络资源优化模型**

与传统的 WDM 网络相比，弹性光网络优化更加复杂，需要综合考虑路由、调制格式和频谱分配(Routing, Modulation Level and Spectrum Allocation, RMLSA)问题。在 RMLSA 中，光谱分配必须满足频谱连续性与频谱一致性两个约束条件[5]。其中，频谱连续性指分配给每个需求的频隙必须是连续的，频谱一致性指必须沿所选光路的所有链路分配相同的连续频隙。如图 2-5 所示，当需要为一项业务在链路 1、链路 2 和链路 3 上分配两个频隙时，由于频谱的约束条件，网络最终将业务分配给了索引为 5 和 6 的两个频隙。

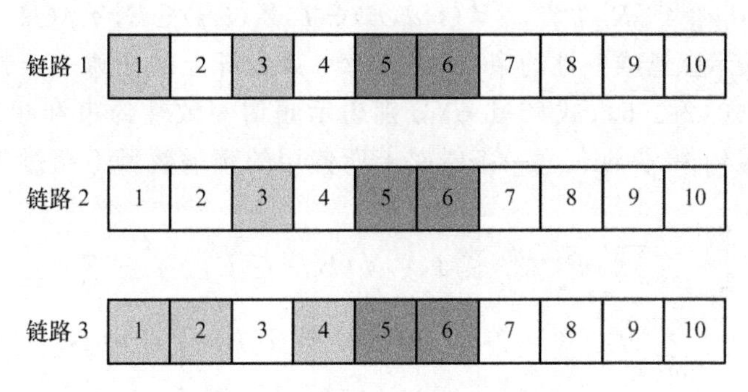


图 2-5 EON 中的频谱资源分配

对于复杂的弹性光网络资源优化问题，可使用整数线性规划(Integer Linear Programming, ILP)对其进行建模。ILP 模型的最优化目标可以是网络的具体优化目标，如最小化频谱资源消耗、最大化频谱效率、最小化阻塞概率、最小化串扰；在约束条件表征中，建模需要充分考虑弹性光网络中的资源特征与业务约束。

以最小化 EON 总频隙消耗为例，介绍基于 ILP 的资源优化模型。

(1) 符号定义

- $G(V,E)$：无向网络拓扑，$V$ 代表网络中所有节点的集合，$E$ 代表所有链路的集合。
- $T$：所有业务的集合，$(s,d,B)\in T$，其中$(s,d)$代表业务集合 $T$ 中从源节点 $s$ 到目的节点 $d$ 的业务，$B$ 代表业务$(s,d,B)$所需的频隙(FS)数目，且 $s\in V, d\in V, s\neq d$。
- $F$：一条链路上所有 FS 的集合，$f\in F$，$|F|$代表一条光纤链路中所有 FS 的数目。
- $\Delta$：一个足够大的正整数。

(2) 变量设计

$P_{(i,j),f}^{(s,d,B)}$：二进制变量，当链路$(i,j)$上的 FS $f$ 被业务$(s,d)$占用时为 1，否则为 0。

$R_{(i,j)}^{(s,d,B)}$：二进制变量，当业务$(s,d)$经过链路$(i,j)$时为1，否则为0。

(3) 优化目标描述

最小化总频隙消耗：$\text{Min} \sum_{(s,d,B)\in T}\sum_{(i,j)\in E}\sum_{f\in F} P_{(i,j),f}^{(s,d,B)}$。

(4) 约束条件表征

式(2-1-1)表示为业务$(s,d,B)$寻找一条端到端的光路。式(2-1-2)表示流量守恒约束，保证光路上除了源节点和目的节点，其他中间节点的流入总量等于流出总量，且源节点的流出等于$B$，目的节点的流入等于$B$。式(2-1-3)表示不分流约束，保证业务$(s,d,B)$只能沿着一条端到端的连接进行传输。

$$\sum_{(i,j)\in E} R_{(i,j)}^{(s,d,B)} - \sum_{(j,i)\in E} R_{(j,i)}^{(s,d,B)} = \begin{cases} 1, & i = s \\ -1, & i = d, \\ 0, & \text{其他} \end{cases} \quad \forall (s,d,B) \in T \tag{2-1-1}$$

$$\sum_{(i,j)\in E}\sum_{f\in F} P_{(i,j),f}^{(s,d,B)} - \sum_{(j,i)\in E}\sum_{f\in F} P_{(j,i),f}^{(s,d,B)} = \begin{cases} B, & i = s \\ -B, & i = d, \\ 0, & \text{其他} \end{cases} \quad \forall (s,d,B) \in T \tag{2-1-2}$$

$$P_{(i,j),f}^{(s,d,B)} \leqslant R_{(i,j),f}^{(s,d,B)}, \quad \forall (s,d,B)\in T, \forall (i,j)\in E, \forall f\in F \tag{2-1-3}$$

式(2-1-4)表示频谱唯一性约束，保证任意一条光纤上的任意一个频谱至多只能被一个业务占用。式(2-1-5)、式(2-1-6)分别表示频谱一致性约束和频谱连续性约束。式(2-1-7)是容量约束，保证任意一条链路上所使用的频谱数目不超过该链路上的频谱总数。

$$\sum_{(s,d,B)\in T} P_{(i,j),f}^{(s,d,B)} \leqslant 1, \quad \forall (i,j) \in E, \forall f \in F \tag{2-1-4}$$

$$\sum_{(i,j)\in E} P_{(i,j),f}^{(s,d,B)} - \sum_{(j,i)\in E} P_{(i,j),f}^{(s,d,B)} = 0, \quad \forall (s,d) \in T, i \in V, i \neq s, i \neq d, \forall f \in F \tag{2-1-5}$$

$$(P_{(i,j),f}^{(s,d,B)} - P_{(i,j),(f+1)}^{(s,d,B)} - 1) \times (-\Delta) \geqslant \sum_{f'\in[f+2,|F|]} P_{(i,j),f'}^{(s,d,B)}, \quad \forall (s,d,B) \in T, \forall (i,j) \in E, \forall f \in F \tag{2-1-6}$$

$$\sum_{(s,d,B)\in T}\sum_{f\in F} P_{(i,j),f}^{(s,d,B)} \leqslant |F|, \quad \forall (i,j) \in E \tag{2-1-7}$$

## 2.2 空分复用光网络

### 2.2.1 空分复用技术概述

自1966年美籍华人高锟的论文打开了光通信的大门，至今，单模光纤(Single Mode Fiber, SMF)在1 550 nm波长的损耗可实现0.16 dB/km，这接近石英光纤的理论损耗极限；另外，随着波分复用技术尤其是密集波分复用技术、半导体激光器、掺铒光纤放大器等在通信领域的广泛应用，在过去的十年中基于石英光纤的光传输网容量得到了指数级高速增长，单模光纤传输系统的容量已达到 100 Tbit/s，同时传输网容量与距离的乘积已超过了 100 Pbit/s・km。

随着信息通信技术和计算机网络技术的迅猛发展，新业务、新应用对光纤通信系统的传输容量提出了更高的要求，然而，如图 2-6 所示[6]，受限于非线性噪声、放大器带宽以及光纤熔接损伤，标准单模光纤的传输容量已经接近香农极限，渐渐无法满足日益增长的大容量需求。因此，如何提供能够支撑快速增长的大容量需求的服务成为光通信亟须解决的重要问题。

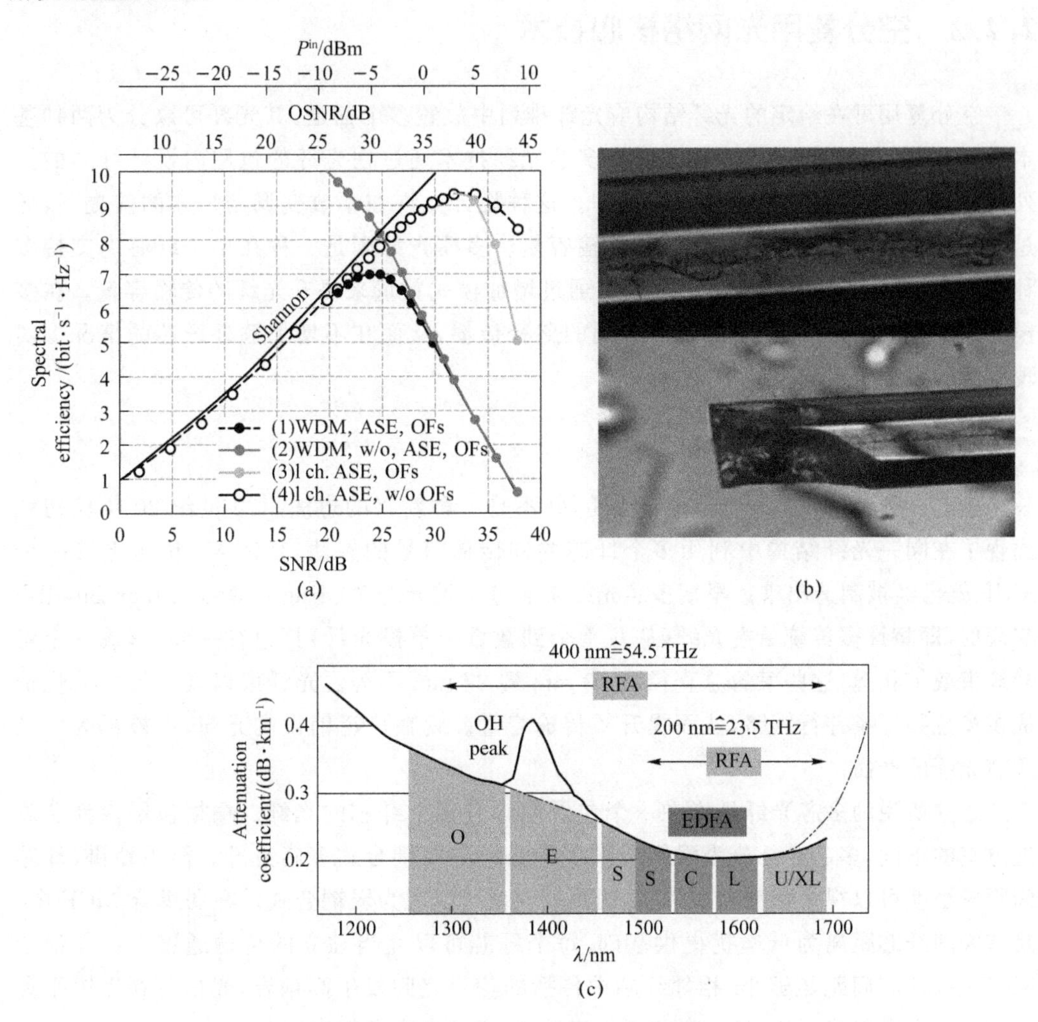


图 2-6　标准单模光纤容量的物理限制

在光纤通信系统中，信号的传递均以电磁波为载体，光纤中的电磁波可从五个维度进行通信，即时间、偏振、正交、频率和空间，其中时间维度是通信系统的基础。当前，基于密集波分复用(Dense Wavelength Division Multiplexing, DWDM)技术的光纤通信系统在单模光纤中同时应用了时间、正交、频率、偏振四个维度,仅余下空间维度没有充分使用;若把空间维度开发利用,即是空分复用(Space Division Multiplexing,SDM)。

空分复用技术的实现依赖于具有特殊设计的空分复用光纤,空分复用光纤对于空分复用系统类似于光纤对于光纤通信系统,因此,空分复用光纤是当前空分复用技术研究的关键点。若要在整个光纤通信系统中使用 SDM 技术,不仅需要使用 SDM 点到点链路来实现,还需要其他网络部件的支持,包括发射机、接收机、放大器、多路复用器/解复用器等,因而我们也需要对 SDM 相关器件加以关注。

### 2.2.2 空分复用光网络核心技术

空分复用可在给定的光纤结构或光纤排列中放置多个信道,其光纤可以分为两种基本类型:多芯光纤和多模/少模光纤。多芯光纤技术通过在光纤的包层内设计纤芯的排列,使得多个纤芯共存于一个包层之中。这种设计允许在不改变调制格式的前提下,通过增加纤芯数量来提升单根光纤的传输容量。多模光纤则是一种在单一纤芯内支持多种模式传输的光纤,它的设计同样旨在通过增加模式数量来提升光纤的传输容量。在多模光纤中,光信号可以在纤芯内以不同的路径传播,从而在不增加额外纤芯的情况下实现更高的数据传输速率。

#### 1. 多芯光纤

多芯光纤(Multi-Core Fiber, MCF)并不是一种新兴的想法。20 世纪 80 年代初就出现了在同一光纤结构中利用多个纤芯共同传播信号的想法,1979 年,历史上第一个 MCF 就已经被制造出来。早期多芯光纤是通过单模光纤束(Single-Mode Fiber Bundle)实现的,即将许多传统单模光纤(从几十个到数百个单模光纤)打包在一起,形成一个粗光纤束或带状缆,这些束的总直径从 10 mm 到 27 mm 不等。光纤束以其大尺寸为代价提供多达数百条并行链路,从而提升了传输容量。现在广泛铺设的光缆,可被视为广义多芯光纤的产品。

通常所说的多芯光纤是指在一个包层内含有多个纤芯的光纤。根据包层内纤芯放置方案的不同,多芯光纤分为强耦合式多芯光纤和弱耦合式多芯光纤。简单地讲,纤芯间距较小就可以视为强耦合式,纤芯间距较大就可以视为弱耦合式。在弱耦合 MCF 中,足够大的纤芯距离为低串扰提供基础,每个纤芯可以充当独立的传输通道。在强耦合 MCF 中,纤芯间距足够小,相邻纤芯中传播的信号之间发生高耦合,光信号在极短距离就会出现大量串扰干扰,每个纤芯不相互独立,必须考虑芯间串扰(Inter-Core Crosstalk, XT)问题,即从相邻纤芯"泄漏"到特定纤芯的光信号功率量对已经在那里传播的信号造成的干扰。若采用强耦合式多芯光纤传输光信号,那么在接收端就需要使用多输入多输出数字信号处理(Multiple-In Multiple-Out Digital Signal Process, MIMO DSP)来分离信道。由此，弱耦合式多芯光纤是研发设计的首选方案。我们所讲的一般意义上的 MCF 是指纤芯间距大于 30 μm 的弱耦合单模多芯光纤。图 2-7 展示的是具有典型六边形排列的七芯光纤及其折射率分布。

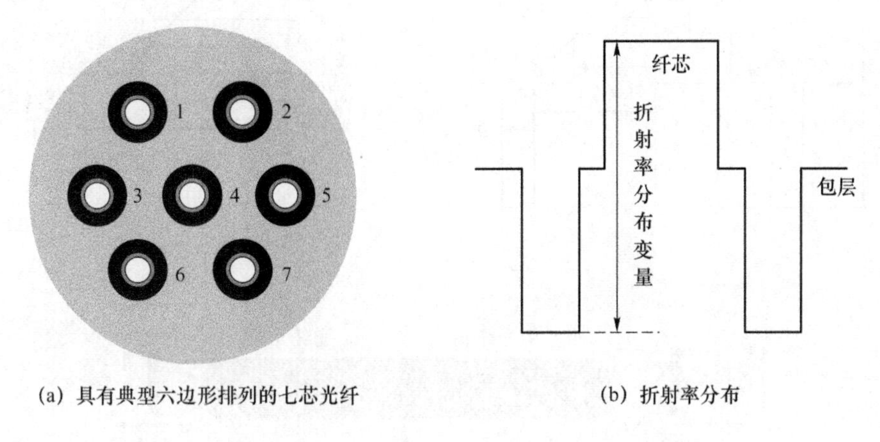


(a) 具有典型六边形排列的七芯光纤　　(b) 折射率分布

图 2-7 具有典型六边形排列的七芯光纤及其折射率分布

**2. 多模/少模光纤**

作为一种前景广阔的光纤技术，通过在同一纤芯中复用多种模式的模分复用（Mode Division Multiplexing，MDM）技术在光纤界引起相当大的关注。使用 MDM 技术的多模光纤（Multi-Mode Fiber，MMF）是在给定的光频率和偏振度下支持数十个横向导模的光纤，可用于短距离、高速率的数据通信网络，如局域网与数据中心。影响多模光纤传输距离的主要因素是模式色散、模式干扰和差分模式群时延（Differential Mode Group Delay，DMGD），当多个模式同时传播时，信号受到的影响更加严重，这使得使用多模光纤进行长距离传输在当前的技术条件下几乎不可能。解决这些问题的唯一方法是在接收端使用重量级 MIMO DSP，且随着模式、信道数量的增加，所需 MIMO 处理的复杂性也快速增加。

为了减少接收端 MIMO DSP 的处理负荷，少模光纤（Few-Mode Fiber，FMF）的概念被提出来。少模光纤的基本原理与多模光纤相同，也可在单根光纤中传输多个模式，但相较于 MMF，其传输模式数较少，减轻了接收机端的 DSP 负载，并可实现远程通信。

传输模式的差异使得少模光纤可分为基于 LP 模式和基于 OAM 模式两大类。基于 LP 模式的少模光纤，又可细分为弱耦合少模光纤和低差分群时延少模光纤。弱耦合少模光纤旨在通过降低模式间的耦合，实现对不同模式的独立检测或减轻 DSP 负载。相比之下，低差分群时延少模光纤通过减小模间群时延差，利用 $2N\times 2N$ 的 MIMO 技术（2 个偏振态 $\times N$ 个空间模式）同时检测所有模式。如图 2-8 所示[6]，常见的用于减少 DMGD 的方法有：(a) 采用低折射率沟槽辅助式双层阶跃光纤，通过双层阶跃结构调节模式 $\Delta n_{\mathrm{eff}}$，以实现 DMGD 的控制；(b) 采用低折射率沟槽辅助式渐变折射率光纤，通过调控渐变折射率的形变因子 $\alpha$ 来控制模式的群速度，从而实现 DMGD 的调节；(c) 通过按照一定比例熔接正 DMGD 光纤与负 DMGD 光纤，实现零 DMGD。

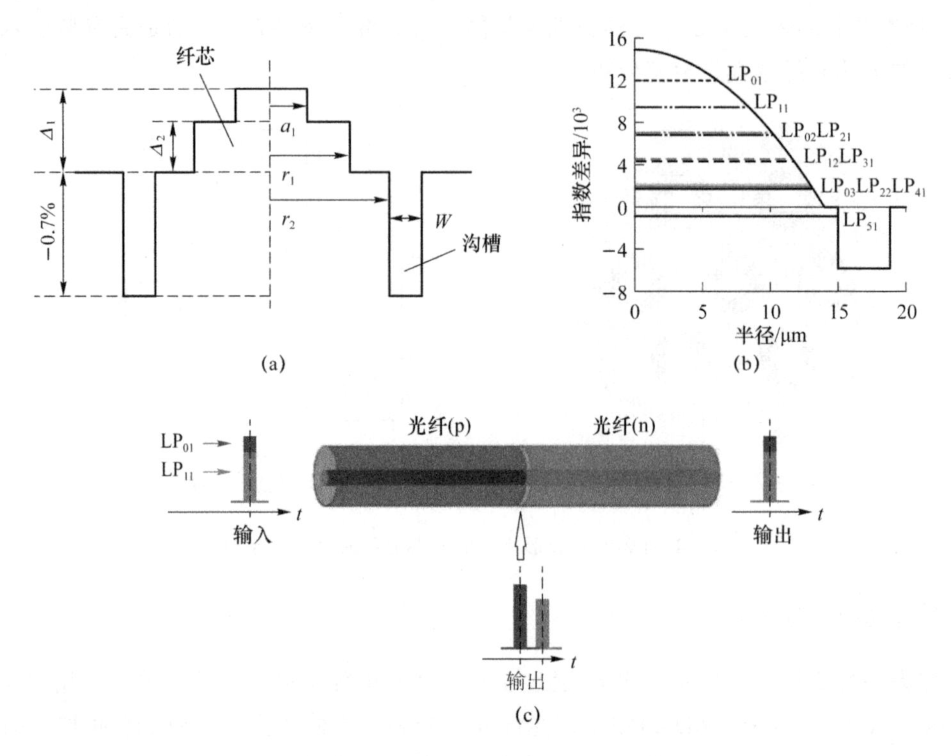


图 2-8　减小 LP 模式模间 DMGD 的几种光纤设计

根据本征模式分离程度的不同，基于 OAM 模式的少模光纤可以分为 OAM 强导环芯光纤和 OAM 模组通信环芯光纤。基于 OAM 模式的少模光纤大多采用环芯结构，这种结构增加了各阶模式模场的重叠度，提高了各阶模式的隔离度，并且可以通过减小环芯厚度来抑制径向高阶模式的传输。OAM 强导环芯光纤的纤芯包层折射率差较大，通过调整环芯厚度和纤芯包层边界的折射率，可以控制本征 CV 模式的隔离度。因此，在一定程度上它可被视为一种弱耦合光纤。

### 3. 少模多芯光纤

少模多芯光纤(Few-Mode Multi-Core Fiber，FM-MCF)为多芯光纤和少模光纤的组合，少模多芯光纤技术结合了多芯光纤和少模光纤的优点，改良了它们的缺点，是一种有明显优势的空分复用技术。在具备相同空间信道的前提下，相较于少模光纤，少模多芯光纤接收机端所需要的 MIMO DSP 计算复杂度要低很多，如图 2-9 所示[7]，承载 6 个 LP 模式的少模光纤接收机端的 MIMO DSP 计算复杂度远高于 3 核 2 模的少模多芯光纤接收机端的 MIMO DSP 计算复杂度。相较于多芯光纤，其单根光纤的容量更高，少模多芯光纤容量增加倍数为核芯数×模数，当与 DWDM 技术相结合时，传输容量可以达到 255 Tbit/s。

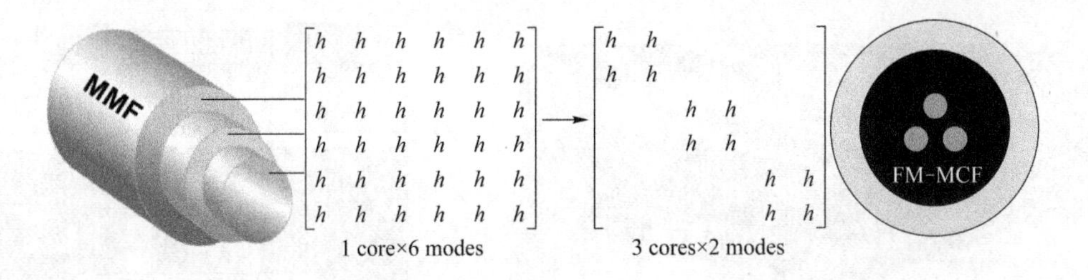


图 2-9 6 模 MMF 和 3 核 2 模 FM-MCF 的 DSP 对比

2020 年,上海先进通信与数据科学研究院报道了一种兼容单模与多模的梯度折射率多芯光纤,该光纤在 850 nm 处具有高带宽,在 1 310 nm 和 1 550 nm 处能保持与标准单模光纤相当的性能,多模操作下实现了 8.44 GHz·km 的最小有效模态带宽;2020 年,日本情报通信研究机构(National Institute of Information and Communications Technology,NICT)利用 368-WDM、波特率为 24.5 Gbaud、64 QAM 和 256 QAM 信号在 38 核3 模光纤上传输 13 km,频谱效率达到 1 158.7 bit/(s·Hz),总容量为 10.66 Pbit/s。这些结果表明未来基于少模多芯光纤和 WDM 技术的空间复用系统具有巨大的传输容量潜力。

#### 4. SDM 收发器

使用空分复用(SDM)集成收发器可以减少对复用器/解复用器的依赖,从而提高空间利用效率并降低网络的整体损耗。在短距离网络应用中,光收发器通常采用可插拔模块,与多模光纤(MMF)配合使用。垂直腔表面发射激光器(Vertical-Cavity Surface-Emitting Laser,VCSEL)因其低功耗、低制造成本和易于集成的特性而受到青睐。特别是能够在短波长下激发多种模式的多模 VCSEL,成为 SDM 传输的一个有效选择。同时,配备短波长 VCSEL 和光电探测器(PD)的 MMF 已经逐步被工业界采纳。在长波长 SDM 传输领域,收发器设计已经相当成熟,主要挑战在于发射机部分。电吸收调制分布式反馈激光器、直接调制激光器和马赫-曾德尔调制器等技术已被广泛应用。集成发射机阵列是实现节约成本、降低功耗和提高系统可扩展性的有效途径。长距离传输模块的趋势与短距离网络相似,可插拔模块正成为新的行业标准。

Acacia Communications 于 2014 年推出了其首款可插拔相干 100G CFP 模块 AC-100。Avago 公司设计并开发了几款可以商用的 SDM 发射/接收模块,使用包含 12 根光纤的束带状线缆作为 12 个 SDM 空间信道,使用垂直腔面发射激光器(VCSEL)以 10 Gbit/s 的数据速率传输,每个模块的总带宽可以达到 120 Gbit/s,如图 2-10(a)所示[7];还有另外一些类似的产品,比如 Reflex Photonics 公司的 LightABLE™、Samtec 公司的 FireFly™,这些产品都具备良好的性能,可以投入商用。还存在一种 7 芯分布式反馈激光器,如图 2-10(b)所示[7],所有芯线的线宽均低于 300 kHz,开启了多芯激光器的新趋势,该激光器能够在 MCF 中直接传输。

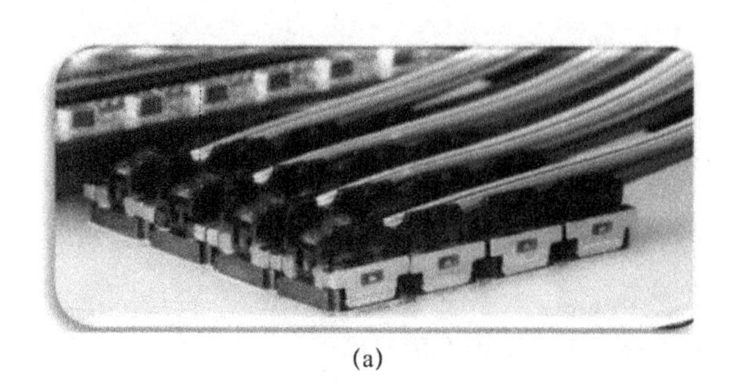

(a)

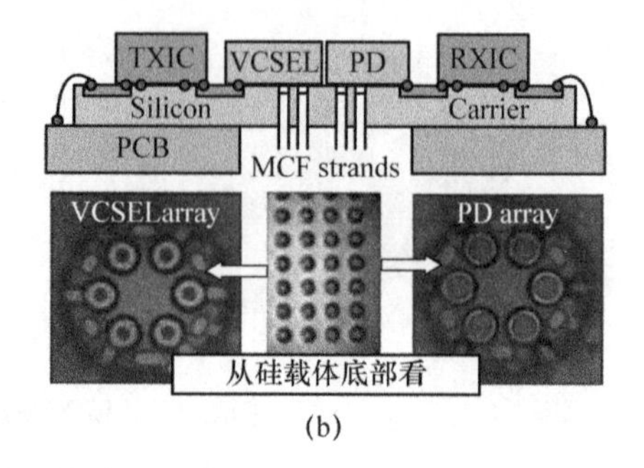


(b)

图 2-10　SDM 收发器

**5. SDM 复用器/解复用器(MUX/DMUX)**

MCF、FMF 和 FM-MCF 与普通单芯光纤的耦合以及解耦合，是一个具有挑战性的技术问题，处理不当会显著地影响 SDM 技术的应用。目前报道的耦合方案主要分为直接耦合和间接耦合两大类，如图 2-11 所示[2]。

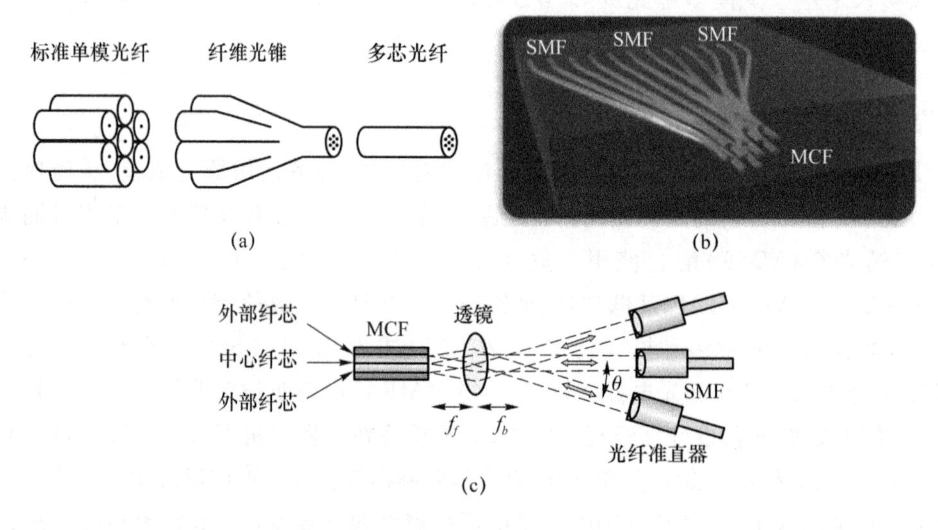


(a)　(b)

(c)

图 2-11　多芯光纤耦合方案

直接耦合为多芯光纤(MCF)与单模光纤(SMF)之间的连接提供了一种有效的波导光学接口。锥形多芯连接器(TMC)或锥形包层是实现这一耦合的早期方法，它通过将具有锥形包层的光纤与 MCF 拼接，使得芯线间距在锥形区域内逐渐过渡，从而实现从 SMF 到 MCF 的平滑过渡〔如图 2-11(a)所示[7]〕。尽管这种方法可能受到串扰的影响，但美国 Chiral Photonics 公司已经成功地商业化了这项技术。另一种直接耦合方法是波导耦合。这种方法通过将 MCF 的每个纤芯与特定的 SMF 空间隔离波导相连，实现了 MCF 到 SMF 的直接耦合〔如图 2-11(b)所示[7]〕。波导耦合以其结构紧凑、低复杂度和高适应性的特点，已被 Optoscribe 公司商业化。

间接耦合本质上是一种依赖于透镜系统的自由空间光学方法。这种方法能够扩展到大量的 MCF 纤芯,有效抑制串扰,但通常体积较大,需要复杂的光机械结构,如图 2-11(c)所示[7]。日本的 Optoquest 公司已经成功地将间接耦合技术商业化。

为了实现单模光纤与少模光纤或少模多芯光纤之间的耦合,需要采用特定类型的复用器/解复用器,以便在接收器中共同传播并提取 LP(线性偏振)模式。早期提出的耦合方法包括使用相位板、反射镜、分束器和特殊透镜进行自由空间对准,这些方法虽然具有较好的模式选择性,但插入损耗较高。近年来,基于光子灯笼和波导耦合的模式复用技术已经在 6 个和 12 个空间及偏振模式中得到验证,且损耗控制在 6 dB 以下,预计未来这一损耗值还有进一步降低的空间。此外,硅光子学技术的发展也为集成模式多路复用器的研究带来了新的进展。相较于单模光纤到少模光纤的耦合,少模光纤(MCF)之间的耦合以及多模光纤(MMF)到多模光纤的耦合过程相对简单,这为实现高效的空间分复用传输提供了便利。

## 2.2.3 空分复用光网络中的资源优化

与传统的 WDM 光网络、弹性光网络相比,空分复用光网络中的资源优化面临更为严重的挑战,多芯光纤与少模/多模光纤的使用在 SDM 光网络资源优化中引入了更多的物理损耗,芯间串扰、模式耦合与差分模式群时延成为影响网络性能和可靠性的重要问题。

### 1. 芯间串扰

芯间串扰(Inter-Core Crosstalk, IC-XT)是指在重叠频谱域内传输光信号时相邻光纤芯间发生的相互干扰现象。如图 2-12 所示,在为业务分配频谱资源时,会受到相邻核芯中已经被分配的频谱的影响。因此,在空分复用光网络中,如何有效地降低芯间串扰,提高信号传输的可靠性和稳定性是一项至关重要的任务。在当前的研究中主要有两种方式来降低串扰的影响,一种是优化光纤结构,如使用具有不同折射率的异质光纤或纤芯辅助结构;另一种是通过路由和频谱分配策略,降低串扰发生的可能性。本小节着重讲述通过路由与频谱分配策略优化资源使用来降低串扰影响的方案。

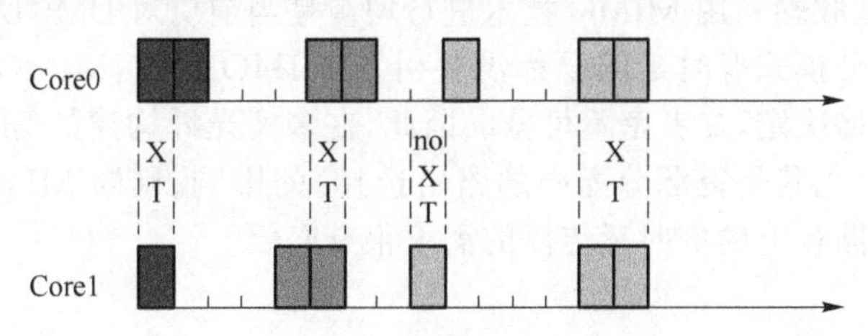


图 2-12 串扰影响示意图

在当前的研究中,主要有两种应对串扰影响的方法:最佳策略和严格约束。

最佳策略的基本思路为在光路分配时尽可能地减小或避免相邻纤芯之间的串扰,关注网络的阻塞程度,通过减小或避免相邻纤芯中的频谱重叠来减小串扰[8]。若选用最佳纤芯优先级策略进行纤芯选择,在使用最佳策略时,判断各纤芯优先级高低的约束条件就是串扰,串扰越大,纤芯被设定的优先级就越低,反之则越高。文献[8]在双向多芯光纤的场景下提出的无串扰区域策略就体现了最佳策略、最佳纤芯优先级策略的思想，无串扰区域策略指出，在使用双向 MCF 传输的光网络中若负载较低、资源占用较少，则可通过确定无串扰区域大小、无串扰区域内可用程度选定纤芯优先级，利用首次命中算法，为优先级高的纤芯分配资源，如果优先级高的纤芯分配失败就选择下一优先级的纤芯，从而尽可能地减少相邻纤芯之间的串扰。

严格约束的侧重点在于在分配资源时对串扰进行估计，首先预定义串扰阈值 $XT'$，仅在新建立的光路与已有光路的串扰级别均满足 $XT'$ 时为业务请求建立光路，防止新的业务请求触发附加干扰，进而影响其他已建立连接的信号质量[8]。由于串扰估计需要对网络状态进行计算，时间复杂度较高，为简化问题，最坏情况（Worst-Case）的方法常被选用于估计光纤中的最大串扰、计算在最坏情况下多芯光纤上光信号的传输范围，在传输范围内建立光路。

**2. 模式耦合与差分模式群时延**

模式耦合是指不同传播模式之间发生的相互影响和干扰现象。在多模/少模光纤中，不同模式的光信号可能会相互耦合，导致在光信号传输过程中出现失真、模式间串扰等问题。以 LP 模式少模光纤为例，通过在 FMF 中引入强耦合可以抑制模式耦合，这意味着在具有 $N$ 个模式的强耦合 FMF 中，所有模式携带的信息都混合在一起，它依靠在接收端处的 MIMO DSP 均衡处理来补偿 LP 模式耦合串扰，对于 $N$ 个偏振复用的传输模式，需要 $2N\times 2N$ 规模的数字信号处理进行均衡处理，以便在接收端可以同时检测所有模式。在弱耦合 FMF 中，对于每种 LP 模式仅需 $2\times 2$ 或 $4\times 4$ 的 MIMO 均衡对偏振复用或模式简并进行处理。模式之间的耦合也成为弱耦合 FMF 需要处理的主要问题。

差分模式群时延是指不同传播模式的光信号在光纤中传播时，传播速度不同引起的时延差异。即使开始两个模式是同步的，在传输过程中，由于传播速度不同，可能出现时延差异，也会导致接收端在解调时难以完全区分不同传播模式，从而引起模式间串扰。当串扰在具有不同组速度的模式下传播后，如果串扰耦合回原始模式，又会发生符号间干扰。在较长的传输光路中，DMGD 会产生严重的物理损伤。优化光纤结构以减少或实现零 DMGD 与在接收端利用 MIMO 技术进行均衡是当前应对 DMGD 的主要方法[9]。

模式耦合与差分模式群时延问题都需要引入 MIMO 均衡，MIMO 的复杂性又由模式数量和群时延传播决定，二者密不可分。因此，在多模光纤构建的 SDM 光网络中考虑群时延对资源分配（尤其是资源分配中的路由选择）的影响、判断 MIMO DSP 的复杂度能否满足补偿当前路径上的群时延传播的需求很有必要。

# 2.3 空分复用弹性光网络

## 2.3.1 空分复用弹性光网络及其资源优化概述

空分复用弹性光网络（Spatial Division Multiplexing Elastic Optical Network，SDM-

EON)是一种结合了空分复用和弹性光网络的先进光通信网络架构。它旨在突破传统光网络中容量紧缩的瓶颈,为未来高容量、高灵活性的光通信系统提供创新的解决方案,同时,由于共享资源和使用集成资源,SDM-EON 潜在地节约了设备成本,为光通信的发展带来了新的可能性。在与 SDM 结合为 SDM-EON 后,传统 EON 路由与频谱分配(Routing and Spectrum Allocation,RSA)的优化问题逐渐演变为路由、空间模式与频谱分配(Routing, Spatial Mode, and Spectrum Allocation,RSSA)问题。根据 SDM 光纤类型的不同,RSSA 问题可被进一步细分,例如应用多芯光纤的 SDM-EON 需考虑纤芯的分配问题,此时 RSSA 通常被称为路由、纤芯和频谱分配(Routing, Core, and Spectrum Allocation,RCSA) 问题。

在通过多芯光纤实现 SDM 光网络时,纤芯选择策略主要有以下三种[8]:纤芯随机选择策略、纤芯预定义选择策略、最佳优先级纤芯分配策略。纤芯随机选择策略的基本思路为,在为业务请求分配纤芯资源时不考虑任何可能对业务传输产生影响的条件,随机选择可用纤芯。纤芯预定义选择策略的基本思路为,预先为多芯光纤中的各个纤芯设定优先级,当业务请求到达时优先级最高的纤芯被最先选择,若该纤芯没有可用资源,优先级次之的纤芯将被使用,依序选择,若所有纤芯都没有可用资源,业务请求阻塞。与纤芯随机选择策略相比,纤芯预定义选择策略有利于降低业务阻塞率、改善网络性能。最佳优先级纤芯分配策略的基本思路与纤芯预定义选择策略相近,区别在于其各个纤芯的优先级是可变的,在每个业务请求到来时对业务路由上各纤芯的优先级进行重新计算,为每个业务选择最优纤芯,进一步降低阻塞率、提升网络性能,但其算法复杂度也有所提高。

## 2.3.2 空分复用弹性光网络中的超级信道

弹性光网络通过调整子载波数量和调制格式,实现了收发器比特率和带宽的自适应性,从而能够适应不同的通信场景。带宽可变收发器能实现频谱超级信道(Super Channel),使得在网络中实现在端到端路径上传输灵活的容量需求成为可能。在 SDM-EON 光网络中,通过在多芯光纤的多个纤芯或少模光纤的不同模式上复用多个频谱超级信道,可以得到空间-频谱超级信道。这样一来,就能实现跨越空间、频谱维度的更加灵活的信道分配。超级信道对 SDM-EON 光网络的资源优化具有显著影响,本小节先对其概念进行介绍。从空间与频域两个维度对超级信道的概念进行分类与解释,并展示在图 2-13 中。

图 2-13(a)[9]展示了空间固定-频谱灵活的超级信道,由该图可见,这种超级信道允许在空间维度上进行灵活的频谱资源分配,能够有效地使用频谱资源,提高频谱资源利用率,满足通信大容量需求,但同时会造成部分资源的浪费。

图 2-13(b)[9]展示了空间灵活-频谱灵活的超级信道,由该图可见,这种超级信道在空间、频域两个维度上结合了灵活特性。与 EON 相比,该方案引入了空间维度的灵活性,资源优化算法的复杂度也随之增加,同时,灵活的超级信道导致频谱碎片问题加剧,需要资源优化算法的进一步优化才能兼顾灵活性与效率。

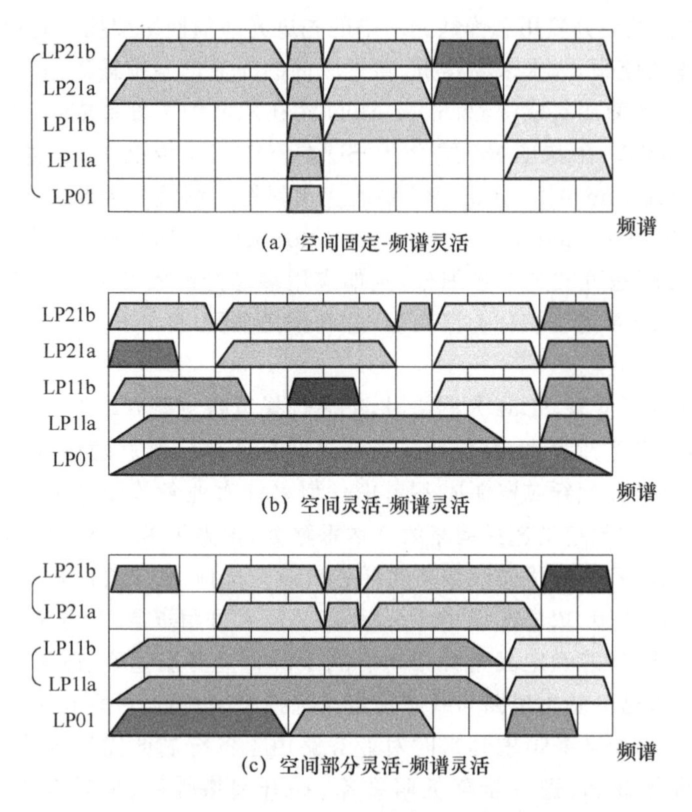


图 2-13　空间-频域维度的超级信道

图 2-13(c)[9]展示了空间部分灵活-频谱灵活的超级信道，该方案是对图 2-13(a)与图 2-13(b)所示方案的结合。该方案在独立的纤芯或模式组上部署超级信道，将它们视为单一的交换实体，同时保持频谱的灵活性。这样做可以通过减少所需的空间分复用端口数量，简化节点的技术设计。该方案适用于非耦合纤芯的多芯光纤网络，在具有耦合纤芯的多芯光纤中可能适用。

## 2.3.3　SDM-EON 中高可靠 XT 感知的多径资源优化策略

从技术角度看，SDM-EON 兼具弹性光网络与空分复用光网络的特性，为城域光网络提供了更先进的光传输技术，能够显著地提高数据传输的效率和容量。然而，SDM-EON 网络面临的一个主要挑战就是，在资源优化中，在业务需求和物理损伤增加的同时，还必须保障高可靠性。

在传统光网络中，保护路径的计算与资源分配是解决资源优化可靠性问题的关键。例如，单路径配置(Single-Path Provisioning, SPP)虽然确保了主路径和备份路径的资源占用，以便在主路径故障时迅速切换，但这种配置往往资源利用率效率不高。相比之下，多路径配置(Multi-Path Provisioning,MPP)提供了一种更高效的策略。MPP 通过将数据流分割成多个子流，并通过不同的路径进行独立路由和资源分配，使得 SDM-EON 网络在保障网络保护的同时,能够更加灵活地调控和利用资源。这种方法不仅充分地利用了 SDM-EON 的资源特性,还有效地减少了物理损伤的影响,避免了空间域内信号干扰导致的通信质量下降。

MPP 的资源效率和可靠性保护效果都优于 SPP[10,11]。如图 2-14 所示,当其中一条路径出现故障时,它们都为流量提供足够的带宽(B)。使用 SPP 共消耗 4 B 带宽,而使用 MPP 只消耗 3 B 带宽。

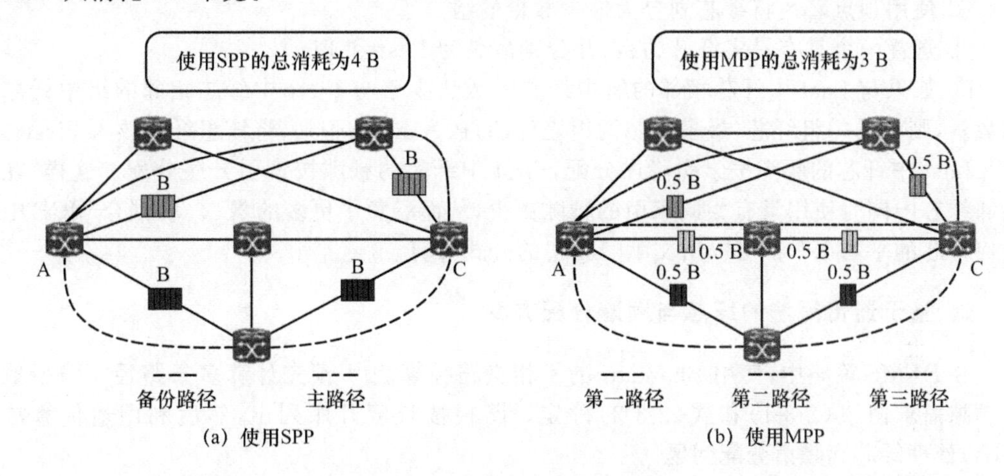


图 2-14 业务 A-C 的频谱消耗

本小节将介绍作者所提出的高可靠 XT 感知的多径资源优化策略(Survivable XT-Aware Multi-Path Strategy, SXMS)[15],该策略针对 SDM-EON 网络中的可靠性问题,结合多路径技术和超级信道,在保证生存性性能的基础上,提高了资源利用效率和通信质量。

**1. 问题描述与建模**

将 SDM-EON 建模为由节点集 $V$ 和链路集 $L$ 组成的无向图 $G(V,L)$。业务表示为 $t=\langle s,d,b,\rho\rangle$,其中 $s$ 是源节点,$d$ 是目的节点,$b$ 是所需的频隙数,$\rho$ 是部分保护要求。业务 $r$ 有 $N(N\geqslant 2)$ 条路径,其路由是链路不相交的。$b_k^t$ 是业务 $t$ 的第 $k$ 条路径的频隙需求。$G$ 是保护频带的频隙需求。

为使消耗的频隙最少,MPP 中每条路由的 $b_k^t$ 应相等[11]。使用 $b_e^t$ 表示每条路径的频隙要求。我们希望改变 $b_e^t$ 以获得最少的频隙消耗总和。考虑到大多数网络的连通性,重点关注路径数为 2、3、4,即 $N\in\{2,3,4\}$时的 $b_e^t$。

$$b_e^t=\begin{cases}\dfrac{t(b)}{N}, & \rho\leqslant\dfrac{1}{N}\\[2mm] \rho\cdot\dfrac{t(b)}{N-1}, & \text{其他}\end{cases}\tag{2-3-1}$$

$R_t$ 表示业务 $r$ 的总频隙要求,包括 $b_e^t$ 以及所有路径的每个环节上的保护带。$Nu_k^t(k=1,2,\cdots,N)$是使用 MPP 时第 $k$ 条路径的链路数。因此有:

$$R_t = \sum_k Nu_k^t \cdot (b_e^t + G) \tag{2-3-2}$$

在 SXMS 策略中，路径数($N$)由式(2-3-2)确定，以获得最小的 $R_t$，每条路径的频隙需求由式(2-3-1)计算。

本策略着重解决考虑 SE 和 XT 的资源优化问题。采用空间超级信道技术并将纤芯分为互不相邻的两组。纤芯分组方法如下。

① 使用顶点着色将纤芯划分为最少数量的组。

② 选择两个具有最多纤芯的组，并分别命名为 Last 和 First。

③ 如果与 Last 中纤芯相邻的组中纤芯的数量少于与 First 中纤芯相邻的组中纤芯的数量，则将另一组纤芯(最多纤芯两组之外的)放入 Last；否则，将该组纤芯放入 First。

Last 中纤芯的频隙按索引降序分配，First 中纤芯的频隙按索引升序分配。这样，在相邻纤芯中同时使用具有相同索引的频隙更少，从而避免了更多的 XT。弱耦合 MCF 中任何纤芯的平均 XT 都可以用文献[12]中的公式计算。

**2. 基于遗传算法的纤芯与频谱分配方案**

在 SXMS 策略中，使用 Bhandari 的不相交路径算法[13]预先计算多条路径。路径数和频隙需求由式(2-3-1)和式(2-3-2)确定。路径按长度升序列出，然后利用遗传算法(GA)处理纤芯和频谱分配问题。

在 GA 中，候选解决方案由染色体表示 $g_n$，它由基因组成。$G_n$ 是 $g_n$ 的集合，$g_n(i)$ 表示第 $n$ 代的第 $i$ 条染色体，$g_n(i) \in G_n$。对于 SXMS，$g_n(i) = (s^{t_1}, s^{t_2}, \cdots, s^{t_{|T|}}, p^{t_1}, p^{t_2}, \cdots, p^{t_{|T|}})$，基因 $s^{t_i}$ 是要分配资源的业务 $t_i$ 的次序。一个业务的路径顺序以最长者优先。基因 $p_k^{t_i}$ 是一个布尔变量，表示业务 $t_i$ 会使用第 $k$ 个路由。如果 $p_l^{t_i} = 1$，则路由使用 First；否则，路径将使用 Last。种群中的染色体 $G_n$ 是 $G_{n+1}$ 的母体，通过交叉，它们产生后代染色体。在所提出的算法中，使用如图 2-15 所示的四点交叉。

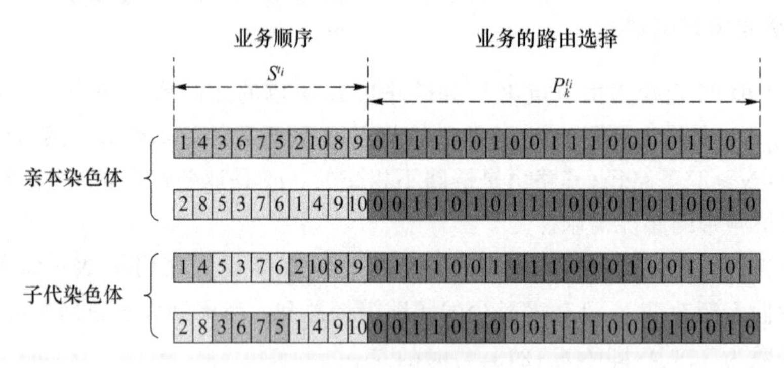


图 2-15　四点交叉的例子

在 GA 中，适应度主要用于评估解决方案的性能。随着适应度的提高，染色体可以以更高的概率在下一代中存活。在 SXMS 中，适应度取决于染色体代表方案输出的频隙分配和 XT。根据优化目标，适应度函数表达为式(2-3-3)：

$$f = 2 \cdot |L| \cdot C \cdot W - \sum_{i,j} S_j^i - N_o - \phi \cdot N_b \tag{2-3-3}$$

其中，$|L|$表示链路数；$C$ 表示每条链路的纤芯数；$W$ 表示每个纤芯的频隙数；$S_j^i$ 是一个正整数变量，表示 First 组中已使用的最大频隙，在 Last 组中，它是 $W$ 与最小使用频隙指数之间的差值；$no_{ss}^{ij}$ 是一个布尔变量，表示频隙 $ss$ 上是否存在 XT，$N_o$ 是$no_{ss}^{ij}$之和；$N_b$ 是被阻塞的业务数，如果 XT 超过阈值，那么业务阻塞；$\phi$ 是被阻塞业务的权重系数。

**3. 仿真实验与数值分析**

采用生存性 XT 感知的单路径策略(Survivable XT-Aware Single-Path Strategy，SXSS)和长距离优先(Longest Path First，LPF)作为对比算法来评估所提出的 SXMS 的性能，其中 LPF 优先在最短路径上分配频谱资源。使用 NSFNET 拓扑进行仿真，假设 MCF 有 7 个纤芯，如图 2-16 所示。每个纤芯上有 100 个频隙。总业务量为 100。仿真中的流量负载单位为频隙，需要的频隙数量可以是 8、16、32、82。随机生成业务的源节点和目的节点。七芯 MCF 的参数见文献[14]。

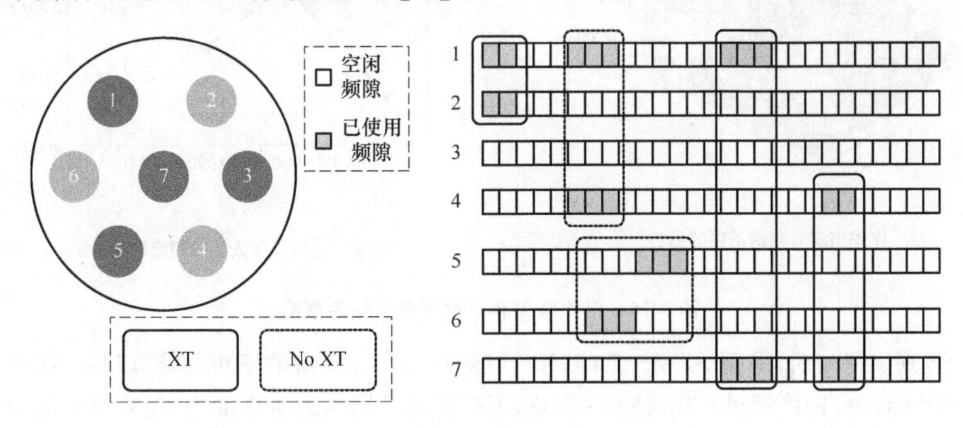


图 2-16　7 芯 MCT 光纤与 XT 示意图

图 2-17 展示了不同流量负载下 SXMS、SXSS 和 LPF 的仿真结果。SXMS 下 $S_j^i$ 的总和与串扰小于 SXSS 下 $S_j^i$ 的总和与串扰，可见多径传输可以很好地提高 SE 并降低 XT。特别是当 $b=82$ 时，XT 可以降低 30%，这意味着 SXMS 在高业务量下表现良好。

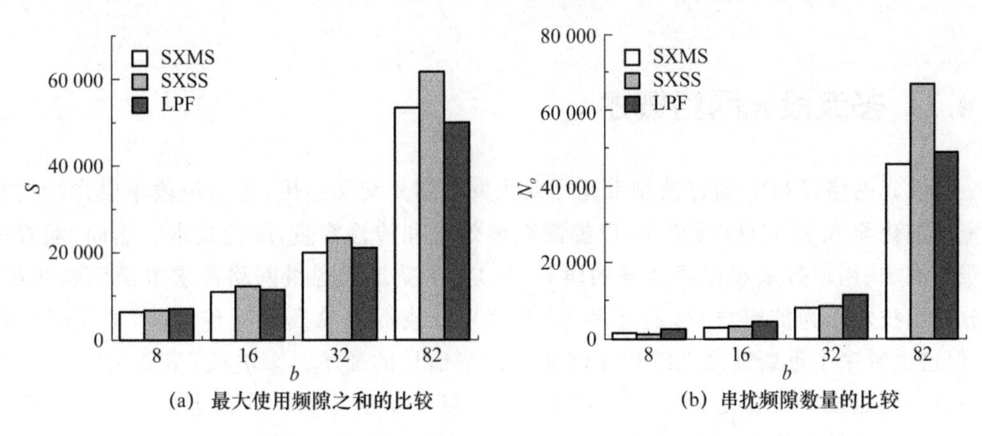


图 2-17　不同策略之间最大使用频隙之和的比较与串扰频隙数量的比较

作者研究了保护级别对频谱消耗的影响，结果如图 2-18(a)所示。在相同的流量需求下，$S_j^i$ 总和与保护水平成比例增加，也就是说，保护级别越高，所需的频隙就越多。作者比较了不同数量 $\phi$(阻塞业务影响参数)下的 $S_j^i$ 和业务阻塞数，仿真结果如图 2-18(b)所示，由该图可知，随着 $\phi$ 的增加，业务阻塞数减少，但 $S_j^i$ 增加，也就是可以通过牺牲 SE 来获得更少的业务阻塞，并可以通过参数 $\phi$ 来权衡两者。

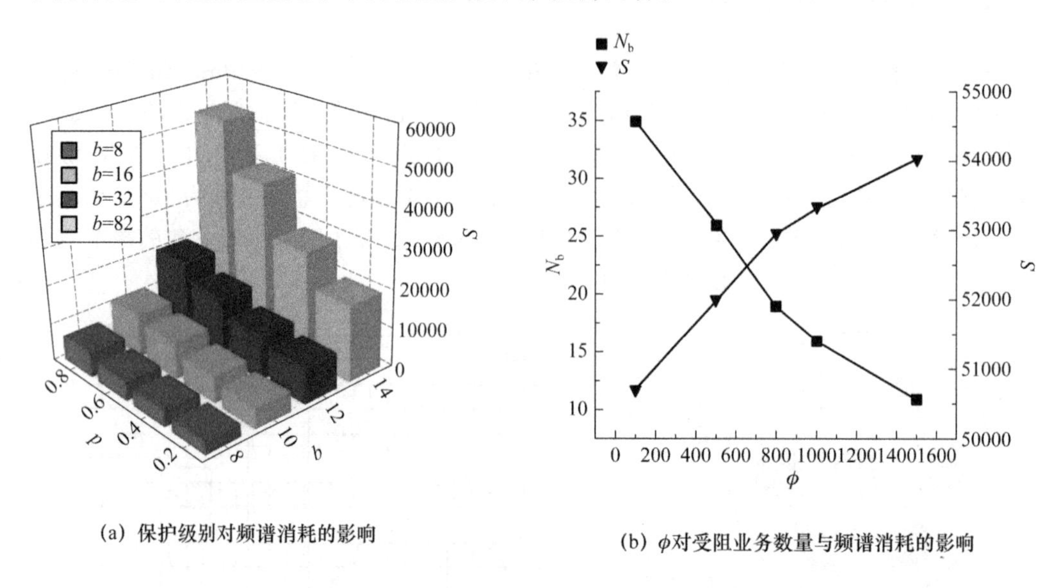


(a) 保护级别对频谱消耗的影响

(b) $\phi$对受阻业务数量与频谱消耗的影响

图 2-18 保护级别和 $\phi$ 对频谱消耗的影响

仿真结果表明，采用 SXMS 策略，XT 可降低 30%，频谱效率可提高 15%。综上所述，SDM-EON 网络通过采用 SXMS 策略，不仅提高了网络的生存能力，还有效地解决了芯间串扰问题，从而为未来高容量光网络的建设提供了坚实的技术基础。

# 2.4 多波段光网络

## 2.4.1 多波段光网络概述

弹性光网络(EON)通过使用带宽可变收发器和光交叉连接，将 C 波段单模光纤的频谱资源细化至 6.25 GHz 或更小，以提高频谱效率和传输容量，降低成本。然而，随着网络服务需求、用户数量和在线业务的增长，EON 在满足大容量网络需求方面面临挑战。空分复用技术作为扩容方案，通过多芯、多模光纤或捆绑单模光纤传输，增加了网络容量，但这也带来了重新铺设光纤和处理复杂数字信号的成本。多波段(Multi-Band，MB)光网络在控制成本的前提下为网络扩容提供了新的解决方案。作为近二十年被广泛关注的一项网络扩容技术，在 C 波段频谱资源的利用趋于饱和的情况下，多波段技术允许在标准 C 波段以外的光谱波段(如单模光纤传输下衰减小于 0.4 dB/km 的 O、E、S 和 L 波段)传输光信号[16],扩大了可用频谱资源的范围,这种解决方案被称为多波段(MB)光网络或波段复用(Band Division Multiplexer,BDM)光网络。它在使用现有光纤(无须更新光纤线路)的基础上,通过使用 O、E、S 和 L 波段使传输带宽比标准 C 波段系统增加了几十太赫兹。图 2-19 所示为光纤衰减与单模光纤的传输窗口。

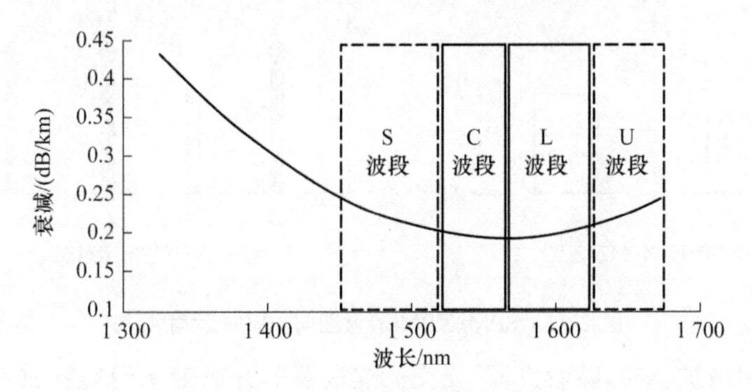


图 2-19　光纤衰减与单模光纤的传输窗口(ITU-T G.652D)

与 SDM 光网络相比,多波段光网络不需要安装新的光纤或在接收端采用复杂的数字信号处理模块,只需要扩展和利用现有单模光纤的多个波段,就能够将可用光谱增加数十太赫兹。因此,它可以作为容量不足问题的中期解决方案。

从单波段光网络向多波段光网络升级虽然不需要对已铺设光纤进行大规模重铺,但仍需考虑升级成本的问题。需要注意的是,不同波段需要部署不同的放大器,如应用于 C、L 波段的掺铒光纤放大器(EDFA),分别应用于 S、E、O 波段的掺铥光纤放大器(TDFA)、掺铋光纤放大器(BDFA)、掺镨光纤放大器(PDFA)[17]。图 2-20[16]展示了链路长度为 150 km 的点到点传输链路,可见在实现多波段光网络传输时需要用到多种放大器。此外,光交叉连接(OXC)和收发器也同时需要升级,以支持从 C 波段到 O 波段的全波带传输。

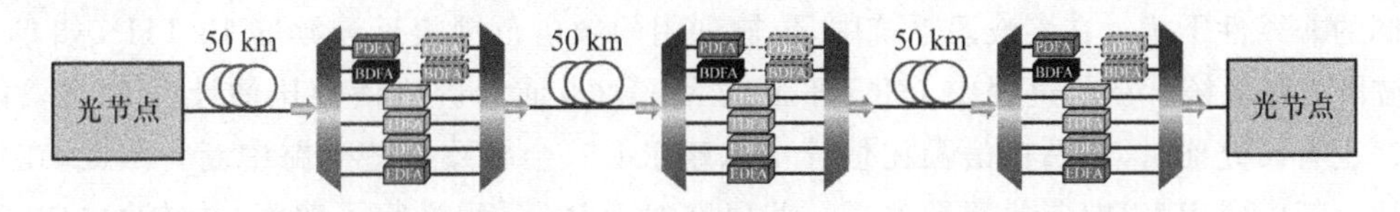


图 2-20　多波段光网络中用于连接两个连续节点的传输链路图

## 2.4.2　多波段光网络中的信道损伤

多波段传输的信道损伤是信号传输时不可避免的问题,根据损伤的性质,信道损伤可分为线性效应与非线性效应两类。线性效应包括光纤衰减、色散、自发辐射噪声,非线性效应包括自相位调制(Self-Phase Modulation,SPM)、交叉相位调制(Cross-Phase Modulation,XPM)、四波混频(Four-Wave Mixing, FWM)、受激拉曼散射与受激布里渊散射。其中，部分非线性效应会导致信号在传输时出现波段之间的功率转移，影响传输质量，也使接收端难以识别信号。为提高信号传输质量、减小信道间的串扰、减小信号损耗，多种方法被用于抑制多波段的非线性效应，如增益平衡、非线性光纤与光纤压缩。图 2-21 所示为 SPM、XPM 示意图与 FWM 示意图。

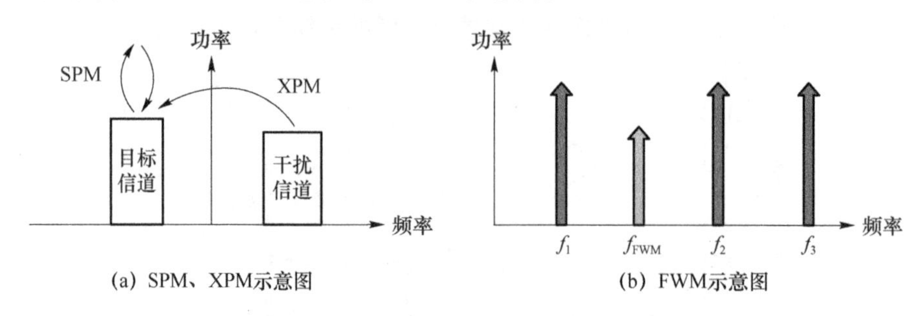


图 2-21　SPM、XPM 示意图与 FWM 示意图

在实现光网络扩容时，除收发器、光交叉连接器等升级带来的经济成本外，多波段技术还引入了新的信道损伤。除了克尔效应引起的放大自发发射（Amplifier Spontaneous Emission，ASE）噪声和非线性干扰（Nonlinear Interference，NLI）外，多波段的引入带来了额外的带间受激拉曼散射（Inter-Band Stimulated Raman Scattering，ISRS）[17]，这是一种不可忽略的非线性效应，可以导致由高频向低频的功率转移。虽然在标准 C 波段传输中 ISRS 的影响可以忽略，但在 L 波段、E 波段等其他波段中，它对信噪比（Signal-to-Noise Ratio，SNR）的估计产生了重要的影响[18]，为资源优化带来了新的约束。在多波段光网络中，如何尽可能地减小受激拉曼散射带来的负面影响、提高信噪比是资源优化中的一个重要问题。

因此，在分析信噪比时，需要在资源分配时重新识别相关干扰并重新定义相关信噪比公式，以估计传输质量（Quality of Transmission，QoT）。由于 ISRS 修改了光纤增益/损失分布，它会诱导光谱倾斜，修改放大自发发射噪声，并允许在传输功率[19]的波段产生不同的非线性干扰。在多波段系统中，传输利用的频谱范围接近连续的 13 THz（如 C+L 波段线路系统），在此过程中 ISRS 不断增大、累积，成为影响信噪比估计[20]的重要因素。也有研究证明，如果在信噪比估计中忽略 ISRS，会导致一些光路中断。因此，在信噪比分析中考虑 ISRS 是很重要的。一些研究对 ISRS 过程进行了建模，并结合 ASE 噪声和 NLI 定义了信噪比[21]，为多波段光网络中的资源优化问题解决提供了定量约束基础。多波段光网络中的资源优化问题也从传统的频谱资源优化，转变为频谱、波段联合资源优化，并着重考虑 ISRS 对网络传输的影响。

### 2.4.3　C+L+S 光网络中基于周期性波段轮换的动态资源分配策略

对于多波段（C+L+S）光网络中的动态资源分配问题，作者综合考虑资源应用效率和 ISRS，提出了一种资源动态分配策略，即基于周期性波段轮换的动态资源分配策略

(Periodic Band Alternation Algorithm Considering the Duration and Bandwidth of Requests,PBA-DB)[22]。该策略的核心特征是在不同的时段,各个波段的应用优先级不同,并考虑信道之间的 NLI 功率周期性地选择波段。

**1. GSNR 计算模型**

非线性光纤传播需要考虑累计 ASE 噪声、NLI 干扰的影响,因此将某个具体频率下的光路广义信噪比定义为:

$$\mathrm{GSNR}(f_i)=\frac{P}{P_{\mathrm{ASE}}(f_i)+P_{\mathrm{NLI}}(f_i)}=(\mathrm{OSNR}^{-1}+\mathrm{SNR_{NL}}^{-1})^{-1} \tag{2-4-1}$$

其中,$P$、$f_i$ 分别表示发射功率和请求 $i$ 的中心频率,$P_{\mathrm{ASE}}(f_i)$表示在 $f_i$ 时来自在线放大器的总 ASE 噪声,$P_{\mathrm{NLI}}(f_i)$表示 NLI 功率,$\mathrm{SNR_{NL}}$表示仅考虑 NLI 影响下的非线性信噪比。对于一个具有确定频谱位置的请求,其 NLI 可以被分为自信道干扰(Self-Channel Interference,SCI)、跨信道干扰(Cross-Channel Interference, XCI)两部分,图 2-22 展示了以 $f_m$、$f_n$ 为中心频率的两个干扰器与被测信道(Channel of Interest, COI)对 SCI、XCI 的贡献。NLI 功率采用 GGN 模型的闭式近似值评估,定义如下:

$$P_{\mathrm{NLI}}(f_i)=\sum_{l\in p}P_{\mathrm{SCI}}^{l}(f_i)+P_{\mathrm{XCI}}^{l}(f_i) \tag{2-4-2}$$

其中,$p$ 表示被选中的路径,$P_{\mathrm{SCI}}^{l}(f_i)$和 $P_{\mathrm{XCI}}^{l}(f_i)$表示被选中路径上链路 $l$ 在频率 $f_i$ 处的自信道干扰功率、跨信道干扰功率。

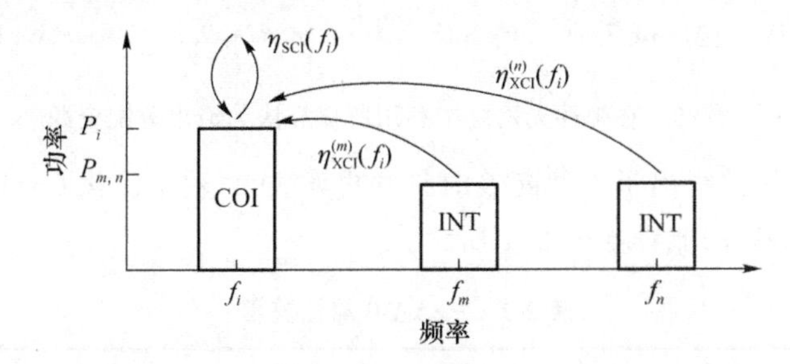


图 2-22 被测信道和干扰器对 SCI、XCI 的贡献

**2. 考虑 NLI 的动态资源分配方案**

将 $T_i(i=c,l,s)$定义为每个优先级策略的持续时间,在 $T_c$ 中,C 波段被选为分配的主波段,L 波段和 S 波段被选为子波段。在 $T_s$ 中,S 波段被切为主波段,C 波段和 L 波段被选为子波段;在 $T_l$ 中,L 波段被切为主波段,C 波段和 S 波段被选为子波段。在不失一般性的前提下,设定 $T_c=T_l=T_s$。在每个时段,将持续时间长的请求分配到主波段,短时请求按照子波段的优先级依次分配。波段的周期性交替会造成请求分配的间隙,从而减少信道间的 NLI。此外,考虑到对请求的非线性干扰主要取决于中心频率和带宽,根据请求的带宽,在每个波段采用不同的频谱分配策略[23]。例如,C 波段的大带宽请求采用 FF,而 S 波段的小带宽请求则采用 LF。将大带宽请求集中分配在整个波段的中心,将小

带宽请求分配在两端。

将业务请求描述为 $R=(s,d,C,t,\omega)$，其中 $s$ 和 $d$ 是源节点和目的节点，$C$ 是所需频隙数，$t$ 表示开始时间，$\omega$ 表示持续时间。$R_i=(C,t,\omega)$ 的资源分配示例如图 2-23 所示。其中，$cf$、$lf$、$sf$ 分别表示 C、L、S 波段的频隙。在 $t_0$ 时，$R_1$ 和 $R_2$ 到达，由于 $R_1$ 持续时间较长，$R_1$ 被分配到当前时段的主 C 波段，然后依次考虑 L 波段和 S 波段的资源来承载 $R_2$；在 $t_8$ 时，$R_8$ 到达，虽然高优先级 C 波段有空闲资源，但持续时间为 3 个时隙的 $R_8$ 仍被分配给 S 波段，并采用 LF；$t_9$ 时，主频段转为 L 波段，之前分配给 C 波段的长时请求基本结束。

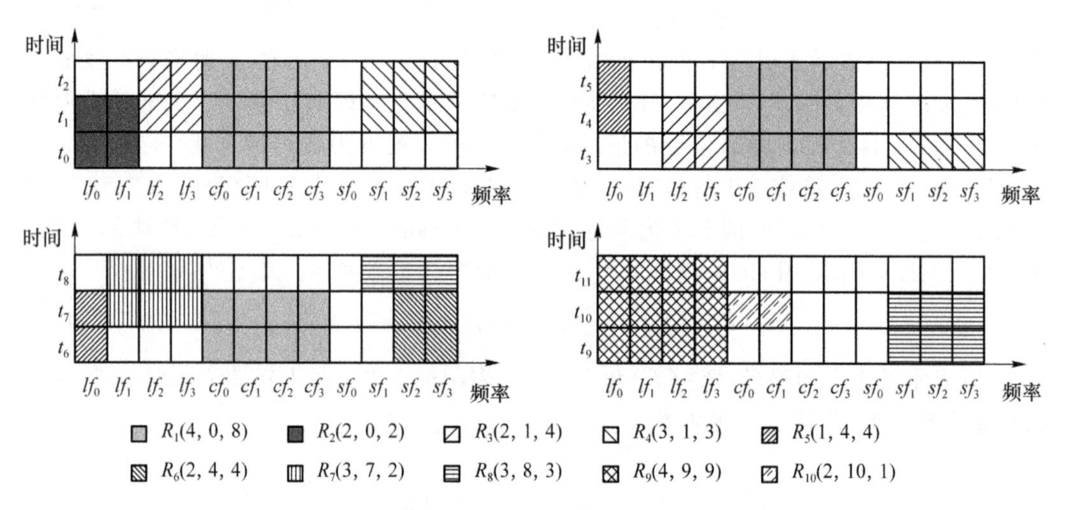


图 2-23 在弹性光网络中利用所提算法为请求分配资源

作者基于遗传算法提出了一种高效的启发式算法[3]，用于优化 C+L+S 波段网络的动态资源分配问题，算法流程如表 2-1 所示。

**表 2-1 PBA-DB 算法流程**

| 算法：PBA-DB 算法。 |
|---|
| 输入：业务请求集合。 |
| 输出：分配的资源块。 |
| 1 for 每个业务请求 $r\in R$ do |
| 2 flag=0； |
| 3 for 每个路由 $p\in P_r$ do |
| 4 for 每条链路 $l\in p$ do |
| 5 if $\omega$ 与 $T_i$ 相近 |
| 6 在主波段上找到 $t$ 时刻的可用资源区块； |
| flag=1； |
| 7 else |
| 8 在子波段上找到 $t$ 时刻的可用资源区块； |
| 根据适应度函数来计算适应度； |
| flag=1； |

续 表

| 算法:PBA-DB 算法。 |
|---|
| 9 end<br>10 选择频谱分配策略;<br>11 end<br>12 end<br>13 if flag=1 then<br>14 将请求分配到合适的波带与资源块;<br>更新网络占用矩阵;<br>15 else<br>16 请求 $r$ 阻塞;<br>17 end<br>18 end |

### 3. 仿真结果与数值分析

采用 NSFNET 拓扑网络进行阻塞率、平均网络$SNR_{NL}$和 NFR 的仿真与分析,比较传统算法、周期性波段轮换算法(Periodic Band Alternation Algorithm,PBA)及考虑持续时间和请求带宽的动态周期波段轮换算法在 C+L+S 光网络中的表现。将每个周期的持续时间设为 7 个时隙。在传统算法中,波段总是按照 C、L 和 S 的顺序分配。路由算法为 $k$=10 的 $k$-最短路径(KSP)。考虑每个波段中放大器的差异,并保持参数与文献[3]一致。

由图 2-24 可知,使用周期性波段轮换算法后,网络 BP 下降了约 23.6%。考虑到请求的持续时间和带宽,虽然从 $t_9$ 开始 BP 会略有增加,但 PBA-DB 算法的性能仍然优于传统算法,并且在 C+L+S 部署初期 BP 最低。

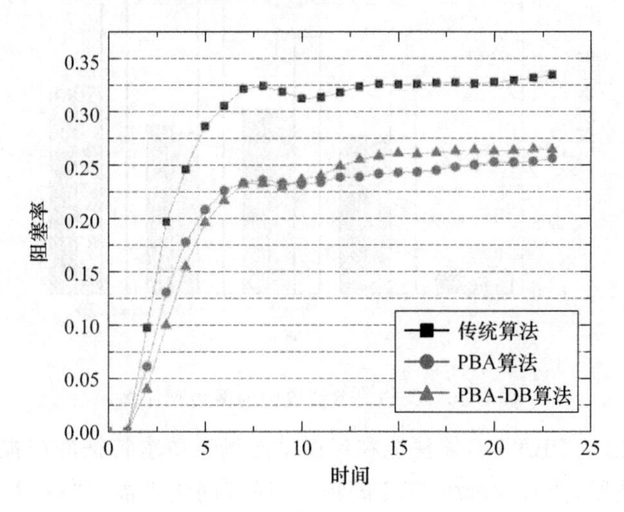


图 2-24 C+L+S 波段的阻塞率

图 2-25 展示了 PBA 算法可以有效地减少 NLI 的累积，在考虑了请求的特点后，该算法的性能得到了进一步的提高。可以看出，基于 GA 框架的 PBA-BD 算法(GA-PBA-BD 算法)具有最佳的网络性能，与传统算法相比，网络的$SNR_{NL}$提高了约 0.5 dB。这是因为在每次迭代中，GA 算法继承了具有最佳适应值的个体到下一代。

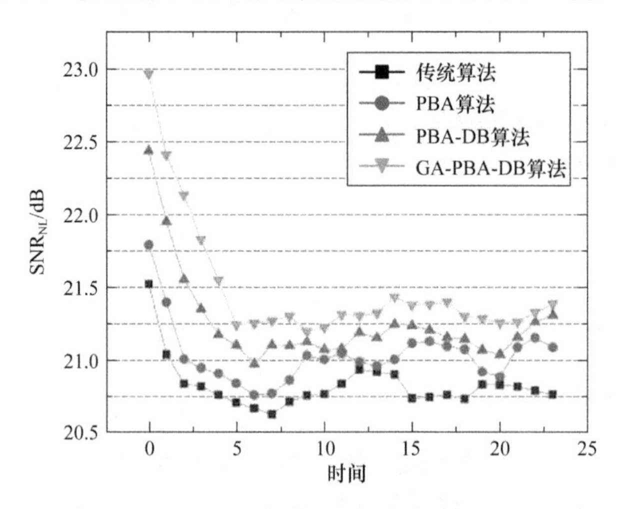


图 2-25　C+L+S 波段中的平均网络$SNR_{NL}$

如图 2-26 所示，周期性地选择波段、在不同波段采用不同的频谱分配策略可有效地降低 NFR。与传统算法相比，PBA 算法和 PBA-DB 算法将 NFR 降低了约 25.6%，效果相似。在整个网络仿真中，作者提出的算法具有相对稳定的 NFR。

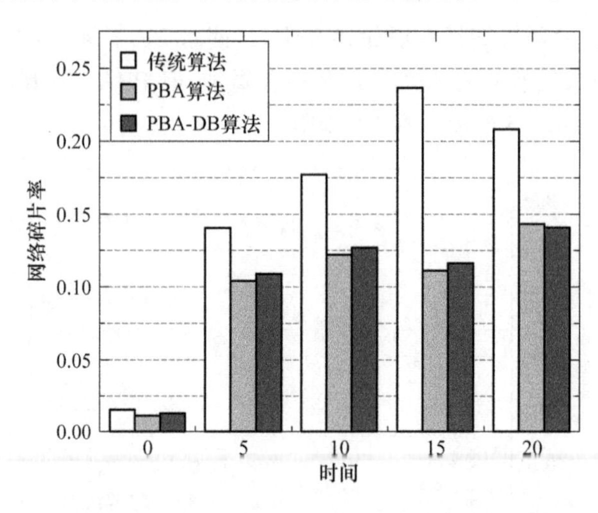


图 2-26　C+L+S 波段中的网络碎片率

可见，作者提出的 PBA-DB 算法能在考虑动态场景请求特征的前提下周期性地选择 C、L、S 波段中的波段，能有效减少 NLI 的积累，提高网络性能，使得网络 BP 降低 25%，将整个 C+S+L 波段网络的 $SNR_{NL}$ 提高约 0.5 dB，并大大地减少网络碎片。

# 参 考 文 献

[1] DING S, YIN S, ZHANG Z, et al. Evaluation of the Flexibility of Switching Node Architectures for Spaced Division Multiplexed Elastic Optical Network, 2020 Optical Fiber Communications Conference and Exhibition (OFC), San Diego, CA, USA, 2020:1-3.

[2] CHATTERJEE B, SARMA N , OKI E. Routing and Spectrum Allocation in Elastic Optical Networks: A Tutorial[J]. IEEE Communications Surveys & Tutorials, 2015, 17(3): 1776-1800.

[3] LUO Z, YIN S, ZHAO L, et al. Survivable Routing, Spectrum, Core and Band Assignment in Multi-Band Space Division Multiplexing Elastic Optical Networks [J]. Journal of Lightwave Technology, 2022, 40(11): 3442-3455.

[4] LIU L, YIN S, ZHANG Z, et al. A Monte Carlo Based Routing and Spectrum Assignment Agent for Elastic Optical Networks, 2019 Asia Communications and Photonics Conference (ACP), Chengdu, China, 2019:1-3.

[5] CHRISTODOULOPOULOS K, TOMKOS I , VARVARIGOS E. Routing and Spectrum Allocation in OFDM-Based Optical Networks with Elastic Bandwidth Allocation, 2010 IEEE Global Telecommunications Conference GLOBECOM 2010:1-6.

[6] 涂佳静，李朝晖. 空分复用光纤研究综述[J]. 光学学报，2021，41(1)：0106003.

[7] SARIDIS G, ALEXANDROPOULOS D, ZERVAS G, et al. Survey and Evaluation of Space Division Multiplexing: From Technologies to Optical Networks[J]. IEEE Communications Surveys & Tutorials, 2015, 17(4): 2136-2156.

[8] 陈钇东. 基于双向多芯光纤的多维光网络中的路由和资源分配问题研究[D]. 北京:北京邮电大学,2021.

[9] 国世佳. 基于 FMF 的多维光网络中的资源优化问题研究[D]. 北京:北京邮电大学,2021.

[10] RUAN L, ZHENG Y. Dynamic survivable multipath routing and spectrum allocation in OFDM-based flexible optical networks[J]. Journal of Optical Communications and Networking, 2014, 6(1): 77-85.

[11] YIN S, HUANG S, GUO B, et al. Shared-Protection Survivable Multipath Scheme in Flexible-Grid Optical Networks Against Multiple Failures[J]. Journal of Lightwave Technology, 2017, 35(2): 201-211.

[12] FUJII S, HIROTA Y, TODE H, et al. On-demand spectrum and core allocation for reducing crosstalk in multicore fibers in elastic optical networks, Journal of Optical Communications and Networking, 2014, 6(12): 1059-1071.

[13] KHODASHENAS P, RIVAS-MOSCOSO J, SIRACUSA D, et al. Comparison of Spectral and Spatial Super-Channel Allocation Schemes for SDM Networks, Journal of Lightwave Technology, 2016, 34(11): 2710-2716.

[14] YIN S, HUANG S, GUO B, et al. Inter-core crosstalk aware routing, spectrum and core allocation in multi-dimensional optical networks, 2017 Opto-Electronics and Communications Conference (OECC) and Photonics Global Conference (PGC), Singapore, 2017:1-4.

[15] YIN S, ZHANG Z, CHEN Y, et al. A Survivable XT-Aware Multipath Strategy for SDM-EONs, 2019 Asia Communications and Photonics Conference (ACP), Chengdu, China, 2019:1-3.

[16] ZHANG W, YIN S, WANG Z, et al. Routing, Modulation Level and Spectrum Assignment Considering Nonlinear Interference in C+L+S-bands EONs, 2022 27th OptoElectronics and Communications Conference (OECC) and 2022 International Conference on Photonics in Switching and Computing (PSC), Toyama, Japan, 2022: 1-3.

[17] FERRARI A, PILORI D, VIRGILLITO E, et al. Power control strategies in C+ L optical line systems [C]//Optical Fiber Communication Conference. Optica Publishing Group, 2019: W2A. 48.

[18] LASAGNI C, SERENA P, BONONI A, et al. A Generalized Raman Scattering Model for Real-Time SNR Estimation of Multi-Band Systems[J]. Journal of Lightwave Technology, 2023, 41(11): 3407-3416.

[19] MEHRABI M, BEYRANVAND H, EMADI M. Multi-band elastic optical networks: Inter-channel stimulated raman scattering-aware routing, modulation level and spectrum assignment[J]. Journal of Lightwave Technology, 2021, 39 (11): 3360-3370.

[20] CORREIA B, YAMCHI R, VIRGILLITO E, et al. Power control strategies and network performance assessment for C+L+S multi-band optical transport[J]. Journal of Optical Communications and Networking, 2021, 13(7): 147-157.

[21] SEMRAU D, KILLEY R, BAYVEL P. A closed-form approximation of the gaussian noise model in the presence of inter-channel stimulated raman scattering [J]. Journal of Lightwave Technology, 2019, 37(9): 1924-1936

[22] ZHANG W, YIN S, LIU L, et al. Dynamic Resource Allocation Algorithm Based on Periodic Alternation of Bands in C+L+S-bands EONs, 2022 Asia

Communications and Photonics Conference (ACP), Shenzhen, China, 2022: 1215-1218.

[23] ZHANG W, YIN S, WANG Z, et al. Routing, Modulation Level and Spectrum Assignment Considering Nonlinear Interference in C+L+S-bands EONs, 2022 27th OptoElectronics and Communications Conference (OECC) and 2022 International Conference on Photonics in Switching and Computing (PSC), 2022:1-3.

# 第3章

# 城域光网络与端到端切片

端到端切片(End-to-End Network Slicing)是5G通信中的一项关键技术,它允许在物理网络基础设施上创建多个逻辑上独立的虚拟网络(切片),且每个切片都是为了满足特定服务或应用的需求而定制的。随着物联网、增强/虚拟现实、分布式计算等新兴应用的兴起,网络需求变得多样化,传统的网络架构已经难以满足这些应用对低延迟、高带宽和高可靠性的不同要求。端到端切片技术通过在网络的各个层次(包括无线接入网络、城域网和核心网)上进行资源的灵活分配和动态调整,为不同的服务提供定制化的网络环境。通过动态切片,5G以及6G将在网络的灵活区域上运行,为网络提供更高级别的灵活性、适应性和可靠性。

端到端切片技术的核心在于网络切片的创建和管理。每个切片都是一个独立的网络实例,它可以包含从接入点到核心网络的所有资源。这种技术使得网络能够根据不同的应用需求,提供差异化的服务。在城域光网络中实施端到端切片,需要网络设备支持灵活的资源调度和动态配置,这通常涉及软件定义光网络(SDON)和网络功能虚拟化(Network Function Virtualization,NFV)技术,它们使得网络能够更加智能地管理和优化资源。通过运用SDON技术,网络管理人员可以根据实时的网络状况和用户需求,动态地调整切片的资源分配。NFV技术则允许网络功能在虚拟环境中部署,提高了网络的敏捷性和可编程性,同时也为城域光网络资源优化提出了新的挑战与要求。

城域光网络与端到端切片技术的结合,为现代通信网络提供了强大的支持。它不仅提高了网络的服务质量,增强了用户体验,还为未来网络的创新和应用发展奠定了基础。随着技术的不断进步,我们可以期待城域光网络服务变得更加智能、高效和灵活。本章将对端到端切片技术及其在城域光网络中应用所引发的资源优化相关研究进行介绍。

## 3.1 光网络切片技术概述

自5G开始流行之后,网络运营商也开始加快探索差异化灵活动态配置网络资源的方案,以支持上层业务各有侧重的网络需求。对于底层光网络而言,网络切片主要有两大类研究方向，一类是虚拟网络的提供，通过将底层网络的物理资源划分出一部分来满足特定的虚拟网络需求；另一类是服务链的提供，主要研究如何选择运行在通用服务器的虚拟网络功能并进行合理串联，以链式服务提供给用户。

随着应用层业务形式的日趋丰富，传统“一刀切”的资源分配方式将逐渐被灵活、弹性定制化的网络切片服务形式所取代。已有大量的研究工作围绕切片及其依赖的虚拟资源分配问题展开，包括在骨干光网络下的虚拟网络或基础设施的映射与嵌入问题、光网络生存性问题，结合边云计算与上层业务形态的协同优化等，在辅助网络设备商、运营商提高资源利用率、增强配置灵活性、控制网络成本投入等方面起到重要的参考作用。本节主要介绍光网络切片相关的重要概念与技术。

## 3.1.1　光网络切片管控技术

光网络切片的实现依赖于多种关键技术的支撑，这些关键技术共同构建了一个灵活、高效、智能的光网络。

### 1. 软件定义光网络

软件定义光网络（SDON）将软件定义网络引入光传输网，实现光网络可编程化的技术。与软件定义网络（Software Defined Networking，SDN）类似，SDON 具有可编程的控制平面和传输平面，可根据上层应用的需求动态配置与重配置网络连接，并具有完整的拓扑灵活性与可扩展性[1]。因此，通过软件化的开放接口，用户可以操控虚拟化的物理基础设施，高效动态配置自定义光通道，在底层传输技术和网络协议之上创建出虚拟网络，进而支持网络切片定制化、自动化、隔离性、弹性等重要特性。

如图 3-1 所示，SDON 架构分为转发、控制和应用三个平面。在转发平面中，需要应用可编程的光收发机、光交换元件等光器件构建基础设施层。在控制平面中，需要为底层的数据包、光波长、时隙等不同类型的流提供公共映射视图和公共流抽象，从而支持外部逻辑集中式的控制器。SDON 控制器可以实现对全局的控制，对各个参数进行调整，使网络性能达到最优。在应用平面中，路由、生存性、负载均衡等网络应用策略通过北向接口与控制层交互以实现服务的提供。通过一整套 SDON 的通用抽象与可编程控制，使得虚拟光网络（Virtual Optical Network，VON）配置到底层物理基础设施，并使得后续映射关系的维护变得灵活、高效。

### 2. 网络功能虚拟化

网络功能虚拟化（NFV）根据实际业务需求进行自动部署、弹性伸缩、故障隔离和自愈等操作，从而有效地降低了网络设备的昂贵成本[2]。网络功能虚拟化通过借鉴 IT 领域的虚拟化技术，将网络设备虚拟成虚拟机，传统的通信业务可以被部署到这些虚拟机上，形成了一种灵活而高效的网络架构。虚拟机基于云操作系统，这使得在需要部署新业务时，只需在开放的虚拟机平台上创建相应的虚拟机，然后在虚拟机上安装相应功能的软件包。这一过程不仅提高了业务的部署效率，也增加了网络的可扩展性和灵活性。NFV 技术实现了网络设备的虚拟化，将控制功能迁移到服务器上运行，这使得网络设备更加开放和兼容。尽管 NFV 和 SDN 存在高度互补的关系，但它们并非相互依赖。这意味着可以在没有 SDN 的情况下部署 NFV，反之亦然。这种灵活性使得网络架构的设计和部署更加可选和适应不同的需求。

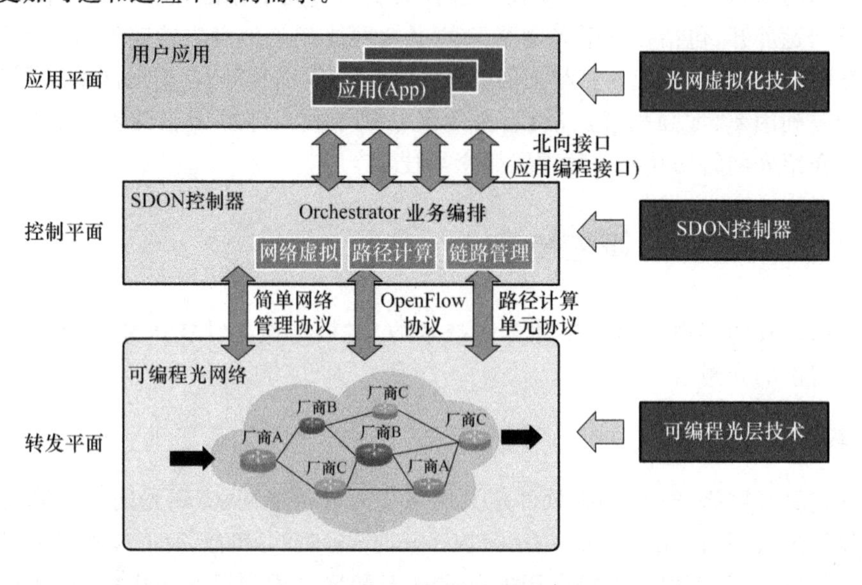


图 3-1　软件定义光网络分层架构

对底层的光网络实现动态切片需要使用高效的虚拟资源嵌入或者映射方案，大量的工作已在该研究领域展开，相关的关键技术包括虚拟网络嵌入、虚拟网络映射以及虚拟基础设施映射等。

### 3. 网络切片的管理与编排

网络切片管理平台是用于创建、配置和监控光网络切片的中心化工具。它允许管理员动态地调整切片的资源和策略。编排工具用于自动分配和调整光网络切片的资源，以适应流量和应用需求的变化。通常网络切片管理[3]是通过切片规划、切片部署、切片维护、切片优化四个阶段来实现的。

① 切片规划：按照业务保障要求，切片规划阶段重点规划切片的范围、带宽和时延。范围规划解决切片接口带宽利用率和网络负载均衡性问题；带宽规划决定切片内带宽的使用原则，对于共享切片和独占的切片，有不同的定义原则，时延规划的目的是明确网络时延的范围。

② 切片部署：控制器完成切片实例部署，包括创建切片接口、配置切片带宽、配置 VPN 和隧道等。在控制器上创建网络切片，切片接口类型支持物理接口、FlexE 接口、信道化子接口；切片激活即将该网络切片的基础配置生成。在切片内部署 SRv6 路径、部署 VPN。

③ 切片维护：控制器通过 iFIT 等技术监控业务时延、丢包指标。通过 Telemetry 技术上报网络切片的流量、链路状态、业务质量信息，实时呈现网络切片状态，从而做到及时的故障预测与故障修复。

④ 切片优化：基于业务服务等级要求，在切片网络性能和网络成本之间寻求最佳平衡，切片优化的两种主要实现方式分别是带宽调优和切片扩容。

### 3.1.2　虚拟网络嵌入技术

虚拟网络嵌入（Virtual Network Embedding，VNE）是网络功能虚拟化领域的一个重要概念，它涉及在物理网络基础设施上部署虚拟网络的过程。在 NFV 环境中，虚拟网络嵌入的目标是将虚拟网络的功能（如虚拟路由器、防火墙、负载均衡器、节点交换能力等）映射到物理网络中的资源上，以确保虚拟网络的性能、可靠性和安全性[4]。它是端到端切片中资源优化问题的主要挑战的来源。

城域光网络中的 VNE 关键挑战如下。

① 资源分配：如何有效地分配物理网络的资源（如带宽、交换能力、计算资源等）给虚拟网络，以满足其服务质量要求。

② 映射策略：确定虚拟网络功能（Virtual Network Functions，VNF）到物理网络资源的映射策略，这通常涉及对网络拓扑、资源利用率、故障恢复等因素的综合考虑。

③ 性能优化：在保证服务质量的同时，尽可能地减少资源消耗，提高网络的整体效率。

④ 动态适应性：随着网络流量和业务需求的变化，VNE 需要能够动态地调整虚拟网络的部署，以适应这些变化。

⑤ 安全性和可靠性：确保虚拟网络的部署不会影响物理网络的安全性和可靠性，同时要考虑虚拟网络本身的安全防护。

VNE 的实现通常涉及复杂的优化问题，可能需要使用启发式算法、线性规划、遗传算法等方法来解决。随着云计算和数据中心网络的快速发展，VNE 成为实现灵活、可扩展和高效网络服务的关键技术。

### 3.1.3　虚拟网络映射技术

虚拟网络映射（Virtual Network Mapping，VNM）是网络功能虚拟化（NFV）中的一个关键步骤，它指的是将虚拟网络功能（VNF）和虚拟网络（Virtual Networks，VN）映射到物理网络资源（如光网络设备、通信设施、计算服务器等）上的过程。这一过程确保了虚拟网络能够利用物理基础设施来执行其功能，同时保持网络的灵活性和可扩展性。

VNM 的主要目标如下。

① 资源优化：合理分配物理资源，以满足虚拟网络的性能要求，同时避免资源浪费。

② 网络性能：确保虚拟网络在物理网络上的部署能够提供所需的服务质量，包括延

迟、吞吐量和可靠性。

③ 故障恢复:在物理网络资源发生故障时,能够快速恢复虚拟网络的服务。

④ 安全性:在映射过程中考虑安全因素,确保虚拟网络的部署不会引入新的安全风险。

⑤ 灵活性:允许虚拟网络根据业务需求的变化进行动态调整,包括添加、删除或修改网络功能。

VNM 通常涉及复杂的决策问题,需要考虑多种因素,如网络拓扑、资源可用性、成本以及服务等级协议等,因此,为了找到最优或近似最优的映射方案,通常采用启发式算法、数学规划方法以及机器学习技术等。随着网络虚拟化技术的不断发展,VNM 在实现高效、灵活的端到端切片中扮演着越来越重要的角色。

### 3.1.4 动态切片管理技术

动态切片资源管理旨在根据实时需求和网络条件,有效地分配和管理网络切片中的资源。这种资源管理方法允许网络运营商和管理员根据不同应用程序和服务的需求,以及网络流量模式的变化,灵活地配置和重新配置网络切片资源。这种管理方法的核心在于能够实时监控网络状态,预测未来的流量需求,并据此动态地调整网络切片的资源分配与优化。

针对切片动态管理已有研究者展开深入研究并考虑了其与光网络的结合带来的资源优化新问题,主要涉及切片的灵活服务与动态优化、计算中心间的任务迁移、虚拟机资源迁移等。研究人员针对 5G 无线接入网切片的灵活服务问题,提出了一个动态的切片调整与迁移策略,基于机器学习进行流量预测并将预测信息用于切片调整与迁移优化,减轻了由于资源不足导致的切片服务质量降低问题[5]。文献[6-8]重点关注了数据中心光网络上的计算资源迁移范围的选定,从而实现了各节点间的负载均衡,以避免负载集中带来的运行风险,并进行了一些相关的部署试验。文献[9-12]研究了数据中心光网络中的虚拟机并行迁移中的资源优化问题。对于城域光网络,目前有关切片重配置、计算资源迁移等动态切片资源优化问题的讨论还较少,缺乏相关策略的研究与探讨。未来的研究可以集中在如何设计更智能的算法来预测网络需求,如何实现更高效的资源分配,以及如何减少迁移过程中的延迟和资源浪费等方面。这些研究将有助于提高网络的灵活性、可靠性和能效,为未来网络的发展提供支持。

## 3.2 基于成本和时延的切片资源优化策略

### 3.2.1 研究场景与问题描述

光纤无线接入网(Fiber-Wireless,Fi-Wi)结合光和无线技术各自的优势,可提供巨大的可用带宽和网络灵活性，将是 5G 及城域光网络的一个很好的接入选择。使用 Fi-Wi 技术的城域光网络通过网络虚拟化隐藏光纤网络与无线网络的差异，可以实现各种 5G 用例的网络切片[13]。

如图 3-2 中的切片请求层所示，切片映射请求包含几个需求，如拓扑、每个（虚拟）链路的流、每个（虚拟）链路的最大延迟等。多个片可以在同一物理网络中共存，同时提供定制的服务。虚拟化的 Fi-Wi 网是对物理网络资源的抽象。切片映射的总成本和延迟容忍度、用户服务质量（Quality of Service，QoS）需求、链路流、物理网络带宽限制等有关，因此需要一个合适的资源优化策略，既能提供合适的 QoS，又能最大程度地降低总成本，实现业务能力和网络成本的平衡。

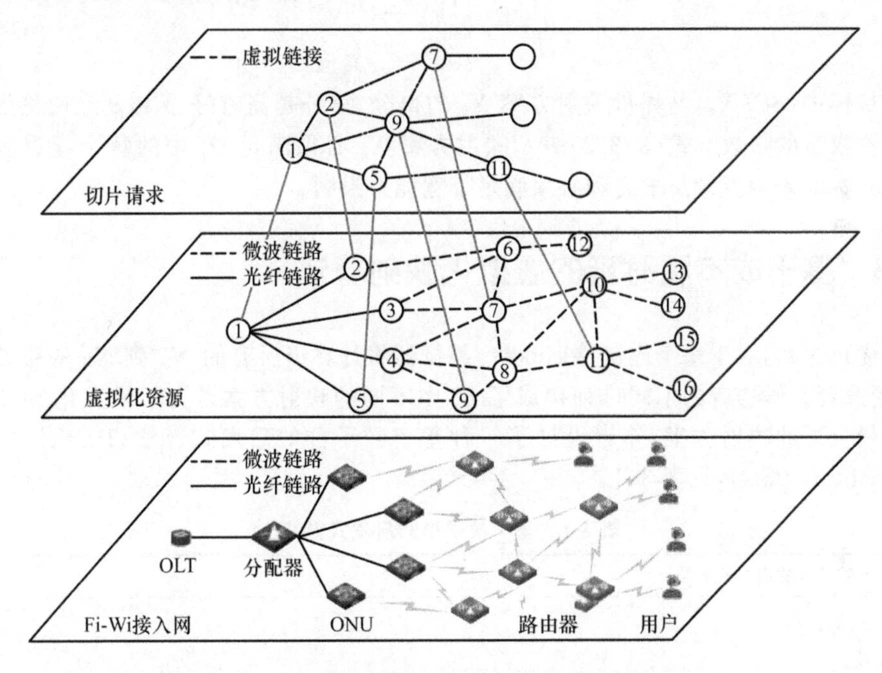


图 3-2　可切片 Fi-Wi 接入网示例

## 3.2.2　切片资源优化模型

用数学表达式 $G=<N_i, \mathrm{Link}_i, \mathrm{Cost}_i, D_i, B_i>$ 代表使用 Fi-Wi 技术的城域光网络，其中 $N_i$ 代表网络节点的集合，可以代表光线路终端（OLT）、光网络单元（ONU）、无线路由器（WR）或用户；$\mathrm{Link}_i$ 表示光纤和微波的链路；流量单位成本计为 $\mathrm{Cost}_i$；每条链路的传输时延为 $D_i$；最大带宽为 $B_i$。表达式 $S=<N_j, \mathrm{Link}_j^{m,n}, f_j, D_j>$，代表映射请求，其中 $N_j$ 是 $N_i$ 节点的子集，是组成切片的节点集合；$\mathrm{Link}_j^{m,n}$ 是虚拟链路连接 $N_j$ 中物理节点 $N_m$ 和 $N_n$ 的集合。切片中的虚连接从 $\mathrm{Link}_i$ 开始映射，即每个虚连接可以由 $\mathrm{Link}_i$ 中的多个物理链路组成。流量需求为 $f_j$，最大延迟容忍为 $D_j$。

对于切片请求 $S$，有一组映射方案，写为 $P_s=<X_k>$。每个方案 $X_k$ 是一个向量，其

中每个维度 $X_k^d$ 是$\text{Link}_j^{m,n}$ 中相应虚拟链路的映射选择。为了满足切片的延迟容限需求，尽可能地降低总成本，建立相应的优化模型如下，目标为最大化公式，即式(3-2-1)：

$$\text{Maximize } SC(X_k) = \left(\frac{\alpha}{\sum_j D_j} + \frac{\beta}{\sum_j (f_j \times \text{Cost}_j)}\right) \times \prod_{i,j} (D_j \cdot D_i) \times \prod_{i,j} (f_j \cdot B_i) \tag{3-2-1}$$

$$(D_j \cdot D_i) = \begin{cases} 1, & \sum_j D_i < D_j \\ 0, & \text{其他} \end{cases} \tag{3-2-2}$$

$$(f_j \cdot B_i) = \begin{cases} 1, & \sum_j f_j < B_i \\ 0, & \text{其他} \end{cases} \tag{3-2-3}$$

在目标中，$SC(X_k)$是评价映射方案 $X_k$ 的得分，得分越高越好；$\alpha$ 和 $\beta$ 是调整延迟容差和代价权重的参数。式(3-2-2)表示映射方案 $X_k$ 必须满足 $D_j$ 中的每个延迟容限需求，式(3-2-3)表示流量需求之和必须满足带宽能力限制。

### 3.2.3 基于成本和时延的虚拟化映射算法

在优化之初，对于每个虚链接$\text{Link}_j^{m,n}$，编排器将计算出所有的 $N_m$ 到 $N_n$ 的路径作为 $X_k^d$ 的候选者。候选者的不同排列构成了 $P_s$ 中不同的映射方案。为了最大化 $SC(X_k)$，即找到最合适的映射方案，作者设计了一种基于粒子群的启发式算法(Particle Swarm Optimization, PSO)，见表 3-1。

**表 3-1 基于粒子群的启发式算法**

| 算法：基于粒子群的启发式算法。 |
|---|
| 1 输入 $G,S,P$ |
| 2 输出 $X_{gb}$ |
| 3 For $t<$Max Iteration do |
| 4 For $k<$Particle Number do |
| 5 $X_k = X_k \otimes V_k$； |
| 6 $V_k = w_t V_k \oplus C_0(X_{pb} \odot X_k) \oplus C_1(X_{gb} \odot X_k)$； |
| 7 If $SC(X_k) > SC(X_{kb})$ then $X_{kb} = X_k$； |
| 8 If $SC(X_k) > SC(X_{gb})$ then $X_{gb} = X_k$； |

在该算法中，$w_t$ 表示粒子的惯性特性。使用线性降低权重的策略来调整 $w_t$ 的值，以获得更好的全局搜索性能：

$$w_t = \frac{|w_{\text{ini}} - w_{\text{end}}| \times (t_{\max} - t)}{t_{\max}} + w_{\text{end}} \tag{3-2-4}$$

$C_0$ 和 $C_1$ 表示粒子的个人和全局学习能力，这意味着它在调整速度时参考个人和群体历史的程度。$C_0 + C_1 + w_t = 1$。$X_1 \odot X_2$ 表示比较两个位置，如果它们相同，则取值为0，例如(1,3)$\odot$(2,3)=(1,0)。“$A \oplus B$”表示将其相加，然后四舍五入，例如(0.6,0.9)$\oplus$

(0.1,0.3)=(0,1)。$V_k$ 决定是否改变位置 $X_k$。在离散优化问题中,当需要改变 $X_k$ 时,$V_k$ 的值为 1,例如(3,5)⊗(1,0)=(*,5)。

$C_0$、$C_1$ 和 $w_t$ 对结果有重要的影响。一开始,为了增强粒子的随机搜索能力,$w_t$ 取很大的值。随后,$w_t$ 减小,粒子的位置逐渐收敛到群的最佳位置。粒子通过随机搜索和学习个人和群体的最佳位置,智能地获取最优解决方案。

### 3.2.4 仿真实验与数值分析

在仿真实验中,成本、时延、流量、带宽等网络参数在合理范围内随机生成。粒子群的粒子个数为 500,最大迭代次数为 1 000。惯性系数 $w_{ini}$ 设置为 0.9,$w_{end}$ 设置为 0.5,这将保证优秀的搜索性能。在这个全局搜索问题中,个人学习参数 $C_0$ 的值小于群体学习参数 $C_1$。使用最小化延迟(Minimize Delay,MD)、最小化成本(Minimize Cost,MC)和最大化单路径分数(Maximize Single Path Score,MSPS)算法作为对比算法。MD 选择时延最低的路径;MC 选择代价最小的路径;MSPS 通过 $SC(X_k^d)$ 对每条路径进行评分,并选择得分最高的路径。

仿真结果如图 3-3 所示。结果表明,与其他算法相比,作者所提出的 PSO 算法在切片点数需求不同的三种情况下得分都是最高的。实际上,PSO 算法考虑了 QoS 的总成本和延迟,而 MD 算法和 MC 算法只考虑了一个指标。虽然 MSPS 算法同时考虑了总成本和延迟,但其并没有对网络进行整体优化,优化路径的组合没有获得很好的综合性能。当切片请求有四个节点时,相较于有三个节点和五个节点的情况,四种算法的表现都是最好的。因为切片中的节点过多会导致物理网络拥塞,导致部分带宽较低的物理链路被排除,候选路径数量减少。当切片请求的节点很少时,总流量需求不足,对总成本的优化不会对得分产生显著影响,这也可以解释为什么 PSO 算法和 MC 算法在切片请求中的节点数较少时得分相近。

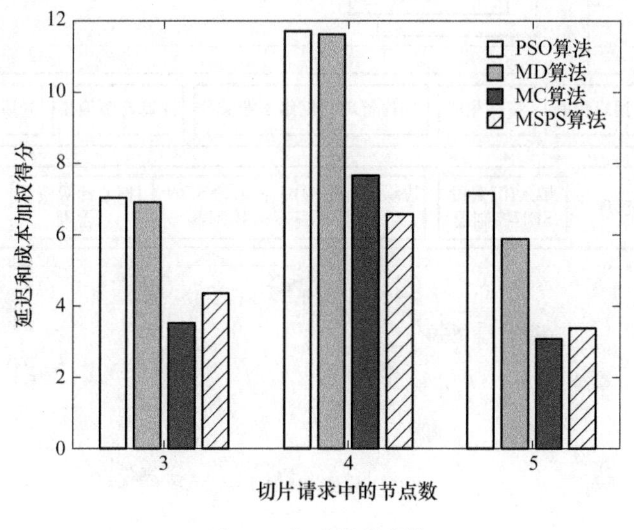


图 3-3 切片部署分数

综上所述,作者所提出的基于成本和时延的切片资源优化策略在映射中表现出色,在节点数量适中的切片请求中算法性能最佳,在保证 QoS 的基础上有效地优化了成本和延迟。

## 3.3 动态切片重配置中的资源优化

### 3.3.1 研究背景与问题描述

多级异质切片控制架构如图 3-4 所示,来自应用层的切片请求将由网络的控制层处理并通过接口配置底层的物理资源进行承载。控制层内部采用分层模块化的设计,主要分为两个层面:全局管理和局域管理。全局管理层面负责整个网络的宏观调控,包括请求控制,确保网络请求得到有效处理;策略生成,制定策略以优化性能和资源分配;切片管理,实现资源虚拟化和隔离,支持多租户服务;网络资源编排,动态调整网络资源以适应不同的服务需求;计算资源编排,协调计算资源以提高效率;异质资源协调,确保不同类型的资源能够协同工作,实现资源的最优利用。局域管理层面则专注于网络的微观操作,包括接入/汇聚段 SDN 控制器,负责管理网络入口点和数据汇聚点;边缘计算资源管理,优化边缘节点的计算和存储资源;核心段 SDN 控制器,控制网络核心部分的流量和资源分配;核心计算资源管理,确保核心计算资源的高效运行。这种分层设计使得网络能够灵活地应对各种网络场景,同时降低了管理和维护的复杂性。

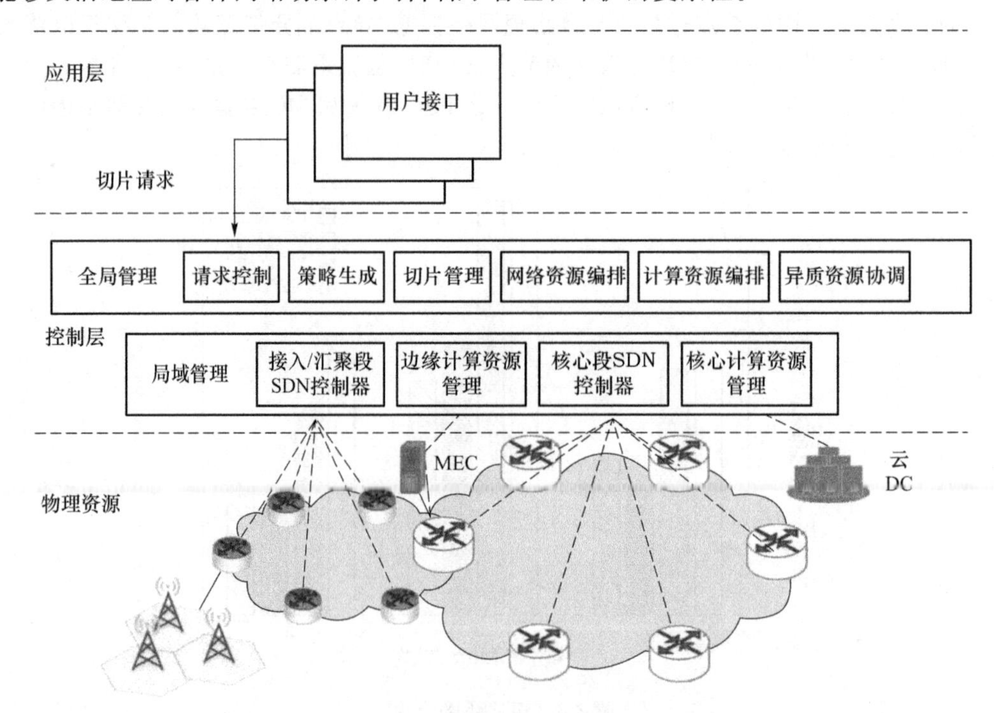


图 3-4 多级异质切片控制架构

基于 SDON 和 NFV 技术，能够构建一套完整的切片管理维护架构。这个架构能够有效地支持切片的动态重配置、内部资源迁移以及资源优化，为切片提供有力的支持。动态切片运行流程图如图 3-5 所示。在这一过程中如何动态地进行切片重置，在满足切片动态需求的条件下，为最大化网络吞吐能力提供更有力的通信支持，是城域光网络资源优化领域需要解决的关键问题之一。

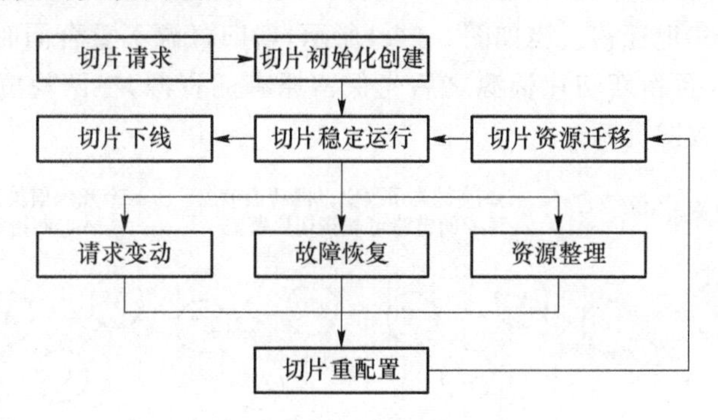


图 3-5 动态切片运行流程图

## 3.3.2 动态切片重配置模型

切片重配置问题可表示为：对于一个切片请求 $D$，其原资源映射方案为 $\mathrm{RM}=\{\mathrm{NM}_1, \mathrm{NM}_2, \mathrm{NM}_3, \cdots, \mathrm{LM}_1, \mathrm{LM}_2, \mathrm{LM}_3, \cdots\}$，其中$\mathrm{NM}_i$ 和$\mathrm{LM}_j$ 分别代表原方案中的节点和链路的映射。调整后的新切片请求为 $D'$，其新的资源映射方案 $\mathrm{RM}'=\{\mathrm{NM}'_1, \mathrm{NM}'_2, \mathrm{NM}'_3, \cdots, \mathrm{LM}'_1, \mathrm{LM}'_2, \mathrm{LM}'_3, \cdots\}$，其中 $\mathrm{NM}'_i$ 和 $\mathrm{LM}'_j$ 分别代表新方案中的节点和链路的映射。切片重置需要解决的一个关键问题是求解合理的新映射方案 $\mathrm{RM}'$，另一个关键问题则是迁移带来的消耗。迁移发生在新映射方案 $\mathrm{RM}'$确定后。切片重置时先完成新资源预留，此时旧切片上已承载业务$\{d_1, d_2, d_3, \cdots\}$，于是需要为每一个业务 $d_i$ 确定迁移的时间节点 $t_i^{\mathrm{mig}}$ 以及带宽 $b_i^{\mathrm{mig}}$，将这些承载业务从旧切片迁移到新切片。迁移过程中需要消耗频谱资源建立迁移光路，将原计算节点的数据同步到新计算节点上，之后释放旧切片资源。上述两个问题其实是相互关联的，对于新请求 $D'$，新的映射方案 $\mathrm{RM}'$可在满足网络优化和用户需求的基础上减少需要迁移的计算节点，则可以尽量减少迁移消耗，即减少$\mathrm{NM}_i$ 与 $\mathrm{NM}'_i$ 的错位情况。同时，本研究针对的是动态场景，因此切片上的业务会按需增减变动，需考虑迁移方案在资源频繁拆建情况下的动态运行适应性。

迁移光路的创建可以分为两部分，一部分是从待迁出计算节点到切片驳接节点，另一部分是从切片驳接节点到待迁入计算节点。也就是以驳接节点为中转点，前半部分利用原切片资源创建光路，后半部分则利用新切片资源创建光路。驳接节点的选取必须满足该节点在新旧切片中都被使用到这一条件，那么其中就肯定包含了切片请求所指定的接入节点，即可用的驳接节点数至少为 1，且驳接节点数大于等于接入节点数。本方案使用多路迁移策略，即利用多个驳接节点同时建立光路实现迁移，从而提高效率，避免了单路径产生的带宽瓶颈问题。当然，如果可用的驳接节点数为1，则本方案可能退化成单路迁移。

图3-6展示了一些新旧映射方案错位情况。如图3-6(a)所示，当新旧节点相互重合时，并不需要资源迁移。而如图3-6(b)所示，当新旧节点并不重合，但是新旧节点可以通过已经建立好的新的光路资源相连通时，则在预留好新的资源之后即可释放旧资源，利用切片内部的连接实现迁移。当如图3-6(c)所示，新旧资源不重合同时也没有光路资源相连通时，则需要在预留新切片资源之后先保留原有的资源，在两块资源上创建光路并完成迁移之后再释放旧资源。

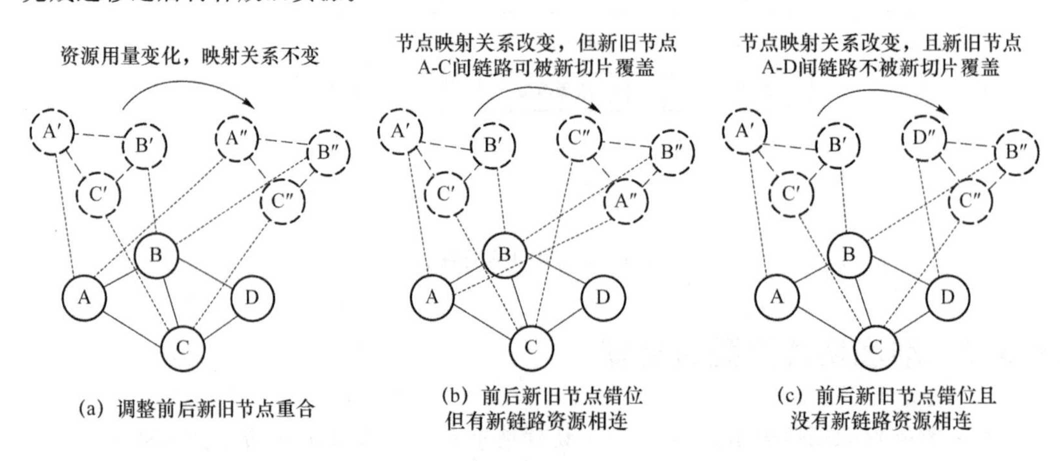


图3-6 切片重置调整前后映射方案错位情况示意图

## 3.3.3 时延感知的重配置策略

### 1. 迁移调度优化设计

从迁移调度的角度出发，结合时序与切片带宽请求特征，可以优化迁移效率，降低迁移时延。由于切片上承载着许多拓扑相同而资源用量各异的业务，在对某个业务进行迁移之前，它仅存在于原切片上，在迁移过程中，维持原切片上的正常运作，在新切片上同步复制一个暂不运行的副本，在迁移后则运行副本并释放原业务。于是，在一个业务完成迁移之后，后续迁移的业务就可以利用前一个业务释放的频谱资源，尝试以更高的速率完成迁移。如图3-7(a)所示，如果同时迁移带宽占用量为1、2、3的业务A、B、C，则总迁移时长可以表示为$(A+B+C)/v_0$；如果顺序迁移业务，则总的迁移时长可以表示为$A/v_0+B/(v_0+1)+C/(v_0+2)$，$v_0$为迁移开始时可用于迁移的带宽。可以看到顺序迁移能够利用腾出的空间提升迁移的效率。也就是说，若能合理调度迁移，就可以降低业务迁移总时长，以加快切片整体迁移，本方案的时延感知也正是围绕这一点来设计的。

由于所有迁移光路的创建必须经过驳接节点，那么与驳接节点相连的链路所需要的频谱资源越紧张，就越容易出现传输速率的瓶颈。瓶颈的出现也分为两种情况，一种情况是出现在驳接节点与原切片待迁出节点的相连链路上,另一种情况是出现在驳接节点与新切片待迁入节点的相连链路上。在迁移初期,原切片上承载着许多业务,剩余的可用频谱资源比较少,而此时新切片上还没承载业务,那么可用的频谱资源就比较多,此时这个传输速率的瓶颈就出现在原切片上。随着迁移过程的推进,越来越多的业务在新的切片上运行,原切片与新切片之间的剩余可用频谱资源差距就逐渐缩小。到了迁移的后期,新切片承载了大多数业务,而原切片仍有少部分待迁移业务,新切片剩余的可用频谱资源少于原切片,此时传输的瓶颈就到了新切片这边。

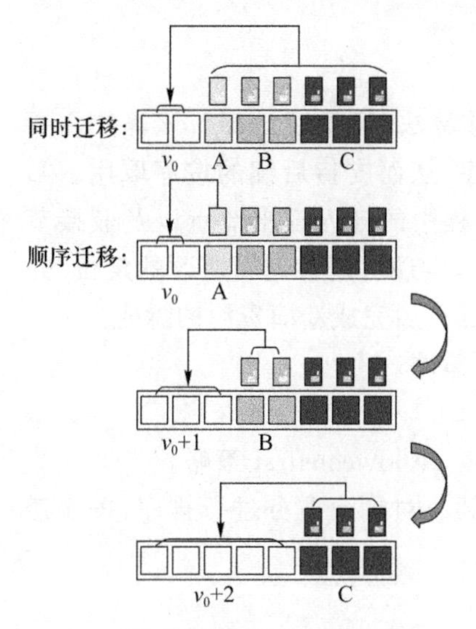


(a) 业务同时迁移与顺序迁移

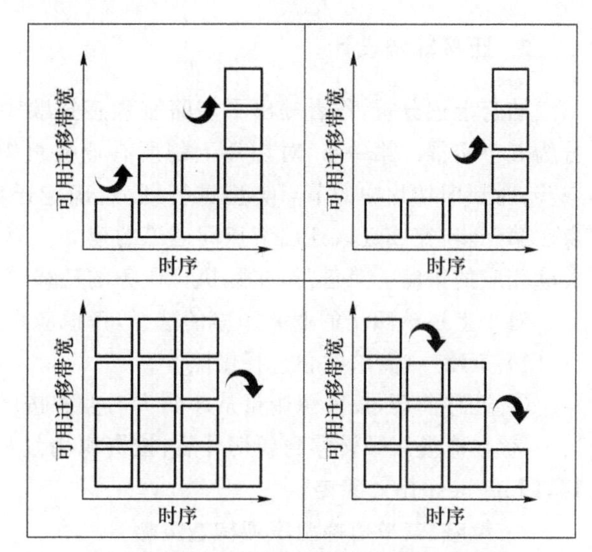


(b) 不同迁移策略下可用迁移带宽随时序变化

图 3-7 迁移策略示意图

根据上述传输瓶颈的变化规律,若采用顺序迁移的方式,则在不同阶段迁移业务的优先选择策略也应有所差异。特别是为了在不失一般性的前提下简化问题,本研究假设切片上的业务占用的计算资源数量与频谱资源数量成正比例关系。对于资源占用量大的业务,其待迁移的数据量也相应地更大,耗时更长,旧资源释放量更大,新资源占用量也更大。而对于资源占用量小的业务,其待迁移的数据量就小,耗时更短,旧资源释放量小,新资源占用量小。那么在迁移初期,传输瓶颈就在原切片上,此时如果优先传输大业务,则排在前面的大业务传输速率小,排在后面的小业务传输速率大,而且在大业务传输期间通道的传输速率没有得到提高,会出现资源的错配情况,即本身大业务传输工作量占比更大,配置更大的速率会有更高的收益。如图 3-7(b)所示,本研究中假设传输的数据量与能腾出的频谱空间是成正比的,那么若优先传输大业务,则如图 3-7(b)右上图所示,前 3 个时间单位内,整个光通道都维持着初始速率,若优先传输小业务,每完成一个,光通道速率都能得到相应的提升,则如图 3-7(b)左上图所示,能够在不到 3 个时间单位内完成与单个大业务相当的传输量。所以当业务传输后通道速率提升时,优先传输小业务是更优的方案,可以让通道速率尽快提升以惠及后传输的业务,为时延占比更高的大业务配置高速率。

相反地，在迁移的后期，传输瓶颈会出现在新切片一边，也就是随着迁移完成的业务的增多，可用的频谱资源越少，传输速率越低。此时，如图 3-7(b)右下图所示，如果优先迁移小业务，则会导致传输速率更快地降低，后续迁移的大业务要使用更低的速率传输，而如果迁移与多个小业务相同数据量的一个大业务，如图 3-7(b)左下图所示，则在传输期间光通道能维持更高的速率，完成传输的用时更短。所以当业务传输后会导致通道速率降低时，优先传输大业务是更优的方案，能让通道速率更慢地降低，为时延占比更高的大业务维持更高的速率。

**2. 迁移算法设计**

结合上述分析，作者提出了多路瓶颈感知顺序迁移算法(详见表 3-2)。该算法主要分为五个步骤。第一步，对切片上的所有业务组织排序，从而支持后续的按序取用。第二步，对新旧切片中的节点类型进行划分，确定迁移过程中的迁入迁出节点以及驳接节点。第三步，完成迁入迁出节点间通道的建立。第四步，实现对迁移速率瓶颈的定位，并关联相应的策略。第五步，实际执行业务的迁移，并在迁移后完成新旧资源的拆建。

对于上述第四步的业务顺序的选择，考虑应用以下策略。

1) 策略一(简单贪心选择策略)

① 迁移前期，按资源用量从小到大对业务按序迁移，即 lowest-first 策略。

② 在流量瓶颈转移到新切片后，按资源用量从大到小对剩余业务进行排序，按序迁移，即 highest-first 策略。

2) 策略二(平衡峰型序列构造策略)

① 遍历业务列表 $P$，将所有的最大业务放入集合 $P_{\mathrm{MAX}}$，将其余业务放入集合 $P_o$。

② 将集合 $P_o$ 一分为二，并使得 $P_A$ 和 $P_B$ 两个子集合内部之和的差值最小，将该问题转化为背包问题求解，即视为从集合 $P_o$ 中取出若干个元素使其相加之和最接近集合 $P_o$ 中所有元素之和的一半，使用动态规划求解最接近的和值，并逆向遍历对比得到两集合 $P_A$ 和 $P_B$。

③ 对集合 $P_A$ 升序排列，对集合 $P_B$ 降序排列，两者之间插入集合 $P_{\mathrm{MAX}}$ 得到峰型序列 $P_{\mathrm{cand1}}$；对集合 $P_B$ 升序排列，对集合 $P_A$ 降序排列，两者之间插入集合 $P_{\mathrm{MAX}}$ 得到 $P_{\mathrm{cand2}}$。返回 $P_{\mathrm{cand1}}$ 和 $P_{\mathrm{cand2}}$ 中迁移效率更高的方案。

3) 策略三(基于人工蜂群算法[14]的启发式策略)

① 随机生成若干个峰型序列作为搜索起点，其中峰型序列指将最大节点置于中间并往两端依次递减的序列。为每一个搜索起点即蜜源 $\mathrm{Nec}_i$ 分配一只雇佣蜂，雇佣蜂在各自的蜜源附近进行搜索，在固定峰值节点以及部分其他节点下随机选定两侧节点进行交换或者单侧节点移动到另一侧，生成新的峰值序列作为新的蜜源，并择优筛选，缓存淘汰个体避免重复搜索。

② 对于每个蜜源，根据式(3-3-1)计算概率，使用轮盘赌算法为跟随蜂选定雇佣蜂进行跟随，跟随蜂与雇佣蜂使用相同的随机搜索方式在对应的蜜源周围探寻并选择新的蜜源。

$$p_i = \text{fitness}_i \Big/ \sum_{i=1}^{N} \text{fitness}_i \tag{3-3-1}$$

③ 如式(3-3-2)所示，若在某一蜜源处搜索迭代次数超过了阈值 limit 且在蜜源周围没有找到更优的新蜜源，则对应的雇佣蜂转变成侦察蜂，随机生成一个蜜源，开启新一轮搜索。若当前迭代周期算法已达终止条件，则返回最优解。

$$\text{Nec}_i^{t+1} = \begin{cases} \text{Nec}_i^t, & \text{iteration}_i < \text{limit} \\ \text{Nec}_{\text{new}}, & \text{iteration}_i \geq \text{limit} \end{cases} \tag{3-3-2}$$

4）策略四(暴力枚举策略)

使用深度优先搜索和递归回溯的方式构造所有序列，对于每一个组合都进行迁移速率测试，迭代更新最优序列，最终返回问题的最优解。

**表 3-2　多路瓶颈感知顺序迁移算法**

| 算法：多路瓶颈感知顺序迁移算法。 |
|---|
| **第一步**<br>遍历切片中的所有业务：<br>对于遍历到的业务 $\delta$，将其放入排序列表 $P$；<br>根据业务所占数据量对列表 $P$ 中的元素使用不同的策略进行迁移顺序编排。 |
| **第二步**<br>对于原切片节点集合，排除与新切片重叠节点，形成待迁出节点集合 $V_{\text{out}}$；对于新切片节点集合，排除与原切片重叠节点，形成待迁入节点集合 $V_{\text{in}}$；对于重叠节点，放入驳接节点集合 $V_{\text{bond}}$。 |
| **第三步**<br>对于每一个待迁出节点与待迁入节点的节点对，使用最大流算法以及负载均衡的方式创建经过每一个驳接节点的并行连接通道。对于每一个节点 $v_{\text{out}}^i \in V_{\text{out}}$，根据节点间的负载确定相应比例的入节点流量 $B^i$。然后，以切片中各虚拟链路上带宽为各链路的流量阈值，对于 $\forall\, v_{\text{out}}^i \in V_{\text{out}}$ 使用 Ford&Fulkerson 算法[15]计算从 $v_{\text{out}}^i$ 到每一个驳接节点 $v_{\text{bond}}^j \in V_{\text{bond}}$ 的最大流，根据各驳接节点能实现的最大流按比例分配从 $v_{\text{out}}^i$ 到 $v_{\text{bond}}^j$ 的各并行通道带宽。同理从 $v_{\text{in}}^i$ 到 $v_{\text{bond}}^j$ 的通道也可按此方法分配，从而实现分节点分链路的多路并行方案。 |
| **第四步**<br>对于原切片与新切片内的迁移通道，分别定位传输速率阈值所在链路，并比较两速率以确定当前整体传输速率阈值位于原切片或新切片。根据不同的业务选择策略，以传输速率阈值迁移当前选中业务。 |
| **第五步**<br>根据选用的策略，从列表 $P$ 中得到下一个该迁移的业务 $\delta$，以受限最高速率迁移完成。随后释放该业务在原切片中所占的资源，业务承载完全切换到新切片上。检查 $P$ 中是否还有待迁移业务，若有，则返回第四步继续执行，否则结束本算法。 |

### 3. 切片重配置优化设计

在切片重配置方面，加入减少迁移这一优化目标。具体地，对于按序到达的重配置请求，将重新运行动态网络切片分配方案的遗传算法，下面分别介绍染色体编码、初始种群创建、种群适应度评估、交叉与变异等机制。

1）染色体编码

在编码方面，一条染色体可以表示为：

$$ch=\{g_1,g_2,g_3,\cdots,g_n\},n=1,2,\cdots,2N_{\text{virt}}^{\text{node}}$$

其中，$g_i$ 包括节点映射$\text{NM}_i$ 和链路映射$\text{LM}_{(i,j)}$两部分，$\text{NM}_i$ 表示第 $i$ 个虚拟节点所对应的物理节点，$\text{LM}_{(i,j)}$ 表示第 $i$ 个虚拟节点与其他虚拟节点 $j$ 间使用的路径；$N_{\text{virt}}^{\text{node}}$表示切片请求中虚拟拓扑的节点个数；$n$ 的最大值此处取作$2N_{\text{virt}}^{\text{node}}$，表示同时考虑工作资源和备用资源的映射，前半部分是工作资源，后半部分是备用资源。

2）初始种群创建

在算法初始化阶段，会生成 $N_P$ 条染色体，形成种群 $P$。每条染色体的生成方式为对于接入节点采用固定节点映射方式生成，对于其余节点采用随机化的方式生成，即打乱除接入节点外的($N_{\text{phy}}^{\text{node}}-|S_{\text{acc}}|$)个物理节点后，取前 2($N_{\text{virt}}^{\text{node}}-|S_{\text{acc}}|$)个节点依次填充基因数组形成一个备选方案，随后进入种群 $P$。

3）种群适应度评估

对于种群中的每一条染色体，都需要进行适应度的评估，本方案中主要优化树间转发器 ITT 资源消耗、频谱资源消耗、计算节点间负载均衡这三个指标。

ITT 资源消耗可计算如下，即统计实现所有底层光路映射所需转换的频谱资源总量，其中 $N_i^{\text{tree}}$ 指第 $i$ 条虚拟链路底层所经过的光纤树个数，$B_i$ 表示该光路占用的频谱资源：

$$R_{\text{ITT}}=\sum_{i=1}^{2N_{\text{virt}}^{\text{link}}}(N_i^{\text{tree}}-1)\cdot B_i \tag{3-3-3}$$

频谱资源消耗可由下式计算，即统计在选取的底层光路以及由于广播特性导致的额外占用链路上的总频谱占用量，其中 $L_j^{\text{path}}$ 表示第 $j$ 棵树上主路径占用的链路数，$L_j^{\text{broadcast}}$ 表示第 $j$ 棵树上额外传播的链路数：

$$R_{\text{spectrum}}=\sum_{i=1}^{2N_{\text{virt}}^{\text{link}}}\sum_{j=1}^{N_i^{\text{tree}}}(L_j^{\text{path}}+L_j^{\text{broadcast}})\cdot B_i \tag{3-3-4}$$

此外，计算节点间负载均衡指标可计算如下，即基于各节点间负载的平均值 $\bar{w}$ 进一步计算标准差，通过最小化该指标即可避免节点间负载差距过大的情况：

$$\sigma_{\text{node}}=\sqrt{\frac{\sum_{i=1}^{N_{\text{phy}}^{\text{node}}}(\bar{w}-w_i)^2}{N_{\text{phy}}^{\text{node}}}} \tag{3-3-5}$$

$\bar{w}=\dfrac{\sum_{i=1}^{N_{\text{phy}}^{\text{node}}}w_i}{N_{\text{phy}}^{\text{node}}}$，$w_i$ 表示第 $i$ 个节点的计算负载。

本方案的优化目标是首先实现 ITT 资源消耗的最小化以节省部署成本，同时最小化频谱资源消耗以提升系统容量以及考虑节点间的负载均衡以避免服务器过载失效，于是适应度函数可表示如下，其中 $\varepsilon$、$\zeta$、$\eta$ 是权重因子：

$$\text{fitness}=\varepsilon \cdot R_{\text{ITT}}+\zeta \cdot R_{\text{spectrum}}+\eta \cdot \sigma_{\text{node}} \tag{3-3-6}$$

4）交叉与变异

在选择步骤，令适应度排名前 10％的染色体直接进入下一代种群 $P_{\text{next}}$，其余染色体使用轮盘赌的方式选择遗传，给予适应度更高的染色体更大的遗传机会，同时保留低适应度染色体通过交叉、变异等操作提升的全局探索机会。在交叉步骤，从 $P_{\text{next}}$ 中随机选取不同的两染色体作为双亲，接着随机确定交叉基因数量并随机选择交叉点位，之后便可将交叉点位的双亲基因进行交换得到新的染色体。在变异步骤，在进行足够多次的交叉以补充完 $P_{\text{next}}$ 后，就可以从中随机选取 10％的染色体，在随机确定变异点位后将基因值替换成取值范围内的其他任意值，从而生成一个新的个体，若适应度大于当前种群中的最小适应度，则可在淘汰适应度最小的个体后加入该新的个体。

迭代终止判断条件包括种群个体基因差异和最佳适应度提升速率。在若干次迭代以逼近优化极限且可能地规避了部分局部最优解后，选择终止时种群中具有最佳适应度的个体作为最终的优化方案。

在切片重配置时，除使用原有的适应度函数得出适应度数值外，还将通过上一小节的迁移算法计算得到迁移所需时间的预估值，在种群个体排序时将首先比较原有的适应度数值，在与最佳值偏移不超过一定阈值时，再比较预估迁移时间，优先选择迁移时间少的个体构建新切片。随后，新切片的资源将预留好，原切片资源暂不拆除，此时执行业务迁移算法，待承载业务全部迁移完毕后正式切换到新切片。此外，在接入、汇聚段构建环状网时，调整切片节点的计算量可减少大型计算节点迁移的情况。

### 3.3.4 仿真实验与数值分析

仿真采用的切片中包含的业务数量在 30 以内、切片负载在 90％以内、业务间虚拟机用量极差在 100 台以内变动（每台占用 64 GB 空间），并满足每个业务所包含的计算量、虚拟链路带宽以及所有业务的总用量都不超过切片所能提供的最大值，对一个切片内不同业务的资源用量设置了不同的分布规律，用均匀分布、正态分布模拟数值集中、数值分布均匀、数值悬殊等情况。

在片内业务的迁移效率方面，考虑对比同时迁移与顺序迁移。同时迁移即利用切片中剩下的带宽资源，为各业务按所占资源的比例分配迁移带宽，同时将所有业务迁移至新切片上。图 3-8 展示了在不同迁移量下，分别使用同时迁移（Parallel Migration，PM）、随机迁移（Random Migration，RM）和优化顺序迁移（Optimized Sequential Migration，OSM）策略的时延情况。其中，RM 中业务的迁移顺序以及是否与其他业务同时迁移都是随机决定的，OSM 则按业务顺序选择策略三的优化顺序迁移。仿真时延单位周期约为 10 分钟，一个周期在可用带宽范围内批量迁移。由图 3-8（a）可以明显看到，相比于 PM，RM 和 OSM 这两种考虑了顺序迁移的方案都实现了效率的提升，且随着切片内承载业务的增加其提升效果越明显，所需的总迁移时间缩短幅度从 14.86％以内逐步扩大至 51.2％以上，证明了顺序迁移相比于同时迁移的明显优势。此外，由于 OSM 的效率稳定优于 RM,说明了对业务迁移次序的合理调度可以进一步地改善迁移效率。

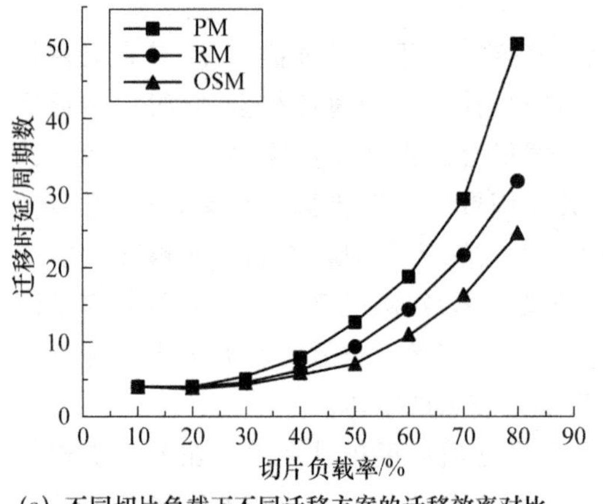

(a) 不同切片负载下不同迁移方案的迁移效率对比

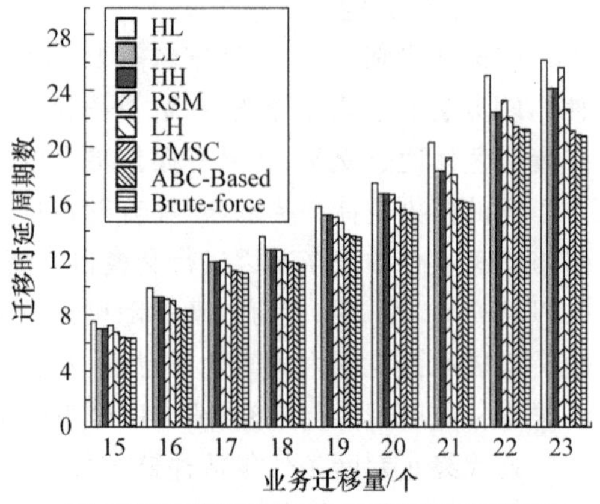

(b) 不同的顺序迁移策略对于迁移时延的影响

图 3-8 迁移时延仿真结果

对于迁移顺序的优化,除了考虑前述四种业务顺序选择策略之外,新增四种对比方案,包括随机顺序迁移(RSM)以及 HL、HH、LL 三种简单贪心衍生策略。其中,L 表示资源用量低优先的策略(lowest-first),H 表示资源用量高优先的策略(highest-first),前一个字母表示瓶颈位于原切片时的迁移策略,后一个字母表示瓶颈位于新切片时的迁移策略,于是简单贪心选择策略也可用 LH 来表示。平衡峰型序列构造策略表示为 BMSC,启发式策略表示为 ABC-Based,暴力枚举策略简记为 Brute-force。

图 3-8(b)展示了利用以上各算法仿真获得的时延情况,可见 ABC-Based 策略与 Brute-force 策略在优化效果上表现最佳,且优化结果基本相同。尽管如此,ABC-Based 策略由于其搜索空间较小,相较于 Brute-force 策略在运行时间上更有优势,这使得它在处理大规模数据问题时更为适用。另外,BMSC 策略以平方级别的时间复杂度实现了良好的优化效果,并且稳定地优于基于排序的 LH 策略。BMSC 策略通过使业务负载在峰值周围更均衡地分布,使得大业务能够接近峰值速率传输,从而提高了整体性能。LH 策略在优化效果上不如 BMSC 策略,但仍然优于 HL 策略。LH 策略通过为大业务分配高速率、为小业务分配低速率,以提升或维持迁移通道的高速率。HL 策略的时延最高,效果最差,该策略是设计原则的对比方案,与 LH 方案相反,整体性能不佳。RSM 方案的表现位于表现最优的 Brute-force 策略和表现最差的 HL 策略之间,进一步证实了顺序迁移优化策略在该场景下的有效性。

图 3-9(a)展示了迁移起始时切片可用流量对于迁移效率的影响。容易发现,随着起始带宽的提升,较优策略 ABC-Based 与最差策略 HL 以及 ABC-Based 与 RSM 之间的差距逐渐缩小,当起始带宽占到切片总带宽的 35%以上时,两者之间已无实质性差距。上述现象主要是因为迁移带宽是由切片内本身提供的带宽与前序业务腾出的带宽两部分组成的,若前者本身已经提供了足够大的带宽,则基于顺序迁移及其进一步优化的方案所实现的提升空间就显得微乎其微了,即更优顺序迁移策略的提升空间可以忽略不计。

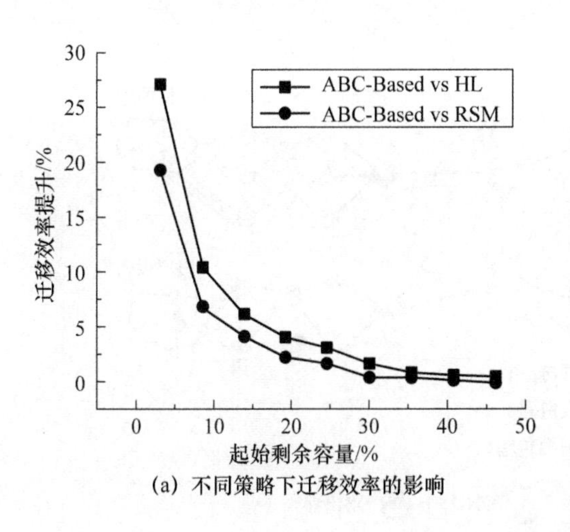

(a) 不同策略下迁移效率的影响

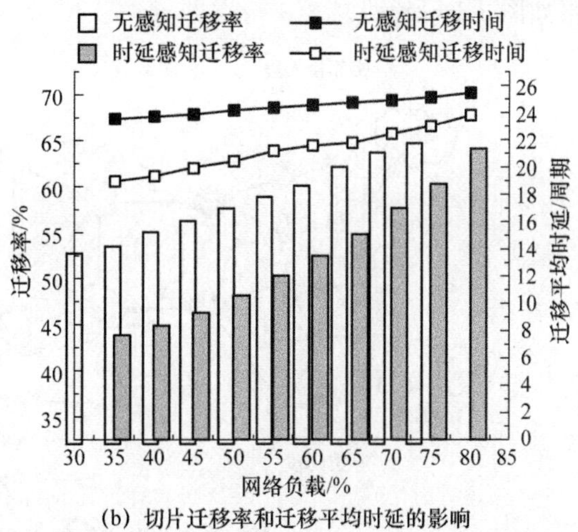

(b) 切片迁移率和迁移平均时延的影响

图 3-9 切片迁移效率仿真结果图

最后，对基于片内迁移优化的切片重配置方案的运行效果展开讨论。图 3-9(b)对比了是否在新切片资源分配中加入迁移时延感知因素对迁移率和迁移平均时延的影响，可以发现，在利用时延进行优化选择的条件下，迁移率和迁移时延都实现了小幅的下降，这是因为在启发式算法选择阶段优先使用迁移时延低的资源分配方案，因此更可能选到与原切片重合度更高甚至完全重合的方案，从而直接避免了迁移或缩短了迁移时间。但上述下降幅度分别维持在 18.3%和 19.5%以内，且随着网络负载的提升，优化空间分别缩减至 3.9%和 6.2%左右。这是由于在重配置时，首要目标是满足切片新的资源需求和提升系统容量，迁移优化是在首要目标已得到充分优化的前提下进行的，因此作为次要优化目标其收益有限。

综上所述，作者提出了动态业务时延感知的重配置策略，并利用仿真验证了该策略的效率提升情况。考虑到资源迁移效率对重配置方案选择的意义，在资源重映射算法中加入了迁移效率因素，在较优解空间中侧重于重合度高的方案，从而提升了系统动态运行下的承载能力。

# 3.4 基于预测的端到端切片资源优化

## 3.4.1 研究背景与问题描述

本小节研究的混合弹性 Fi-Wi 网络架构是由多个混合了无源光网络(Passive Optical Network，PON)和无线网状网(Wireless Mesh Network，WMN)的 Fi-Wi 接入网络段和一个由灵活格栅网络技术支持的 EON 作为核心网络所组成的端到端整体网络

（如图 3-10 所示）。

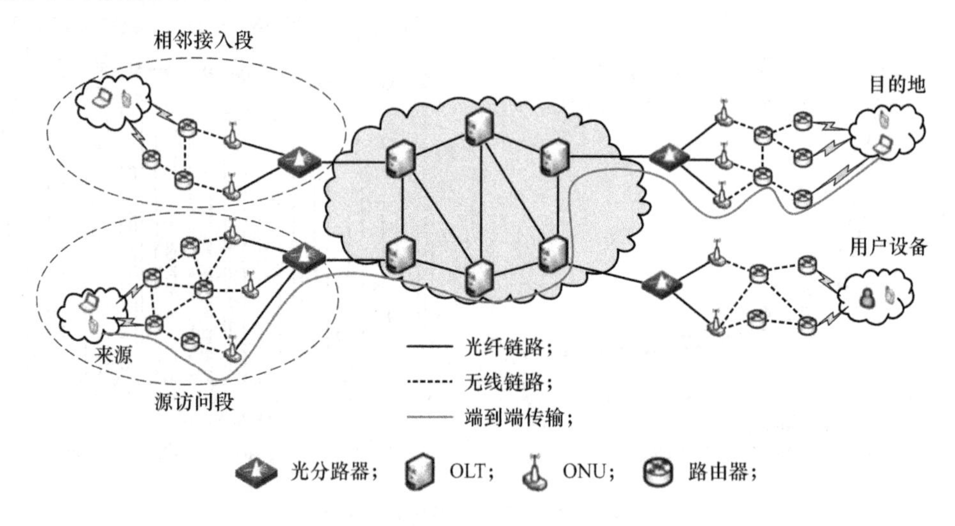


图 3-10　Fi-Wi 网络框架

在 Fi-Wi 网络接入段的无线部分，一组无线路由器和多条无线微波链路组成无线网状网（WMN），在接入段覆盖的范围内无论固定用户还是移动用户均可通过其中的任意无线路由器作为接入点连接到整个网络。Fi-Wi 网络接入段的后端部分是呈典型树状网络结构的 PON，其中光线路终端（Optical Line Terminal，OLT）向下以一条馈线光纤连接分光器，再通过多条分布式光纤与多个光网络单元（Optical Network Unit，ONU）相连接。访问段中的 ONU 充当连接无线域和光域的中间节点，实现光数据信号和无线数据信号的相互转换。同时，PON 后端和核心网络通过 OLT 连接在一起，以聚合用户数据和实现上行/下行通信，且在该网络架构中 OLT 被直接视为核心节点。由图 3-10 可知，端到端的业务数据传输将会跨越包括接入网络和核心传输网的多个网络域，并完成多次的信号转换。为了支持该网络上的端到端长距离传输，需要配置端到端切片，为用户提供灵活的通信服务，同时，如何进行端到端切片的资源优化以提升网络资源效率与服务质量，成为必须解决的关键问题之一。

端到端切片的初始创建是指基于当前的网络资源和状态对网络进行虚拟化和映射。同时，预设的资源分区依赖于对网络切片最大流量规模的估计值。然而在没有历史流量数据和本来流量规模预估的情况下，该方案仅能在创建网络切片时将虚拟资源根据网络切片数量进行均衡分配和隔离。在某种意义上，这种方法通常不是最佳的，网络资源通常是过度配置或供应不足的。这是因为网络切片，尤其是未针对已知数量的用户部署的网络切片，随着用户数量的增加经常面临资源不足的挑战，从而导致网络性能变差。例如多个网络切片中某一类型的服务流量在一段时间内带宽需求不断增多且存在其他网络切片处于低负载服务状态的情况，固定分配给对应服务网络切片的所属资源难以承载突增的流量。这意味着网络中存有空闲资源，但仍导致大量专有业务被阻塞。为了缓解这一问题，有效的网络切片资源分配算法必须采用动态管理技术，从而可以动态地按比例放大/缩小或切入/切出网络切片资源，以最佳地服务所有切片用户。

### 3.4.2 网络切片管理与资源优化

网络切片的优化管理应该贯穿切片的全生命周期,即生命周期管理[15],主要包括以下几个阶段:①切片准备;②切片实例化,配置和激活;③切片运行中的管理和服务提供;④切片终止。切片准备阶段负责一系列的预切片过程,其中包括为实例化准备网络,以及支持通过相应网络切片模板创建的网络切片。切片实例化阶段大致分为配置阶段和激活阶段。其中,配置阶段包括网络功能的共享、专用资源配置和实例化等,但这一阶段资源尚未使用;在激活阶段,切片管理层变得活跃并处理网络流量疏导和用户上下路。切片运行中的管理和服务提供阶段侧重于支持不同类型通信服务的数据请求,同时指导和报告网络服务性能。该阶段应该是在一段时间内循环的闭环管理过程,允许实例化且配置成功的现有切片根据不断变化的需求重新配置,进行缩放等处理。切片终止阶段发生在服务提供过程完全结束后,在这一阶段将拆除和停用网络切片的各类设置,并释放返还分配的资源。

在研究网络切片资源优化问题时,还需要考虑来自各方面的约束[16-18]。切片的生存能力约束要求必须保留冗余物理资源(节点或链路),以保护切片不受物理节点或链路故障的影响。可以考虑不同类型的保护方案或不同的恢复方案,例如:1+1、1∶1、共享备份、端到端恢复等。不同的生存性方案将产生不同的切片资源优化要求。同时,切片的可行嵌入还必须满足一些服务质量约束。以时延为例,每个物理元素(链路或节点)都具有延迟属性,并且与使用该元素的切片端到端延迟强相关。对于嵌入到给定物理资源的网络切片,其包含的虚拟链路经过的物理节点和链路延迟的总和必须小于最大虚拟链路延迟。而切片需求的到达与请求分布又具有动态漂移特征,因此,作者为异构弹性 Fi-Wi 网络提出了一种基于预测的动态网络切片资源优化机制(Prediction-based Dynamic Slicing Mechanism,PDSM)。该方案使用虚拟网络嵌入,为具有不同 QoS 要求的端到端服务创建逻辑上隔离的网络切片。这些切片将在整个生命周期中被动态资源优化,并且每个切片上可承载相同类型的多个服务。在动态资源优化过程中,将对所有传入的流量进行监控和预测,并根据未来多种服务的流量比率变化的预测结果,提前调整现有网络切片的大小,即优化调整每个切片获得的资源。

图 3-11 展示了本小节设计的 PDSM 的工作流程。如该图所示,底层网络通过物理资源映射和虚拟资源隔离创建初始网络切片,并开始为传入的流量请求提供服务。流量统计模块记录所有已到达的流量,并定期向流量预测模块上报不同类型流量的历史统计数据。在获得周期性的流量数据之后,预测模块根据历史数据和当前数据,预测网络在后续时间段内需要承载的各种业务的流量规模。预测结果受不同服务的资源需求和到达密度的影响,将成为重构网络切片的指导数据。基于这些数据,重配置模块动态地移动资源隔离边界(即调整分配给每个网络切片的资源量),以便在网络状态和服务处于频繁改变状态时保持网络切片系统的最佳性能。

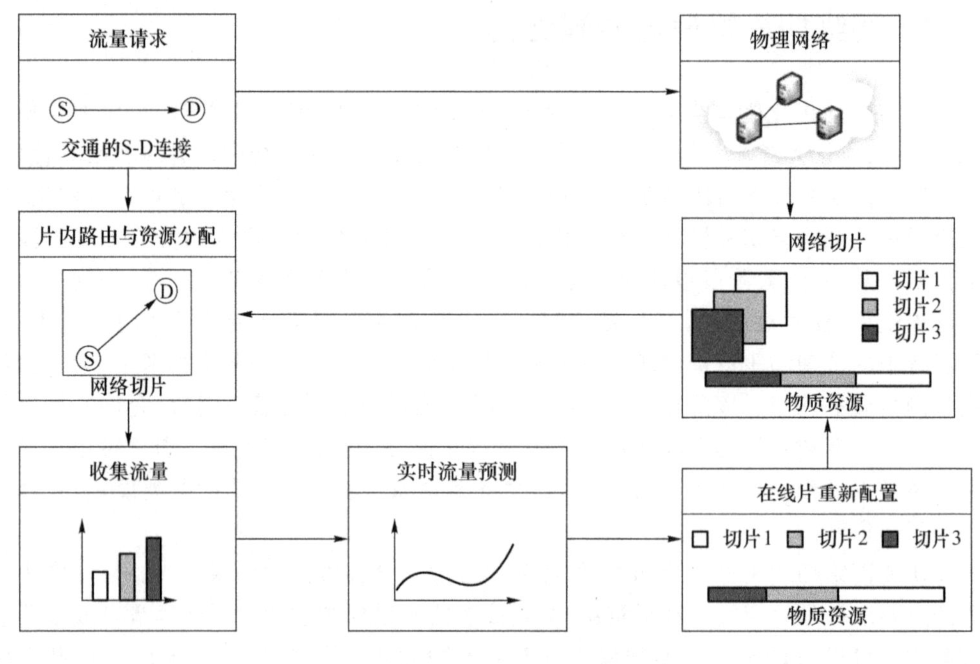


图 3-11　PDSM 工作流程

## 3.4.3　基于预测的动态网络切片资源优化机制

### 1. 网络切片的初始化创建

网络切片的初始化创建过程实际上可以分解为两步。第一步是确定网络切片拓扑的网络映射，第二步是网络切片的资源分配与不同切片间的虚拟资源隔离。对于资源分配与隔离，当网络开始承载服务时，整个网络将收集虚拟资源并通过添加边界来实现逻辑资源隔离，以根据不同的流量类型来分解物理资源，然后将隔离边界间的逻辑资源块分配到每个网络切片。定义的物理网络为 $G(E,V)$，则创建切片需要将虚拟网络 $G_v(V_v, E_v)$映射或嵌入到物理网络 $G$ 上。为实现虚拟网络映射，作者提出了启发式算法，采用节点和链路两阶段映射模式，确定网络切片的虚拓扑结构。在节点映射过程中，$V_v$ 中的每个虚拟节点只能映射到 $V$ 集合中的一个物理节点，因此同一网络切片中的虚拟节点必须嵌入到不同的物理节点中。该过程中还需要考虑节点限制，如节点位置、节点功能、节点资源等。在进行链路映射时，必须在确保物理链路的带宽容量的约束下，每条虚拟链路仅映射到一条物理路径。物理网络预先感知不同服务类型的数量，可以预测需要建立的网络切片的数量。同时，还需要计算新增资源隔离边界的数量，以获得与网络切片数量相同的隔离资源块。最终，由资源隔离边界分隔的物理资源被分配到每个预定义的网络切片。表 3-3 展示了针对隔离的资源分配而开发的具有隔离资源分配的分段映射启发式算法(Segmented-mapping with Isolated Resource Allocation,SIRA)的详细步骤,该算法旨在执行网络切片的初始创建。

表 3-3 具有隔离资源分配的分段映射启发式算法

| 算法:具有隔离资源分配的分段映射启发式算法。 |
| --- |
| **步骤 1** 物理网络获取到的服务类型数量为 $N(N>=1)$,确定创建 $N$ 个网络切片。<br>**步骤 2** 在节点映射约束下,将每个片的虚拟节点映射到相应的物理节点。<br>**步骤 3** 对于每个切片,使用最短路径搜索算法查找一条物理路径,该物理路径满足切片所承载的服务的最大延迟容限和最低可用性要求,以映射虚拟链路。<br>**步骤 4** 在物理资源的原始左右边界之间添加 $N-1$ 个资源隔离边界。隔离后,第 $i$ 个边界和第 $i+1$ 个边界之间的资源块将分配给完成虚拟网络映射的第 $i$ 个网络切片。$I>=1$,并且施加的第一个资源隔离边界是物理资源的左边界。 |

## 2. 基于预测的在线网络切片重配置

动态切片的前提是事先获取服务和网络状态的变化。因此,关于服务和网络状态的预测结果对指导切片的在线重构具有重要的意义。使用双指数平滑(Double Exponential Smoothing,DES)算法来预测每个切片需要承载的流量的变化趋势。DES 算法基于平滑平均值 $S_t$ 和变化趋势值 $\rho_t$ 构造预测方程,其公式如下:

$$S_t=\alpha\gamma_t+(1-\alpha)(S_{t-1}+\rho_t) \tag{3-4-1}$$

$$\rho_t=\beta(S_t-S_{t-1})+(1-\beta)\rho_t \tag{3-4-2}$$

其中,$S_t$ 和 $\rho_t$ 分别表示请求的流量的估计级别和时间 $t$ 处的变化斜率,$\gamma_t$ 是网络切片需要承载的流量的观测值,$\alpha$ 和 $\beta$ 是预定义的平滑常数。$n$ 个时间周期后的预测值 $p_{t+n}$ 可计算为:

$$\rho_{t+n}=S_t+n\rho_t \tag{3-4-3}$$

初始值设置如下:

$$S_1=p_1 \tag{3-4-4}$$

$$\rho_1=\frac{(p_2-p_1)+(p_3-p_2)+(p_4-p_3)}{3} \tag{3-4-5}$$

将式(3-4-4)和式(3-4-5)代入式(3-4-1)和式(3-4-2),得到 $S_t$ 和 $\rho_t$。然后,将式(3-4-1)和式(3-4-5)代入式(3-4-3),可以求出时刻 $t+n$ 的预测值 $p_{t+n}$,通过预测算法,可以得到下一个时间段 $t+1$ 的第 $i$ 个网络切片的预测流量需求 $p_{t+1}^i$。预测每个网络切片在未来时间周期内的流量规模后,将第 $j$ 个网络资源隔离边界在物理资源上的一维绝对位置 $A^j$ 调整为:

$$A^j=\frac{\sum_{i=1}^{j-1}p_{t+1}^i}{\sum_{i=1}^{N}p_{t+1}^i}\cdot \mathrm{Num}_{pr},\quad j>1 \tag{3-4-6}$$

其中,$\mathrm{Num}_{pr}$ 是物理网络资源量,且可以通过式(3-4-6)重新定义并获得在 $t+1$ 时段内所有资源隔离边界在物理资源上的绝对位置。此外，在 $t+1$ 处，第 $i$ 个网络切片重新配置的物理资源分区由其左边界 $A^i$ 和右边界 $A^{i+1}$ 确定。可见，利用式(3-4-6)可实现隔离边界的移动，以调整每个网络切片的资源分配，完成网络切片的在线重新配置。

#### 3. 网络切片内的多路径路由和资源共享分配

考虑在网络切片中使用多路径路由来计算传入流量请求的多个可用路径。该方法具有使用网络的空闲资源的能力，以避免由于无线容量瓶颈而阻塞具有高带宽要求的流量请求。此外，先前的研究表明，多路径路由策略可以有效地降低弹性光网络的频谱碎片率，提高频谱利用率[19]，因此，多路径路由对提高无线网络和有线网络的资源利用率具有积极的作用。在实际的网络情况下，具有多个访问段和核心域的 Fi-Wi 网络中的每个混合访问段并不总是处于高网络负载下。为了进一步优化资源利用，作者考虑通过连接相邻访问段的共享 ONU 节点，实现多访问段资源共享策略。它允许本地访问业务数据通过边缘 ONU 之间的共享光链路传输到相邻的共享访问段，然后传输到核心网络。这种策略将单个网络访问段的负载分担给相邻的空闲访问段，从而增加了接受服务请求的可能性。由于端到端网络切片由多个访问切片和一个核心切片组成，所以该策略也可以体现为接入子网切片之间的资源共享。因此，作者将切片内多路径路由和资源共享分配应用于网络切片内的服务提供。最后，通过 PD-MSRA (Prediction-based Dynamic Slicing Mechanism with Multipath Routing and Resource Sharing Allocation)算法将 PDSM 与切片内多径路由和资源共享分配方法相集成，在仿真实验中进行验证分析。

### 3.4.4 仿真实验与数值分析

#### 1. 仿真测试条件设置

本小节将基于大量的仿真结果提供的一些数值结果，评估针对端到端混合弹性 Fi-Wi 网络的切片问题提出的 PD-MSRA 算法的性能。本小节在两种实验性的端到端网络拓扑上实现了算法仿真。它们的核心网络分别是 14 节点的 NSFNET 网络和 24 节点的美国骨干网，其中每个核心节点都连接到具有 3 个 ONU 和 6 个无线路由器的简单混合访问段或具有 3 个 ONU 和 8 个无线路由器的复杂的混合访问网段(如图 3-12 所示)。前者为测试网络 1，后者为测试网络 2，根据混合网络场景，无线/光流量比(Wireless/Optical Traffic Ratio，RWO)设置为 1∶4，这意味着当混合网络承载业务时，每 4 个基本单位的光网络资源(即频隙)被分配，并且无线网络资源的 1 个基本单位(即无线信道)被相应地分配。显然，当光网络资源需求小于 4 时，需要相应地占用 1 个无线信道。

仿真随机生成了 10 000 个服务请求，其中包括三种流量类型：文件流(FS)、语音流(VoS)和视频流(ViS)。这些服务请求均匀地分布在所有源宿节点对上，每种流量占总流量的比例相同(即它们各自共享总流量的 1/3)，此外，业务请求排队到达，且其到达网络的过程遵循泊松分布。整个网络仿真时间被均分为多个时间段。随着 $T$ 的增加,FS 的数量保持稳定,而 VoS 和 ViS 的数量在每个时间段分别逐渐减少(呈下降趋势)和逐渐增加(呈上升趋势)。根据 1～8 个频隙内的均匀分布随机选择光资源需求 $b$,并将无线资源需求相应地设置为 1 或 2 个无线信道。DES 的平滑指数 $\alpha$ 和 $\beta$ 均设置为 0.3,外推预测时间周期数 $n$ 设置为 1。表 3-4 总结了仿真参数设置的详细信息。

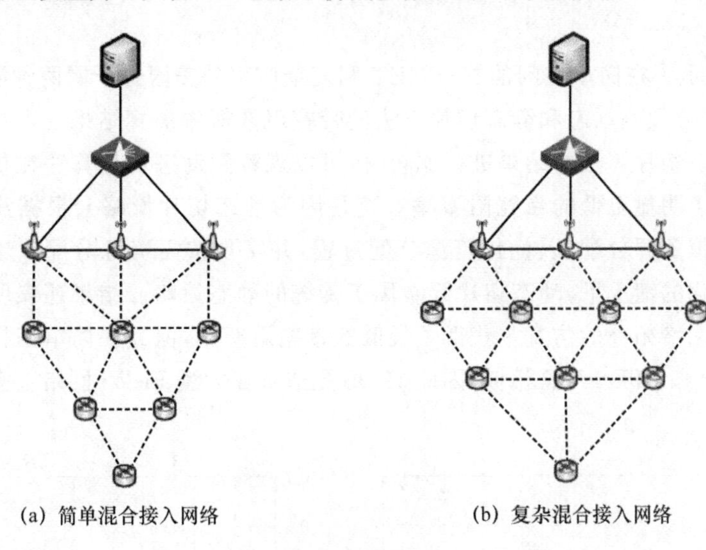

(a) 简单混合接入网络　　(b) 复杂混合接入网络

图 3-12　用于仿真的两种接入子网拓扑

**表 3-4　仿真参数设置**

| 参数名称 | 参数解释 | 参数值 |
|---|---|---|
| $B_n$ | 每条光链路的频隙数 | 128 |
| $C_n$ | 每条无线链接的无线信道数 | 26 |
| $b$ | 业务流量频谱资源需求范围 | 1～8 |
| $c$ | 业务流量的无线资源需求范围 | 1～2 |
| $N_{\text{guard}}$ | 光链路的保护频带所需频隙数 | 1 |
| $R$ | 无线链路干扰域的干扰半径 | 1 跳范围 |

### 2. 结果分析与性能比较

PD-MSRA 算法的性能评估可以分为两个阶段。第一阶段,为了验证动态切片的性能优越性,引入基于联合预测的动态切片(Joint Prediction-based Dynamic Slicing, JPDS),它可以同时预测无线资源需求和有线资源需求。本次仿真还实现了传统的静态切片(Traditional Static Slicing, TSS)和基于 Fi-Wi 网络中不同资源类型的两种采用了局部预测的动态切片(Partial Prediction-based Dynamic Slicing ,PPDS)算法集,包括无线资源预测(PPDS-WP)和光网络资源预测(PPDS-OP),这些切片算法在进行片内业务提供时的路径选择过程均基于最短路径优先级方法。在第二阶段，考虑在第一阶段动态切片的基础上，在网络切片内对所提出的路由和资源分配算法进行性能评估。因此，在第二阶段，采用片内多路径路由动态切片(Intra-chip Multipath Routing Dynamic Slicing，IMR-DS)算法，实现片内单路径路由动态切片(Intra-chip Single-Path Routing Dynamic Slicing，ISR-DS)算法与 PD-MSRA 算法的比较；这两种对比算法均无须资源共享的机制。

图 3-13 展示了在简单访问的 NSFNET 和复杂访问的美国骨干网两种测试网络中联合预测动态，部分预测动态和静态切片方法的带宽阻塞概率仿真结果。当将动态切片算法的结果与静态切片算法的结果进行比较时，可以观察到动态切片算法在仿真中对所有流量负载实现了明显更低的带宽阻塞率。这是因为动态切片策略会根据流量预测结果动态地调整虚拟资源分配，以优化资源分配过程，并实现按需资源分配。这证明了在网络服务动态变化的情况下，动态切片策略优于传统的静态策略。结果还表明，JPDS 在使用第二种复杂网络拓扑的仿真中获得了最低的带宽阻塞率，但其在简单拓扑仿真中的性能与 PPDS-OP 和 PPDS-WP 相似，因此 JPDS 更适合在大型 Fi-Wi 网络上完成动态切片过程。

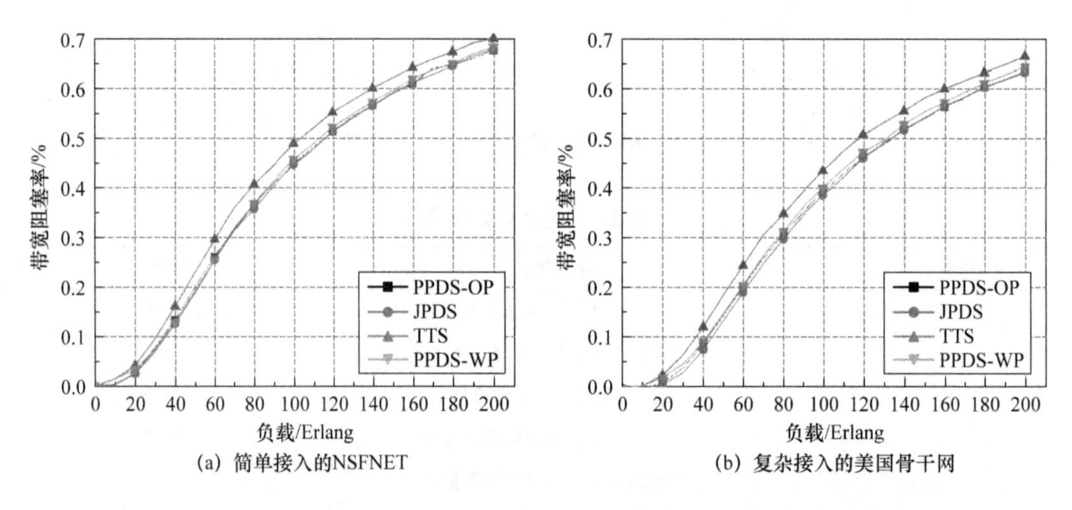


图 3-13　不同拓扑下联合预测动态、部分预测动态和静态切片方法的 BBP 仿真结果

图 3-14 展示了在两种网络拓扑中由于每个切片方案的光网络资源不足而导致的阻塞业务数量的仿真结果。可以看到，对光网络资源需求无法预测的 TTS 和 PPDS-WP，由于在所有负载条件下光网络资源不足，导致了更多流量被阻塞。结果表明，TTS 获得了最大的业务阻塞数量，这再次证明基于切片在线重新配置的网络需求预测结果的动态切片策略优于静态切片策略。PPDS-OP 和 JPDS 被阻塞的流量数量更少且结果相近。这是因为后两种算法 PPDS-OP 和 JPDS 都能获得动态光资源需求预测，作为动态切片重新配置的指导。由此可以推断，由于无线资源不足，预测无线网络资源需求的 PPDS-WP 会阻塞更多流量。综上可以得知，动态切片的联合预测要优于动态切片的局部预测。

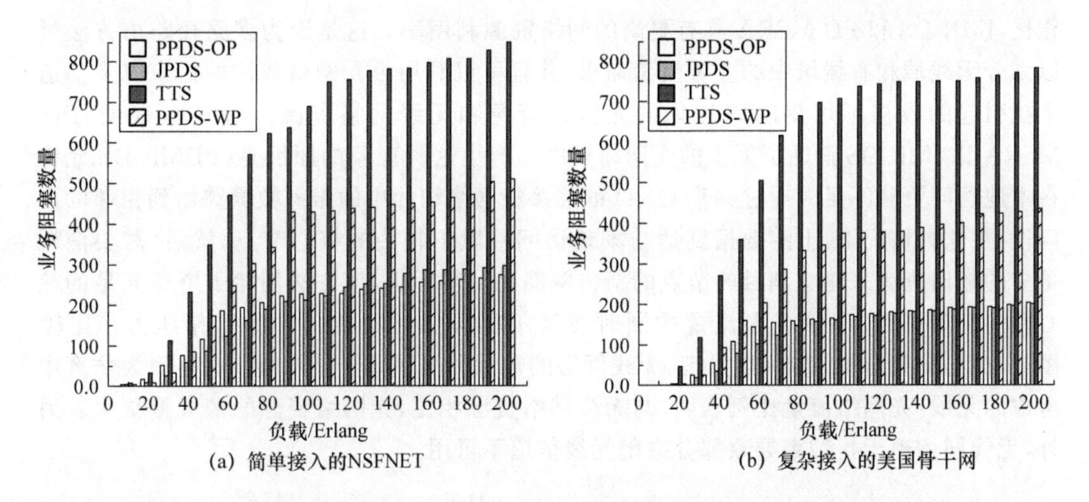


图 3-14　不同拓扑下各切片方案由于光网络资源不足导致的阻塞流量的仿真结果

具有切片内路由和资源分配的每个动态切片方案的带宽阻塞率结果如图 3-15 所示。结果表明，与单路径路由策略相比，片内多路径路由算法具有更好的带宽阻塞率性能。原因是片内多路径路由算法将流量划分并分配到资源有限的网络切片内的多个可行路由路径中，从而可以提供带宽需求较高的服务。结果还表明，PD-MSRA 的带宽率最低，带宽阻塞率比基本对比算法降低了 31%。这是因为它实现了网络切片内的共享资源分配，相邻网络访问网段上的共享 ONU 连接支持该共享。该算法可减轻由于无线带宽幅度与光网络之间的不匹配以及 Fi-Wi 网络中严格的无线资源限制而导致的容量瓶颈问题。

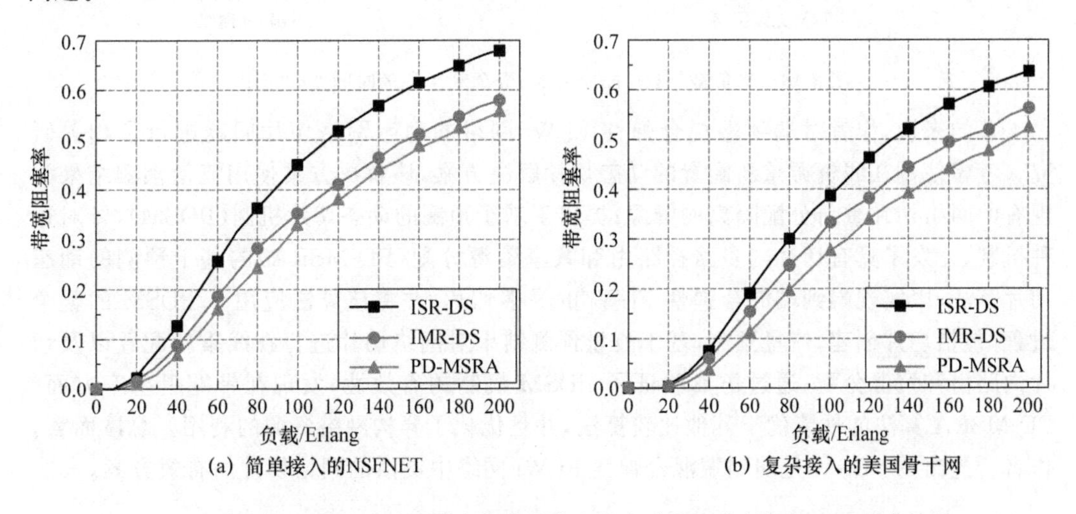


图 3-15　不同拓扑下基于片内路由和资源分配的各动态切片方案的 BBP 仿真结果

图 3-16 展示了随着仿真时间的增加光网络和无线网络资源利用率的变化曲线。当网络负载为 100 Erlang 时，使用简单访问网络在 NSFNET 中通过仿真实现每种动态切片策略。光网络资源利用率的计算包括 PON 和骨干光网络的光网络资源。与 ISR-DS

相比,IMR-DS 和 PD-MSRA 具有更高的网络资源利用率。这是因为多路径路由方法可以划分无线域和有线域中的业务流量需求,并且可以利用由光网络频谱的约束以及信道干扰引起的最初不可用的碎片化的光网络资源和无线网络资源。图 3-16 表明,PD-MSRA 比 IMR-DS 消耗了更多的光网络资源。产生这种现象的原因是,PDMR-DS 允许在本地访问资源不足时通过共享 ONU 的连接将网络切片中的服务数据路由到相邻的访问段,在这种情况下,上游数据到达与本地访问网段不相关的核心节点,然后,需要消耗更多的频谱资源来建立到目的节点的新传输路径。实际上,该方法消耗了资源充足的核心网的部分资源,在承载多流量的同时缓解了资源贫乏的接入网的工作压力。比较图 3-16(a)和图 3-16(b)可以发现,无线网络的资源利用率低于光网络。这是因为仿真中考虑的无线/光网络流量比例表明,与无线网络资源相比,光网络资源的消耗量更大。另外,无线同信道干扰约束导致部分空闲无线信道不可用。

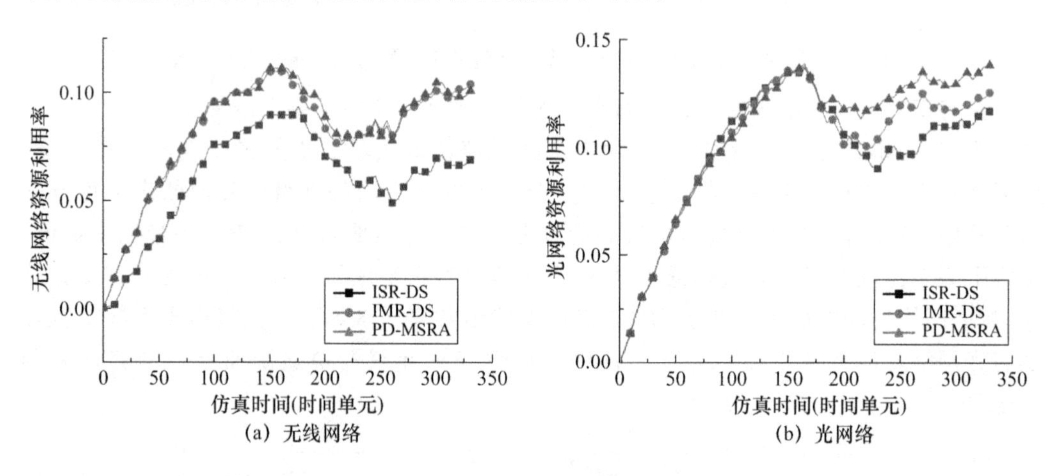


图 3-16 当负载=100 Erlang 时,资源利用率随时间变化情况

总的来说,作者对端到端混合弹性 Fi-Wi 网络的动态网络切片问题进行了相关研究。考虑使用在线资源重新配置的动态切片解决方案,该解决方案使用流量预测结果为现有的网络切片重新分配隔离的资源;提出了基于预测的动态切片机制(PDSM),针对这种机制,开发了具有切片内多路径路由和共享资源分配(PD-MSRA)的基于预测的动态切片算法,以实现端到端混合弹性 Fi-Wi 的灵活切片,并将该算法应用于 PDSM 的整个过程,包括切片创建,流量预测,基于流量预测结果对网络切片进行在线重新配置以及切片内路由和资源分配;通过仿真验证了 PDSM 机制的有效性,发现在带宽阻塞率方面,PD-MSRA 算法的性能优于其他比较算法,并且优化了异构网络资源的利用。总体而言,作者所提出的 PDSM 是端到端混合弹性 Fi-Wi 网络中灵活的网络切片的有效方案。

# 参考文献

[1] THYAGATURU A S, MERCIAN A, MCGARRY M P, et al. Software defined

optical networks (SDONs): A comprehensive survey[J]. IEEE Communications Surveys & Tutorials, 2016, 18(4): 2738-2786.

[2] LI X, SAMAKA M, CHAN H A, et al. Network slicing for 5G: Challenges and opportunities[J]. IEEE Internet Computing, 2017, 21(5): 20-27.

[3] BEGA D, GRAMAGLIA M, GARCIA-SAAVEDRA A, et al. Network slicing meets artificial intelligence: An AI-based framework for slice management[J]. IEEE Communications Magazine, 2020, 58(6): 32-38.

[4] AYOUB O, BOVIO A, MUSUMECI F, et al. Survivable virtual network mapping with fiber tree establishment in filterless optical networks[J]. IEEE Transactions on Network and Service Management, 2021, 19(1): 37-48.

[5] YU H, MUSUMECI F, ZHANG J, et al. Dynamic 5G RAN slice adjustment and migration based on traffic prediction in WDM metro-aggregation networks[J]. Journal of Optical Communications and Networking, 2020, 12(12): 403-413.

[6] ZHAO, S, ZHU Z. On virtual network reconfiguration in hybrid optical/electrical datacenter networks[J]. Journal of Lightwave Technology, 2020, 38(23): 6424-6436.

[7] SAMADI P, XU J, BERGMAN K. Virtual machine migration over optical circuit switching network in a converged inter/intra data center architecture[C]//Optical Fiber Communication Conference. Optica Publishing Group, 2015: Th4G. 6.

[8] MANDAL U, HABIB M F, ZHANG S, et al. Bandwidth and routing assignment for virtual machine migration in photonic cloud networks[C]//39th European Conference and Exhibition on Optical Communication (ECOC 2013). IET, 2013: 1-3.

[9] HE C, WANG R, WU D, et al. Energy-Aware Virtual Network Migration for Internet of Things Over Fiber Wireless Broadband Access Network[J]. IEEE Internet of Things Journal, 2022, 9(23): 24492-24505.

[10] ZHAO S, PAN X, ZHU Z. On the parallel reconfiguration of virtual networks in hybrid optical/electrical datacenter networks[C]//GLOBECOM 2020-2020 IEEE Global Communications Conference. IEEE, 2020: 1-6.

[11] PAN X, ZHAO S, YANG H, et al. Scheduling Virtual Network Reconfigurations in Parallel in Hybrid Optical/Electrical Datacenter Networks[J]. Journal of Lightwave Technology, 2021, 39(17): 5371-5382.

[12] DAI Q, SHOU G, HU Y, et al. A general model for hybrid fiber-wireless (FiWi) access network virtualization[C]//2013 IEEE International Conference on Communications Workshops (ICC). IEEE, 2013: 858-862.

[13] DING S, YIN S, ZHANG Z, et al. A Mapping Algorithm Based on Particle Swarm Optimization for Minimizing Cost and Delay in Sliceable Fiber-Wireless

Access Networks[C]//Asia Communications and Photonics Conference. Optica Publishing Group，2019：M4A. 215.

[14] SCHROEDER J，GUEDES A，DUARTE JR E P. Computing the minimum cut and maximum flow of undirected graphs[R]. Brazil：Federal University of Paraná，2004.

[15] YIN S，ZHANG Z，YANG C，et al. Prediction-based end-to-end dynamic network slicing in hybrid elastic fiber-wireless networks[J]. Journal of Lightwave Technology，2020，39(7)：1889-1899.

[16] RICHART M，BALIOSIAN J，SERRAT J，et al. Resource slicing in virtual wireless networks：A survey[J]. IEEE Transactions on Network and Service Management，2016，13(3)：462-476.

[17] ZHANG N，LIU Y F，FARMANBAR H，et al. Network slicing for service-oriented networks under resource constraints[J]. IEEE Journal on Selected Areas in Communications，2017，35(11)：2512-2521.

[18] JUN L，XIAOMAN S，LEI C，et al. Delay-aware bandwidth slicing for service migration in mobile backhaul networks[J]. Journal of Optical Communications and Networking，2019，11(4)：B1-B9.

[19] YIN S，HUANG S，GUO B，et al. Shared-protection survivable multipath scheme in flexible-grid optical networks against multiple failures[J]. Journal of Lightwave Technology，2017，35(2)：201-211.

# 第4章

# 城域光网络中的算网协同资源优化

面对数字化时代对计算资源需求的日益增长,传统的网络架构已经难以满足高效、智能、按需的计算服务需求,未来算力网络要求城域光网络互联动态分布的计算与存储资源,实现网络、存储、算力等多维度资源的统一协同调度。该场景需要计算资源与网络资源深度融合,实现算网资源的一体化优化和管理,这样才能提供更加灵活、高效的服务。

随着物联网、人工智能、大模型等技术的快速发展,城域网络中的数据量呈指数级增长。算网协同优化可以通过任务卸载等将计算密集型任务迁移到边缘计算系统或云平台上,权衡传输距离、算力资源利用效率、能源消耗等,减少网络拥塞,提高网络的传输效率和服务质量。随着如自动驾驶、远程手术等新应用场景的不断涌现,网络需要提供极高的实时性和可靠性。算网资源协同能够降低服务时延,是实现与保障这些场景应用的关键技术之一。

城域光网络中算网协同问题的出现,标志着城域光网络从传统的数据传输向智能化、服务化、计算化的转变。算网资源协同技术的研究对于提升网络服务质量、推动技术进步、支持新兴应用发展以及实现可持续发展都具有重要意义。同时,城域光网络中的算网协同资源优化需要结合如机器学习等人工智能技术,以实现更智能的资源调度和决策。本章将从不同的角度解决城域光网络中的算网协同资源优化问题,提出多种卸载与协同优化策略,为算力网络发展与数字经济的发展提供有力的支撑。

## 4.1 城域光网络中的任务卸载与资源协同优化

### 4.1.1 从云计算到边缘计算

云计算是一种并行和分布式的系统,由一组相互连接的虚拟化计算机组成,这些计算机根据服务提供者和消费者之间达成的服务水平协议,动态地提供一个或多个统一的计算资源[1]。云计算通过提供灵活的服务，让用户无须关心底层基础设施（例如服务器、网络和存储）、平台（例如中间件服务和操作系统）以及软件（例如应用程序），从而降低成本并提供高效的解决方案。这使用户能够根据实际需求弹性地获取和利用计算资源，实现更高效的业务运作。云计算提供了弹性的资源，它的出现极大地改变了信息技术的使用和交付方式。云计算有突出的特点。首先，它具有弹性伸缩性，允许用户根据需要快速扩展或缩减计算和存储资源。其次，它提供自服务性，用户可以自助获取和配置云计算资源，无须等待烦琐的审批过程。再次，云计算资源以池化方式提供，用户可以共享和分配这些资源，提高了资源利用率。最后，云计算平台通常具有自动化管理功能，包括自动扩展、备份和故障恢复。

云计算服务模型包括基础设施即服务 (Infrastructure as a Service, IaaS)、平台即服务 (Platform as a Service, PaaS) 和软件即服务(Software as a Service, SaaS)。IaaS 提供虚拟化的计算、存储和网络资源，用户可以在其上构建自己的应用程序和环境。PaaS 提供应用程序开发和部署的平台，包括开发工具、数据库和应用程序运行的环境。SaaS 提供完全托管的应用程序，用户可以通过互联网访问。云计算已经成为现代信息技术的核心，影响着从企业应用到科学研究等各个领域的发展。

随着科技的发展，智能手机、可穿戴设备、互联网汽车等设备的数量呈指数级增长。每年市场上都会涌现具有不同功能、不同外形、不同智能的新设备。其中物联网中的机器对机器(Machine to Machine, M2M)连接将是增长最快的连接。但其中大部分设备不具备或只具备很有限的计算能力和存储能力。在这样的情况下，融合了云计算和移动计算的移动云计算开始大力发展[2]。移动云计算作为云计算和移动计算的融合，将云计算集成到了移动环境中，为移动设备提供了十分可观的能力，并为它们提供了远程云数据中心的存储、计算和能源资源。移动云计算论坛将移动云计算定义为："从最简单的角度来说，移动云计算是指在移动设备之外进行数据存储和数据处理的基础设施。移动云应用将计算能力和数据存储从手机转移到云端，不仅为智能手机用户，也为更广泛的移动用户带来应用程序和移动计算"。简单来说，移动云计算是为移动用户提供云端数据处理和存储服务的一种方式。对于计算或存储能力不强的设备，可以通过将复杂的处理、庞大的数据放到云上处理、存储来满足应用程序的需求。与此同时，随着科技的不断发展，网络边缘正经历着大量数据流量的涌现，迫切需要高效的实时处理手段。在移动云计算中，用户设备在访问与使用远程云数据中心时，必须与其相互连接，且在远程云数据中心提供服务时，可能会需要用户设备向其传输一定的数据。远程云数据中心与用户设备之间的距离可能相隔数百千米，这数百千米的传输将会产生大量的延迟，这将导致服务的响应时间过长，影响用户的使用体验。与此同时，涌入核心网络的庞大数据流量也将极大地增加有限带宽的负担，有可能引发网络拥塞，从而导致在能源消耗和运营方面涌现大量的通信开销。

5G 时代，基于新兴的应用与服务对极高带宽、极低延迟的需求，欧洲电信标准协会(European Telecommunication Standards Institute, ETSI)于 2014 年 12 月启动了移动边缘计算(Mobile-Edge Computing, MEC)标准化，以促进移动网络边缘云计算的发展，并于 2014 年 12 月启动了 MEC 行业规范组(ISG)[3]。ETSI MEC 研究小组致力于构建一个面向应用程序和服务供应商的跨厂商、开放的云平台环境,该环境位于边缘无线网络。通过将需进行大量数据处理的任务分配至边缘计算,并在用户终端本地完成数据处理,降低了移动网络运营商核心和回程网络中的流量瓶颈,实现了负载的减轻[3]。2017 年,ETSI 将 MEC 的概念扩展到其他接入网络,如 Wi-Fi 和固定接入。此后,MEC 被更名为多接入边缘计算(Multi-access Edge Computing, MEC)。与云计算将任务转移到远程云数据中心不同,MEC 将计算任务卸载到距离用户更近的边缘服务器。利用边缘服务器进行计算、存储,这避免了用户设备与远程云数据中心之间的数据传输,减少了传输时间,同时还避免了大量边缘流量涌入核心网造成的核心网拥塞。例如,自动驾驶服务需要非常低的响应时间,以确保驾驶安全。距离用户车辆数千千米远的远程云数据中心很难实现,所以需要为用户提供附近的资源,MEC 就是可行的选择。总的来说,MEC 在网络边缘提供计算和存储能力的分散的云架构成为新兴 5G 系统的支柱技术。

边缘计算(Edge Computing)是一种分布式计算范式,它着重将计算和数据处理推向物理网络边缘,减少了数据传输的时延,可提供更佳的用户体验。它允许应用程序更接近数据源和用户,以应对越来越多的实时需求。多接入边缘计算则是边缘计算的扩展,注重多用户和多应用程序能够同时接入边缘计算资源。这个概念旨在为各种应用场景提供支持,包括智能城市、工业自动化、医疗保健等领域。其核心概念包括多用户支持、多应用程序支持和资源动态分配。这意味着系统不仅需要支持多用户,还需要适应各种应用程序的需求。多用户支持使多个用户能够同时使用边缘计算资源,以满足不同用户的需求。多应用程序支持则覆盖了多个领域,确保各种不同的应用能够在同一边缘计算环境中运行。资源动态分配是多接入边缘计算的关键,使系统能够智能地管理资源以满足不同用户和应用程序的需求。例如,关键任务物联网和触觉互联网这类需要极低延迟和极高可靠性(99.999%的可用性)的 5G 应用,预计将依赖 MEC[4]。根据 ETSI 发布的白皮书,MEC 通常具有以下特点。

① 本地部署(On-Premises):MEC 可以与其他网络隔离,这降低了 MEC 受到攻击的可能性。

② 邻近性(Proximity):位于用户附近的边缘服务器,因为其靠近用户一侧,因此在大数据的分析和处理方面具有显著的优势。同时,在处理计算密集型应用时,边缘服务器也表现出更强的优越性。

③ 低延迟(Lower Latency):边缘服务器的部署位置,避免了用户设备与远程云数据中心的远距离传输延迟。因此,其在实现超低延迟和高带宽应用时,能给用户带来更好的体验。

④ 位置感知(Location Awareness):边缘服务器可以得到从本地网络接入的用户设备的位置信息,这些用户的位置信息可以通过低级信令进行共享。

⑤ 网络上下文信息(Network Context Information):应用程序可以通过评估网络的拥塞情况来优化决策。

提供 MEC 服务的系统依赖于 NFV、SDN、网络切片、5G 通信等技术,这些技术实现了 MEC 系统的灵活性和算力资源多用户应用[3]。这些技术在本书前序章节中均有介绍,在此不再赘述。

### 4.1.2 边缘计算任务模型

近年来,互联网流量几乎每两年翻一番,并且由于高清和实时视频通信等新兴应用的增加,互联网流量将继续呈指数级增长。为了满足 5G 时代对于业务高带宽和低延迟的需求,光网络由骨干网络逐步下沉到城域网络,城域之间的光网络被称为城域光网络。

如图 4-1 所示,边缘服务器间通过城域光网络进行信息交互和资源调度,形成城域边缘计算系统。用户设备通过无线或有线网络将延迟敏感、计算密集型任务传输到最近的边缘服务器进行卸载。到达边缘服务器的任务可以在一台或多台边缘服务器上完成。对城域边缘计算系统中的任务进行针对性建模。通常,现实生活中的大多数任务都有任意的依赖项[5-6]。通过为依赖感知的任务设计调度和卸载策略,系统可以获得更好的性能。虽然对到达边缘服务器的任务进行精确的建模非常复杂,但还是存在一些简单合理的模型。典型的计算任务包括二进制卸载的任务和部分卸载的任务。

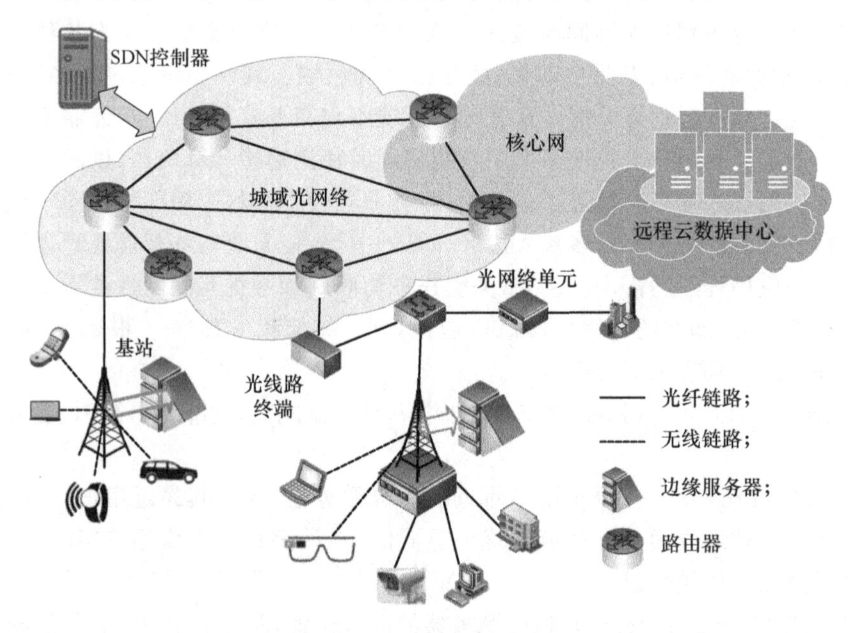


图 4-1 城域边缘计算系统

(1) 二进制卸载的任务

二进制卸载的任务通常作为一个整体在用户设备或边缘服务器上执行,即一个二进制卸载的任务只能卸载到一台服务器上,它是一个不可分割的整体。这种类型的任务实际上对应于高度集成或相对简单的任务,例如语音识别和自然语言翻译[7]。

(2) 部分卸载的任务

有大量的应用程序任务可以卸载到边缘服务器,不同的应用程序处理资源的方式也是不同的。应用程序主要可以分为以下三类：面向数据分区的应用程序、面向代码分区的应用程序和连续执行（即实时）的应用程序。

对于面向数据分区的应用程序的任务，其需要处理的数据量是预先已知的，且可以将执行并行化为进程，每个进程处理数据总量的一部分。例如对一组图像进行人脸检测，可以根据图像的数量将图像集分为若干个子图像集进行并行的处理[8]。面向数据分区的应用程序的任务可以被任意地分成不同的组，并由 MEC 系统中的不同实体（边缘服务器或用户设备）执行。

对于面向代码分区的应用程序，许多应用程序都是由若干个不同的过程或组件组成的，例如图 4-2 所示为某视频导航应用程序[8]（它涉及图形、人脸检测、摄像机预览和视频处理）的组件及依赖关系。有些组件是可以并行执行的，但还有一些需要顺序执行的组件，因为其中一些组件的输出是其他组件的输入。这一任务模型较面向数据分区的应用程序的模型更为烦琐，能够捕捉应用程序中各函数与例程之间的差异依赖关系。这类任务模型通常可以通过有向无环图（Directed Acyclic Graph，DAG）来表示。有三种最典型的任务依赖关系模型，分别是一般依赖、顺序依赖和并行依赖。

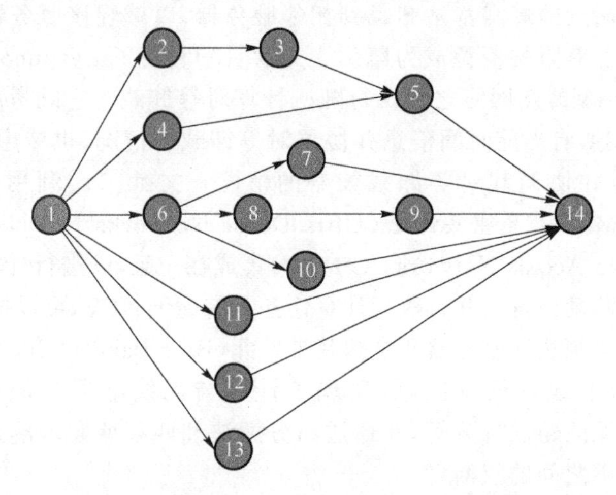


图 4-2 某视频导航应用程序的组件及依赖关系

连续执行（即实时）的应用程序包括事先不知道将运行多久的应用程序，如游戏和其他的交互式应用程序。

## 4.1.3 边缘计算资源局限性

与远程云数据中心相比，边缘服务器的计算能力是有限的[9]。一般来说，计算密集、延迟敏感型的任务会被卸载到离用户设备最近的边缘服务器。所以，当某一区域的用户设备在一段时间内产生大量的任务时，这些任务都会被卸载到该区域的边缘服务器上。而由于边缘服务器的计算能力有限，边缘服务器很容易过载。对于延迟敏感、计算密集型的业务，响应时间是它的关键性能。响应时间由计算延迟、排队延迟和传输延迟组成。由于在过载的边缘服务器上处理的任务需要的排队延迟较长，任务的响应时间也会较长,这很容易导致用户的服务体验较差甚至任务响应失败。值得一提的是,城域区域内有多台边缘服务器,当一些边缘服务器过载时,很可能会有其他的边缘服务器处于轻负载甚至空闲状态。这种不均匀、不平衡的负载,会使得城域区域的边缘服务器利用率降低,卸载到边缘服务器的任务响应时间较长,用户的服务体验下降等。上述问题可以通过边缘服务器上任务的协同卸载来解决。具体来说,可以根据到达边缘服务器任务的模型进一步将任务卸载到其他边缘服务器,以平衡边缘服务器的负载,同时减少任务的响应时间。

因此,如何根据任务的依赖关系模型和特点、边缘服务器计算资源和传输资源的利用情况合理地调度任务,完成任务的卸载决策并为其分配资源是一个具有挑战性的问题,也是提高服务性能的关键问题。现有的在边缘计算协同方面的研究,大部分是通过无线网络进行资源分配及任务卸载的。

文献[9]为多边缘服务器辅助网络中的联合任务卸载与资源分配问题设计了一个整体解决方案,采用任务完成时间和能源消耗减少的加权和来衡量,以最大限度地增加用户的卸载收益。其中,在为大量用户提供卸载服务时,每台边缘服务器都可能过载,其通过指示一些用户从附近的蜂窝基站卸载到相邻服务器,以减轻该服务器的负担,从而防止每台边缘服务器上有限的资源成为瓶颈。文献[10]利用了 Lyapunov 优化,以在线方式在支持 MEC 的小型蜂窝网络之间执行随机计算对等卸载。它既考虑了中央实体(例如网络运营商)收集所有当前时间信息并协调对等卸载的情况,也考虑了小型蜂窝网络以分散和自主的方式协调其对等卸载策略的情况。文献[11]利用网络功能虚拟化(NFV)的优势,将 MEC 与超密集网络(Ultra Dense Networks, UDN)中的云无线电接入网络(Cloud-Radio Access Network, C-RAN)集成在一起,以进行计算和通信协作,在边缘服务器和智能移动设备上并行执行计算任务。借助于 NFV,可以按需将通用处理器的计算资源分配给虚拟边缘服务器和虚拟基带单元(Base Band Unit, BBU)池。作者制定了随机混合整数非线性规划问题,实现了计算与无线电资源的分配,同时,利用 Lyapunov 优化,将原问题进行分解,并通过凸分解法和匹配博弈求解,从理论上分析了能源效率和服务延迟之间的权衡。

为了突破单节点计算资源局限性,在边缘服务器之间进行任务卸载,需要进行频繁的调度和数据交换,并且需要满足高传输速率和低延迟。为此,需要对网络进行架构调整。日益发展的城域光网络具有高带宽和传输速度快的特点,这刚好满足边缘服务器之间数据交换的需求。因此,通过城域光网络进行边缘计算协同,对到达边缘服务器的任务通过城域光网络进行卸载和资源协同是必要的和高效的。

### 4.1.4 协同卸载与资源优化

协同卸载的目标是实现任务的高效处理,最大化整体性能,并在边缘服务器之间实现协同合作。协同卸载将根据到达边缘服务器任务的模型、任务到达时边缘服务器计算资源的使用情况和城域光网络传输资源的使用情况,选择一台或多台边缘服务器对任务进行处理。通过协同卸载,系统可以根据当前的负载情况,动态地调整任务的分配策略,以确保各台边缘服务器都能够充分利用其计算资源,并通过城域光网络高效地传输数据。这种协同性的处理方式有助于减轻单台边缘服务器的负担,提高整体系统的响应速度,降低能耗,并优化网络资源的利用效率。协同卸载涉及复杂的决策和优化问题,需要综合考虑任务的计算需求、边缘服务器的状态、网络传输的成本等因素,以达到最佳的整体性能。因此,协同卸载是一种面向边缘计算环境的智能化管理策略,通过动态地调整任务的分配和处理方式,以适应不断变化的工作负载和资源状态,从而实现对边缘计算资源的优化。

图 4-3 为部分卸载任务的协同卸载示意图。部分卸载任务在图中以有向无环图表示。用户设备将部分卸载任务卸载到距离其最近的边缘服务器,边缘服务器根据资源的使用情况及任务的依赖关系选择两台轻负载的边缘服务器共同完成该任务。与之相对,如果到达边缘服务器的任务是二进制卸载任务,则采用整体卸载的对等卸载方法,只需要决策是否需要卸载并进行计算与通信资源协同优化,选择合适的卸载点和通信自由即可。

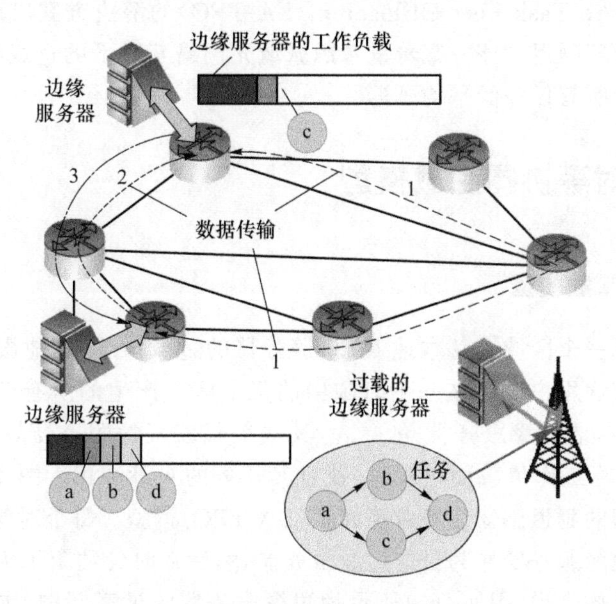


图 4-3 部分卸载任务的协同卸载示意图

# 4.2 MON 中延迟感知的边缘计算任务对等卸载

## 4.2.1 研究背景与问题描述

本节关注城域光网络互联的背景下多接入边缘计算(MEC)系统中的服务器过载和任务处理延迟问题[12]。在城域光网络互联的边缘计算系统中,用户设备通过 4G、5G、

Wi-Fi、固定接入等技术接入边缘服务器，边缘服务器间可以通过城域弹性光网络进行通信。其中，软件定义光网络(Software Defined Optical Network, SDON)控制器对虚拟资源进行统一编排和集中控制。城域光网络被建模为一个无方向的拓扑图，以 $G(V,E,L)$ 表示，其中 $V$、$E$ 和 $L$ 分别表示节点、边缘服务器和链路。

边缘服务器之间的协同计算可以平衡 MEC 系统中的计算工作量，更有效地满足用户设备的任务请求。通常，用户设备将计算任务卸载到连接到的覆盖其所在区域基站的边缘服务器上，该服务器称为其本地边缘服务器。本节只关注边缘服务器之间的通信，因此不考虑无线网络中用户设备到基站的任务卸载策略。同时，由于网络状态随时间变化，为了得到当前系统状态下的最优解，只考虑一个极短的时间点内的网络状态，并假设其保持不变(即准静态场景)。

MEC 系统旨在为用户设备(UE)提供低延迟的计算资源，但服务器的计算能力有限，可能会导致任务失败。为了解决这一问题，本节提出了一种名为延迟感知任务对等卸载(Latency-Aware Task Peer Offloading, LA-TPO)的解决方案，旨在优化资源利用效率并减少任务处理延迟。该方案着重考虑城域光网络互联下的过载问题，通过协同卸载与资源优化减少所有任务的平均延迟。

## 4.2.2 任务对等协同卸载模型

### 1. 任务对等卸载模型

本节主要考虑一个区域及其本地 MEC 服务器的过载情况，其他服务器被认为是相对较轻的负载。假设用户设备在一个时隙中的某个区域产生的所有任务的集合是 $L=\{1,2,\cdots,I\}$，它的本地边缘服务器是 $j_{\text{local}}$。其他负载较轻的服务器表示为集合 $J_l$。当 $j_{\text{local}}$ 由于繁重的计算工作负载而过载时，执行其任务的对等卸载。图 4-4 展示了具有一台过载边缘服务器的延迟感知任务对等卸载(LA-TPO)模型。每个对等卸载的任务会选择一台轻负载的边缘服务器作为目的边缘服务器，然后在时延约束下为其分配光通信资源和计算资源。具体来说，图 4-4(a)所示为边缘服务器的过载问题：本地边缘服务器所覆盖区域的计算量过大，导致本地边缘服务器过载。图 4-4(b)所示为任务对等卸载：过载的边缘服务器可以将任务卸载给负载较轻的边缘服务器，而不是自行处理，产生排队时延。图 4-4(c)所示为资源分配：在时延约束下，将光通信资源和计算资源分配给各个任务。

用 $\gamma_i$ 表示任务 $i$ 是否被对等体卸载，当任务 $i$ 在 $j_{\text{local}}$ 上卸载时，$\gamma_i=1$，否则 $\gamma_i=0$。SDN 控制器检查边缘服务器 $j\in J_l$ 的可用性，并选择其中之一作为对等卸载任务的目标服务器。对所有 $i\in L$，卸载决策表示为 $k_{i,j}$，如果任务 $i$ 由边缘服务器 $j$ 处理，则 $k_{i,j}=1$，否则为 0。值得注意的是，如果 $\gamma_i=0$，那么 $k_{i,j_{\text{local}}}=1$。对于每个边缘服务器，服务器中的计算由 CPU 内核实现。$C_j$ 表示边缘服务器 $j$ 的计算能力(即每秒完成的 CPU 周期数)和 $w_j$ 表示边缘服务器的工作负载(以周期为单位)。为了保证服务质量，限制每台轻负载的边缘服务器可以分配给过载服务器任务的最大计算能力为 $\sigma_j$，$0\leqslant\sigma_j\leqslant1$。需要注意的是，$\sigma_{j_{\text{local}}}=1$。同时 $w_j$ 越小，$\sigma_j$ 越大。

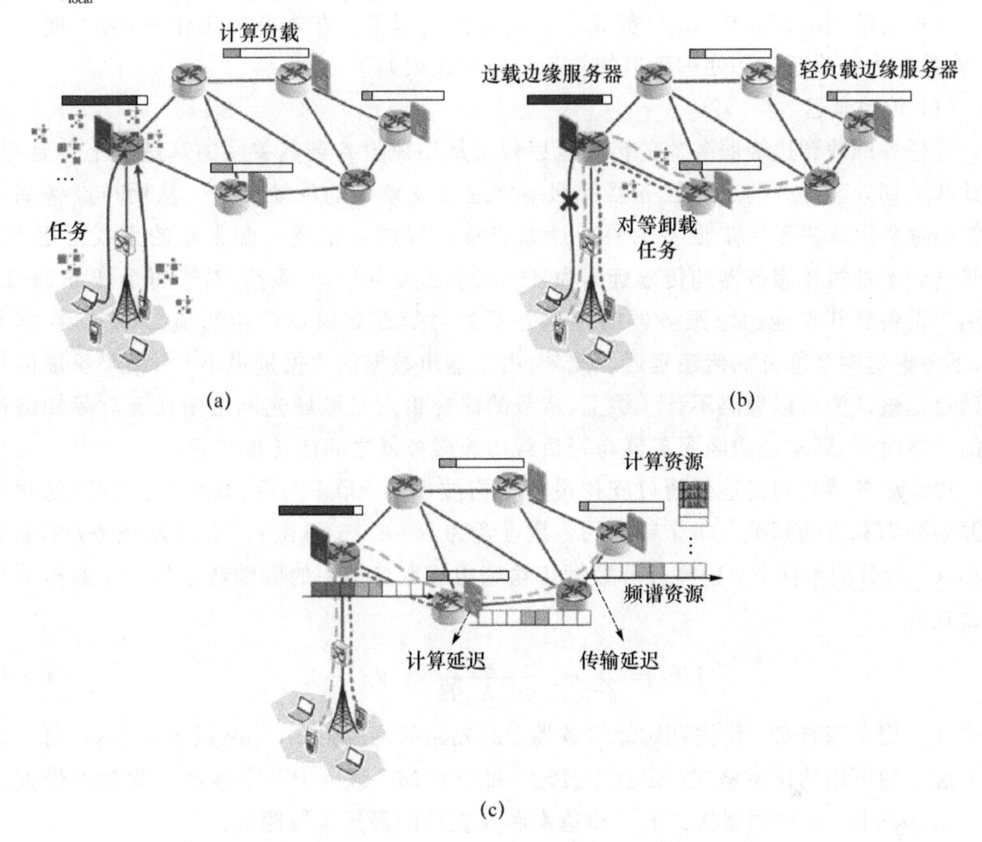


图 4-4　具有一台过载边缘服务器的 LA-TPO 模型

对于多台边缘服务器过载的场景，对等卸载的过程与单服务器过载类似，如图 4-5 所示。每台过载的边缘服务器将部分任务卸载到其他可用的轻负载边缘服务器上，在 SDON 控制器对异质资源和任务的全局视图的支持下，得到整个系统的最优资源分配方案。

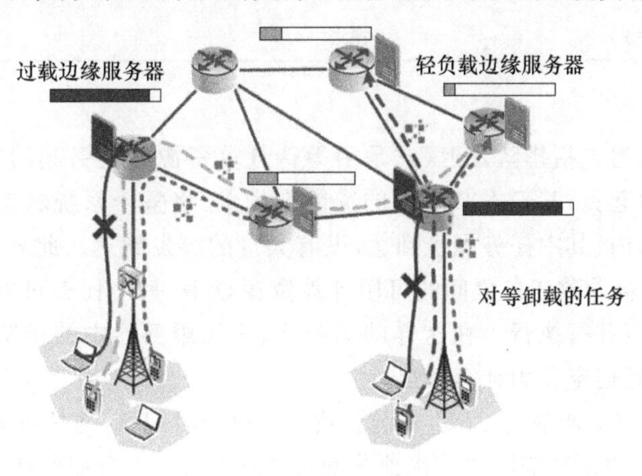


图 4-5　具有多台过载边缘服务器的 LA-TPO 模型

### 2. 延迟模型

任务的端到端延迟是 MEC 范式中的关键约束因素。在本节的工作中，为了便于分析，将其视为传输延迟和处理延迟的总和。详细建模如下。

(1) 传输延迟

将任务卸载到边缘服务器的传输延迟包括从用户设备到其关联的基站的上传延迟、从其基站到处理任务的边缘服务器的网络延迟以及结果的反馈延迟。从用户设备到基站的传输延迟取决于用户设备的服务计划和移动提供商带宽分配策略的无线延迟[13]。从基站到本地边缘服务器的传输延迟为 250 微秒或更短[14]。显然，对于每个任务 $i \in L$，从用户设备到其本地边缘服务器的延迟并不对对等卸载决策产生影响。因此，在本节中，不考虑这两个部分的传输延迟。此外，由于输出数据的数据量很小[15]，结果反馈的传输延迟也被认为可以忽略不计。综上，本节的研究重点是城域光网络中任务对等卸载产生的传输时延，即本地边缘服务器与轻负载边缘服务器之间的传输时延。

边缘服务器之间的通信通过支持灵活栅格技术的 EON 实现，其将光纤链路的频谱资源划分为有限的频隙。每个频隙的容量设置为 $B=6.25$ Gbit/s。$d_i$ 表示任务 $i$ 的数据大小，$n_{i,j}$ 为分配给任务 $i$ 的将任务数据传输到边缘服务器 $j$ 的频隙数。任务 $i$ 的传输延迟公式为：

$$\mathrm{LT}_i = \sum_{j \in J} k_{i,j} \frac{\gamma_i d_i}{m_{i,j} n_{i,j} B}, \quad \forall i \in L \tag{4-2-1}$$

其中，$m_{i,j}$ 表示将任务 $i$ 传输到边缘服务器 $j$ 的光路的调制格式，光路以 $p_{i,j}$ 表示。每个光路考虑三种可用的调制格式：BPSK、QPSK 和 8QAM。表 4-1[16] 中展示了频隙的带宽为 6.25 Gbit/s 时，每种调制格式的传输速率和其支持的最远传输距离。

**表 4-1 各调制格式的传输速率和支持的最远传输距离**

| 调制格式 | 传输速率/(Gbit/s) | 最远传输距离/km |
| --- | --- | --- |
| BPSK($m=1$) | 6.25 | 240 |
| QPSK($m=2$) | 12.5 | 120 |
| 8QAM($m=3$) | 18.75 | 60 |

(2) 处理延迟

任务的处理延迟包括排队延迟(它是由等待计算资源分配引起的)和边缘服务器的计算延迟。为简单起见，基于本节考虑的准静态场景，将整个系统状态考虑在一个极短的时隙(当前时刻)内，其中任务同步到达，没有大量的突发到达。此外，边缘服务器配备多核高速 CPU，不会导致任务之间的可用计算资源竞争，每个任务可以立即分配计算资源，一旦到达就可以并行执行。在这样的场景下，边缘服务器中的排队延迟可以忽略不计，将任务的处理延迟定义为计算延迟。

$c_i$ 表示完成任务 $i$ 所需的 CPU 周期总数。在每个时间段，当任务 $i$ 被分配到边缘服务器 $j$ 上执行时，$j$ 的计算资源被最优地分配给任务 $i$。$u_{i,j}$ 为分配给任务 $i$ 的边缘服务器

$j$ 的计算资源(单位为周期/秒),因此任务 $i$ 的计算延迟$\mathrm{LC}_i$ 可以表示为:

$$\mathrm{LC}_i = \sum_{j \in J} \frac{k_{i,j} c_i}{u_{i,j}}, \quad \forall i \in L \tag{4-2-2}$$

根据任务的传输延迟和处理延迟,可以得到任务的总延迟,其表示如下:

$$\mathrm{LA}_i = \sum_{j \in J} k_{i,j} \left( \frac{c_i}{u_{i,j}} + \frac{\gamma_i d_i}{m_{i,j} n_{i,j} B} \right), \quad \forall i \in L \tag{4-2-3}$$

## 4.2.3 基于 GA 的延迟感知任务对等卸载策略

将原问题分解为以下两个子问题。

子问题 1:对等卸载的决策,是否进行对等卸载,即 $\gamma_i$ 值的选择。

子问题 2:资源分配,即 $k_{i,j}$、$u_{i,j}$、$m_{i,j}$ 和 $n_{i,j}$ 值的选择。

在一个时隙内,先根据其本地 MEC 服务器是否过载来确定要对等卸载的任务集,然后为这些任务选择目标边缘服务器,并为其分配路由资源,最后优化每台服务器中分配给每个任务的计算资源。

### 1. 对等卸载决策

对于用户设备在一个时隙的一个区域内生成每个任务 $i \in L$,首选的处理边缘服务器是连接到其基站的对应的本地服务器 $j_{\mathrm{local}}$。最初,为了最小化对等卸载任务的数量,按照每个任务工作量的升序对所有任务进行排序,然后每个任务被迭代地添加到 $j_{\mathrm{local}}$。计算资源的分配基于服务器当前的工作量,是随着任务的不断增加而动态变化的。在每次迭代中,$j_{\mathrm{local}}$ 动态调整服务器中所有任务计算资源的分配,并确定每个任务的响应时间是否超过其延迟阈值。一旦有任务的响应时间超过其延迟阈值,则将该任务从本地执行的集合删除,并对等卸载到某台轻负载服务器。

### 2. 资源协同分配

任务的资源分配基于当前系统资源的使用情况。在一个时隙内,本地边缘服务器的计算资源被分配给在其上处理的任务 $i \in L_1$。此外,为对等卸载到其他边缘服务器的任务 $i \in L_2$ 优化分配路由和计算资源。本节在遗传算法(GA)的框架下开发了一个启发式算法,综合考虑了任务的响应时间和资源的利用。其关键思想是全面地扫描可用边缘服务器及资源的所有可能组合,选择任务响应时间最低的和资源利用率最高的组合作为解决方案。

每个对等卸载任务的可行解被编码为基因:

$$G = \{ g_{i,s}, g_{i,d}, g_{i,p}, g_{i,f} \}, \quad i = 1, 2, \cdots, |L_2| \tag{4-2-4}$$

其中,$g_{i,s}$表示分配任务的顺序;$g_{i,d}$表示任务卸载的目标边缘服务器;$g_{i,p}$表示任务选择的传输路径;$g_{i,f}$表示为任务分配的光纤链路的频隙数;$L_2$ 中所有的任务共同组成一条染色体,也就是一个个体,表示所有对等卸载任务的可行解。种群由若干个体组成,个体数以 $S$ 表示。遗传算法为对等卸载的任务选择目标边缘服务器,并为其分配路由和计算资源。

目标边缘服务器的决策:对于轻负载的边缘服务器,其工作负载越轻,对等卸载任务就有越多可用的计算资源。因此,对于给定的工作负载分布,先根据它们的初始工作负载按升序对所有的边缘服务器进行排序,然后取前 $N$ 台轻负载边缘服务器作为候选的对等体卸载的目标边缘服务器,用集合 $J_C$ 表示。

路由资源的分配:先采用 K 最短路径(K-Shortest Path, KSP)算法计算出 $K$ 条从本地边缘服务器 $j_{\text{local}}$ 到目标边缘服务器的最短路由,之后任务 $i$ 根据其基因的表现 $g_{i,p}$ 选择传输路径,同时根据路径的距离,自适应地为任务 $i$ 设置调制格式。同时,根据 First-Fit 方法实现频隙的分配。

计算资源的分配:采用基于比例公平的方法来优化分配所有处理任务的边缘服务器的计算资源,以最小化任务的平均响应时间。具体地,边缘服务器 $j$ 为任务 $i$ 分配的计算资源 $u_{i,j}$ 根据任务 $i$ 计算资源的请求在边缘服务器 $j$ 的总工作负载中的占比确定。边缘服务器 $j$ 的总工作负载 $W_j$ 可以通过式(4-2-5)表示。$u_{i,j}$ 可由式(4-2-6)算得。

$$W_j = w_j + \sum_{i \in L} k_{i,j} c_i, \quad \forall j \in J \tag{4-2-5}$$

$$u_{i,j} = \frac{c_i}{W_j} C_j, \quad \forall i \in L, \forall j \in J \tag{4-2-6}$$

LA-TPO 综合考虑以下因素。

平均延迟:所有任务的平均响应时间。

成功率:成功处理任务的比例。其中,$N_b$ 表示被阻塞的任务数。

资源利用:资源的利用是系统评价的关键因素。定义 $f_m$ 为城域光网络中占用频隙的总量,代表城域光网络的资源利用率。$\Phi$ 是负载平衡指数,它代表计算资源的利用率,并由式(4-2-7)定义,为边缘服务器工作负载的方差。

$$\Phi = \frac{\sum\limits_{j \in \{j_{\text{local}}, J_c\}} (W_j - \bar{w})^2}{N+1} \tag{4-2-7}$$

其中,$\bar{w} = \sum\limits_{j \in \{j_{\text{local}}, J_c\}} W_j / (N+1)$,它表示本地边缘服务器和所有候选边缘服务器的工作负载的平均值。

基于以上因素,基于 GA 的 LA-TPO 的优化目标是最小化任务的平均延迟,提高任务的成功卸载率,优化资源利用率。因此,适应度函数定义如下:

$$\text{Fitness} = \frac{1}{\alpha \sum\limits_{i \in L} \text{LA}_i + \beta N_b + f_m + \mu \Phi} \tag{4-2-8}$$

其中,$\alpha$、$\beta$ 和 $\mu$ 为权重参数。

遗传算法是一种优化和搜索方法,其基本过程包括染色体选择、交叉、变异和适应度评估。在染色体选择阶段,个体从种群中根据其适应度值被选中,通常适应度高的个体更有可能被选择。在交叉阶段,两个个体的染色体信息可以进行交叉组合,产生新的个体。在变异阶段,允许染色体信息中的一些基因发生随机变化,以增加种群的多样性。在适应度评估阶段,每个个体的性能被度量和评估,以确定其相对贡献度。这些基本过程循环迭代,逐渐改进种群中的个体,以寻找问题的最优解或接近最优解。遗传算法的特点是其模仿了生物进化的原理,通过适应度筛选和遗传操作来搜索问题空间中的最佳解决方案。

本小节选择利用轮盘算法来选择染色体,即染色体被选择用于交叉的概率与其适应度值成正比。在复制过程中,使用交叉算子提高全局搜索能力,同时使用变异算子防止算法过早收敛。GA 选择最新一代中适应度最大的染色体作为 LA-TPO 策略的解。表 4-2 为基于 GA 的 LA-TPO。

**表 4-2 基于 GA 的 LA-TPO**

| 算法 1:基于 GA 的 LA-TPO。 |
| --- |
| 1 基于对等卸载决策获取对等卸载任务集合 $L_2$。 |
| 2 初始化遗传操作的各项参数。 |
| 3 根据 $w_j$ 的值将轻负载的边缘服务器按升序排序,然后选择前 $N$ 个组成候选的目标边缘服务器集合 $J_c$。 |
| 4 随机基因编码,初始化种群 $P$。 |
| 5 当算法未收敛时: |
| 6 对于种群中的每一个个体 |
| 7 解码每个基因 $G_i$,获取资源分配方案; |
| 8 根据 $G_i$ 为任务选择目标边缘服务器并分配路由和计算资源; |
| 9 根据式(4-2-6)在 $\sigma_j$ 的约束下为在边缘服务器 $j$ 上处理的任务分配计算资源; |
| 10 根据式(4-2-8)计算每个个体的适应度; |
| 11 以适应度值最大的个体作为备选解决方案,之后从种群中选择若干染色体进行交叉和变异,生成新一代种群 $P'$,$P \leftarrow P'$。 |
| 12 返回任务的平均响应时间、$f_m$ 和 $\Phi$。 |

## 4.2.4 仿真实验与数值分析

在本小节中,为了验证 LA-TPO 的性能,作者在具有大量任务的大规模城域光网络[30]中实现了启发式算法,还评估了扩展的多个过载服务器场景。此外,作者引入了另外两种对等卸载策略作为基准,并通过比较它们的性能来评估所做的工作。

距离优先任务对等卸载(DF-TPO)根据最短光路距离从候选服务器中选择目标 MEC 服务器,并通过 First-Fit 自适应分配调制格式和占用频隙(FS)。一旦具有最短光路的候选 MEC 服务器中分配给对等卸载任务的计算能力达到上限 $\sigma_j$,DF-TPO 将通过搜索第二短光路来选择服务器,依此类推。计算资源的分配也是通过基于比例公平的方法来实现的。

资源优先任务对等卸载 (RF-TPO)根据最轻的服务器工作负载从候选服务器中选择目标 MEC 服务器。对于每个任务循环,RF-TPO 都会扫描所有候选 MEC 服务器的工作负载,并将任务分配给最轻的服务器。传输光路统一选择为到达目的服务器的最短路径。调制格式、FS、计算资源分配与 DF 相同。

### 1. 仿真环境设置

图 4-6 展示了用于仿真的网络拓扑结构(38 个节点、59 条链路)。每条光纤链路的距离均统一设置为 20 km,每条链路上的 FS 总数将增加到 500 个,带宽为 6.25 Gbit/s。有

10 台轻负载的 MEC 服务器，候选服务器集合的大小为 4/5/6/7/8/9。根据表 4-1 中的规定支持 BPSK、QPSK 和 8QAM 的调制格式。对于所有 MEC 服务器，计算能力为每秒 300 亿次循环。任务参数的值在两个测试网络中分别在一定的范围内随机分布，而延迟阈值和所需的 CPU 周期数按数据大小成比例设置。

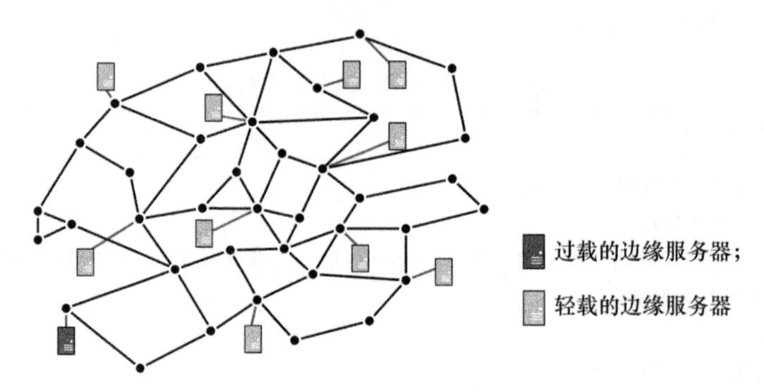


图 4-6　仿真网络拓扑

GA 中的适应度函数的权重参数 $\alpha$、$\beta$ 和 $\mu$ 为 $\alpha=15$、$\beta=2\,000$ 和 $\mu=10^{-15}$。模拟环境的设置详见表 4-3。在小规模网络中，假设任务数量为 $I=11/12/13/14/15$。在大规模网络中，该值为 5/10/15/20/25/30。在每种情景中，数值结果来自多次运行结果的平均值。

**表 4-3　城域光网络互联 MEC 系统任务对等卸载仿真参数**

| 参数类型 | 变量 | 小规模网络的参数 | 大规模网络的参数 |
|---|---|---|---|
| 城域光网络 | 每条光纤链路的物理长度 | 20 km | 20 km |
| | 每个频隙的带宽($B$) | 6.25 Gbit/s | 6.25 Gbit/s |
| | 每条链路的频隙数量($F$) | 50 | 500 |
| 边缘服务器 | 轻载边缘服务器的数量 | 5 | 10 |
| | 候选边缘服务器的数量($N$) | 5 | 4/5/6/7/8/9 |
| | 每台边缘服务器的计算容量($C_j$) | $300\times10^8$ cycles/s | $300\times10^8$ cycles/s |
| | 每台边缘服务器的初始工作负载($w_j$) | $[100,400]\times10^6$ cycles | $[100,2\,000]\times10^6$ cycles |
| | 轻载边缘服务器中可用于对等卸载任务的计算容量比例($\sigma_j$) | 90% $w_j\in(100,200]\times10^6$ cycles | 90% $w_j\in[100,700]\times10^6$ cycles |
| | | 60% $w_j\in(200,300]\times10^6$ cycles | 60% $w_j\in(700,1\,500]\times10^6$ cycles |
| | | 30% $w_j\in(300,400]\times10^6$ cycles | 30% $w_j\in(1\,500,2\,000]\times10^6$ cycles |
| 任务请求 | 数据大小($d_i$) | $[100,300]\times10^7$ bits | $[100,500]\times10^7$ bits |
| | 需要的计算资源($c_i$) | $[50,200]\times10^6$ cycles | $[50,600]\times10^6$ cycles |
| | 延迟阈值($T_{\max,i}$) | [30,60]ms | [30,100]ms |
| 遗传算法 | 延迟权重($\alpha$) | 15 | 15 |
| | 阻塞权重($\beta$) | 2 000 | 2 000 |
| | 负载均衡指数权重($\mu$) | $10^{-15}$ | $10^{-15}$ |
| | 种群大小($S$) | 532 | 532 |

**2. 仿真数值结果与分析**

在大规模网络中对基于遗传算法的 LA-TPO、DF-TPO 和 RF-TPO 方案进行模拟。三组不同的参数随机生成,其模拟结果取平均值。作者比较了这三种算法的以下几个方面。

(1) 平均延迟

延迟是本节研究的关键优化指标,图 4-7 展示了平均延迟与任务请求数的关系。在这种情况下,固定候选目标 MEC 服务器的数量 $N=8$,并增加任务请求的数量。数值结果显示,基于遗传算法的 LA-TPO 具有最低的平均延迟,其次是 RF-TPO 和 DF-TPO。这是因为遗传算法通过联合考虑传输延迟和计算延迟来选择对等卸载目的地,以最小化总任务延迟,而不是仅关注任何一个因素。同时,它完全扫描了解决方案空间,这也有助于获得最佳解决方案。

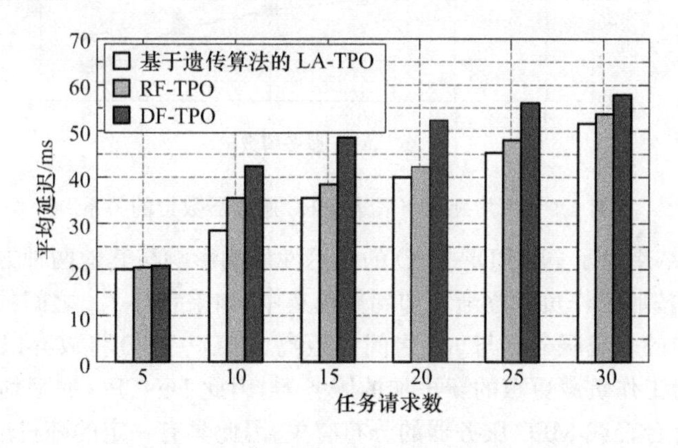


图 4-7 平均延迟与任务请求数的关系

图 4-8 进一步说明了非阻塞任务总延迟中传输延迟和计算延迟的比例。总体而言,在三种算法中,平均传输延迟占总延迟的一小部分,表明数据计算是响应时间的主要消耗。RF-TPO 中传输延迟的比例是三种算法中最大的,在 $I=30$ 时为 12.3%,而DF-TPO 中传输延迟的比例为 9.1%。这是因为 DF-TPO 总是选择最短的光路径,而 RF-TPO 只考虑计算资源的条件。基于遗传算法的 LA-TPO 展现出更平衡的延迟分布,因为它同时考虑了传输和计算资源。

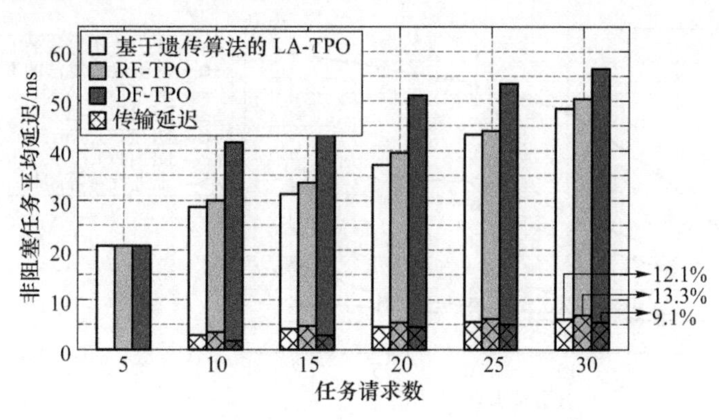


图 4-8 非阻塞任务平均延迟与任务请求数的关系

进一步分析候选目标 MEC 服务器数量 $N$ 如何影响平均延迟。将任务请求数固定为 25，并改变 $N$ 的值。数值结果如图 4-9 所示，可以看到，基于遗传算法的 LA-TPO 和 RF-TPO 的平均延迟随着 $N$ 的增加而减少，这是由于有更多可用的候选计算资源，这是合理的。此外，RF-TPO 的平均延迟下降速度比基于遗传算法的 LA-TPO 更快，这是因为 RF-TPO 主要受计算资源支配，显著地受候选服务器数量的影响。

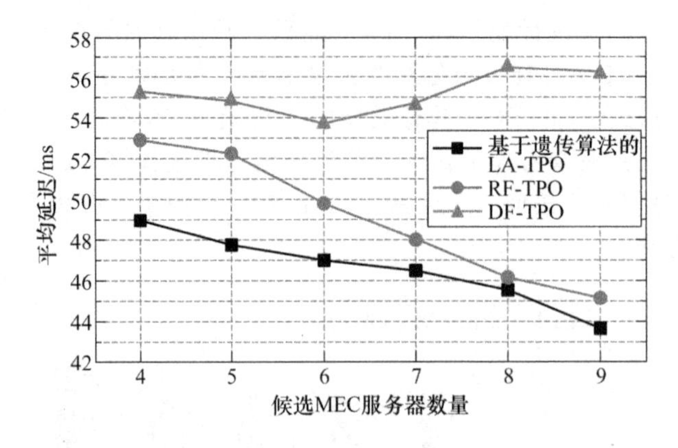


图 4-9　平均延迟与候选 MEC 服务器数量的关系

特别地，模拟结果显示 $N$ 对 DF-TPO 的延迟性能的影响与其他两种方法不同。由于轻载的 MEC 服务器按照工作负载逐渐增加到候选集中，如果它与 $j_{\mathrm{local}}$ 之间的物理链路距离短于已经在候选集中的轻载服务器与 $j_{\mathrm{local}}$ 之间的距离，则 DF-TPO 将放弃以前的轻载服务器并选择距离更近但工作负载更重的新添加的服务器，因此 DF-TPO 的平均延迟会增加。这种现象与网络中每台轻载 MEC 服务器的分布有关，因此具有一定的随机性。

(2) 阻塞率

任务的成功比率是 4.2 节的重要优化目标。作者在 $N=5$ 和 $N=8$ 的情况下比较了三种算法的阻塞性能。图 4-10 中展示的数值结果与小规模网络的趋势相似。基于遗传算法的 LA-TPO 可以将任务分配给最佳的候选 MEC 服务器，同时满足延迟约束。与 RF-TPO 和 DF-TPO 相比，这种基于全局视图的灵活的资源分配有效地提高了任务的成功比率。此外，作者还对未进行对等卸载(No peer offloading)的情况进行了比较，其中任务都在其本地 MEC 服务器中处理，表现出极差的阻塞性能。这一结果证明了对等卸载的必要性。

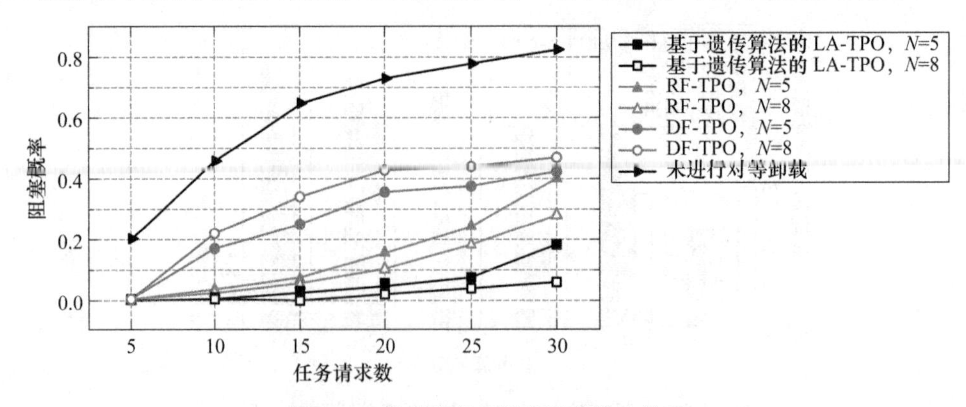


图 4-10　阻塞概率与任务请求数的关系

表 4-4 展示了在 $N=5$ 的大规模网络中，基于遗传算法的 LA-TPO、RF-TPO 和 DF-TPO的三种阻塞原因的百分比。大多数阻塞是由于延迟超过阈值引起的，这表明减少延迟是提高成功比率的关键因素。路由和频谱分配也是制定策略的重要考虑因素。由于两种算法的基准不同，在 RF-TPO 中，由于光谱资源不足引起的阻塞随着 $I$ 的增加而增加，而在 DF-TPO 中，由于计算资源不足引起的阻塞最多。

**表 4-4 基于遗传算法的 LA-TPO、RF-TPO 和 DF-TPO 的三种阻塞原因的百分比($N=5$)**

| 任务数量 | 基于遗传算法的 LA-TPO | | | RF-TPO | | | DF-TPO | | |
|---|---|---|---|---|---|---|---|---|---|
| | 1 | 2 | 3 | 1 | 2 | 3 | 1 | 2 | 3 |
| 10 | 0 | 0 | 0 | 100% | 0 | 0 | 100% | 0 | 0 |
| 15 | 100% | 0 | 0 | 100% | 0 | 0 | 100% | 0 | 0 |
| 20 | 100% | 0 | 0 | 78% | 22% | 0 | 100% | 0 | 0 |
| 25 | 93% | 7% | 0 | 57% | 43% | 0 | 86% | 14% | 0 |
| 30 | 72% | 18% | 0 | 40% | 50% | 10% | 50% | 17% | 33% |

注：情况 1 延迟超过临界值；情况 2 频谱资源不足；情况 3 计算资源不足。

(3) 资源利用率

进一步评估三种算法的资源利用率，在资源受限的 MEC 系统中值得考虑。图 4-11 通过总光谱消耗 $f_m$ 展示了光网络频谱资源的利用情况。作者发现 DF-TPO 是最节约频谱资源的方案，因为它倾向于选择最短的传输光路径，因此在所有模拟情况下总是占用最少的频谱资源。

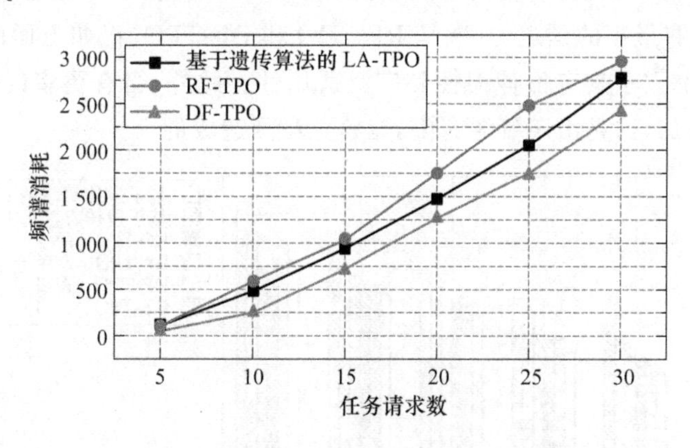


图 4-11 频谱消耗与任务请求数的关系

图 4-12 同时展示了负载均衡指数 $\Phi$ 和任务对等卸载比例(Peer offloading ratio)($\lambda=|I_2|/I$)与任务请求数的关系。随着任务数量的增加，相应的 $\lambda$ 也增加，因为本地 MEC 服务器无法处理更多任务。在进行对等卸载后(即 $\lambda=0$)，负载均衡逐渐改善，表明通过任务对等卸载实现 MEC 服务器之间的合作计算能够更有效地利用边缘云系统中的计算资源。RF-TPO 的性能最佳，因为它优先考虑服务器负载。

从图 4-11 和图 4-12 的结果可以看出，基于遗传算法的 LA-TPO 在这两个方面处于中间水平,因为它优化了路由和计算资源分配,实现了光谱资源利用和负载均衡之间的最佳权衡。

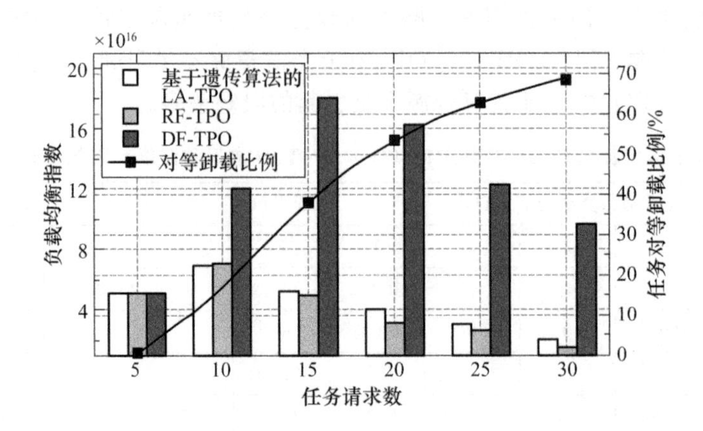


图 4-12　负载均衡指数和任务对等卸载比例与任务请求数的关系

### 3. 多服务器过载场景的数值结果

通过为 $K$ 台 MEC 服务器生成重载的工作负载,对其他服务器随机生成较轻的工作负载,作者在大规模网络中评估了三种启发式算法在多服务器超负荷场景下的性能。

图 4-13 展示了平均延迟与为每台过载的 MEC 服务器生成的任务请求数的关系,其中 $K$ 分别等于 2 和 4。在每种情况下,随着任务的不断生成,平均延迟增加,基于遗传算法的 LA-TPO 具有最小的延迟,其次是 RF-TPO 和 DF-TPO,正如上面的模拟所示。这表明作者所提出的方法具有可伸缩性和广泛适用性。此外,当有更多的超载 MEC 服务器时,平均延迟增加,这是由于资源有限,竞争更激烈造成的。

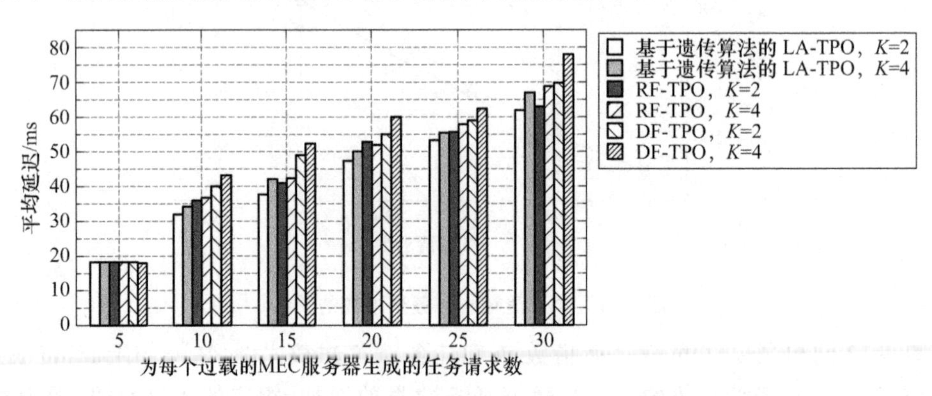


图 4-13　平均延迟与为每台过载的 MEC 服务器生成的任务请求数的关系

作者还在相同条件下研究了阻塞性能。图 4-14 呈现了与平均延迟相似的趋势。基于遗传算法的 LA-TPO 在三种算法中表现出优越性,这得益于它同时考虑了路由和计算资源以及对解决方案的全面搜索。

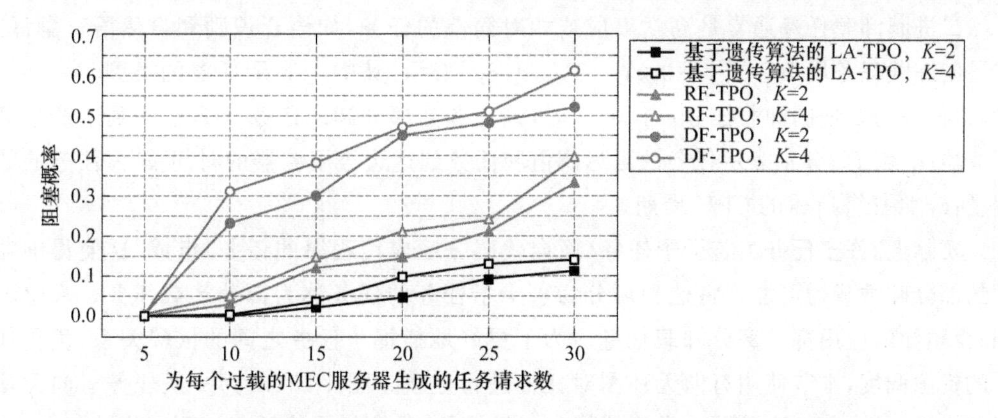


图 4-14 阻塞概率与为每台过载的 MEC 服务器生成的任务请求数的关系

综上所述,基于遗传算法的 LA-TPO 在大规模网络中表现出卓越的性能。其平均延迟最低,阻塞率最小,可充分利用资源。相比之下,RF-TPO 对计算资源敏感,而DF-TPO 在轻载服务器分布随机性的影响下表现不稳定。LA-TPO 在多服务器过载场景中展现出卓越的可伸缩性和广泛适用性,具备全局视图的资源优化特性,这使其成为边缘计算环境中的理想选择。

## 4.3 MON 中依赖感知的边缘计算任务协同卸载

### 4.3.1 研究背景与问题描述

边缘服务器的计算能力有限,因此需要有效地分配任务以提高服务性能。通过解决任务之间的依赖关系,协同卸载任务,可以减少任务的平均响应时间,以减轻边缘服务器的负载。4.2 节针对对等卸载展开了系统的研究和策略设计,本节则关注依赖任务的部分卸载问题,讨论如何根据任务依赖关系在边缘服务器之间合理地安排任务,以解决城域光网络中的过载问题,提高资源利用率,最小化任务响应时间并改善服务性能[17]。

### 4.3.2 依赖感知的协同卸载模型

#### 1. 任务及依赖关系模型

现实生活中的大多数任务都可以有任意的依赖图。通过为依赖感知任务设计调度卸载策略,可以获得更好的性能。结合已有的研究,作者将到达边缘服务器的任务分为两类,即二进制卸载任务和部分卸载任务。

二进制卸载任务通常是高度集成或相对简单的任务，如语音识别和自然语言翻译。二进制卸载任务用 BT=[$y=0, e, t_l, T_{\text{arr}}, d$, cy]表示，其中 $y$ 表示任务的类型，当 $y=0$ 时，该任务为二进制卸载任务；当 $y=1$ 时，该任务为部分卸载任务；$e$ 是任务到达的边缘服务器；$t_l$ 和 $T_{\text{arr}}$ 分别表示任务的延迟阈值和任务到达边缘服务器的时间；$d$ 为任务的数据量；cy 为任务所需的 CPU 周期。

实际上，许多任务由若干子任务（面向代码分区应用程序的任务）组成，这使得细粒度的部分卸载成为可能。将这种可分为若干子任务的任务称为部分卸载任务。人脸识别、视频导航应用都是部分卸载任务。为了更好地捕捉子任务之间的依赖关系、优化任务的资源调度，本节使用有向无环图对任务进行建模。图 4-15(a)为一般任务有向无环图的模型，其中包含两种基本类型的部分卸载任务，即并行依赖任务和顺序依赖任务，如图 4-15(b)和 4-15(c)所示。

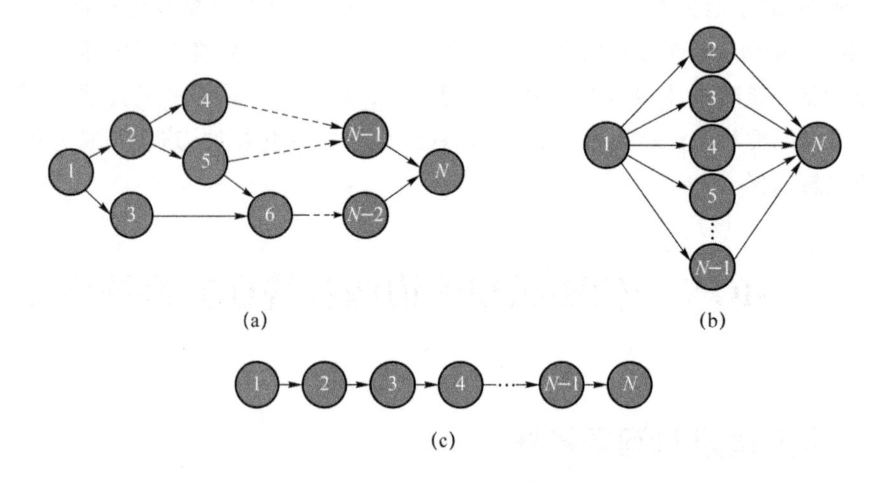


图 4-15　任务的有向无环图模型

任务的有向无环图须满足以下约束：

① 每个子任务至少有一个入度(第一个子任务除外)，即除了第一个子任务，其他子任务都至少依赖一个子任务；

② 每个子任务至少有一个出度(最后一个子任务除外)，即除了最后一个子任务，其他子任务都被至少一个子任务所依赖；

③ 所有子任务都有一个共同的起始点，即第一个子任务；

④ 所有子任务都有一个共同的结束点，即最后一个子任务；

⑤ 从任意一个子任务沿着有向无环图的边出发，不可能再次到达出发时的那个子任务(即不存在一个子任务依赖于自己的情况)。

子任务的输出被用作依赖它的子任务的输入。因此，只有当子任务 a 所依赖的所有子任务都执行完毕，并且将输出结果传输到执行子任务 a 的边缘服务器后，子任务 a 才能开始执行。部分卸载任务以 PT=[$y, e, t_l, T_{\text{arr}}, E, s_{\text{num}}$, ST]表示，其中 $E$ 为有向无环图的边集，即子任务间的依赖关系，具体表示为 $E=[\{s_i,s_j\},\{s_i,s_k\},\cdots,\{s_k,s_l\}]$，$\{s_i,s_j\}$ 表示只有子任务 $s_i$ 执行完成并将结果数据传输到执行 $s_j$ 的边缘服务器后，$s_j$ 才能开始执行（当然是否能立即执行还与执行 $s_j$ 的边缘服务器的工作负载有关）；$s_{\text{num}}$ 为该任务的子任务个数；ST 是子任务的详细信息集合，记为 $\text{ST}=\{[d_1,\text{cy}_1,d_1^o],\cdots,[d_i,\text{cy}_i,d_i^o],\cdots,[d_n,\text{cy}_n,d_n^o]\}$，$d_i$ 表示子任务 $i$ 的数据量，$\text{cy}_i$ 表示子任务 $i$ 所需的 CPU 周期，$d_i^o$ 表示子任务 $i$ 完成后的输出数据量。

### 2. 依赖感知的卸载模型

一般情况下，由于边缘服务器的部署位置不同，不同时期到达边缘服务器的任务量也不同，这与人类的行为模式有关。因此，在一段时间内，边缘服务器大致可以分为两类：低负载边缘服务器和高负载边缘服务器。不同负载的边缘服务器之间的协同计算可以有效地减少任务的响应时间，提高应用的服务质量，平衡边缘服务器的负载。本节考虑这样一个场景：任务在动态变化的系统中，随着时间的推移，动态地到达边缘服务器。不同时间到达边缘服务器的任务将根据其依赖关系、到达时的光网络状态和边缘服务器的资源分配状态获得其卸载策略与资源分配方案。到达边缘服务器的二进制卸载任务将会被某个边缘服务器执行。这个边缘服务器可能是任务到达的边缘服务器，也可能是其他低负载的边缘服务器。

到达边缘服务器的部分卸载任务将被卸载到多台边缘服务器上执行。如图 4-16(a) 所示，有六个子任务的部分卸载任务 $K$ 到达边缘服务器 A。根据子任务的依赖关系、任务到达时系统的通信资源和计算资源，子任务 a、b、e 和 f 都将被边缘服务器 A 计算，子任务 c 将被卸载到边缘服务器 B，子任务 d 将被卸载到边缘服务器 C。如图 4-16(b) 所示，边缘服务器 A 首先执行子任务 a，同时将子任务 c 和子任务 d 的用户数据通过城域光网络传输到相应的边缘服务器。接下来如图 4-16(c) 所示，在子任务 a 完成后，执行子任务 b，同时将子任务 a 的输出数据传输到边缘服务器 B 和边缘服务器 C。子任务 c 和子任务 d 在接收到子任务 a 的输出数据，并分配到边缘服务器的计算资源后开始执行。子任务 c 的输出数据在子任务 c 执行完成后立即传输到边缘服务器 A，边缘服务器 A 接收到子任务 c 的输出数据后，执行子任务 e，如图 4-16(d) 所示。子任务 d 的输出数据在完成后也发送给边缘服务器 A。由于子任务 d 的输出数据是在子任务 e 执行完成后才被子任务 f 需要的，所以只需要在子任务 e 完成之前将子任务 d 的输出数据传输到边缘服务器 A 就可以，这样能够节省传输资源。子任务 e 执行完成后，如图 4-16(e) 所示，子任务 f 在边缘服务器 A 上执行，执行完成后将结果返回给用户设备。

### 3. 延迟计算模型

对于延迟敏感、计算密集型的任务来说，响应时间是关键性能，主要由传输延迟、计算延迟和排队延迟三部分组成。

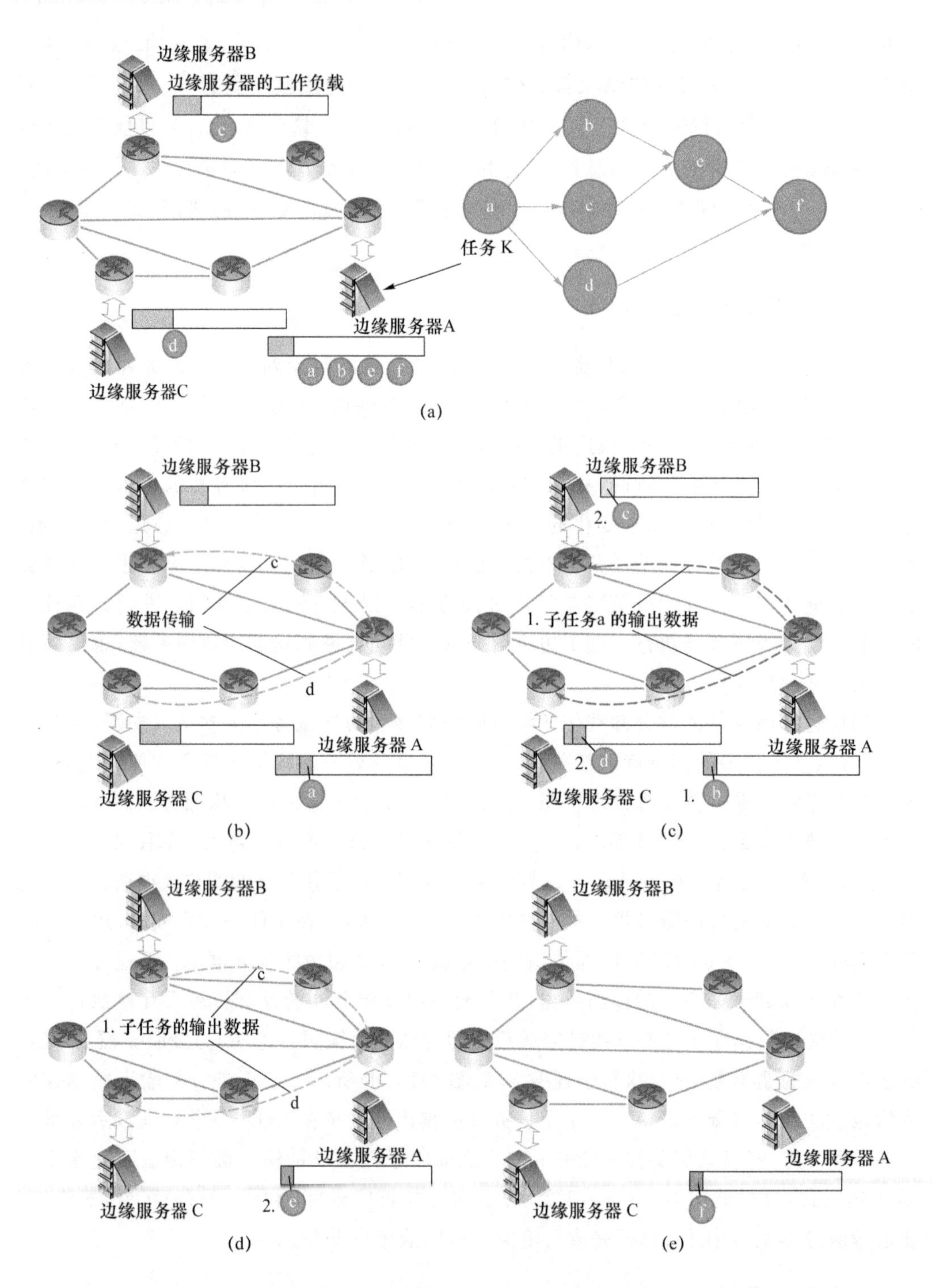


图 4-16　依赖感知任务的协同卸载

由于本节主要考虑的场景是城域光网络中到达边缘服务器任务的协同卸载，所以不考虑用户设备向边缘服务器发送任务的传输延迟和边缘服务器向用户设备返回执行结果的传输延迟。传输延迟包括边缘服务器间任务数据及任务结果数据的传输延迟。边缘服务器 $n$ 将子任务 $i$ 的输出数据传输到边缘服务器 $m$ 的传输延迟可以用式(4-3-1)表示。边缘服务器 $n$ 将任务数据或子任务数据传输到边缘服务器 $m$ 的传输延迟可以用式(4-3-2)表示。

$$T_{n,m}^{\mathrm{tr,out}_i}=\frac{d_i^o}{(f_{n,m}\times C_{\mathrm{slot}}\times M_o)} \tag{4-3-1}$$

$$T_{n,m}^{\mathrm{tr}}=\frac{d}{(f_{n,m}\times C_{\mathrm{slot}}\times M_o)} \tag{4-3-2}$$

其中，$f_{n,m}$ 表示边缘服务器 $n$ 向目标边缘服务器 $m$ 传输数据时占用的频隙数；$C_{\mathrm{slot}}$ 为链路上一个频隙的传输容量；$M_o$ 表示调制格式。在边缘服务器 $m$ 上执行任务的计算延迟可由式(4-3-3)算得。

$$T_m^c=\frac{\mathrm{cy}}{C_m} \tag{4-3-3}$$

其中，cy 为任务或子任务所需的 CPU 周期数；$C_m$ 表示边缘服务器 $m$ 的计算能力，即每秒钟执行多少 CPU 周期。边缘服务器 $m$ 在 $\tau$ 时刻的排队延迟可由式(4-3-4)计算。

$$T_{\tau,m}^q=\frac{c_m^\tau}{C_m} \tag{4-3-4}$$

其中，$c_m^\tau$ 表示边缘服务器 $m$ 在 $\tau$ 时刻的工作负载。

对于二进制卸载任务和部分卸载任务，如果它们只在到达的边缘服务器上执行，则它们的任务响应时间可用式(4-3-5)表示。

$$\mathrm{RT}_{\mathrm{local}}=T_{e_{\mathrm{arr}}}^c+T_{T_{\mathrm{arr}},e_{\mathrm{arr}}}^q=\frac{\mathrm{cy}+c_{e_{\mathrm{arr}}}^{T_{\mathrm{arr}}}}{C_{e_{\mathrm{arr}}}} \tag{4-3-5}$$

对于部分卸载任务，$c$ 是所有子任务所需 CPU 周期的总和。$T_{\mathrm{arr}}$ 为任务到达边缘服务器的时间，$e_{\mathrm{arr}}$ 为任务到达的边缘服务器。

如果到达边缘服务器 $n$ 的二进制卸载任务被卸载到边缘服务器 $m$ 上执行，则该任务的响应时间可通过式(4-3-6)计算。

$$\mathrm{RT}_{n,m}^{\mathrm{BT}}=T_{n,m}^{\mathrm{tr}}+T_m^c+T_{\tau_m,m}^q \tag{4-3-6}$$

$$\tau_m=T_{\mathrm{arr}}+T_{n,m}^{\mathrm{tr}} \tag{4-3-7}$$

$\tau_m$ 是任务数据到达边缘服务器 $m$ 的时间，可由式(4-3-7)得到。

对于协同计算的部分卸载任务，子任务 $i$ 在边缘服务器 $m$ 上执行的完成时间由子任务 $i$ 的开始执行时间、计算延迟和排队延迟组成，可以表示为：

$$T_i=\tau_m^i+T_{i,m}^c+T_{\tau_m^i,m}^{q_i} \tag{4-3-8}$$

其中，$\tau_m^i$ 是子任务 $i$ 可以开始执行子任务的时间，即执行子任务 $i$ 所需的所有资源都到达边缘服务器 $m$ 的时间。

子任务 $i$ 的上一个子任务 $j$ 的输出数据到达边缘服务器 $m$ 的时间为子任务 $j$ 的完成时间与传输延时之和。计算公式如下：

$$\mathrm{TA}_j^i=T_j+T_{n,m}^{\mathrm{tr,out}_j} \tag{4-3-9}$$

当 $j$ 为任务的起始子任务时，在边缘服务器 $n$ 上执行的子任务 $j$ 的 $\tau_n^j$ 值为部分卸载

任务到达的时间 $T_{\text{arr}}$ 与任务数据传输到边缘服务器 $n$ 的传输延迟之和，若 $n$ 为任务到达的边缘服务器，则 $\tau_n^j$ 等于 $T_{\text{arr}}$。当 $n$ 和 $m$ 为同一台边缘服务器时，传输延迟 $T_{n,m}^{\text{tr,out}_j}$ 为 0。子任务 $i$ 的 $\tau_m^i$ 为其所有前继子任务，即所有它依赖的子任务 $\text{TA}^i$ 的最大值。

部分卸载任务的响应时间 RT 可由式(4-3-10)计算，其中 $l$ 为部分卸载任务的最后一个子任务：

$$\text{RT}^{\text{PT}}=T_l-T_{\text{arr}} \tag{4-3-10}$$

## 4.3.3 基于 GA 的依赖感知任务协同卸载策略

本小节提出了基于遗传算法(GA)的依赖感知任务的协同卸载算法(Cooperative Offloading Algorithm for Dependency-Aware Tasks based on Genetic Algorithms，GA based DA-CO)。该算法由三个子算法组成：子算法 1，优化部分卸载任务的有向无环图；子算法 2，基于遗传算法为到达边缘服务器的任务进行卸载决策并为其分配资源；子算法 3，根据子算法 2 的结果优化路由资源的分配。

### 1. 子算法 1

利用两个优化子算法对部分卸载任务的有向无环图进行优化。

优化子算法①：当某个子任务 $i$ 的后继子任务 $k$ 在有向无环图中可以被子任务 $i$ 的其他后继子任务直接或间接地到达时，子任务 $k$ 可以从子任务 $i$ 的后继子任务集合中删除，即删除有向无环图中子任务 $i$ 到子任务 $k$ 的边。如图 4-17(a)所示，子任务 $k$ 是子任务 $i$ 的后继子任务，在有向无环图中子任务 $j$ 可以到达子任务 $k$，同时子任务 $j$ 也是子任务 $i$ 的后继子任务，因此子任务 $k$ 和子任务 $i$ 之间的依赖关系可以被去掉，即删除子任务 $i$ 到子任务 $k$ 的边。

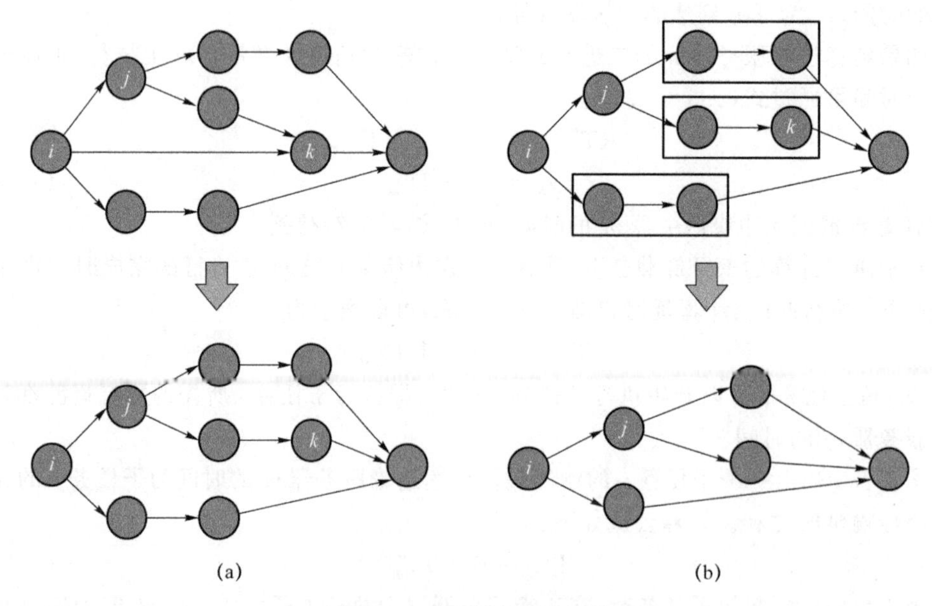


图 4-17 有向无环图的优化

优化子算法②:合并部分卸载任务的有向无环图中顺序依赖的子任务。只有当某个子任务的所有前继子任务都已完成,且所有输出数据都到达子任务执行的边缘服务器后,该子任务才能开始执行。若子任务只有一个前继子任务,而且其前继子任务也只有一个后继子任务,则可以将这两个子任务合并为一个子任务,降低资源分配的复杂性,如图 4-17(b)所示。

**2. 子算法 2**

本节在遗传算法的基础上,提出了一种有效的协同卸载算法。该算法决定任务的卸载策略并为任务分配系统资源,可最小化任务的响应时间。该算法主要涉及两个方面的决策:一是确定待卸载任务要卸载的边缘服务器,二是确定需要传输数据的任务使用的路由及其占用的频隙。这两个决策相互影响,且部分卸载任务的依赖关系使得简单地选择最轻负载的边缘服务器或频谱资源最丰富的路由并不能实现响应时间的最小化,因此需要综合考虑任务的依赖关系、边缘服务器计算资源的使用情况和城域光网络传输资源的使用情况,以最小化任务的响应时间,提高系统资源的利用率。

基于遗传算法的依赖感知任务的协同卸载算法通过迭代进化得到任务卸载的最优决策,具体实现过程如下。

(1) 编码

根据到达边缘服务器任务的类型和其模型编码形成基因。个体是由基因组成的,个体的基因数量是由任务决定的。个体代表了相应任务卸载的可行解决方案。对每个任务,首先初始化 $L$ 个个体,形成一个种群。其中,$L$ 为种群的个体数。

对于二进制卸载的任务,一个基因是一个个体。该基因的编码为 $G=\{M,R\}$,其中 $M$ 为任务卸载的边缘服务器,$R$ 为传输任务数据所用的路由。根据 KSP 算法得到两个边缘服务器之间的 $K$ 条路由,由基因 $R$ 决定所使用的路由。若 $M$ 所代表的边缘服务器为任务到达的边缘服务器,则基因 $R$ 不表达。

对于部分卸载任务,每个基因代表一个子任务的可行解。个体所包含的基因数量由子任务的数量 $s_{\text{num}}$ 决定。个体的基因可以编码为 $G=\{(M_1,R_1),(M_2,R_2),\cdots,(M_{s_{\text{num}}},R_{s_{\text{num}}})\}$,其中 $M_i$ 表示子任务 $i$ 要卸载到的边缘服务器,$R_i$ 表示路由。

(2) 适应度计算

由于优化的目标是最小化任务的响应时间,所以适应度也是根据任务的响应时间计算出来的,如式(4-3-11)所示,其中 $P_m$ 是一个二进制变量,如果任务在边缘服务器 $m$ 上执行则等于 1,否则等于 0;MIN 代表一个用于平衡参数的固定值。

$$\begin{aligned}\text{Fitness} = t_l - \sum_{m\in \text{ES}} (P_m(1-y)(T_m^c + T_{\tau_m,m}^q + \alpha T_{e_{\text{arr}},m}^{tr}) + \\ P_m^l y(T_{l,m}^c + T_{\tau_m^l,m}^{q_l} + \tau_m^l - T_{\text{arr}})) + \text{MIN}\end{aligned} \tag{4-3-11}$$

(3) 选择

算法将根据个体的适应度从原始种群中选择 $L$ 个个体组成一个新的种群。个体被选中的概率为:

$$P = \frac{\text{Fitness}}{\sum(\text{Fitness})} \tag{4-3-12}$$

(4) 交叉和变异

被选择的新种群将有一定的概率交叉并进一步产生一个新的种群。其中，一些个体的基因会在新的种群中发生基因突变，即变异，并最终形成下一代种群。得到的新种群将再次计算适应度，进行选择、交叉和变异，直到完成迭代得到最终的解决方案。算法的具体细节见表 4-5。

**表 4-5　基于遗传算法的协同卸载算法**

| 子算法 2：基于遗传算法的协同卸载算法。 |
|---|
| 输入：拓扑图 $G$ 和任务 $T_k$。 |
| 输出：响应时间 $T$、卸载策略及资源分配方案。 |
| 1　初始化种群 $P_0$，每个个体随机生成的基因作为一个可行解 |
| 2　当算法没有收敛时 |
| 3　　对于每个个体 |
| 4　　　解码基因获得卸载策略及资源分配策略 |
| 5　　　如果任务是二进制卸载任务 |
| 6　　　　根据式(4-3-5)或式(4-3-6)计算响应时间 $T$ |
| 7　　　如果任务是部分卸载任务 |
| 8　　　　对于有向无环图上的每一个节点： |
| 9　　　　　根据式(4-3-8)计算任务的完成时间 $T_c$ |
| 10　　　　　预分配当前节点所需资源 |
| 11　　　　根据式(4-3-10)计算任务的响应时间 $T$ |
| 12　　　　将预分配资源恢复 |
| 13　　　根据式(4-3-11)计算每个个体的适应度 |
| 14　　选择个体组成一个新的种群 |
| 15　　选择个体进行交叉 |
| 16　　以很小的概率选择个体进行基因突变 |
| 17　　最终生成新的种群并更新 $P_0$ |
| 18　选择群体 $P_0$ 中适应度最高的个体 |
| 19　解码个体的基因，得到任务的卸载策略及资源分配方案 |
| 20　计算响应时间 $T$ |
| 21　返回 $T$、任务的卸载策略和资源分配方案 |

### 3. 子算法 3

子算法 3 主要用于部分卸载任务。它优化了子算法 2 为部分卸载任务分配的频谱资源。对于具有多个前继子任务的子任务，其最早的开始时间为所有前继子任务完成输出数据传输的最后时间，即为所有前继子任务中输出数据最后到达子任务执行边缘服务器的时间。对于在子任务最早开始时间之前完成传输的前继子任务，可以根据子任务最早开始时间减少使用的频隙数。子算法 3 的具体细节见表 4-6。

**表 4-6 优化路由资源的分配**

子算法 3:优化路由资源的分配。

输入:部分卸载任务 $T_k$ 和资源分配方案。

输出:任务 $T_k$ 新的资源分配方案。

1 对于任务 $T_k$ 的每一个子任务

2 　　如果子任务 $i$ 有多个前继子任务

3 　　　　计算子任务 $i$ 的开始时间 $t_i$

4 　　　　对于每一个前继子任务 $j$

5 　　　　　　计算其输出数据到达子任务 $i$ 执行边缘服务器的时间 $t_j$

6 　　　　　　如果 $t_i > t_j$

7 　　　　　　　　根据时间 $t_i$ 重新计算其所需的最小频隙数

8 　　　　　　　　更新资源分配方案

9 返回更新后任务的资源分配方案

### 4.3.4 仿真实验与数值分析

为研究作者所提出的基于遗传算法的 DA-CO 算法的性能,引入以下三种不同的卸载策略并进行对比,以评估所做的工作。

依赖感知协作卸载(Dependency-Aware Cooperative Offloading,DA-CO)策略根据到达边缘服务器的任务来确定要卸载的边缘服务器。如果任务是二进制卸载任务,则选择完成该任务所需时间最短的边缘服务器来执行该任务。根据 KSP 和 First-Fit 算法分配路由和频隙。如果任务是部分卸载任务,算法会选择每个子任务花费最短时间的边缘服务器来执行该子任务。由于子任务具有依赖性,一台边缘服务器可以执行多个子任务。

依赖性无意识任务对等卸载(Dependency-Unaware Task Peer Offloading with Lightest Load First, DU-TPO)策略选择负载最轻的边缘服务器来卸载任务。路由和频隙分配也基于 KSP 和 First-Fit 算法。

在依赖任务无卸载(Dependency-Unaware Task Offloading, DU-TO)策略中,任务在其到达的边缘服务器上执行。

#### 1. 仿真环境设置

用于模拟的网络拓扑图包含 32 个节点和 67 条链路,如图 4-18 所示。每条链路的物理长度为 10 km。每条链路具有 100 个用于任务数据传输的频隙,带宽为 6.25 Gbit/s。考虑使用统一的调制格式(BPSK)。共有八台边缘服务器,每台边缘服务器的计算能力为 $100\times10^{10}$。在这种情境下,任务会随机动态地到达八台边缘服务器中的任何一台;具有更高任务到达概率的边缘服务器被视为高负载边缘服务器。高负载边缘服务器的数量为 1/2/3,高负载边缘服务器的任务到达概率之和为 60%/80%。当高负载边缘服务器的数量大于一台时,任务到达不同高负载边缘服务器的概率相同。作者运行了每种可能的高负载边缘服务器组合，并将平均值作为最终结果。每秒到达边缘服务器的任务数量 $R$ 为 75/100/125/150/175/200/225。模拟参数见表 4-7。

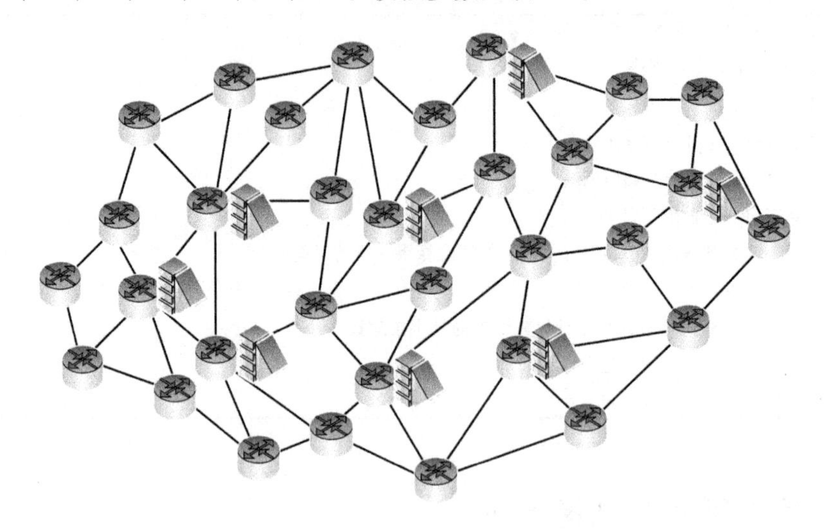

图 4-18 网络拓扑

**表 4-7 城域光网互联 MEC 系统协同卸载仿真参数**

| 参数类型 | 变量 | 数值 |
|---|---|---|
| 城域光网络 | 每条链路的频隙数量($F$) | 100 |
| | 每个频隙的带宽($C_{slot}$) | 6.25 Gbit/s |
| 边缘服务器 | 边缘服务器的数量 | 8 |
| | 每台边缘服务器的计算容量($C_e$) | $100\times10^{10}$ cycles/s |
| | 具有高任务到达概率的边缘服务器数量 | 1/2/3 |
| | 任务到达高负载边缘服务器的概率 | 60%/80% |
| | 延迟阈值($t_l$) | [30,100]ms |
| 任务请求 | 需要的计算资源($c_y$) | $[100,600]\times10^6$ cycles |
| | 任务数据大小($d$) | $[100,500]\times10^7$ bits |
| | 子任务输出数据大小($d^o$) | $[6,12]\times10^6$ bits |
| 频隙 | 一个任务可以占用的最大频率槽数($F_{Max}$) | 4/8/12/16 |

## 2. 数值结果

图 4-19 和图 4-20 分别展示了随着高负载边缘服务器数量的增加，平均响应时间和卸载成功率的情况。基于遗传算法的 DA-CO 在平均响应时间和卸载成功率方面表现最佳，其次是 DA-CO。基于遗传算法的 DA-CO 不仅对部分卸载任务进行建模，允许多个子任务并行计算，还全面考虑子任务之间的依赖关系和计算资源。它最小化了任务的响应时间，并优化了频隙的使用。在单位时间内到达所有边缘服务器的任务总数是固定

的。当高负载边缘服务器数量增加时,到达高负载边缘服务器的平均任务数量也会减少。因此,高负载边缘服务器数量越多,到达每个高负载边缘服务器的任务数量越少。此外,更分散的任务可以更好地利用资源。然而,当高负载边缘服务器数量为三时,基于遗传算法的 DA-CO 的响应时间略微增加,这是由于卸载成功率增加了。在系统资源相同的情况下,边缘服务器上执行的任务数量增加,响应时间也可能增加。总的来说,随着高负载边缘服务器数量的增加,平均响应时间减少,卸载成功率增加。

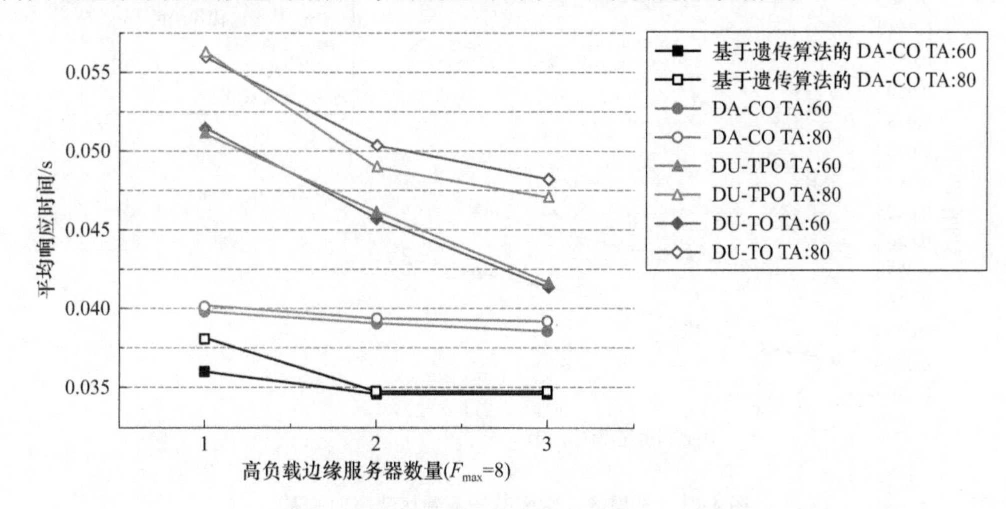


图 4-19 平均响应时间与高负载边缘服务器数量的关系

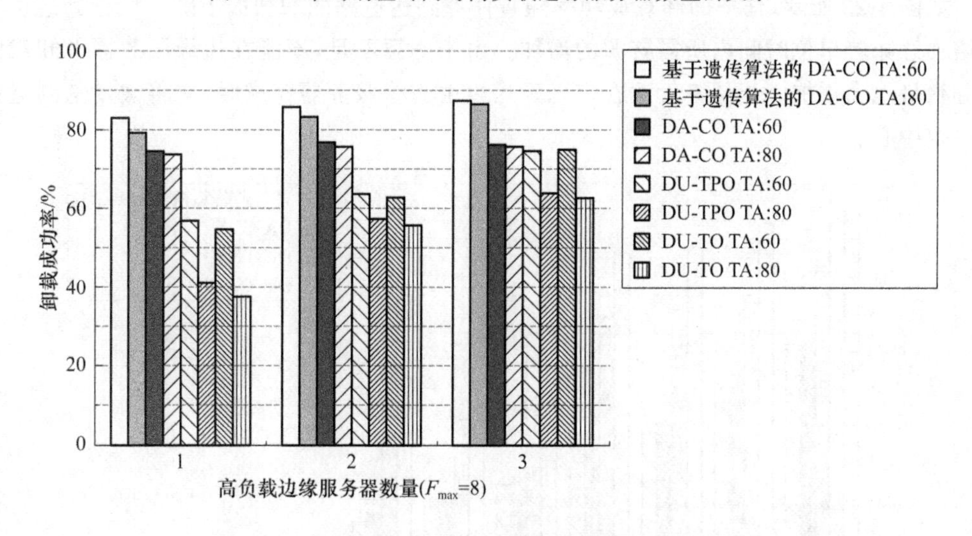


图 4-20 卸载成功率与高负载边缘服务器数量的关系

图 4-21 展示了平均响应时间与任务到达速率的关系。平均响应时间是依赖感知的边缘计算任务协同卸载策略的关键优化指标。假设高负载边缘服务器数量为一,任务到达高负载边缘服务器的概率为 60%,每个传输任务的最大可用频隙 $F_{Max}=8$。数值结果显示,基于遗传算法的 DA-CO 具有最低的平均响应时间,其次是 DA-CO,DU-TO 和

DU-TPO 在这方面的性能最差。基于遗传算法的 DA-CO 算法在考虑任务和计算资源的依赖关系的基础上选择协作卸载的目标节点，并因此获得了最佳性能表现。与图 4-19 中略微增加的响应时间类似，当任务到达速率为 225 时，DU-TO 的响应时间也略有减少。由于任务卸载成功率随着任务到达速率的增加而下降，任务的平均响应时间也可能减少。这一现象也反映在随后的数据中。

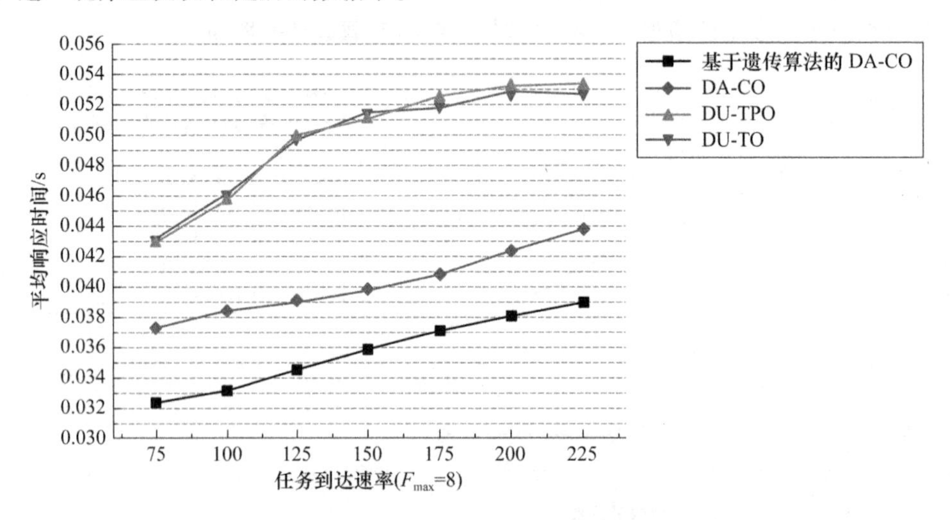


图 4-21　平均响应时间与任务到达速率的关系

如图 4-22 所示，任务的卸载成功率随着任务到达速率的增加而下降。任务到达速率的增加意味着单位时间内所需资源的增加。由于资源不足，不能在边缘服务器上卸载的任务数量也会增加。当任务无法在容忍延迟内由边缘服务器完成时，它将被发送到远程云数据中心。

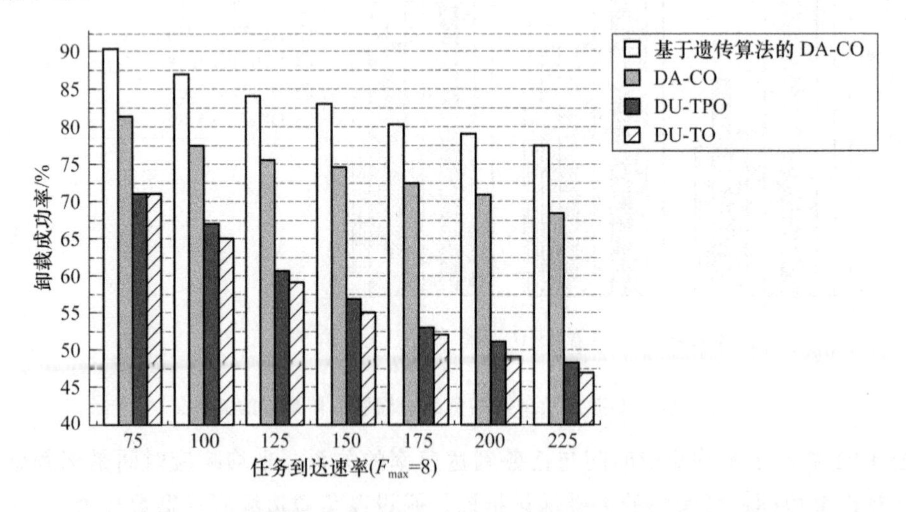


图 4-22　卸载成功率与任务到达速率的关系

图 4-23 说明了在不同算法和不同任务到达速率($R$=125、$R$=175 和 $R$=225)下，边

缘服务器执行的 CPU 周期总数。随着任务到达速率的增加，CPU 周期的数量减少，因为边缘服务器无法处理更多任务。图 4-24 展示了将任务进一步卸载到其他边缘服务器以执行的 CPU 周期数量。可以看到，基于遗传算法的 DA-CO 和 DA-CO 进一步卸载的 CPU 周期数量要比 DU-TPO 大得多。这是由于基于遗传算法的 DA-CO 和 DA-CO 可以将部分卸载任务进一步卸载到多台边缘服务器，而 DU-TPO 只能将整个任务卸载到另一台边缘服务器。因为传输延迟较大，大多数任务都由任务到达的边缘服务器执行。

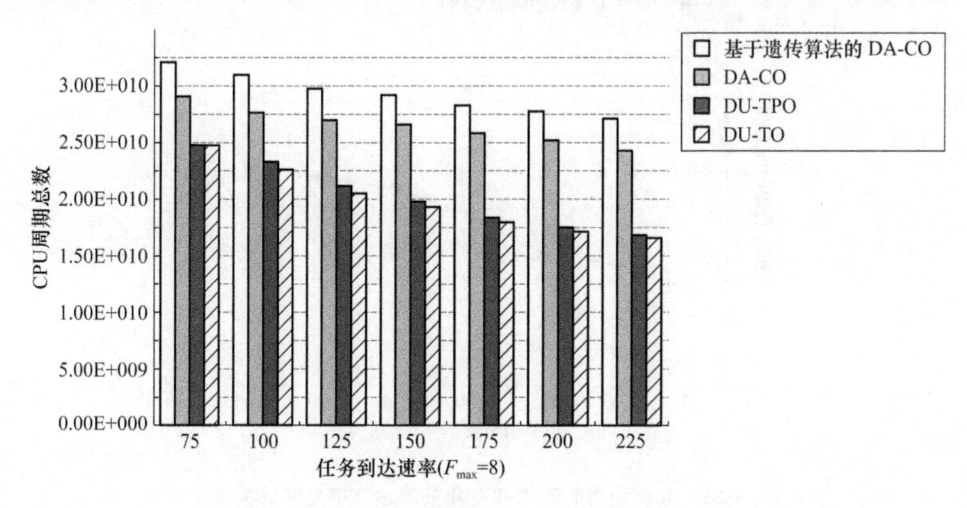


图 4-23　CPU 周期总数与任务到达速率的关系

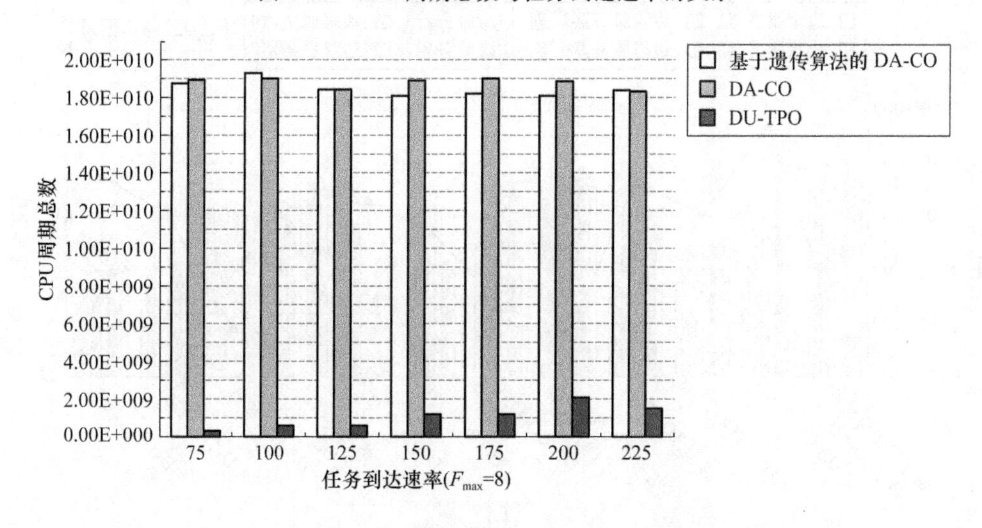


图 4-24　进一步卸载的 CPU 周期与任务到达速率

图 4-25 展示了随着任务到达速率的增加，所有任务的频隙利用时间总和。DU-TPO 的频隙利用时间最短。基于遗传算法的 DA-CO 和 DA-CO 将根据到达任务的模型分配资源，以减少任务的响应时间。大多数部分卸载任务将进一步卸载到多台边缘服务器。因此，DU-TPO 的频隙利用时间少于基于遗传算法的 DA-CO 和 DA-CO。基于遗传算法

的 DA-CO 略好于 DA-CO。图 4-26 展示了在不同任务到达速率($R$=125、$R$=175 和 $R$=225)下，执行不同算法的每台边缘服务器的负载和各算法的变异系数。变异系数是原始数据标准差与原始数据平均值之比。可以看出，当任务到达速率相同时，基于遗传算法的 DA-CO 的变异系数最小，表明基于遗传算法的 DA-CO 可以有效地平衡边缘服务器的负载。

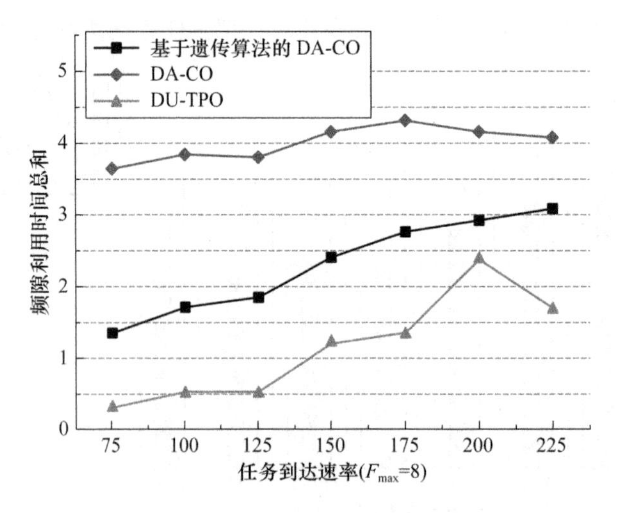


图 4-25　频隙利用时间总和与任务到达速率之间的关系

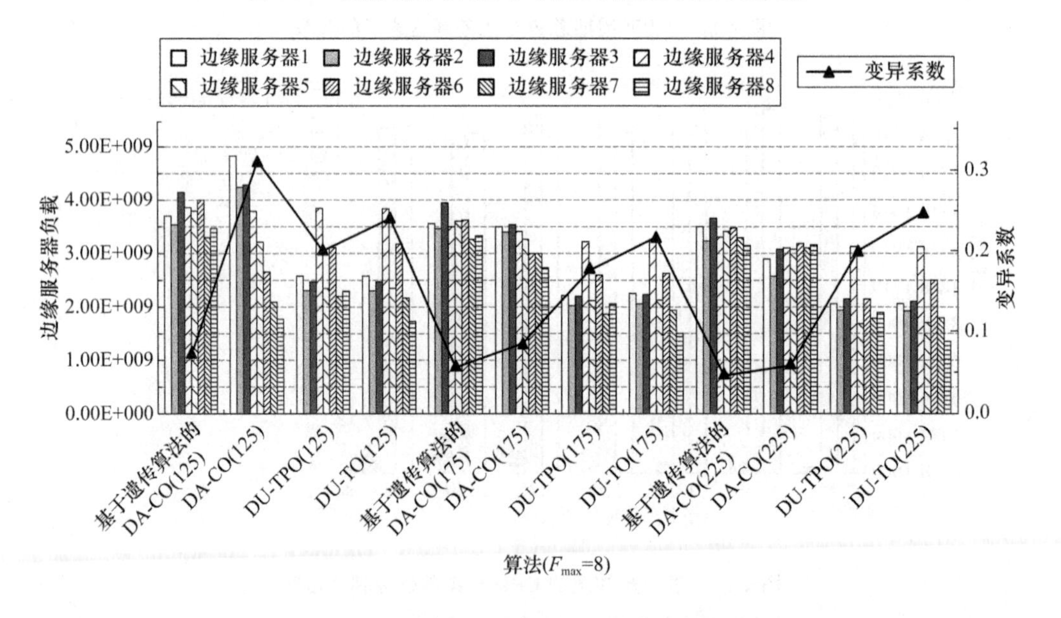


图 4-26　边缘服务器负载对 4 种算法的影响

图 4-27 说明了在任务到达速率为 125 和 175 时，平均响应时间与任务可以占用的最大频隙数量($F_{Max}$)的关系。随着 $F_{Max}$ 的增加，可用的频隙资源更多，传输延迟减小。基于遗传算法的 DA-CO 和 DA-CO 随着 $F_{Max}$ 的增加而减小。由于任务仅在到达的边缘服务

器上执行，DU-TO 不受 $F_{\mathrm{Max}}$ 的影响。在相同的条件下，作者还研究了卸载成功率与最大频隙数量($F_{\mathrm{Max}}$)的关系。如图 4-28 所示，随着 $F_{\mathrm{Max}}$ 的增加，卸载成功率逐渐提高。基于遗传算法的 DA-CO 在 4 种算法中表现出卓越的性能，这得益于它综合考虑了任务模型、路由和计算资源以及对解决方案的全面搜索。

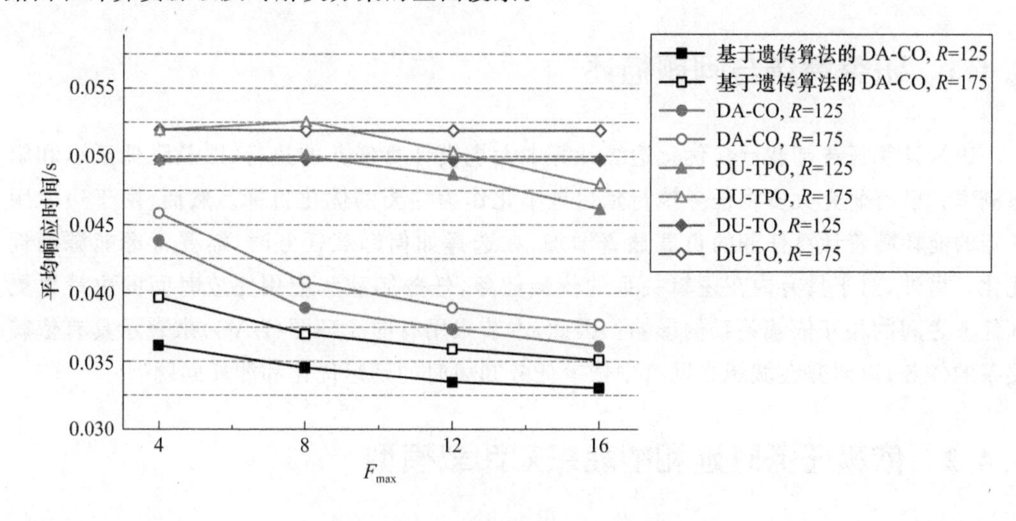


图 4-27 平均响应时间与 $F_{\mathrm{Max}}$ 的关系

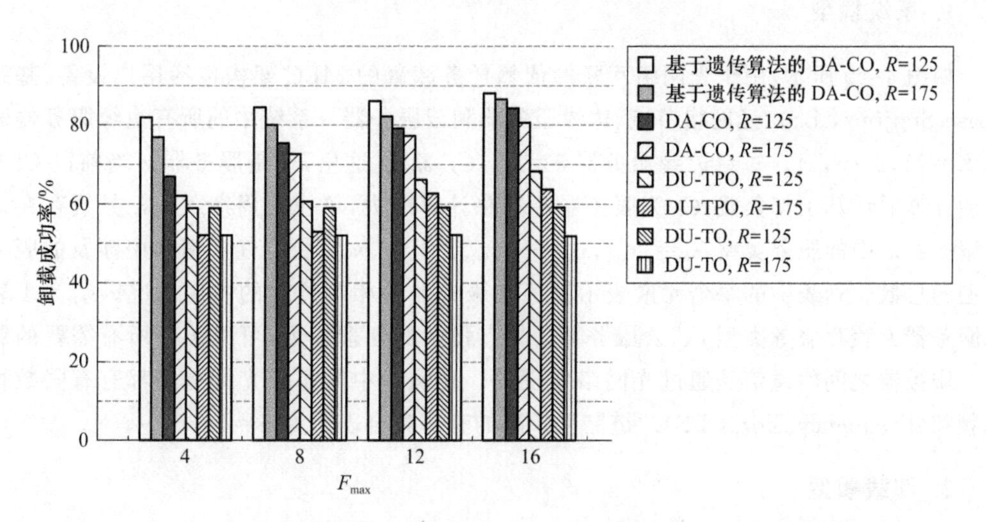


图 4-28 卸载成功率与 $F_{\mathrm{Max}}$ 的关系

综上所述，基于遗传算法的 DA-CO 在平均响应时间和卸载成功率方面具有最佳性能，并且在计算和路由资源的利用率方面具有最佳权衡。在单位时间任务总数相同的情况下具有不同数量的高负载边缘服务器的场景中，基于遗传算法的 DA-CO 也具有最好的性能。此外，作者评估了每个传输任务具有不同最大可用频隙的场景。在频隙资源较少而丰富的场景下，基于遗传算法的 DA-CO 性能最好。

## 4.4 MON 中能耗感知的边缘计算依赖型任务卸载

### 4.4.1 研究背景与问题描述

边缘计算任务卸载旨在优化边缘计算中大规模计算任务的执行，以及降低延迟和阻塞概率。已有研究大多将任务执行延迟最小化作为主要的优化目标。然而，由于边缘服务器的能耗随着计算任务的负载显著增加，在选择如何卸载任务时，需要考虑能源消耗优化。另外，对于具有内在逻辑关系的依赖任务，任务卸载和应用完成时间的决策也受到任务之间的相互依赖关系的影响。因此，本节采用有向无环图(DAG)来表示具有依赖关系的任务，以研究在城域光网络中依赖任务卸载时的延迟优化和能耗问题[18]。

### 4.4.2 依赖任务时延和能耗感知卸载模型

#### 1. 系统模型

如图 4-29 所示，用于光网络互联的依赖任务卸载的 MEC 架构包括用户设备、基站(Base Stations, BS)、光网络节点、边缘服务器和云服务器。系统中的所有边缘服务器表示 $K=\{1,2,\cdots,k\}$。每台边缘服务器 $k=\{l_k,C_k,s_k\}$。这里，$l_k$ 是服务器 $k$ 当前以 CPU 周期计算的计算工作负载；$C_k$ 为服务器 $k$ 的总计算能力，单位为周期/秒；$s_k$ 是缓存在边缘服务器 $k$ 中的服务类型，$s_k=\{s_{k,1},s_{k,2},\cdots,s_{k,m}\}$，其中 $m$ 为所有任务请求中涉及的服务类型的总数。列表中的每个元素表示服务在服务器中相应位置的占用情况。$s_{k,j}=1$ 表示服务器 $k$ 缓存服务类型 $j$。云服务器 $c$ 具有强大的处理能力，可以缓存所有需要的服务。服务器之间的通信是通过光网络实现的。光网络中的每条光纤链路都有有限数量的频隙(Frequency Slots, FS)。链路上频隙的有序集合表示为 $S=\{1,2,\cdots,F\}$。

#### 2. 卸载模型

如图 4-29 所示，本节的研究考虑多种移动设备，每个移动设备都有多个计算任务，这些任务由几个较小的子任务组成，子任务可以分配给不同的计算设备执行。使用 DAG 对任务之间的依赖关系进行建模，DAG 由任务列表表示，其中每个任务包含一个节点列表。每个节点表示图中的一个计算子任务，节点之间的依赖关系形成图的有向边。除此之外，图 4-29 中图形的不同形状表示不同的服务。每个子任务只能卸载到特定的边缘服务器或云服务器上执行，具体决策取决于它需要的服务。

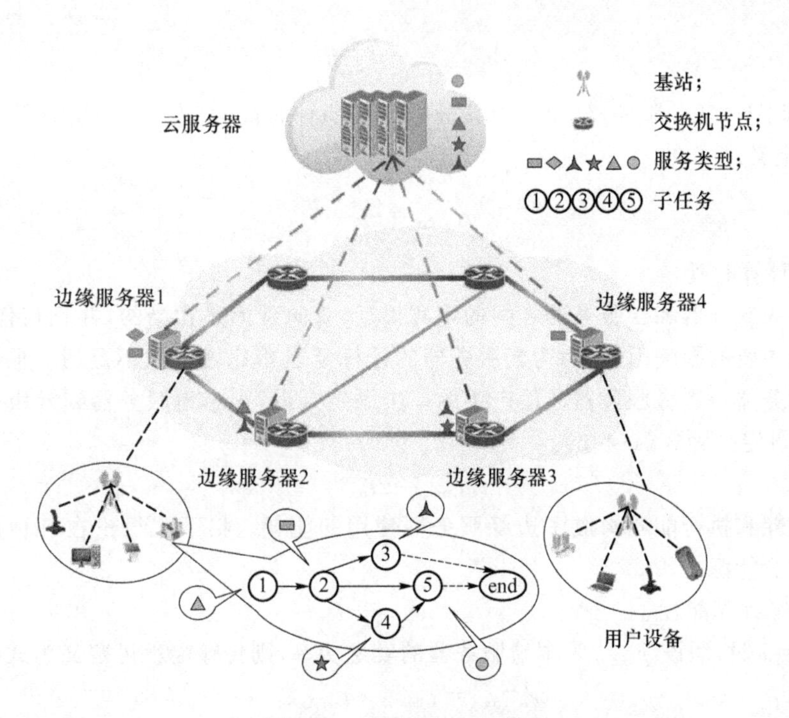


图 4-29 云边协作系统模型

使用$U=\{U_1,U_2,\cdots,U_n\}$表示系统中所有用户设备生成的所有任务的集合。每个计算任务表示为$U_i=\{U_{i,1},U_{i,2},\cdots,U_{i,k}\}$，其中每个子任务被表示为$U_{i,j}=\{d_{i,j},c_{i,j},t_\max_{i,j},g_{i,j}\}$。其中，$d_{i,j}$表示子任务$U_{i,j}$中涉及的输入数据的大小；$c_{i,j}$表示完成子任务$U_{i,j}$所需的 CPU 周期总数；$t_\max_{i,j}$表示子任务$U_{i,j}$的延迟阈值；$g_{i,j}$表示子任务所需的服务号。子任务$U_{i,j}$的卸载决策用二进制变量$\alpha_{i,j}^k$表示，$\beta_{i,j}\alpha_{i,j}^k=1$表示$U_{i,j}$从本地服务器卸载到边缘服务器$k$，$\beta_{i,j}=1$表示$U_{i,j}$从本地服务器卸载的云服务器上执行。如果$\alpha_{i,j}^k$和$\beta_{i,j}$都为 0，则不卸载$U_{i,j}$，直接在本地服务器上执行。

**3. 时延能量感知模型**

任务延迟由传输延迟和处理延迟组成。传输延迟包括从用户设备到其关联的 BS 的数据卸载延迟，从 BS 到本地服务器的数据传输延迟，以及从本地服务器到目标服务器的潜在卸载延迟。前两个部分是所有任务的共同组成部分，并不是本节研究的焦点。计算结果数据反馈至用户设备的延迟可以忽略不计，因为返回结果数据量小。在处理延迟方面，考虑到每台 MEC 服务器都具有多核高速处理器，能并行运行所有操作而不受干扰，因此在计算性能方面表现出完全的计算能力。接下来，讨论不同计算环境下的延迟。

(1) 边缘计算时延

对于任务$U_i$的任意子任务$U_{i,j}$卸载到边缘服务器$k$，如果$\alpha_{i,j}^k=0$，则子任务$U_{i,j}$的传输延迟为 0。当$\alpha_{i,j}^k=1$时，传输速率用$v_{i,j}^k$表示，并根据分配的路由长度自适应分配给$U_{i,j}$。$n_{i,j}^k$表示每条光纤链路上分配的 FS 个数。$U_{i,j}$的通信延迟可由式(4-4-1)定义。

$$t_{i,j,\text{trans}}^{k}=\frac{d_{i,j}}{v_{i,j}^{k}\cdot n_{i,j}^{k}} \tag{4-4-1}$$

当 $U_{i,j}$ 到达 MEC 服务器 $j$ 时，为其分配相应的计算能力 $u_{i,j}^{k}$。$U_{i,j}$ 的计算延迟可由式(4-4-2)定义。

$$t_{i,j,\text{exe}}^{k}=\frac{c_{i,j}}{u_{i,j}^{k}} \tag{4-4-2}$$

(2) 云计算时延

由于边缘服务器和云服务器之间的距离很远，双向延迟是相当的，并且与任务无关。传输延迟是主要的影响因素，因为云服务器的计算延迟相比之下微不足道。假设 $t_{\text{off}}^{\text{cloud}}$ 表示中央云服务器与边缘服务器通信产生的单个固定延迟，则本地服务器到云服务器的传输延迟 $U_{i,j}$ 可定义为式(4-4-3)。

$$t_{i,j,\text{trans}}^{C}=2t_{\text{off}}^{\text{cloud}} \tag{4-4-3}$$

传输能耗和执行能耗构成了边缘服务器使用的能耗。接下来讨论在各种计算环境中消耗了多少能源。

(1) 边缘计算能耗

当 $\alpha_{i,j}^{k}=1$ 时，假设 $p_{\text{local},k}$ 为本地服务器的发送功率，则传输能耗可定义为式(4-4-4)。

$$e_{i,j,\text{trans}}^{k}=p_{\text{local},k}\cdot t_{i,j,\text{trans}}^{k} \tag{4-4-4}$$

设$\theta_k$ 为边缘服务器 $k$ 的每 CPU 周期的能耗因子，计算能耗可定义为式(4-4-5)。

$$e_{i,j,\text{exe}}^{k}=\theta_k\cdot c_{i,j} \tag{4-4-5}$$

(2) 云计算能耗

设 $p_{\text{local},C}$ 为本地服务器的发送功率，则传输能耗可定义为式(4-4-6)。

$$e_{i,j,\text{trans}}^{C}=p_{\text{local},C}\cdot t_{i,j,\text{trans}}^{C} \tag{4-4-6}$$

因此，子任务 $U_{i,j}$ 的完成延迟可以定义为式(4-4-7)。

$$t_{i,j}=\alpha_{i,j}^{k}\cdot t_{i,j,\text{trans}}^{k}+\beta_{i,j}\cdot t_{i,j,\text{trans}}^{C}+(1-\beta_{i,j})\cdot t_{i,j,\text{exe}}^{k} \tag{4-4-7}$$

同时，当子任务 $U_{i,j}$ 完成时，边缘服务器 $k$ 的总能耗可定义为式(4-4-8)。

$$e_{i,j}^{k}=\alpha_{i,j}^{k}\cdot e_{i,j,\text{trans}}^{k}+\beta_{i,j}\cdot e_{i,j,\text{trans}}^{C}+(1-\beta_{i,j})\cdot e_{i,j,\text{exe}}^{k} \tag{4-4-8}$$

基于上述延迟与能耗模型，任务将被分成几个较小的子任务，并且这些较小的子任务直接具有依赖关系。后一个子任务必须在前一个子任务完成后执行，执行结果在子任务之间传递。考虑到执行结果中的数据量较小，忽略子任务之间的数据传输延迟，则子任务 $U_{i,j}$ 的完成延迟可以表示为式(4-4-9)。

$$t_{i,j,\text{actual}}=\sum_{U_{i,m}\in U_{i,j_{\text{pre}}}}t_{i,m}+t_{i,j} \tag{4-4-9}$$

计算任务 $U_i$ 的总延迟可表示为式(4-4-10)。

$$t_i=\max(t_{i,j,\text{actual}}) \tag{4-4-10}$$

另外，计算任务 $U_i$ 的总能耗可表示为式(4-4-11)。

$$e_i=\sum_{U_{i,j}\in U_i}\sum_{k\in K}e_{i,j}^{k} \tag{4-4-11}$$

最后，所有待完成任务的总延迟和能耗可表示为式(4-4-12)、式(4-4-13)。

$$T=\sum_{U_i \in U} t_i \tag{4-4-12}$$

$$E=\sum_{U_i \in U} e_i \tag{4-4-13}$$

当任务卸载到边缘服务器或云服务器上执行时，系统成本是延迟和能耗的无单位组合，可统一表达为式(4-4-14)：

$$Z=\lambda T+(1-\lambda)E \tag{4-4-14}$$

其中，$\lambda \in (0,1)$为权重值。

**4. 任务卸载优化问题**

本节中的任务卸载优化问题描述为在网络和资源约束下使系统成本最小化，可表示为式(4-4-15)：

$$\min_{U,K,F,E} Z \tag{4-4-15}$$

s. t.

$$\text{C1}: \alpha_{i,j}^k,\ \beta_{i,j} \in \{0,1\},\ \forall U_{i,j} \in U_i,\ \forall U_i \in U,\ \forall k \in K \tag{4-4-16}$$

$$\text{C2}: \alpha_{i,j}^k + \beta_{i,j} \leqslant 1,\ \forall U_{i,j} \in U_i,\ \forall U_i \in U,\ \forall k \in K \tag{4-4-17}$$

$$\text{C3}: \sum_{k \in K} \alpha_{i,j}^k \cdot u_{i,j}^k \leqslant C_k \tag{4-4-18}$$

$$\text{C4}: \sum_{U_{i,j} \in U_i} \sum_{k \in K} (\alpha_{i,j,(s,d)}^k + \beta_{i,j,(s,d)}) n_{i,j}^k \leqslant F, \forall (s,d) \in E \tag{4-4-19}$$

$$\text{C5}: \alpha_{i,j}^k = 1 \Rightarrow s_{k,g_{i,j}} = 1 \tag{4-4-20}$$

任务卸载优化问题中的约束如下：C1用于卸载决策，C2用于确保每个任务仅分配给一台服务器，C3用于将计算资源限制在所有边缘服务器的最大容量限制内，C4用于限制光纤链路上使用的FS总数，C5用于确保在提供所需服务类型的服务器上执行任务。

### 4.4.3 基于果园算法的能耗感知依赖型任务卸载策略

为解决依赖任务的能耗感知的卸载优化问题，把它分解成两个子问题。第一是任务卸载决策，判断哪些任务需要卸载，卸载到哪里。第二是资源优化方案，即为特定的卸载策略分配资源，并根据资源分配结果对策略进行再优化。

**1. 卸载决策**

卸载决策的主要目标是最小化需要从每个本地MEC服务器卸载的任务数量。解决方案初始化采用贪心算法，在本地服务器缺少必要的缓存服务时卸载任务。每个区域内能够提供所需服务的任务根据计算资源需求按升序排序。随着服务器负载的变化和动态计算资源的分配，任务将按该顺序迭代地添加到本地服务器；未能添加的将包含在卸载集中。初始化后，执行模拟退火算法的核心过程。系统能量随着温度的降低而降低，从而产生接近最优的解决方案，即最终的卸载决策。

### 2. 基于果园算法的依赖型任务卸载和资源分配方法

果园算法(Orchard 算法)是一种通过模拟果园种植模式开发的高效优化方法。它引入年增长率、过滤、嫁接等多种算子,能够有效地寻找和评估卸载方案[19]。Orchard 算法示意图如图 4-30 所示。在本节的研究中,首次将任务卸载与 Orchard 算法结合使用,设计了基于果园算法的依赖型任务卸载和资源分配(Dependency Task Offloading based on Orchard Algorithm, OA-DTO)方法,以获得问题的最优解。

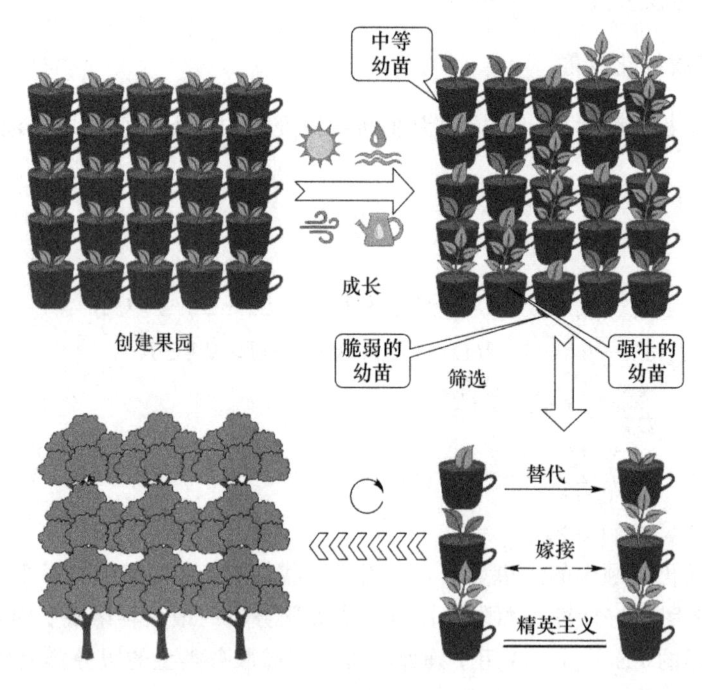


图 4-30 Orchard 算法示意图

使用 OA-DTO 方法为计算任务分配通信和计算资源,根据资源分配结果进一步优化卸载决策。以下是 OA-DTO 方法的实现步骤,算法见表 4-8。

(1) 创建果园

首先,由于果园里的每棵树都被描述为问题的答案,所以必须种植新的幼苗。每一棵幼苗代表一个随机的可行卸载和资源分配方案。

幼苗生长:幼苗在种植后,在特定条件下以不同的生长速率生长。用局部搜索(对解进行适当扰动)来表示年增长。如果一个新的解决方案超过了原来的解决方案,那么它将被优先考虑。像增长率这样的细节会被记录下来,以便将来进行潜在的评估。

本节设定预筛选生长期为 3 年。

(2) 筛选

筛选前,根据分配结果对每棵幼苗的适合度进行评价。在 Orchard 算法中,个体适应度越高,生长条件越好。

在本节的算法中,适应度函数与优化问题的目标函数保持一致,并增加一个惩罚函数来约束卸载过程中的任务阻塞率。适应度定义如式(4-4-21)所示。

$$\text{fitness}=\frac{30}{Z}-\max(0,(\text{num\_block}-0.5\cdot\text{task\_num})) \tag{4-4-21}$$

每棵幼苗的生长速率用式(4-4-22)表示。

$$\text{growth\_rate}=0.6(\text{fitness}^1-\text{fitness}^0)+0.3(\text{fitness}^2-\text{fitness}^1)+0.1(\text{fitness}^3-\text{fitness}^2) \tag{4-4-22}$$

然后,每棵幼苗都要经过筛选,并被分为弱、中、强三个等级。幼苗的排名使用由式(4-4-23)定义的最优指数,该指数由适应度和生长率组合而成,其中 $f_{\text{dot}}$ 为归一化适应度值,$g_{\text{dot}}$ 为归一化增长率值。

$$F_i=0.5\cdot f_{\text{dot}}+0.5\cdot g_{\text{dot}} \tag{4-4-23}$$

(3) 用新苗替换弱苗

脆弱的幼苗在初始生长年份后的生长结果不显著,此时嫁接不足以改良幼苗品质,因此需要随机更换新的幼苗。

(4) 嫁接

嫁接是一种针对中间幼苗的栽培方法,因为它们有充足的生长空间和能力。嫁接包括将较强等级的幼苗的一部分嫁接到中等的幼苗上,一旦嫁接成功,就能有效地提高其强度。

(5) 精英主义

在果园里,长得很好的幼苗不需要嫁接。因此,在 Orchard 算法中,强壮的幼苗继续被培育。它的主要作用是帮助中间幼苗生长,可能会有更好的效果。经过多次迭代,大多数幼苗长成了足够强壮的树,最后,将最强的树作为最终结果[19]。

**表 4-8 OA-DTO 方法的实现步骤**

| 算法:OA-DTO 方法。 | |
|---|---|
| 输入:拓扑图、任务参数、云边协同系统参数、模拟退火参数、果园算法参数。 | |
| 输出:任务完成总时间、总能耗、任务阻塞率、任务卸载策略和资源分配方案。 | |
| 1 | 基于模拟退火算法对任务生成初始卸载策略 |
| 2 | 根据初始卸载策略初始化幼苗,将每棵幼苗作为卸载策略和资源分配方案 |
| 3 | 当算法没有收敛时 |
| 4 | 在这个阶段初始化幼苗生长速度 |
| 5 | 对于每个种群 |
| 6 | 对于每个年份数 |
| 7 | 对于每棵幼苗 |
| 8 | 每棵幼苗开始生长 |
| 9 | 根据式(4-4-12)、式(4-4-13)任务完成总时间、总能耗 |
| 10 | 根据式(4-4-21)计算每棵幼苗的适应性 |
| 11 | 记录幼苗的生长速度 |
| 12 | 更新幼苗 |
| 13 | 对于每棵幼苗 |
| 14 | 根据式(4-4-22)计算总生长速度的标准化值 |

续表

| 算法:OA-DTO 方法。 |
| --- |
| 15　　　根据式(4-4-23)计算单个种子适应性的标准化值 |
| 16　　所有幼苗被分为三个等级 |
| 17　　对于弱幼苗群体 |
| 18　　　随机用新幼苗替换弱幼苗 |
| 19　　对于中等幼苗群体 |
| 20　　　把强幼苗嫁接到中等幼苗上 |
| 21　　获取当前阶段最好的植株及任务完成总时间、总能耗 |
| 22　选择最好的植株 |
| 23　解码植株,得到任务的卸载策略和资源分配方案 |
| 24　返回任务完成总时间、总能耗及资源分配方案 |

### 4.4.4 仿真实验与数值分析

本小节的仿真考虑 14 个节点、21 条链路的 NSFNET 拓扑。设定有 6 个 BS 服务区分别连接到相应的本地边缘服务器。任务请求的数量设置为 10、15、20、25 和 30。每个依赖的计算密集型任务请求的数据量在 $5\times10^{6}\sim4.5\times10^{7}$ 之间随机分布。任务的计算要求在 $5\times10^{7}\sim1.5\times10^{8}$ 之间随机分布。任务的延迟要求在 0.03～1 s 之间随机分布。每条链路包含 500 个 FS 的带宽资源,每个 FS 的容量设置为 $B=6.25$ Gbit/s。此外,为了在给定系统当前状态的情况下获得理想的结果,考虑将准静态场景作为分配基准,并假设其保持不变。

为了验证所提出的 OA-DTO 方法的有效性,将其与基于模拟退火算法的依赖型任务卸载和资源分配(Dependency Task Offloading based on Simulated Annealing algorithm, SA-DTO)方法和基于遗传算法的依赖型任务卸载和资源分配(Dependency Task Offloading based on Genetic Algorithm, GA-DTO)方法进行比较和仿真。同一批任务请求在同一环境中分别采用上述三种卸载方法。

本小节的研究目标是联合优化边缘服务器的总任务完成延迟和总能耗。总任务完成延迟与任务请求数量的关系如图 4-31 所示。数值结果表明,随着任务请求数量的增加,基于 OA-DTO 方法消耗的总任务完成延迟始终最小,其次是 GA-DTO 方法和 SA-DTO 方法。这是因为作者所提出的 OA-DTO 方法具有丰富的算子集,例如过滤、嫁接等,并且它可以更高效、更完整地扫描解空间。

边缘服务器总能耗与任务请求数量的关系如图 4-32 所示。随着任务请求数量的增加,OA-DTO 方法的边缘服务器总能耗与 SA-DTO 和 GA-DTO 方法相比始终最小。

此外,作者不希望所提出的 OA-DTO 方法牺牲任务阻塞概率来实现优化目标。因此,图 4-33 展示了任务阻塞率与任务请求数量的关系。可以看出,OA-DTO 方法的阻塞率仍然是三种算法中最低的。这表明 OA-DTO 方法在优化卸载决策时没有牺牲任务阻塞概率。

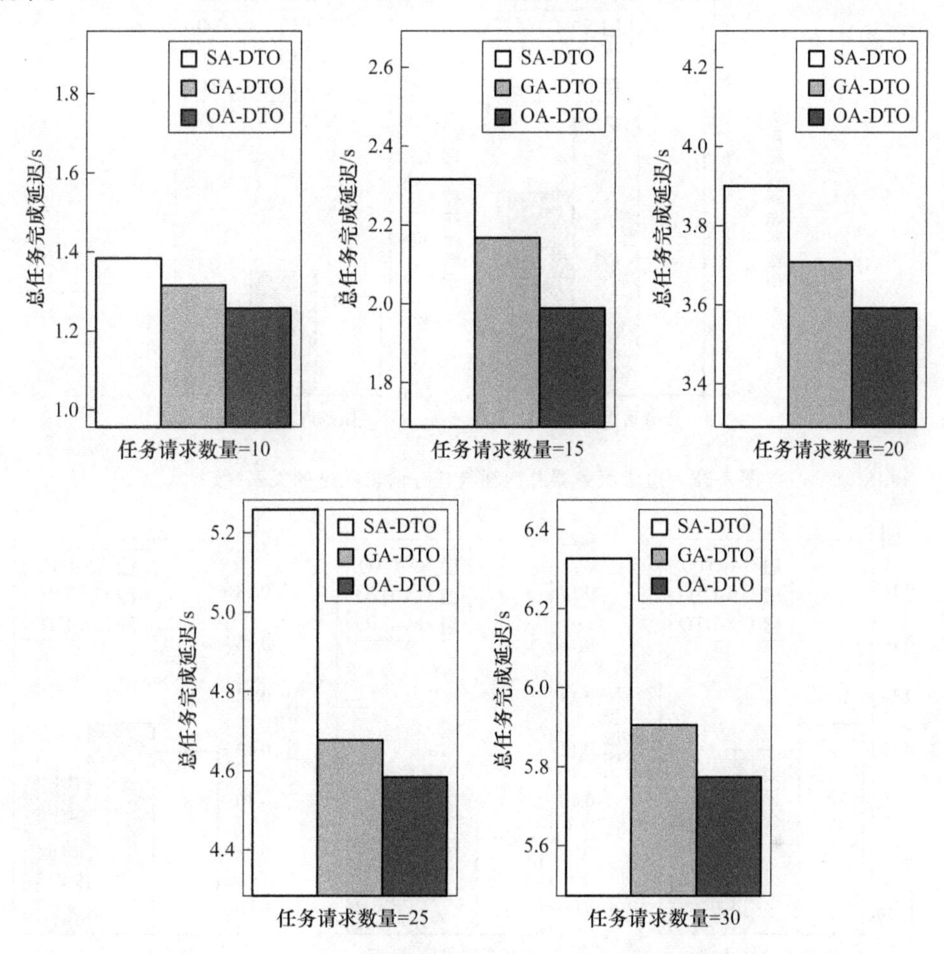


图 4-31　总任务完成延迟与任务请求数量的关系

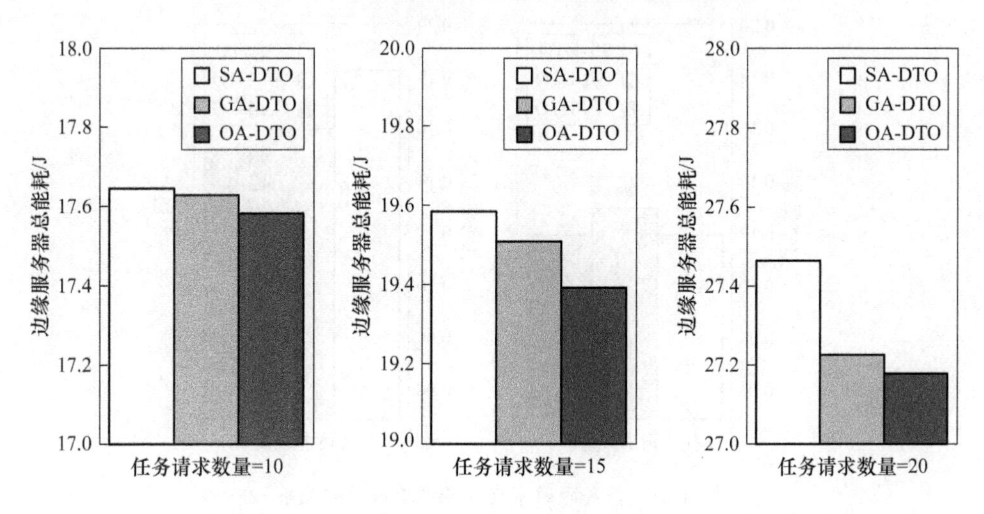


图 4-32　边缘服务器总能耗与任务请求数量的关系

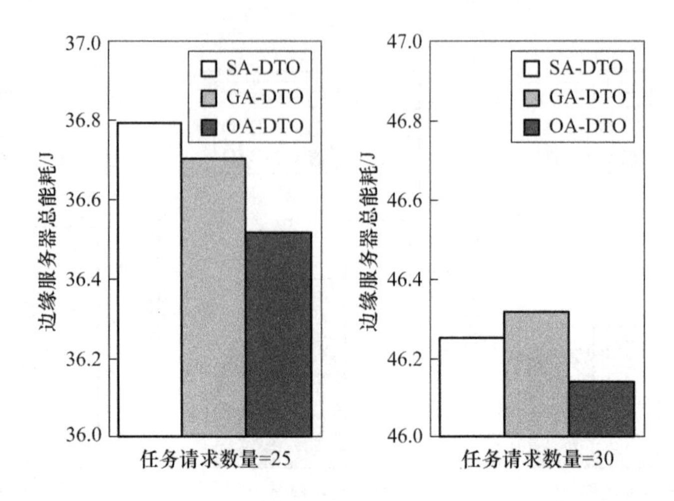


图 4-32　边缘服务器总能耗与任务请求数量的关系(续)

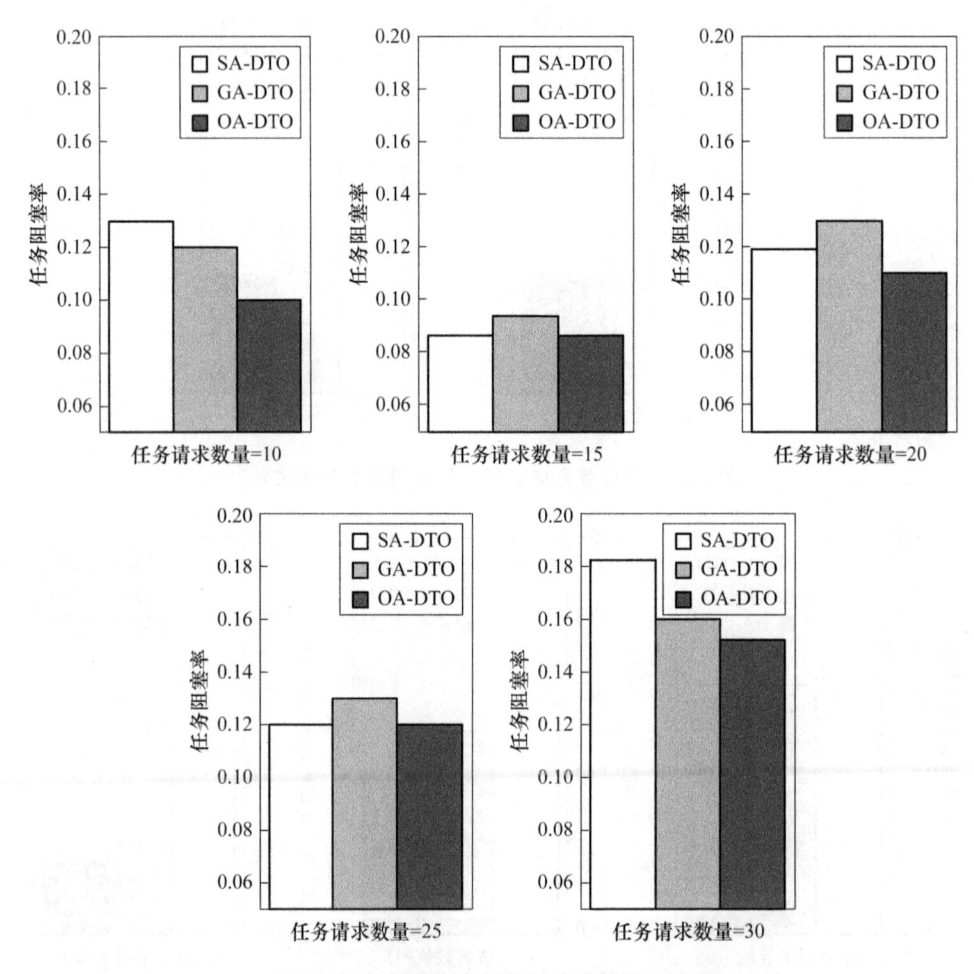


图 4-33　任务阻塞率与任务请求数量的关系

综上，仿真实验表明，与其他同类卸载算法相比，OA-DTO 方法在能耗和延迟方面具有显著的优化效果。

## 4.5 MON 中具有泛化性的算网资源智能协同

### 4.5.1 研究背景与问题描述

本节关注在城域光网络边缘计算场景下，如何实现边缘服务器的计算资源和光链路的通信资源的协同优化，从而提高城域光网络吞吐量和边缘计算业务服务质量。城域光网络中的资源分配问题十分复杂，这是一个 NP-hard 问题，难以在多项式时间内找到最优解。不同于无线通信，光链路存在频谱碎片化问题，不合理的资源分配可能会加剧频谱资源碎片化，对网络吞吐量产生负面影响。另外，资源分配需要考虑到时域范围内的最优解，而不仅是当前的最佳解决方案，这增加了资源分配方案的设计复杂度。

为了应对这些挑战，本节研究了智能城域光网络中的联合资源优化策略，涉及边缘服务器的算力资源和光链路的通信资源在城域范围内的协同优化[20]。该策略包括业务卸载方法、业务分布式划分方法、光通信资源分配算法和边缘服务器计算资源分配算法，旨在解决城域光网络中的网络拥塞问题，以实现负载均衡，提高服务质量和用户满意度。深度强化学习算法用于构建资源分配策略，以逼近协同资源优化问题的最优解。不同于其他智能方案，本节提出的策略旨在在提高城域光网络吞吐量的同时，保持泛化性，使其适用于不同的网络拓扑和业务特征，以满足光网络实时决策的需求。

### 4.5.2 算网任务与时延模型

#### 1. 任务模型

多接入边缘计算有多种业务类型，可以分为二进制卸载和可部分卸载两类。二进制卸载的任务只能在一台边缘服务器上计算或卸载，如语音识别和翻译。可部分卸载的任务可以拆分成多个子任务，在不同的边缘服务器上计算或卸载，如神经网络推理。神经网络推理业务是随着机器学习技术和应用的发展而产生的一项新的业务。其特点是可以拆分成多个子任务，在多台边缘云服务器中顺序执行。图 4-34 所示的神经网络可以被拆分成三个子任务，这些子任务分别部署在三台服务器中。

为了更简洁地表达所研究的场景，本小节用数学公式和模型来描述它。网络拓扑被表述为 $G=\{V,L,E\}$，其中 $V=\{v_1,v_2,v_3,\cdots,v_l\}$ 代表拓扑中的光通信节点的集合，$L=\{\mathrm{lk}_1,\mathrm{lk}_2,\mathrm{lk}_3,\cdots,\mathrm{lk}_n\}$ 代表拓扑中光链路的集合，$E=\{\mathrm{es}_1,\mathrm{es}_2,\mathrm{es}_3,\cdots,\mathrm{es}_m\}$ 代表边缘云服务器的集合。每一条光纤链路 $\mathrm{lk}_n$ 包含 $f_s$ 个频隙，每个频隙的带宽为 $B$。每台服务器可

以表示为 $es_m=\langle ld_m \mid cp_m\rangle$，其中 $m$ 是服务器的标识，$ld_m$ 是服务器上的负载（单位为 Hz），$cp_m$ 是服务器的算力（单位为 Hz/s）。

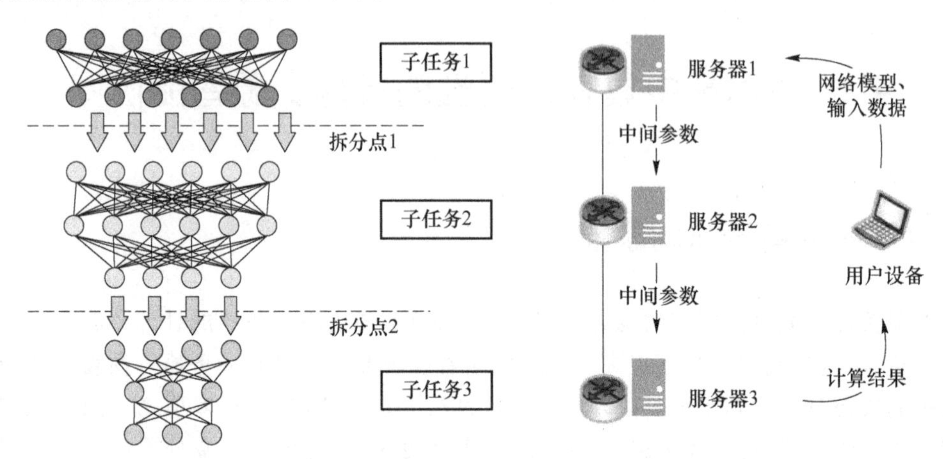


图 4-34　神经网络分布式推理任务

**2. 时延模型**

针对二进制卸载的任务和可部分卸载的任务（这里重点讨论神经网络推理任务，即 DNN 推理任务），设计了统一的任务模型。边缘计算任务可以表述为$nn_i=\langle M_{i,1}, M_{i,2}, \cdots, M_{i,j} \mid T_{\max,i}\rangle$。其中，$T_{\max,i}$是任务的时间容限，如果网络对任务的处理时间小于 $T_{\max,i}$，则业务的服务质量可以被保证；如果对任务的处理时间大于 $T_{\max,i}$则任务超时。$M_{i,j}$代表一个子任务，其可以表述为 $M_{i,j}=\langle p_{i,j} \mid c_{i,j}\rangle$，其中 $p_{i,j}$是任务需要处理的数据量，当子任务从设备上传到服务器，或者在服务器间传递时，需要传输 $p_{i,j}$的数据量；$c_{i,j}$代表子任务完成处理所需的计算量。普通边缘计算任务只有一个子任务，无法再进行拆分，即$nn_i=\langle M_{i,1} \mid T_{\max,i}\rangle$；而神经网络推理任务可以包含多个子任务，每个子任务包含一层或多层神经网络结构。子任务之间需要按顺序完成计算，当相邻的两个子任务在同一台服务器进行运算时，并不涉及数据传输，只涉及任务计算；当相邻的两个子任务在不同的服务器进行运算时，则需要在两台服务器之间完成第二个子任务数据量的传输。

如果任务的处理时间 $T_i$ 小于等于 $T_{\max,i}$，边缘计算任务 $nn_i$ 被成功处理，否则$nn_i$ 超时（阻塞）。处理时间计算公式如下：

$$T_i=LT_i+LC_i \tag{4-5-1}$$

其中，$LT_i=lt_{i,1}+lt_{i,2}+\cdots+lt_{i,j}$是传输时延，即在服务器之间传输 $nn_i$ 所需的时间；$LC_i=lc_{i,1}+lc_{i,2}+\cdots+lc_{i,j}$是计算时延，即完成各个子任务计算所需的时间。$lt_{i,j}$和$lc_{i,j}$是子任务$M_{i,j}$的传输时延和计算时延，其计算公式如下。

$$lt_{i,j}=pf_{i,j}\cdot\frac{p_{i,j}}{ml_j\cdot B\cdot f_j} \tag{4-5-2}$$

$$lc_{i,j}=\frac{c_{i,j}}{cp_{i,j}^{m}} \tag{4-5-3}$$

其中,$\mathrm{ml}_j$ 是调制程度,它受传输距离影响,传输距离越长,$\mathrm{ml}_j$ 越小。例如,BPSK 的调制程度为 2,QPSK 和 4QAM 的调制程度为 3,16QAM 的调制程度为 4。$f_j$ 是分配给当前任务的频隙数量。$\mathrm{pf}_{i,j}$ 是一个只能取 0 或 1 的值,当 $\mathrm{nn}_i$ 为神经网络推理任务,且采用划分点 $j$ 将神经网络划分到两个边缘云服务器时,$\mathrm{pf}_{i,j}=1$,否则 $\mathrm{pf}_{i,j}=0$。如果 $M_{i,j}$ 被服务器 $\mathrm{es}_m$ 计算,则 $\mathrm{cp}_{i,j}^m$ 是服务器 $\mathrm{es}_m$ 分配给 $M_{i,j}$ 的算力。

### 4.5.3 基于 DQN 的算网资源协同策略

为了简化问题,降低算法的复杂性,假设当服务器(源服务器)过载时,它只能选择另一台服务器(目标服务器)来联合完成 DNN 请求的推断。简化后,任务卸载问题可分为两个子问题。第一个子问题是在过载的服务器中为任务选择目标服务器,并在源服务器和目标服务器之间的路径上为任务分配频谱资源。第二个子问题是针对 DNN 推理任务,需要在源服务器和目标服务器之间划分 DNN 的子任务。第一个子问题比第二个子问题更困难,因为它需要考虑从源服务器到其他服务器的通信资源、所有服务器的计算资源以及任务的特征从而进行联合优化。在本小节中,第一个子问题采用马尔可夫决策过程(Markov Decision Process, MDP)模型进行构建,并使用 DQN 来解决,而第二个子问题被视为 MDP 环境的一部分,使用贪婪策略来解决。

为了解决第一个子问题,DQN 智能体(agent)需要知道通信资源状态、计算资源状态以及需要处理的边缘计算请求的特征。对于一个城域光网络 $G$,MDP 的状态如式(4-5-4)所示,它包含上述信息。$s_e(t)$是网络中的服务器状态信息,其中 ne 是服务器的数量。$s_r(t)$是频谱资源状态信息,它表示的是源服务器到其他服务器最短路径上的频谱资源利用率。$s_{\mathrm{nn}}(t)$是边缘计算请求的数学特征,其中 $c_t$ 是计算任务所需的全部计算量。

$$s(t)=[s_e(t),s_r(t),s_{\mathrm{nn}}(t)]^{\mathrm{T}} \tag{4-5-4}$$

$$s_e(t)=\left\{\frac{\mathrm{ld}_1(t)}{\mathrm{cp}_1},\frac{\mathrm{ld}_2(t)}{\mathrm{cp}_2},\cdots,\frac{\mathrm{ld}_{\mathrm{ne}}(t)}{\mathrm{cp}_{\mathrm{ne}}}\right\} \tag{4-5-5}$$

$$s_r(t)=\{Rs_1(t),Rs_2(t),\cdots,Rs_{\mathrm{ne}-1}(t)\} \tag{4-5-6}$$

$$s_{\mathrm{nn}}(t)=\{p_{t,1},c_t,T_{\max,t}\} \tag{4-5-7}$$

DQN 智能体决定选择哪台服务器作为目标服务器,并使用最短路径和 First-Fit 频谱分配方案[21]来分配用于源服务器和目标服务器之间 DNN 推断的光传输资源。动作空间如式(4-5-8)所示,其中每个动作 $a_i$ 表示选择一个特定服务器作为目标服务器。

$$A=[\mathrm{es}_1,\mathrm{es}_2,\cdots,\mathrm{es}_{\mathrm{ne}-1}]^{\mathrm{T}} \tag{4-5-8}$$

针对 DNN 推理任务,贪婪策略用于指导如何在源服务器$\mathrm{es}_{\mathrm{source}}$和目标服务器$\mathrm{es}_{\mathrm{target}}$之间划分 DNN。对于$\mathrm{nn}_i$,在选定目标服务器后,贪婪策略根据$\mathrm{es}_{\mathrm{source}}$和$\mathrm{es}_{\mathrm{target}}$的状态模拟估计所有划分点的 DNN 分布式推理时间,并选择与最短推理时间相对应的划分点。在源服务器上计算划分点之前的 DNN 推断请求的子任务,完成对 DNN 任务的数据传输量的压缩,划分点后的子任务被传输到目标服务器进行处理。

设计智能体的回报是一个很重要的工作,不同的回报函数会使得智能体有不同的偏好。例如,可以将智能体的回报值设置为式(4-5-9)所示,其中 $\beta$ 是一个固定值,用于调整回报的范围,那么智能体就会倾向于使每一个边缘计算任务获取最小的处理时间。

$$r_t=\frac{\beta}{T_t} \tag{4-5-9}$$

还可以将回报函数简单设置为式(4-5-10)所示,该设置使得智能体兼顾短期回报与长期回报,即智能体会倾向于使用使得网络整体吞吐量最大化的策略,这更符合本节研究的目标。另外,如果使用式(4-5-9),Q-Net 预测的是每个边缘计算任务的处理时间,相比于式(4-5-10)预测业务的阻塞概率,式(4-5-9)对 Q-Net 提出了更高的挑战,这增加了 Q-Net 的复杂性和所需的训练量。业务处理时间与城域光网络拓扑和边缘计算请求的特征密切相关,这也导致式(4-5-9)对环境变化的适应能力更差。

$$r_t=\begin{cases}1, & T_t\leqslant T_{\max,t}\\ -1, & T_t>T_{\max,t}\end{cases} \tag{4-5-10}$$

因此,算法使用式(4-5-10)所示的回报函数作为边缘计算任务卸载 MDP 环境的回报函数。

### 4.5.4 基于迁移学习的改进算网资源协同策略

自 1995 年以来,迁移学习引起了越来越多的关注,它有很多不同的名字,例如终身学习、学会学习、知识迁移、归纳迁移、知识巩固、基于知识的归纳偏差、情境敏感学习和元学习等。迁移学习是与多任务学习框架密切相关的,在多任务学习框架中,智能体通过识别不同任务领域间的潜在共同特征,实现跨领域的知识迁移与复用,进而达到同时快速地学习多个不同但相似的任务的目的。

作者通过引入迁移学习来提高 DQN 智能体的泛化能力。将不同的光网络环境看作不同的域,重点研究如何使一个域中的知识复用到另一个域。本小节介绍改进 DQN 方案的几个手段,重点集中在对 MDP 模型的改进和 Q-Net 的改进方面。将改进的 DQN 方法称为 Transfer DQN 方法(T-DQN)。

状态空间和动作空间都与光网络的拓扑结构强耦合,这导致网络中的服务器数量直接影响 Q-Net 的输入和输出维度。由于在不同的域中 Q-Net 的维度不同,无法实现不同域之间的知识复用,因此,完成策略优化的第一个工作应该是将 MDP 模型中状态空间和动作空间的维度和光网络拓扑解耦合。需要通过优化 MDP 模型来固定 Q-Net 的输入和输出维度,使得在网络中服务器数量发生变化时,Q-Net 不需要重新设计。

在城域光网络中,边缘计算任务的处理时间不仅与源服务器和目标服务器有关,还与两台服务器之间的距离有关。太长的距离会导致调制水平降低,从而导致更长的通信时间。同时,数据在传输时经过的链路越多,它所占用的通信资源就越多,因为频谱资源需要分配给它经过的所有链路。由于频谱一致性、连续性和不重叠的限制,通过更多链路的数据传输也意味着资源分配的更高失败率。在实际观察中,智能体很少会选择距离源服务器过远的服务器作为目标服务器。因此,将距离源服务器太远的服务器从备选目标服务器列表中删除,以固定 MDP 状态空间和动作空间维度。不考虑将业务卸载到太远的服务器,而只考虑距离源服务器最近的 $N$ 台服务器。

Q-Net 通过对状态矩阵的分析,预测出在当前环境中采取每个动作可能会获得的折扣回报。在本节研究所设计的 MDP 中,Q-Net 的功能是提取光网络通信资源、边缘云服务器计算资源和边缘计算任务的特征,并通过分析这些特征来预测选择不同目标服务器可能带来的收益。为了进一步提高 Q-Net 在新环境中的迁移速度,本节将 Q-Net 划分为特征提取模块和 Q 矩阵预测模块,即将一个大的 Q-Net 拆分为多个小型神经网络,分别对应 Q-Net 的网络状态提取功能和 Q-matrix 预测功能,如图 4-35 所示。三个特征提取器分别用来对路由状态信息、服务器状态信息和任务状态信息进行分析,提取状态的特征。对特征提取器的输出进行拼接后,将其作为预测器的输入,用于预测 Q-matrix。因此 Q-Net 的参数可以表示为 $w=\{w_p, w_{e1}, w_{e2}, w_{e3}\}$,其中 $w_p$ 是预测器的参数,$w_{e1}$、$w_{e2}$ 和 $w_{e3}$ 是特征提取器的参数。特征提取器采用通用化设计,在不同的网络中不需要对参数进行调整,以提高模型的泛化性;而每个网络中的智能体有自己独立的预测器,用于拟合其所处的特定的 MDP 环境,提高对折扣回报的预测精度。

与之前的整体式 Q-Net 相比,模块化的 Q-Net 拥有更快的网络间迁移速度。因为特征提取器模块可以在不同的光网络中复用,在网络间迁移时,只需通过迁移训练更新预测器参数。相对于更新整个 Q-Net 的参数,迁移训练所需的轮次和每次迁移训练所需的计算量都有了显著的减少。这将加速 Q-Net 在新的网络环境中的收敛,达到智能方案快速上线的目的。

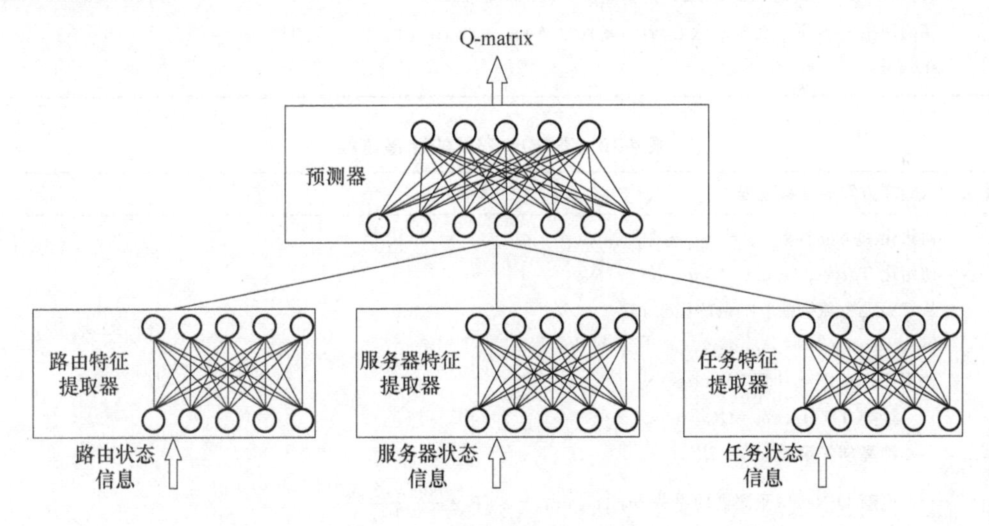


图 4-35 模块化 Q-Net 设计

结合光网络中的控制结构提出 T-DQN 的两种部署方案,以探索算法在性能和泛化性之间的平衡和偏好。

软件定义网络被作为一种控制框架,它通过解耦数据平面和控制平面来支持网络功能和协议的可编程性,目前在大多数网络设备中垂直集成。SDON 控制器可以收集网络范围的信息并控制网络范围的服务提供策略,这解决了智能控制方案的信息收集和信令传输问题[22]。许多研究指出，智能控制方案可以部署在 SDON 控制平面上[23]。同时，SDON 的集中式架构可以方便地为智能控制方法提供计算能力支持。因此，作者设计了基于控制平面的 T-DQN 部署方案。

### 1. T-DQN 决策和迁移过程

经过马尔可夫决策过程低耦合化和 Q-Net 模块化改进之后，最终得到 T-DQN 方案。在实际应用场景中，T-DQN 方案的决策过程和迁移过程如下，见表 4-9 和表 4-10。

**表 4-9　T-DQN 方案的决策过程**

| 算法：T-DQN 方案的决策过程。 | |
|---|---|
| 输入：网络中服务器状态、路由状态和待决策的业务。 | |
| 输出：目标服务器。 | |
| 1 | 初始化 T-DQN 的动作空间 $N$ |
| 2 | 初始化 Q-Net 的参数 $w$ |
| 3 | 初始化一系列边缘计算任务请求 $NN$ |
| 4 | for $\mathrm{nn}_i$ in $NN$ do |
| 5 | 获取距离目标服务器最近的 $N$ 台服务器的状态，并生成 $s_e^{\mathrm{T}}(t)$ |
| 6 | 获取从源服务器到 $N$ 台最近服务器路由上的计算资源利用率，并生成 $s_r^{\mathrm{T}}(t)$ |
| 7 | 生成关于任务的状态 $s_{\mathrm{nn}}(t)$ |
| 8 | 拼接矩阵获得状态 $\boldsymbol{s}_t^{\mathrm{T}}=[\boldsymbol{s}_e^{\mathrm{T}}(t),\boldsymbol{s}_r^{\mathrm{T}}(t),s_{\mathrm{nn}}(t)]^{\mathrm{T}}$，并使用 Q-Net 计算 $\boldsymbol{Q}(\boldsymbol{s}_t^{\mathrm{T}},a;w)$ |
| 9 | 选择动作 $a_t=\max_a Q(\boldsymbol{s}_t^{\mathrm{T}},a;w)$，并指定其对应的目标服务器 |
| 10 | 观测回报 $r_t$ 和下一时刻的状态 $\boldsymbol{s}_{t+1}^{\mathrm{T}}$，并且存储 $\{s_t,a_t,r_t,s_{t+1}\}$ |
| 11 | end for |

**表 4-10　T-DQN 方案的迁移过程**

| 算法：T-DQN 方案的迁移过程。 | |
|---|---|
| 1 | 初始化 Q-Net 参数，$w=\{w_p,w_{e1},w_{e2},w_{e3}\}$ |
| 2 | 初始化 Target-Net 的副本：$w_{\mathrm{target}}\leftarrow w$ |
| 3 | 从经验池中随机抽取批量的经验 $M$ |
| 4 | for transition $m=\{s_t,a_t,r_t,s_{t+1}\}$ in $M$ do |
| 5 | 使用 Target-Net 计算 TD target $y_t$ |
| 6 | 计算 TD error $\delta_t=Q(s_t,a_t;w)-y_t$ |
| 7 | 计算损失函数 $\mathrm{loss}=\delta_t^2/2$ |
| 8 | 更新 Q-Net 中预测器的参数 $w_p$：$w_p\leftarrow w_p-\alpha*\delta_t*\dfrac{\partial Q(s_t,a_t;w)}{\partial w_p}$ |
| 9 | end for |

### 2. T-DQN 的单智能体(Single-Agent)部署方案

如图 4-36 所示，通过在 SDN 控制平面上部署 T-DQN 智能体可以实现对城域光网络中业务的控制。为了实现 T-DQN 的决策和训练功能，在 SDN 控制器中添加了数据处理模块、回报计算模块、经验池和智能体(包含 Q-Net 和决策模块)。

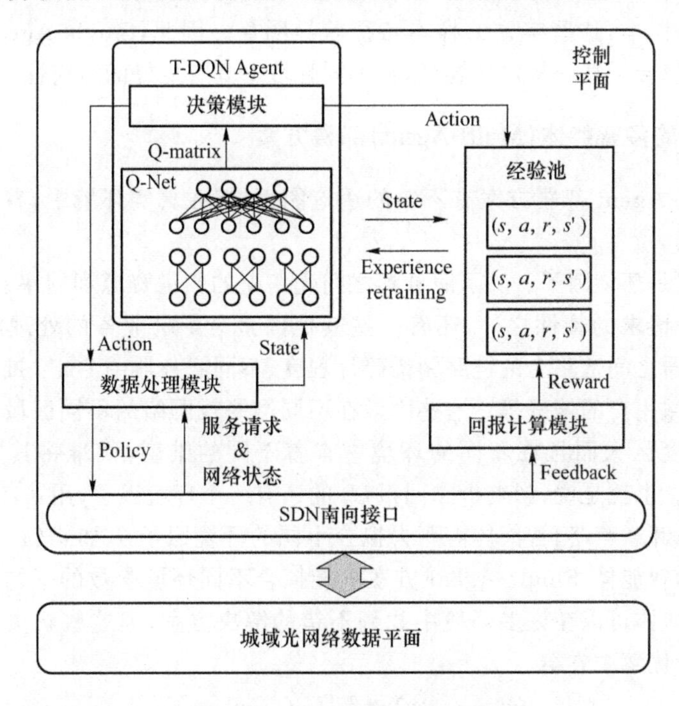


图 4-36 Single-Agent 控制结构

数据处理模块通过 SDN 的南向接口收集数据平面的网络资源信息和边缘计算请求的信息,构建环境状态 State。智能体使用控制平面的算力资源支撑 Q-Net 的计算,数据处理模块生成的 State 信息输入 Q-Net 进行运算,生成 Q-matrix,从而得到每个动作的预期折扣回报。然后,决策模块根据 Q-matrix 选择一个动作 Action。数据处理模块根据 Action 生成业务处理策略,并通过 SDN 南向接口向数据平面下发网络控制信令。数据平面根据控制平面的信令,使用该策略卸载边缘计算请求,并在业务处理完成后,向控制平面反馈任务的处理时间。

回报计算模块接收来自数据平面的对策略的反馈信息并生成及时奖励 Reward。经验池存储状态、动作、相应的奖励和下一个状态作为一条经验$(s_t,a_t,r_r,s_{t+1})$,如经验池已满,则删除最先生成的经验数据,保留最新生成的经验数据。T-DQN 智能体从经验池中随机抽取一些样本,进行离线训练,以确保 T-DQN 在网络中的收敛。离线训练时,T-DQN 智能体不会直接更新线上决策使用的 Q-Net 的参数,而是复制两份 Q-Net 副本,一份作为新的 Q-Net,另一份作为 Target Net,并使用 TD learning 更新新的 Q-Net 参数,在新的 Q-Net 收敛之后,T-DQN 智能体使用新的 Q-Net 覆盖线上决策使用的 Q-Net,之后离线训练阶段结束。因此,离线训练时出现的网络参数波动,不会影响城域光网络中 T-DQN 的实时决策。

Single-Agent 部署方案使用上述控制结构,利用一个智能体完成对网络中所有服务器上任务的决策。这种设计对控制器算力的要求较低。另外,一个智能体处理上传到

MON 中所有服务器的边缘计算任务请求，这意味着它的经验池中具有大量的来自网络不同区域的训练样本，这些丰富的样本特征差异明显。因此，Single-Agent 方案收敛更快，也不容易过拟合于某一特定的场景，在不同环境下具有良好的适应性。

**3. T-DQN 的多智能体(Multi-Agent)部署方案**

虽然 Single-Agent 部署方案有不错的适应能力，但在真实环境中，有两个因素可能导致其性能降低。

第一个因素是环境因子。除了服务器之间光路上的频谱资源利用率、服务器的状态和边缘计算任务请求的特性之外，还有一些其他因素会影响业务的处理时间和阻塞概率。例如，服务器之间道路上的链路频谱碎片程度、不同服务器中 DNN 推理任务的子任务特性、不同区域用户的偏好等。这些因素在不同网络或网络的不同区域中具有不同的特性，其数字维度巨大而且在不同的环境中有着不同的维度，很难将其置于泛化性的 MDP 的状态中。也就是说，影响折扣回报 $U_t$ 的还有一个环境因子，用 $\theta$ 表示。对于不同服务器上的任务卸载策略，智能体需要去拟合不同的环境因子 $\theta$，如式(4-5-11)所示。作为一个泛化性的智能体，Single-Agent 方案只能拟合不同环境参数的平均值 $\bar{\theta}$。这意味着，尽管单个智能体可以在许多环境中找到不错的解决方案，但这些解决方案可能不是每个环境中的最优解决方案。

$$Q(s_t, a_t; w) \to \mathbb{E}\left[U_t(\theta) \mid s_t, a_t\right] \tag{4-5-11}$$

第二个因素是 MDP 的状态转移函数 $P_M$ 的不确定性。为了固定 Q-Net 的维度，T-DQN在选择目标服务器时只考虑 $N$ 台距离源服务器最近的服务器，这意味着状态 $s_{t+1}$ 更多地取决于 $\mathrm{nn}_{i+1}$ 的源服务器和 $\mathrm{nn}_{i+1}$ 的数字特征，而不是 $s_t$ 和 $a_t$。正如我们所知，$\mathrm{nn}_{i+1}$ 和 $s_t$、$a_t$ 无关，因此在 Single-Agent 的 MDP 中，$P_M$ 的不确定性更高，这意味着 $s_{t+1}$ 很少依赖于智能体在 $s_t$ 处执行的动作 $a_t$。因为环境的不确定性，智能体在做序列决策时，无法得知下一时刻要处理的 $\mathrm{nn}_{i+1}$，它并不能很好地估计 $U_t$，因此网络运维人员只能调整 MDP 模型的折扣率，使智能体更倾向于获取最大的即时回报，但是这不符合在时域范围内实现城域网络吞吐量最大化的期望。

为了解决上述问题，设计了 Multi-Agent 部署方案，即在城域光网络的控制平面中部署多个智能体，其中每个智能体负责为特定服务器提供边缘计算任务卸载策略，如图 4-37 所示。所有的智能体共享一套特征提取器，但它们有自己的预测器来适应特定的环境参数 $\theta$。当一个网络中的智能体迁移到另一个网络时，所有智能体共用的特征提取器参数不需要迁移训练，可以直接在新网络中复用。所有预测器的参数被聚合为新网络中的预测器参数的初始值，并且执行迁移学习训练预测器参数以适应新的环境参数 $\theta$。这样在保证适应性的同时，使用多个智能体拟合了具体环境中的环境参数 $\theta$，使得 Q-Net 对折扣回报的预测更加准确，从而使得决策器能做出更好的卸载策略。与此同时，该设计还降低了状态转移函数 $P_M$ 的不确定性，因为上传到同一源服务器的业务才会被同一个智能体处理，因此对于一个智能体的状态 $s_{t+1}$，其更大程度上取决于 $s_t$ 和 $a_t$，而不是在 $t+1$ 时刻要处理的任务。这使得 T-DQN 智能体可以更准确地估计 $U_t$，然后选择正确的行动以获得最大的长期回报。

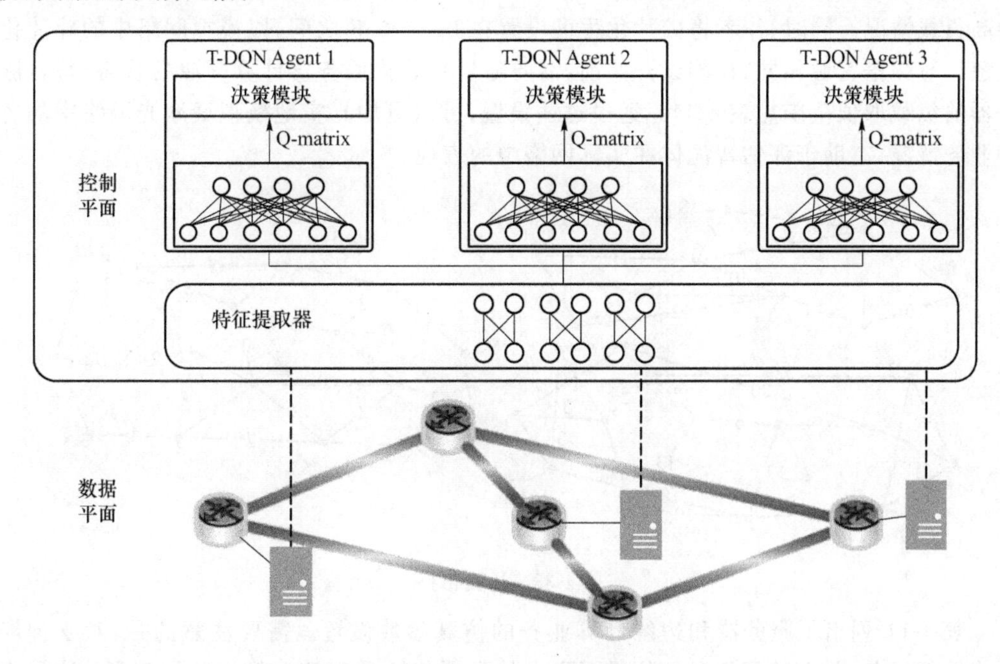


图 4-37 Multi-Agent 部署方案

Multi-Agent 部署方案可以提高 T-DQN 的性能。然而,Multi-Agent 部署方案并没有一个泛化性的预测器设计,只能通过聚合所有预测器参数的方式初始化一个新的网络中的预测器,这导致它可能需要比 Single-Agent 部署方案更多的训练来实现智能体在新的网络拓扑中的收敛过程。

## 4.5.5 仿真实验与数值分析

为了验证所提出方案的性能与泛化性,作者使用 Python 和 Pytorch 框架实现了前两节中提出的 DQN 方案和 T-DQN 方案,并在仿真平台上测试了方案的性能以及方案的迁移速度。

### 1. 仿真设置

在实验中,为了测试智能体的性能,需要设计仿真环境,即智能体所处的城域光网络环境。为了实现这一目标,本小节设计了三个城域光网络拓扑,分别为图 4-38 中的 Net-1、Net-2 和 Net-3,并为每条链路设置不同数量的频隙(FS)。具体来说,Net-1 中的每条链路包含 100 个频隙,而 Net-2 和 Net-3 中的每条链路包含 150 个频隙,每个频隙的带宽为 12.5 GHz[12]。在城域光网络中,除了边缘计算业务,还存在着许多其他类型的业务。因此,在测试智能体的性能时,需要考虑这些不同类型的业务对网络资源的占用情况。为此,作者在实验中还初始化了网络中光链路的频谱负载和碎片。具体来说,作者设置网络中的光链路负载率为 0.6，这意味着大约有 60% 的频隙被占用，模拟了真实网络中的高负载情况。同时，作者将碎片化程度设置在 0.2～0.5 之间，以模拟网络中的碎片化现象。与频谱资源相同，在测试开始前，需要随机初始化服务器计算资源的状态，每台服务器的负载取值范围见表 4-11。通过这些设置，可以更加真实地模拟城域光网络中的各种业务情况，有助于评估智能体在实际网络中的表现。

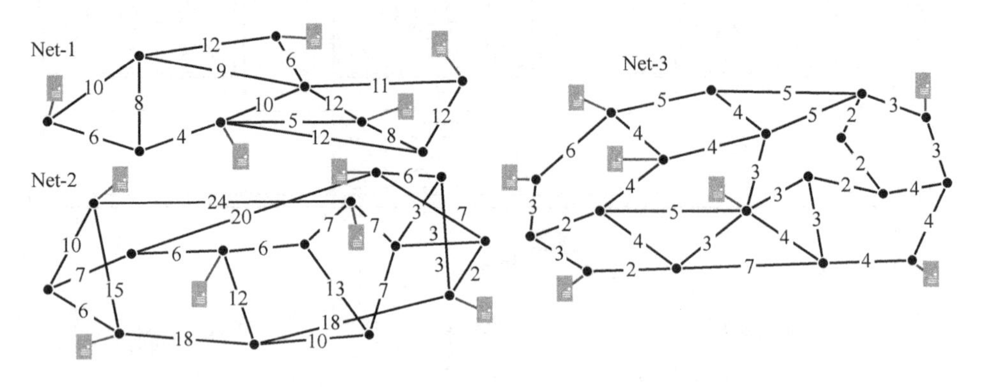


图 4-38　仿真拓扑

表 4-11 列出了服务器和边缘计算业务的仿真参数设置。需要注意的是，对于神经网络推理任务，前面的子任务往往需要更多的数据传输量和相对较少的计算量，这是由神经网络的计算结构决定的。具体来说，神经网络的前几层通常用来做特征压缩，因此在这个阶段，通常只需要使用较少的计算量即可将神经网络的层间参数量压缩到很低的水平。而神经网络的深层通常用来分析特征，并输出结果，这部分通常采用全连接神经网络，其参数量较少，但计算量较高。

**表 4-11　仿真参数设置**

| 参数 | 取值 |
| --- | --- |
| $\mathrm{ld}_i$ | $3 \sim 13 \times 10^8$ Hz |
| $\mathrm{cp}_i$ | $2 \sim 5 \times 10^{10}$ Hz/s |
| $T_{\max,i}$ | 20～25 ms |
| $\mathrm{nn}_i$ 的子任务数量 | 1～5 |
| $c_{i,j}$ | $10 \sim 15 \times 10^6$ Hz |
| $p_{i,j}$ | $8 \sim 60 \times 10^7$ bit |

为了测试智能体在不同网络以及同一网络的不同区域之间的性能表现，作者在 Net-1、Net-2 和 Net-3 中设计了越来越不均匀的服务器分布，同时，针对不同的服务器设置了不同的参数，并且不同的链路具有不同的负载和碎片程度。这样的设置可以模拟真实网络中不同区域的负载和资源情况，并评估智能体在不同场景下的性能表现。具体来说，作者在网络中设置了一些高负载、高碎片化的链路，同时在一些服务器上设置了高计算能力，以评估智能体在这种条件下的调度效果。

除 DQN 方案和 T-DQN 方案之外，仿真实验还设计了其他的常规方案，用于对比并验证 DQN 方案和 T-DQN 方案的性能。不卸载的方案(Without Offload, WO)作为网络的性能基线,它的策略是当业务上传到源服务器后,就在源服务器中排 队等待处理,即使源服务器过载也不会执行卸载动作。基于最短路径的卸载方案 (Distance First, DF)考虑了传输距离带来的通信时延问题,它的策略是当源服务器过载后,优先选择距离源服务器最近的服务器作为目标服务器,不管其处于低负载状态还是过载状态,以实现最低的传输时延。基于最低负载的卸载方案 (Resource First, RF)考虑了任务处理带来的计算时延问题,它的策略是当源服务器过载后,优先选择城域范围内最低负载的服务器作为目标服务器,不考虑源服务器和目标服务器之间的通信距离和通信资源。

为了比较不同方案对城域光网络业务吞吐量的影响,假设在随机的时刻, 一些边缘计算任务会被上传到某些服务器,并使用不同的卸载方案完成对过载服务器中边缘计算任务的卸载。作者将研究重点放在城域光网络内的服务器间合作和资源联合分配上,因此不考虑任务从用户设备上传到边缘云服务器的过程,记录在一段时间内,不同卸载方案对相同一批业务的处理结果,以比较它们性能之间的差距。

**2. 仿真结果与数据分析**

本实验测试了在三个网络拓扑中处理相同的边缘计算任务时,不同方案在时域内对业务吞吐量的影响,主要通过比较业务阻塞率和平均处理时间来进行对比。随着时域范围内业务数量的增加,各种方案都不可避免地出现了业务阻塞率和平均处理时间上升的情况。实验统计结果显示,相比于 WO、DF 和 RF 方案,T-DQN 方案的平均阻塞率分别降低了 53.1%、31.2%和 30.1%。这是因为 T-DQN 方案在选择目标服务器时同时考虑了通信资源和计算资源的因素,并且在指导 DNN 推理卸载时考虑了时域范围内的长期回报。在三台服务器的分布越来越不均匀的网络中,使用 Multi-Agent T-DQN 的业务阻塞率分别比使用 Single-Agent T-DQN 的业务阻塞率降低了 1.3%、6.2%和 17.4%。这表明,Multi-Agent 方案可以更好地适应不同区域间请求和资源分布的差异,提高智能体的性能表现。

实验还计算了所有请求的平均处理时间,如图 4-39 所示,使用 T-DQN 方案的平均处理时间比使用 WO 方案的平均处理时间短 3.06 ms,使用 DF 方案或 RF 方案的平均处理时间也比使用 WO 方案的短。这是因为被阻塞的请求如果在源服务器中处理通常比卸载到其他服务器处理需要更长的时间,因此随着请求阻塞概率的降低,平均请求处理时间自然会减少。此外,作者注意到,在 NET-3 中,T-DQN 方案的平均推理时间高于 RF 方案,特别是当请求数量较少时。这是因为 T-DQN 方案的目标是获得最大的长期回报,因此在处理当前请求时会为即将到来的请求保留资源。所以,在业务量较少时,T-DQN 方案分配资源的方式可能会导致业务的平均处理时间略微增加,以整理网络资源,为即将到来的任务做好准备。但是,T-DQN 方案通常不会牺牲当前已到达业务的服务质量来为尚未到达的业务提供服务,因此先到达的业务不太可能超时。

为了研究 T-DQN 方案在固定目标服务器数量的情况下对决策质量的影响,本实验还在不同的网络中使用不同大小的动作空间进行了 T-DQN 方案的性能测试,并与 WO 方案进行了比较。图 4-40 展示了 T-DQN 方案的性能与动作空间大小 $N$ 之间的关系。随着 $N$ 的增加,总体阻塞率呈现先降低后增加的趋势。当 $N$ 很小时,智能体只能选择周

围 $N$ 台服务器中的一台，即使这些服务器的负载非常高，智能体也不能选择负载较少但距离较远的服务器，从而导致业务阻塞率相对较高。当 $N$ 很大时，智能体有时会选择距离很远的目标服务器，这意味着其将承担更长的通信时延。同时，通信经过更多条链路更容易产生因为频谱碎片化导致的频谱资源分配失败的风险。因此，更长的通信距离意味着更长的通信时间和更高的故障概率。从三个网络的测试结果来看，当 $N$ 等于 3 或 4 时，T-DQN 方案具有更好的性能表现。

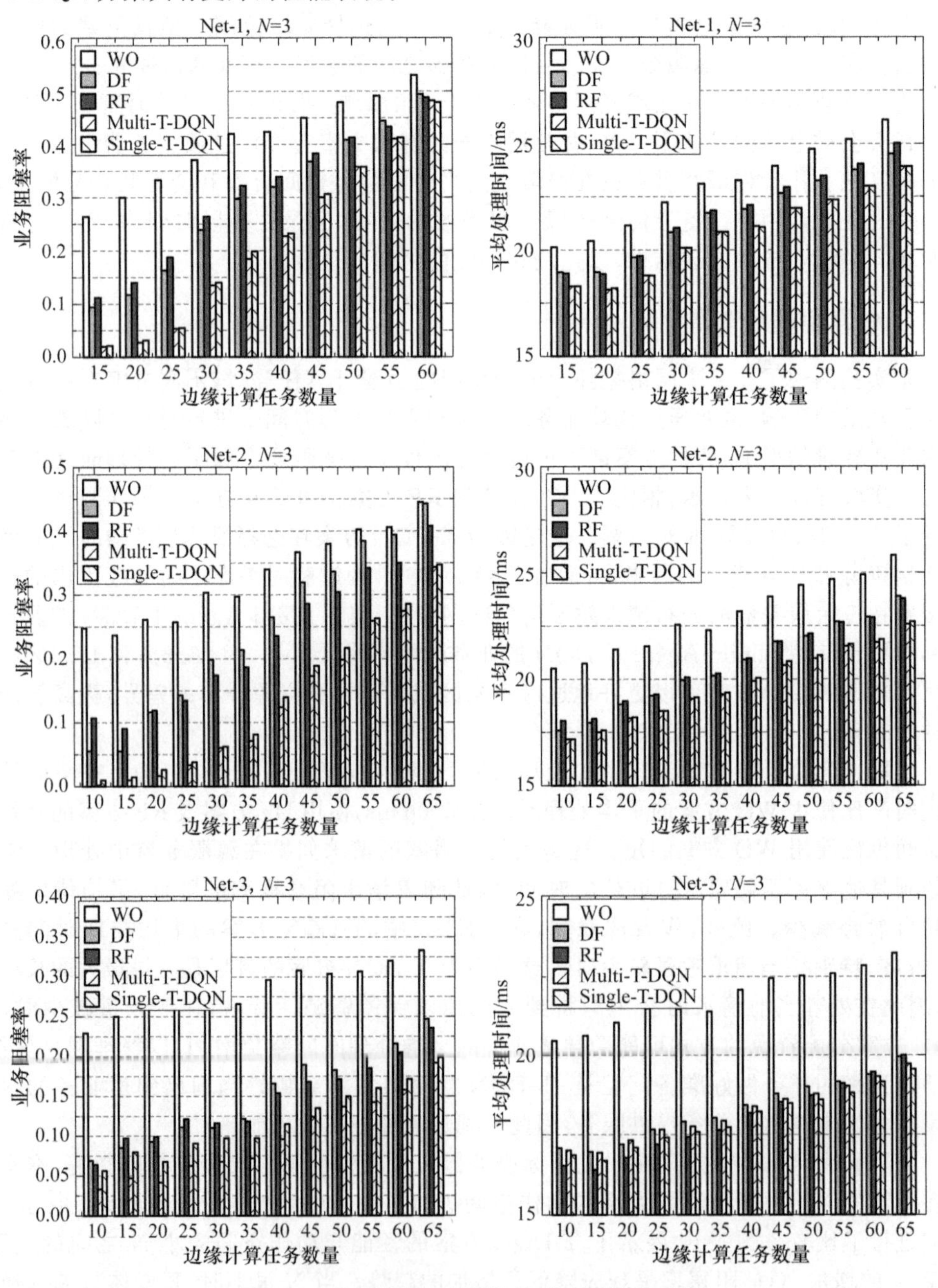


图 4-39　业务阻塞率与平均处理时间情况对比

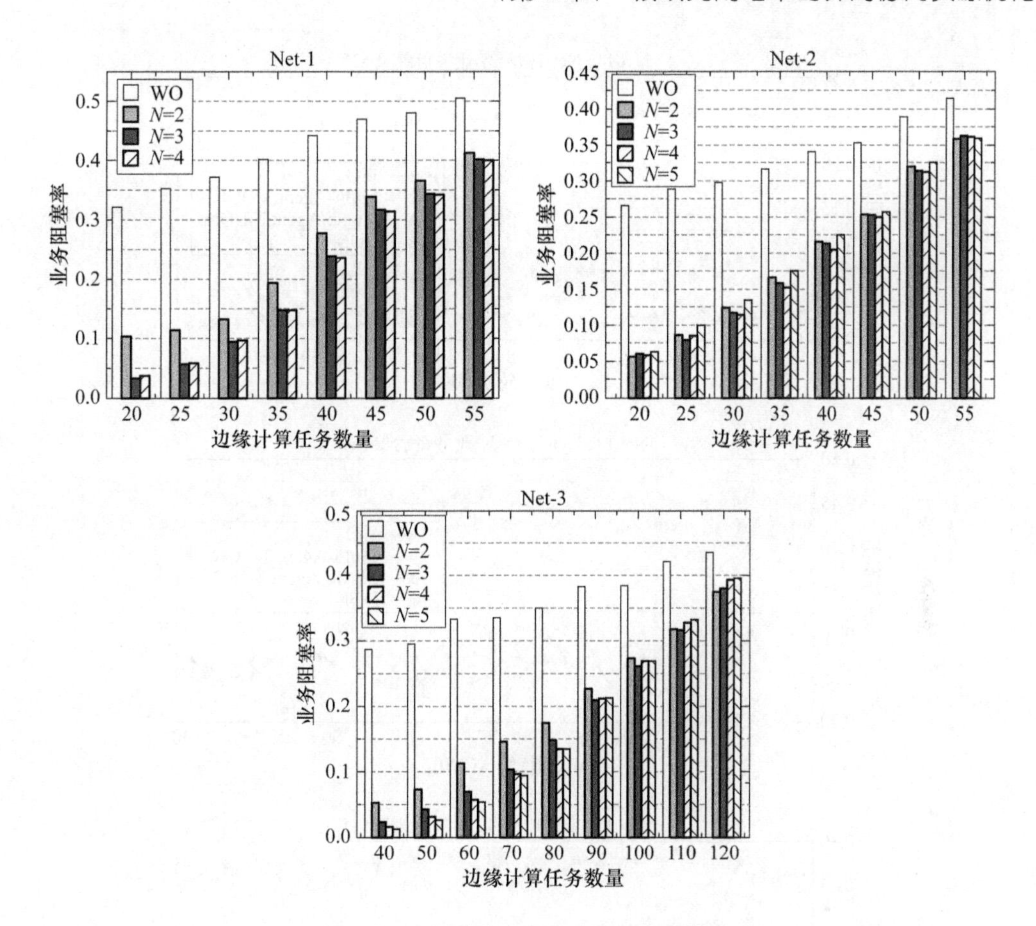


图 4-40 不同动作空间对应的业务阻塞率

为了测试 Single-Agent 部署方案和 Multi-Agent 部署方案的泛化性和适应性，本实验还比较了这两种部署方案的迁移速度。Single-Agent T-DQN 方案和 Multi-Agent T-DQN方案在 Net-1 中训练至收敛，之后被迁移到 Net-2 和 Net-3。让它们在 Net-2 和 Net-3 中进行迁移训练，实验在每 40 轮训练后测试方案的表现。同时，4.5.3 小节中提到的 DQN 方案也被实现，以作为 T-DQN 方案的对比方案。如图 4-41 所示，由于迁移学习和 Q-Net 的模块化设计，T-DQN 方案在新的网络中比 DQN 方案收敛更快。这是因为转移到新网络后，DQN 方案需要重新构建和重新训练 Q-Net，而 T-DQN 只需要对预测器进行少量的转移训练。训练量的差距对于收敛的速度有着绝对性的影响。与 Multi-Agent 相比，Single-Agent 收敛更快，因为它的预测器也是相对更具泛化性的，而 Multi-Agent T-DQN 方案的预测器被设计为适应于特定的网络区域，不再具有泛化能力。这意味着 Multi-Agent T-DQN 方案为了提高对特定网络区域的适应性而牺牲了一些迁移性能。但 Multi-Agent 方案在收敛后在业务阻塞率方面会比 Single-Agent 方案有更好的性能。

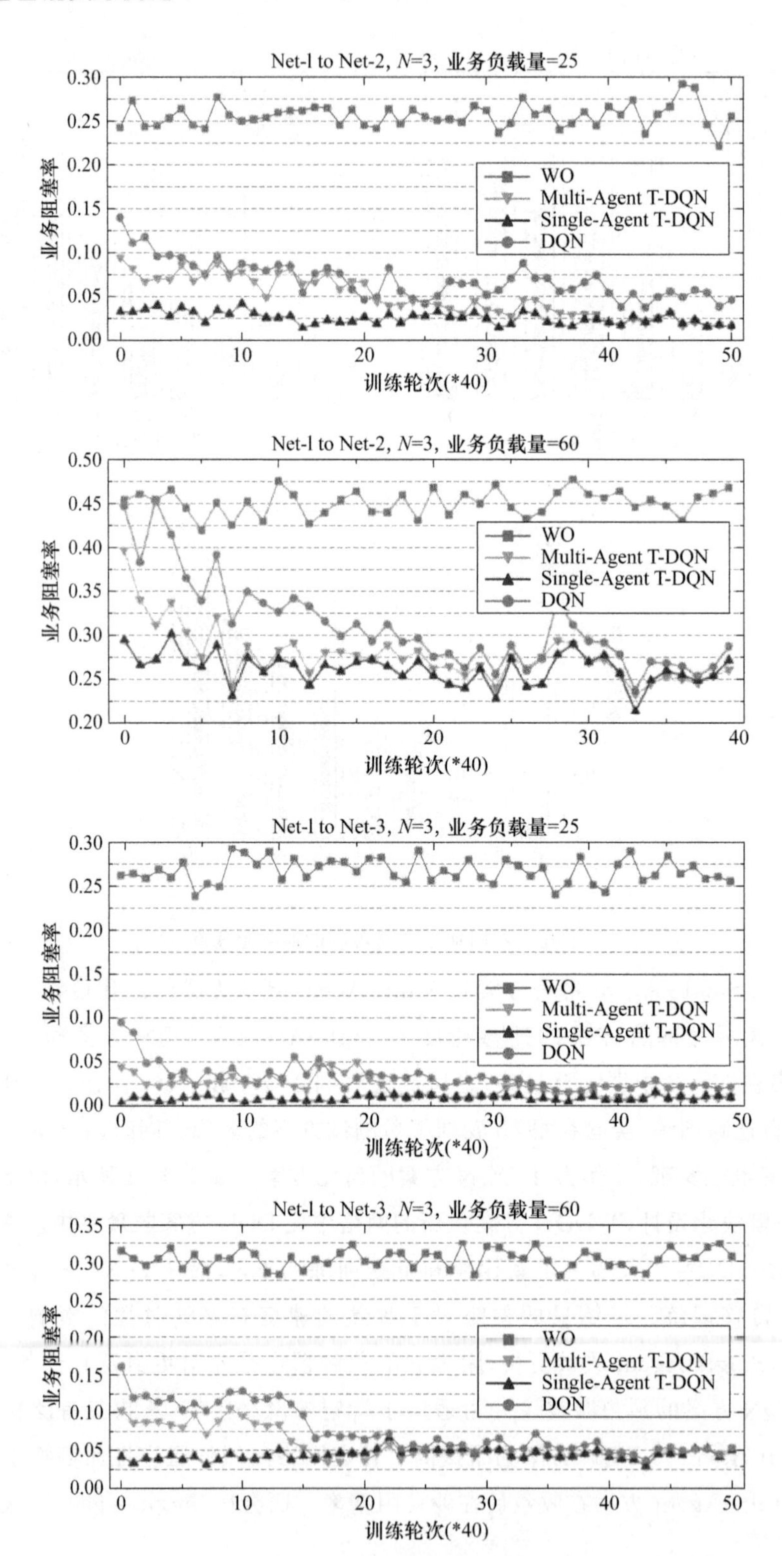


图 4-41　智能体在不同网络间的迁移

总的来说，T-DQN 方案通过联合分配通信和计算资源，在网络中现有的通信资源和计算资源前提下，可以显著地提高城域光网络对边缘计算业务的容量，并提升服务质量。此外，T-DQN 方案还具有良好的泛化性和适应性，在网络结构和业务特征发生变化时，能够快速适应。Single-Agent 部署方案和 Multi-Agent 部署方案各有优劣，Single-Agent 部署方案具有更快的迁移速度和更好的泛化能力，而 Multi-Agent 部署方案在特定网络中具有更好的决策质量。

## 4.6 MON 中自适应高可靠的边云协同优化

### 4.6.1 研究背景与问题描述

在不断发展的物联网与人工智能应用的影响下，深度神经网络（Deep-Learning Neural Network, DNN）模型推理需要越来越多的计算资源。为了突破这一挑战，作者提出了结合城域光网络的边缘-云协作架构，作为一种有效的解决方案，它将边缘计算与云计算相结合，以提供更快的响应时间并减轻云端计算密集任务的负载。在这一架构中，多层 DNN 模型可以分解为多个子任务，这些子任务可以分配到边缘或云服务器上进行计算。

与此同时，作为算力通信协同的载体网络，一旦城域光网络中的服务器或链路发生故障，可能会导致大量数据丢失，因此边云协同城域光网络的可靠性十分重要。为提升可靠性，需要考虑计算和频谱资源的备份，这在以前的资源优化研究中很少被考虑。为了满足对延迟敏感任务的高可靠性要求，本节采用专用保护策略来满足城域光网络生存性需求。不同于传统通信场景，在边云协同计算场景中，链接和服务器故障都应该被考虑和保护。因此，除了考虑路径上的频谱资源和服务器上的计算资源，还需要关注服务器的保护备份。边缘服务器不仅用于处理卸载任务，还起到保护作用，提升全局可靠性。但这无疑会显著地增加资源协同的复杂性。如何高效地利用资源以保证光网络中 DNN 推理任务的可靠性是一个具有挑战性的研究问题，也是改善业务性能的关键问题。本节的研究重点是 DNN 推理任务卸载的异质资源协同优化和可靠性保障[24]。

### 4.6.2 高可靠边云协同 DNN 推理加速模型

#### 1. DNN 推理任务模型

随着人工智能的不断发展，DNN 模型对计算能力的要求越来越高。边云协同架构作为一种有效的解决方案[25]，将边缘计算与云计算相结合，可为计算密集型任务提供更快的响应和减少云负载。多层深度神经网络模型可以划分为子任务，这些子任务被卸载到边缘和云服务器上进行计算，如图 4-42 所示。此外，光网络作为计算能力的承载网络，一旦服务器或链路出现故障，将导致大量数据丢失，因此考虑边云协同光网络的可靠性非常重要。为了解决上述问题，本节结合计算资源和通信资源，设计了一种可靠的自适应边云协同深度神经网络推理加速方案（Reliable Adaptive edge-cloud Collaborative DNN Inference Acceleration scheme, RACIA）。

DNN 推理加速可以通过分区来实现，考虑到延迟约束、数据大小和所需的计算资源特性，DNN 任务中的每一层都逐步计算。在这里，作者考虑了 DNN 任务的分区策略，允许将 DNN 任务分为两部分。低计算成本的较低层由边缘服务器处理，中间数据通过光纤传输到云层，然后处理剩余的层；还需要考虑边缘服务器的计算资源和光链路的频谱资源。在实时网络场景中，不同的模型划分可能对网络产生不同的影响[26]。图 4-42 以多个四层 DNN 任务为例，说明了该任务的三种不同分区方案。如果采用方案①，那么第一层在边缘服务器上计算，需要较少的计算资源但增加了传输数据量；如果采用方案③，那么最后一层在云服务器上计算，减少了中间数据量但增加了边缘服务器所需的计算资源。因此，在确定 DNN 任务划分点时，需要考虑光链路的带宽资源和服务器的计算资源。

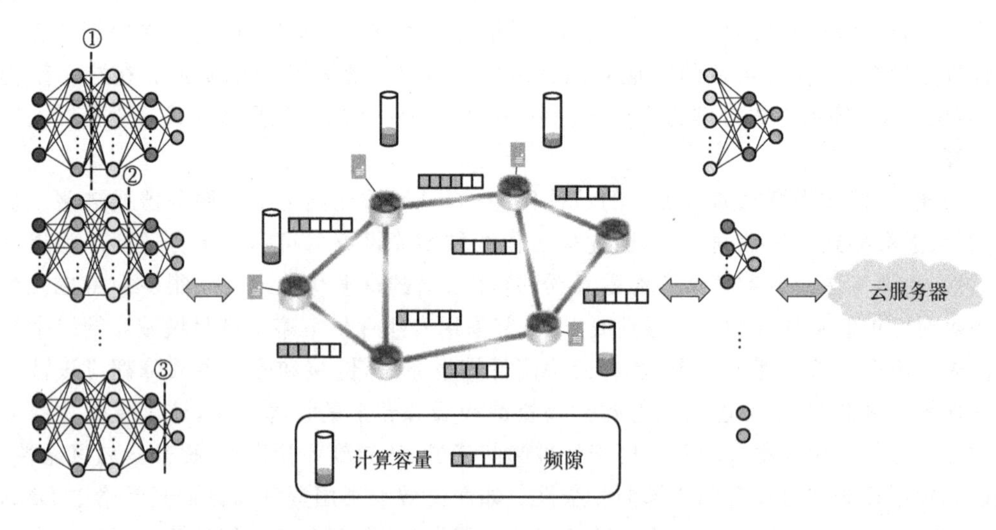


图 4-42　DNN 任务划分示例

**2. 高可靠任务卸载模型**

网络状态会随着时间动态地变化。在一个时隙（Time Slot, TS）内到达一批任务时，从全局的角度确定 DNN 任务的分区点、工作服务器以及它们之间的路径。图 4-43(a)展示了选择本地边缘服务器作为工作服务器，并将中间数据以及剩余层传送到云层，同时搜索另一台负载较轻的服务器和一条不相交的路径作为保护，为其提供足够的计算和带宽资源作为备份。图 4-43(b)中，选择另一台边缘服务器作为工作服务器，同时寻找备份资源。任务执行结束后，释放占用的资源以及备份资源。这显然增强了网络对破坏的鲁棒性，并确保在单台边缘服务器故障或单条链路故障时完成任务。

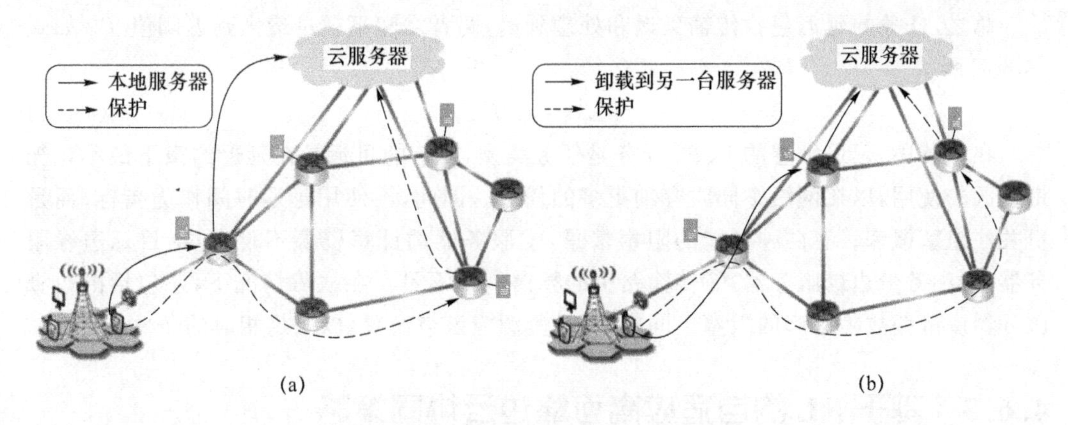


图 4-43　生存性任务卸载策略示意图

**3. 延迟模型**

为了便于分析计算，将延迟视为传输延迟和处理延迟的总和。

(1) 传输延迟

任务的传输延迟在理论上包括从用户终端到基站(BS)的上传延迟，从基站到本地边缘服务器的传输延迟，从本地边缘服务器到卸载边缘服务器的传输延迟(如果不需要卸载，则为 0)，从上传中间数据到云的传输延迟以及输出结果的反馈延迟。本节关注的是光网络的传输。

服务器之间的通信使用具有灵活网格技术的灵活光网络，光链路的频谱资源被分成频隙(FS)，每个 FS 占用的容量为 $B=12.5$ Gbit/s。任务 $r$ 的传输延迟$\mathrm{TL}_r$ 定义为：

$$\mathrm{TL}_r=\frac{d_r^a}{mBe_r^a} \tag{4-6-1}$$

其中，$d_r^a$ 是任务 $r$ 在第 $a$ 个分区点生成的中间数据大小，$m$ 代表任务 $r$ 的传输光路径的调制级别，$e_r^a$ 是 FS 的数量。

(2) 处理延迟

任务的处理延迟包括等待资源分配的排队延迟和计算延迟。本节考虑了网络资源在每个时间槽中更新的动态情况，并且为服务器配备了多核高速 CPU。任务到达后可以立即分配计算资源并进行处理，因此排队延迟被忽略。主要关注任务的计算延迟，包括边缘服务器和云上的计算。目标边缘服务器 $s$ 为任务 $r$ 提供的计算资源为 $w_r$。处理延迟$\mathrm{CL}_r$ 被定义为：

$$\mathrm{CL}_r=\frac{c_r}{w_r} \tag{4-6-2}$$

此外，确定云边资源占用比例，即两者所需计算资源的比例等于任务分区后确定服务器所需计算量的比例。

$$\frac{c_r^a}{c_r-c_r^a}=\frac{w_r^s}{w_r^{\mathrm{cloud}}} \tag{4-6-3}$$

总之,任务的延迟包含传输延迟和处理延迟,两者之和不超过最大延迟阈值 $T_r$,如式(4-6-4)所示。

$$\mathrm{TL}_r + \mathrm{CL}_r \leqslant T_r \tag{4-6-4}$$

在本节中,延迟敏感的 DNN 任务是任务类型,本节的目标是在延迟约束下最小化光谱资源的使用,以在网络中同时容纳更多的任务。因此,不使用延迟时间作为指标,而是更关注阻塞概率。有两种可能的阻塞情景:①服务器的计算资源不足,包括目标边缘服务器、云和备份边缘服务器;②传输路由的频谱资源不足。在故障情况下,还包括由边缘服务器或链路故障引起的阻塞。同样,备份资源应该被设置,以满足相应的条件。

### 4.6.3 基于 RL 的自适应高可靠边云协同策略

在基于多智能体深度强化学习(RL)保护算法的可靠的自适应边云协同 DNN 推理加速方案(Reliable Adaptive edge-cloud Collaborative DNN Inference Acceleration scheme based on Multi-Agent Deep Reinforcement Learning protection algorithm, MADRL-RACIA)中,引入三个智能体,分别为不同阶段的目标制定做出决策。通过智能体的协同决策,实现分解的子目标,以达到最终目标。作者设计了三个子网络,即 DNN 分区网络、工作服务器网络和备份服务器网络,后两个网络具有相同的结构。系统中有三个 DQN 智能体,分别是 DNN 分区智能体、工作服务器智能体和备份服务器智能体。表 4-12 描述了训练过程。

**表 4-12 训练过程**

| 算法 1:训练过程。 | |
|---|---|
| 输入:网络拓扑 $G$、DNN 任务集 $R$。<br>输出:损失值。 | |
| 1 | 初始化三个网络的参数:$w=\{w_s, w_w, w_b\}$ |
| 2 | 对于 $i$ 从 1 到 max-epoch-lengh: |
| 3 | DNN 分区网络执行动作 $a_s$ 并获得相应的奖励 $r_s'$ |
| 4 | $a_s$ 传递给工作服务器网络 |
| 5 | 工作服务器网络根据 $a_s$ 和 $s_w$ 执行动作 $a_w$ 以获得相应的奖励 $r_w'$ |
| 6 | $a_s$ 和 $a_w$ 传递给备份服务器网络 |
| 7 | 备份服务器网络基于 $a_s$、$a_w$ 和 $s_b$ 执行 $a_b$,从而得到最终的 $r_b$ |
| 8 | $r_b$ 传回 DNN 分区网络和工作服务器网络 |
| 0 | 更新网络状态,获取 s_(t+1) |
| 10 | 计算损失 |
| 11 | 更新 $w$ |
| 12 | 结束循环 |

当 DNN 任务 $r$ 到达时,将其与任务相关的信息(例如,层数、计算资源需求等)和所有服务器的资源输入到 DNN 分区智能体中。通过特征提取,DNN 分区智能体选择合适

的分区点 $a$，然后将分区后的 DNN 任务和服务器的资源信息传递给下一个子网络。工作服务器智能体通过特征提取确定目标边缘服务器 $S_{target}$。为确保任务的成功执行，通过上下文感知来优化网络拓扑，删除无法提供资源保障的链接，然后确定最终拓扑上的最短路径$Path_w$。子网络完成训练后，将信息传递给第三个子网络，备份服务器智能体通过特征提取选择备份边缘服务器 $S_{backup}$，然后选择与$Path_w$ 不相交的路径$Path_b$，最后将奖励返回给 DNN 分区网络和工作服务器网络。将三个独立的网络连接起来，通过持续的训练和迭代最终获得全局最优解。具体的 MADRL-RACIA 算法见表 4-13。

**表 4-13 MADRL-RACIA 算法**

| 算法 2：MADRL-RACIA 算法。 | |
|---|---|
| 输入：网络拓扑 $G$、DNN 任务集 $R$。<br>输出：$a=\{a_s,a_w,a_b\}$，$S_{target}$，$Path_w$，$S_{backup}$，$Path_b$。 | |
| 1 | 初始化数据：网络拓扑，服务器资源，链路频谱资源 |
| 2 | 获取 DNN 任务集合 $R$ |
| 3 | 对于时间 $t\in\{0,1,\cdots,T_{max}\}$ |
| 4 | 如果 $t$ 时刻的任务已完成 |
| 5 | 释放相应的占用资源 |
| 6 | 如果 $t$ 时刻有任务到达 |
| 7 | 使用算法 1 进行训练 |
| 8 | 从 DNN 分区网络中获取任务 $r$ 的划分点 $a$ |
| 9 | 获取传输过程中使用的频谱资源 |
| 10 | 从工作服务器网络中获取目标服务器 $S_{target}$和$Path_w$ |
| 11 | 如果工作所需资源充足 |
| 12 | 占用 $S_{target}$的计算资源和$Path_w$ 的频谱资源 |
| 13 | 从备份服务器选择网络中获取备份服务器 $S_{backup}$和$Path_b$ |
| 14 | 如果备份所需资源充足 |
| 15 | 占用 $S_{backup}$的计算资源和$Path_b$ 的频谱资源 |
| 16 | 否则 |
| 17 | 由于资源不足被阻塞 |
| 18 | 如果发生故障 |
| 19 | 因故障被阻塞 |
| 20 | 结束循环 |
| 21 | 返回$a$，$S_{target}$，$Path_w$，$S_{backup}$，$Path_b$ |

在一个时间段内，首先，根据 MADRL-RACIA 算法为到达的任务选择分区点、目标边缘服务器和备份边缘服务器。其次，如表 4-14 所示，根据操作系统的最小满意度策略为任务分配频谱资源。最后，为服务器的每个任务分配计算资源。计算资源的分配基于服务器的当前负载。在任务完成后，占用和备份的资源会被释放，因此需要在每个时隙更新网络状态，并动态调整资源分配。

表 4-14 频谱资源分配策略

| 算法 3:频谱资源分配策略。 | |
|---|---|
| 输入: $a$, $S_{target}$, $Path_w$, $S_{backup}$, $Path_p$。 | |
| 输出:频谱分配策略。 | |
| 1 | 初始化网络 $G(V,L,S)$ |
| 2 | 获取路由 |
| 3 | 对于路由的每条链路 |
| 4 | 对于链路上的每个 FS |
| 5 | 获取连续的 FS |
| 6 | 结束循环 |
| 7 | 结束循环 |
| 8 | 选择最小且大于所需的频谱块 |
| 9 | 返回频谱分配策略 |

### 4.6.4 仿真实验与数值分析

在本小节中,为了验证所提出策略的优越性,作者模拟了具有大量混合任务的边云协作网络的场景,并考虑了边缘服务器和链路故障的场景,同时,采用以下三个算法来比较和评估所提策略的优缺点。

(1) 基于遗传算法的 RACIA 方案(GA-RACIA)

GA-RACIA 由以下三部分组成:DNN 任务的最佳划分点,确定要卸载的边缘服务器,确定备份边缘服务器。将这三个因素综合考虑,不断迭代,找到最佳决策,然后根据算法 3 分配路由和频谱资源。遗传算法中设置每代的人口规模为 50 人。最大迭代次数为 60。

(2) 基于距离优先的协同推理加速方案(DP-RCIA)

DNN 任务根据 Dijkstra 算法随机划分并获取最近的边缘服务器或本地边缘服务器作为卸载目标,使用第二近的边缘服务器作为保护。一旦卸载的边缘服务器的计算资源无法满足任务,则认为任务失败。如果能够满足任务,则按照最小满足算法分配频谱资源。

(3) 基于计算资源优先级的协同推理加速方案(RP-RCIA)

对 DNN 任务进行随机划分,然后获取全局负载最轻的边缘服务器或本地边缘服务器作为卸载目标,并使用负载第二轻的边缘服务器作为保护。根据表 4-14 分配路由和频谱资源。

#### 1. 参数设定

仿真的网络拓扑如图 4-44 所示,建立结构复杂度不同的 Net-1 和 Net-2 来证明算法的普适性。在边云协同场景中，节点之间的传输距离可能较长，同时为了简化模型复杂度，考虑使用统一调制格式(BPSK)。到达率服从参数为 $\lambda$ 的泊松分布，持续时间服从 $\mu=1$ 的负指数分布，其中 $\lambda\times\mu$ 表示网络负载(Erl)，本节的网络负载选择范围为(0,100) Erl 。Net-1 和 Net-2 中每条光纤链路设置 200 个 FS，带宽为 12.5 Gbit/s。在两个测试网络中，任务是常规的自定义 DNN 网络，延迟阈值和所需的 CPU 周期数以及传输的数据大小根据 DNN 任务结构按比例设置。DNN 任务结构包括层数和每层神经元的数量。每层神经元都处理数据，更多的神经元意味着更多的数据被处理和传输。任务设置为动态到达其中一台边缘服务器，设置 1 ms 为一个时隙。仿真参数见表 4-15。作者设计了三种不同层数和计算要求的 DNN 任务类型，从任务 1 到任务 3 复杂度逐渐降低。

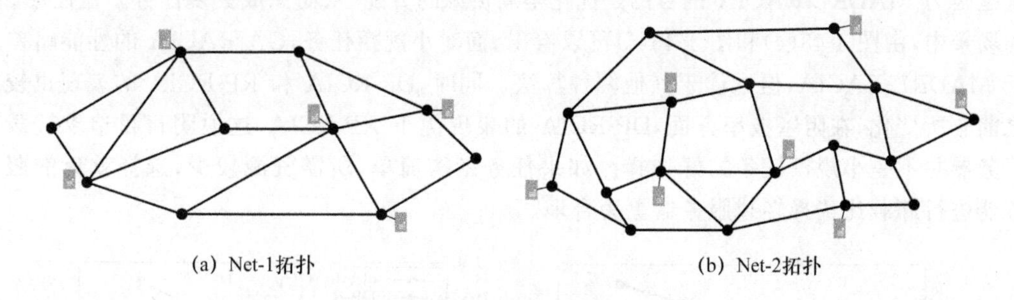

(a) Net-1拓扑　　(b) Net-2拓扑

图 4-44　仿真的网络拓扑

表 4-15　基于遗传算法的可生存 DNN 分区卸载仿真参数

| 参数类型 | 变量 | Net-1 拓扑的参数 | Net-2 拓扑的参数 |
|---|---|---|---|
| 边缘-云 | 网络节点数量($V$) | 10 | 18 |
| 协同网络 | 网络链路数量($L$) | 21 | 34 |
| | 网络链路长度 | [10,20] | [20,50] |
| | 链路频隙数量($F$) | 200 | 200 |
| 服务器 | 边缘服务器的数量($S$) | 5 | 7 |
| | 云服务器的数量($s_{cloud}$) | 1 | 1 |
| | 每台边缘服务器的计算容量($C_s$) | $[3,6]\times10^4$ cycles/s | $[3,6]\times10^4$ cycles/s |
| | 每台云服务器的计算容量($C_{cloud}$) | $5\times10^5$ cycles/s | $20\times10^5$ cycles/s |
| 三种任务 | 数据大小($R$) | $2/4/8\times10^5$ bits | $2/4/8\times10^5$ bits |
| | 需要的计算资源($c_r$) | $5/10/20\times10^3$ cycles | $5/10/20\times10^3$ cycles |
| | 延迟阈值($T_r$) | 1/2/3 时隙 | 1/2/3 时隙 |
| | 层数 | 4/5/6 | 4/5/6 |

**2. 仿真结果与数值分析**

图 4-45 展示了不同任务量下 Net-1 中单一任务场景的阻塞概率和频谱占用率。任

务 1、任务 2 和任务 3 的复杂度依次降低。在任务 1 的情况下，由图 4-45(a)和图 4-45(d)可以看出，MADRL-RACIA 具有绝对的优势，阻塞概率远低于其他算法，而频谱资源占用率则远高于其他算法，因为完成更多任务需要占用更多资源。DP-RCIA 具有最高的阻塞概率和最少的频谱消耗。这是因为它在任务划分和卸载选择上都有其自身的局限性，阻塞概率较高，且倾向于选择最短路径，因此总是占用最少的频谱资源。GA-RACIA 的性能略好于 RP-RCIA，因为遗传算法为了完成任务，也会选择轻负载的服务器。但其性能与设置参数密切相关，性能的提高需要执行时间的增加。在任务 2 的情况下，从图 4-45(b) 和图 4-45 (e) 中可以得出类似的结论。此外，当 MADRL-RACIA、GA-RACIA 和 RP-RCIA 的仿真结果都是非阻塞时，MADRL-RACIA 的频谱消耗略高，这是因为 MADRL-RACIA 的目的是优化全局资源的分配，从而完成更多任务。在任务 3 的场景中，由图 4-45(c)和图 4-45(f)可以看出，面对小规模任务，GA-RACIA 的性能略差于 MADRL-RACIA，但远优于其他两种算法。同时，DP-RCIA 和 RP-RCIA 的表现也较之前有所变化，在阻塞概率方面，DP-RCIA 的表现优于 RP-RCIA，这说明盲目追求轻载服务器并不是小规模任务的好选择。如果任务结构简单，所需资源较少，选择就近的服务器进行卸载比选择轻载服务器更为合理。

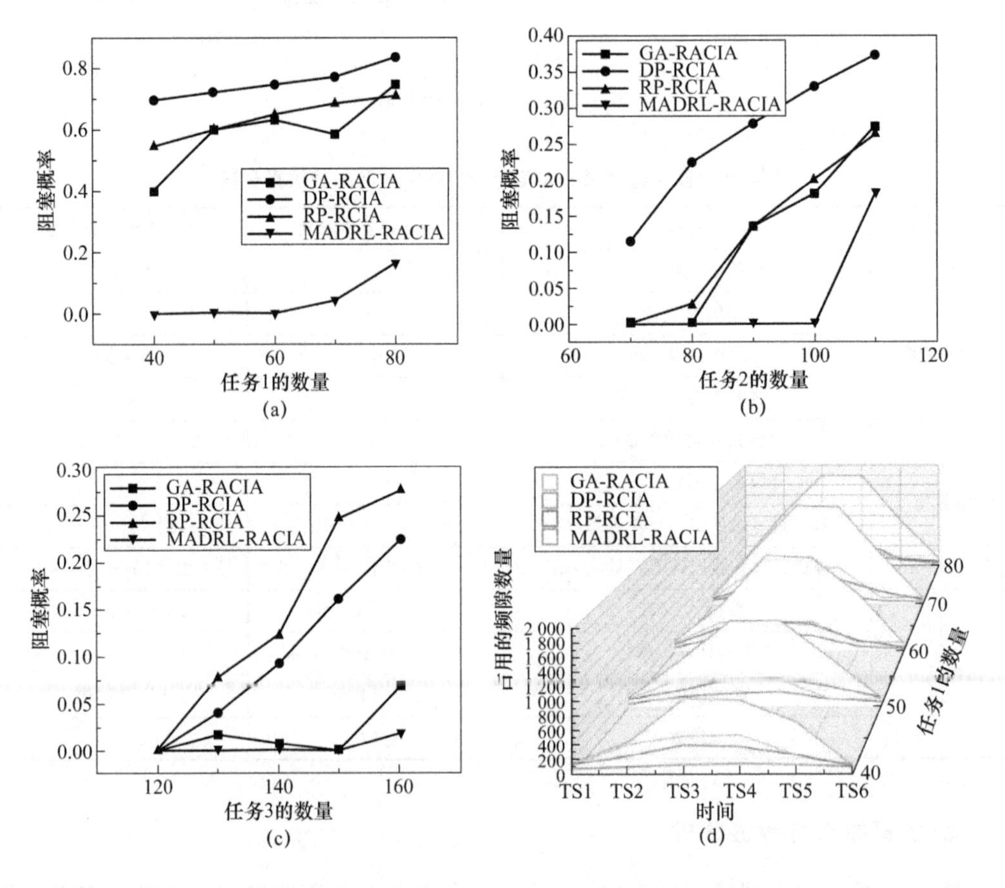

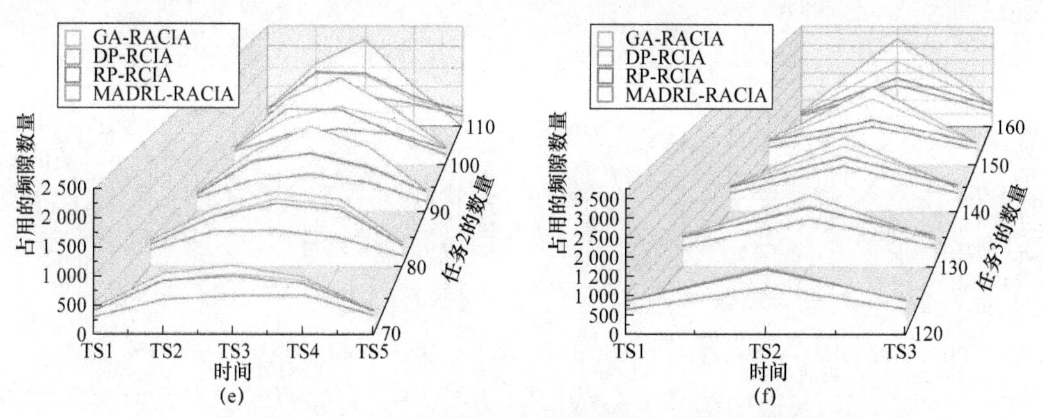

(e) (f)

图 4-45 在 Net-1 中,不同任务类型的任务数量下阻塞概率和占用频隙数量的变化

不同任务量下 Net-2 中单个任务场景的阻塞概率和频谱占用如图 4-46 所示。可见仿真结果与图 4-45 趋势一致。

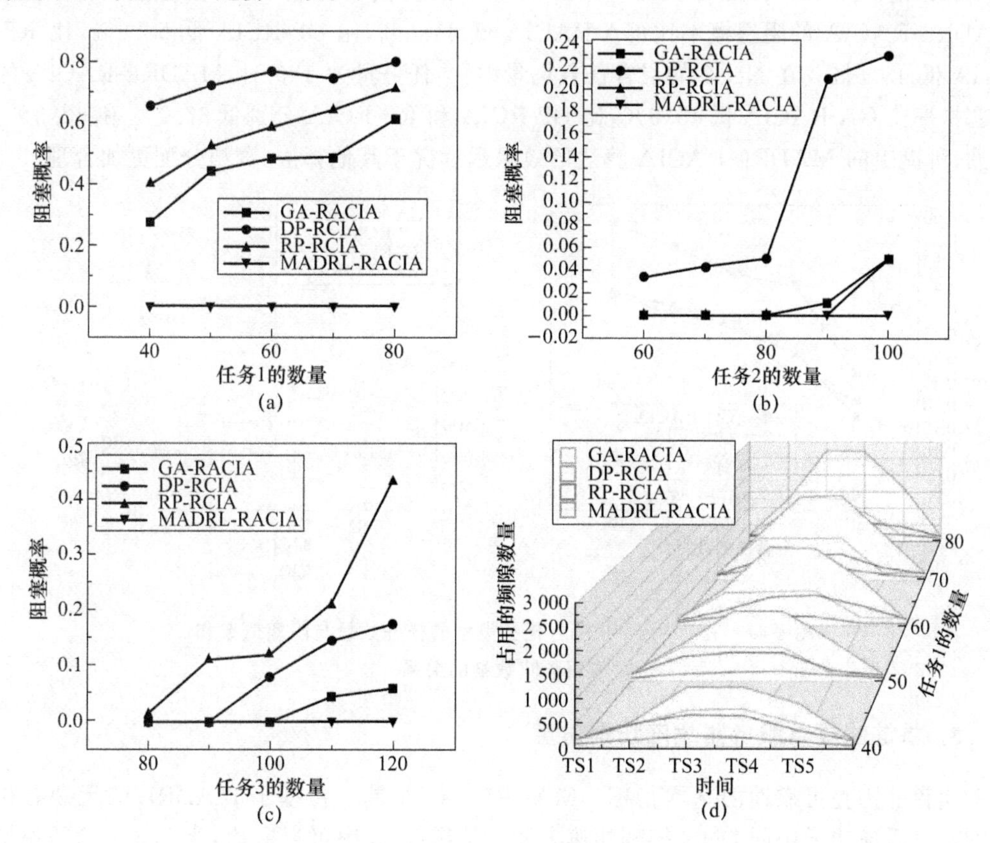

(a) (b)

(c) (d)

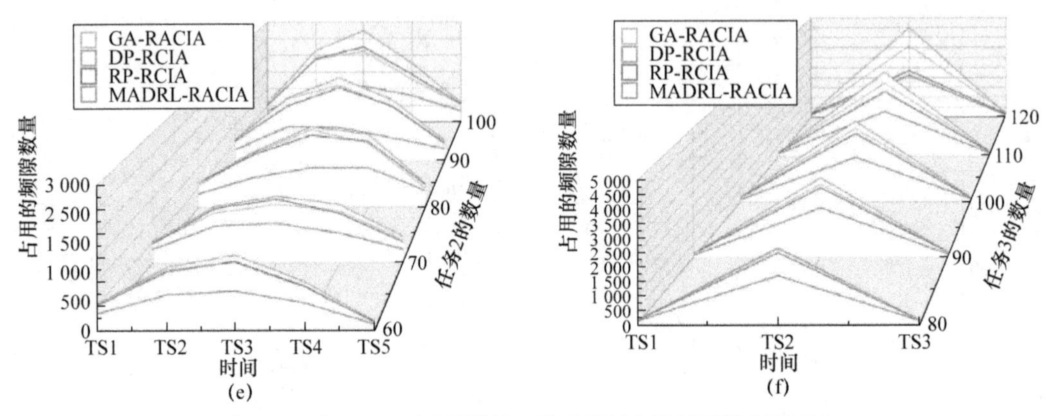


图 4-46 在 Net-2 中，不同任务类型的任务数量下阻塞概率和占用频隙数量的变化

图 4-47 和图 4-48 分别展示了混合任务场景及不同任务量下 Net-1 和 Net-2 的阻塞概率和频谱占用率。在混合任务场景中，Net-1 的仿真结果显示，当任务量为 120 时，MADRL-RACIA 的阻塞概率比 GA-RACIA 低 44.3%，比 DP-RCIA 低 58.6%，比 RP-RCIA 低 45.3%。在 Net-2 的混合任务场景中，当任务量为 120 时，MADRL-RACIA 的阻塞概率比 GA-RACIA 低 45.6%，比 DP-RCIA 和 RP-RCIA 分别低 67.0% 和 52.3%。可见，所提出的 MADRL-RACIA 算法的效果远远优于其他算法，资源分配更加合理。

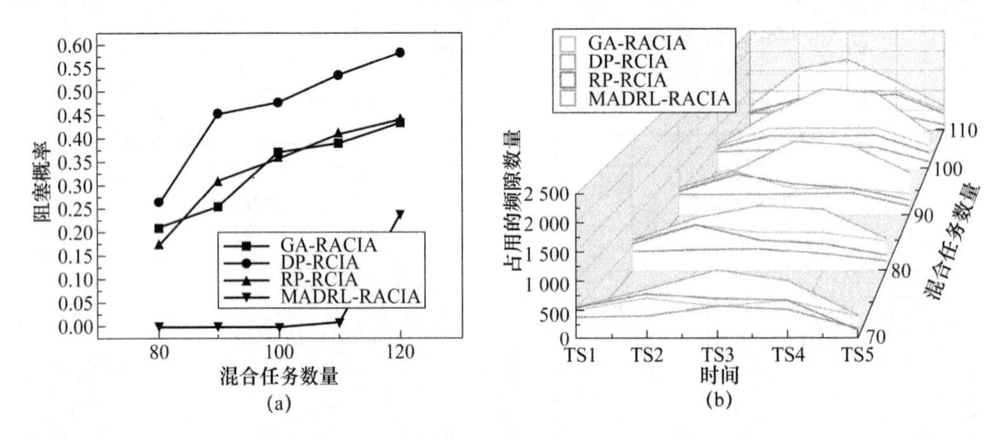


图 4-47 在 Net-1 中，混合任务类型的任务数量与阻塞概率和占用频隙数量的关系

### 3. 单链路或单服务器故障场景仿真

生存能力是可靠性的基本指标。MADRL-ACIA 是一种基于 MADRL 的无须备份资源的自适应边云协同 DNN 推理加速方案。从图 4-49 中可以看出，当 Net-1 的任务量为 110 且存在单台服务器故障时，MADRL-RACIA 与 MADRL-ACIA 相比，阻塞概率降低了 92.9%；当出现单链路故障时，MADRL-RACIA 与 MADRL-ACIA 相比，阻塞概率降低了 96.8%。当 Net-2 的任务量为 170 且存在单台服务器故障时，MADRL-RACIA

与 MADRL-ACIA 相比，阻塞概率降低了 22.7%；当出现单链路故障时，MADRL-RACIA 与 MADRL-ACIA 相比，阻塞概率降低了 19.0%。此时，网络中的资源对于 MADRL-ACIA 来说是足够的，并且阻塞的任务是由故障引起的。不同网络中的不同边缘服务器或链路故障对任务的影响不同，但相同点是，在资源充足的情况下，本书的保护策略效果显著，大大地减轻了故障对任务造成的后果。另外，从图 4-49 中可以看出，当任务数量增加到一定的程度时，MADRL-RACIA 的阻塞概率开始高于 MADRL-ACIA，这是因为可靠性能的提升取决于任务消耗的资源。

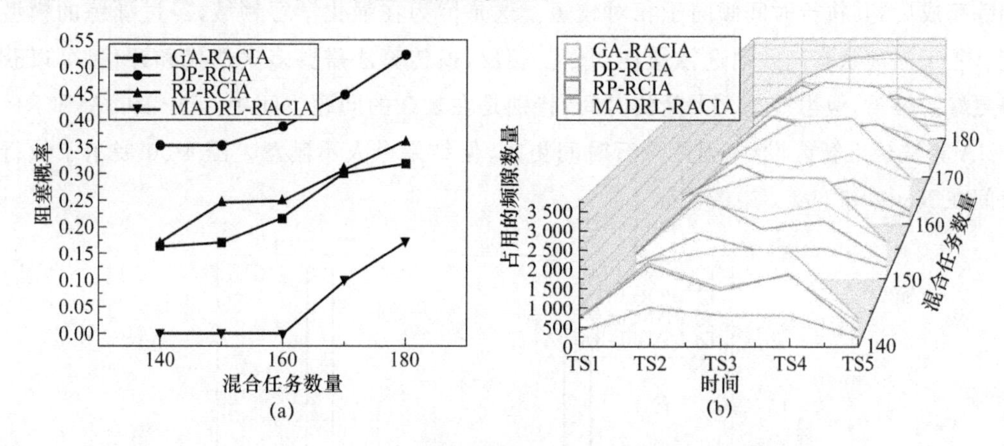


图 4-48 在 Net-2 中，混合任务类型的任务数量与阻塞概率和占用频隙数量的关系

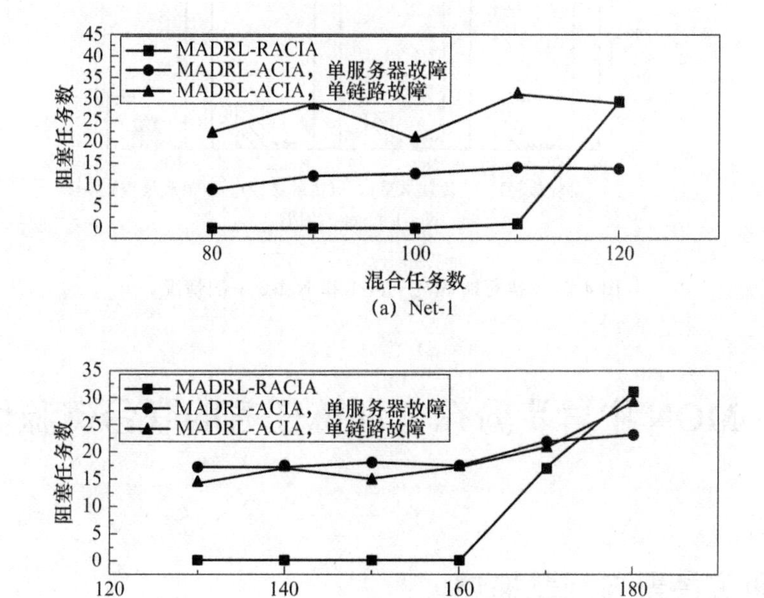


图 4-49 单链路和单服务器故障场景中的阻塞任务数与混合任务数

#### 4. 执行时间比较

实验中使用的处理器是一台 Intel Core i5-8265U CPU，主频为 1.60 GHz～1.80 GHz。本研究还重点关注了 Net-1 和 Net-2 中负载最轻和负载最重的情况。在这样的情况下，作者所提出的算法完成时间仅为毫秒级，而遗传算法的执行时间范围从几分钟到几小时不等。DP-RCIA 和 RP-RCIA 算法的执行时间在毫秒级范围内。通常，在强化学习模型训练完成后，其执行时间倾向于相对较短。这是因为在强化学习领域，经过训练的模型能够基于当前状态高效地选择最佳动作。相反，遗传算法需要多次迭代和评估，可以获得更好的结果，但需要投入大量的时间，特别是在复杂的问题空间中。DP-RCIA 和 RP-RCIA 算法缺乏智能设计，因此执行时间更短，但结果令人不满意。图 4-50 展示了执行时间在 Net-1 和 Net-2 中的情况。

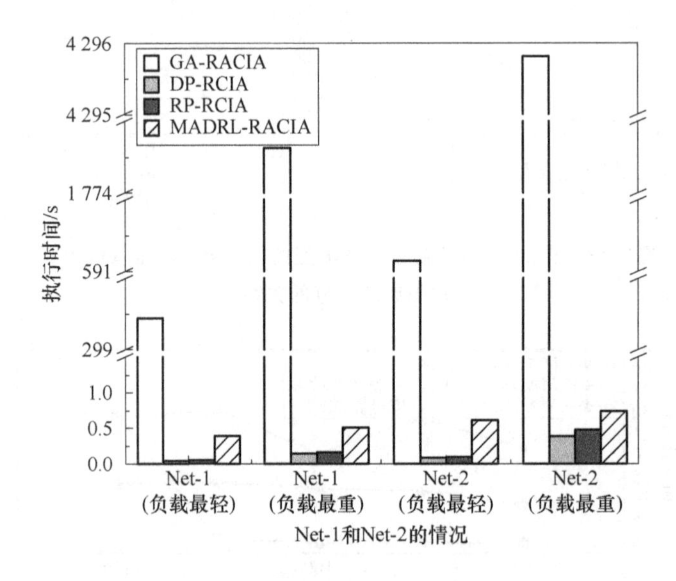


图 4-50　执行时间在 Net-1 和 Net-2 中的情况

## 4.7　MON 中异步分布式训练任务的联合资源优化

### 4.7.1　研究背景与问题描述

随着深度神经网络(Deep Neural Network，DNN)模型规模的不断扩大，在计算能力有限的终端设备上进行 DNN 训练，无法满足处理生成数据的高计算复杂度。此外，由于云服务器通常与网络中的用户相距较远,因此使用云服务器进行培训可能会有很大的通信延迟。可以发现,仅终端和仅服务器的训练方法都不能很好地工作,因此,迫切需要新的技术来训练机器学习模型。随着MEC的出现,服务器可以部署在离用户更近的地方,以提供通信、计算和缓存功能。结合DNN的多层结构,可以将部分DNN任务传递到附近的边缘服务器,而不是全部发送到远程云服务器,这也减少了云服务器的计算负荷,如图4-51所示。有相关的研究致力于利用边云协同进行深度神经网络训练[27-29]。

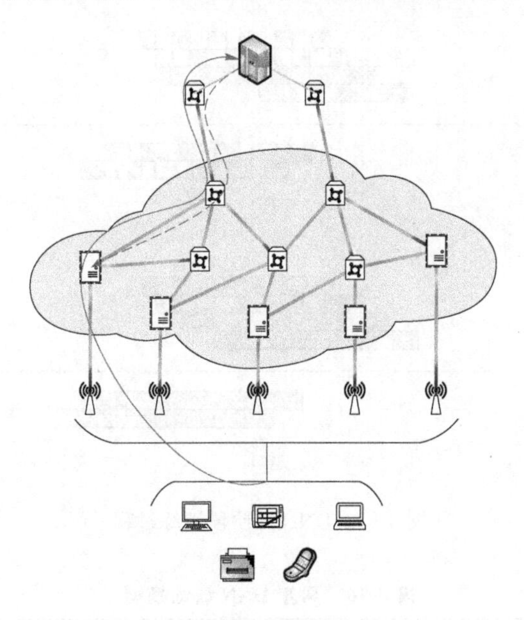

图4-51 边云协同DNN训练

本节在现有的边云协同场景研究中加入对流水线工作流机制的实现,这可以在很大程度上减少由于服务中间结果等待时间造成的服务器计算或通信资源的浪费[30]。

## 4.7.2 异步分布式训练任务模型

在分布式DNN模型训练场景中,有两种计算节点:边缘服务器和核心云。对于DNN模型,存在一个分区点,分区点之前的层部署在边缘服务器上,而分区点之后的层部署在核心云上。考虑到数据源和节点间的通信,深度神经网络的训练过程可以概括为四个阶段。图4-52(a)描述了忽略后向损失传输的模型并行同步训练场景,因为它的批次大小是训练数据量的一半。可以看出,每一批次在边缘和云上都要等到前一批次训练完成后才会开始,这导致了大量的空闲时间。为了提高资源利用率,作者在表4-16中提出了异步DNN训练模型。采用这种方法,异步训练过程如图4-52(b)所示。每个计算节点不需要等待当前批次处理的向后升级梯度,可以通过控制核心云服务器内部的线程数直接开始进行下一批处理。这样，核心云可以同时完成 $i$ 的后退和 $D_{i+1}$ 的前进。

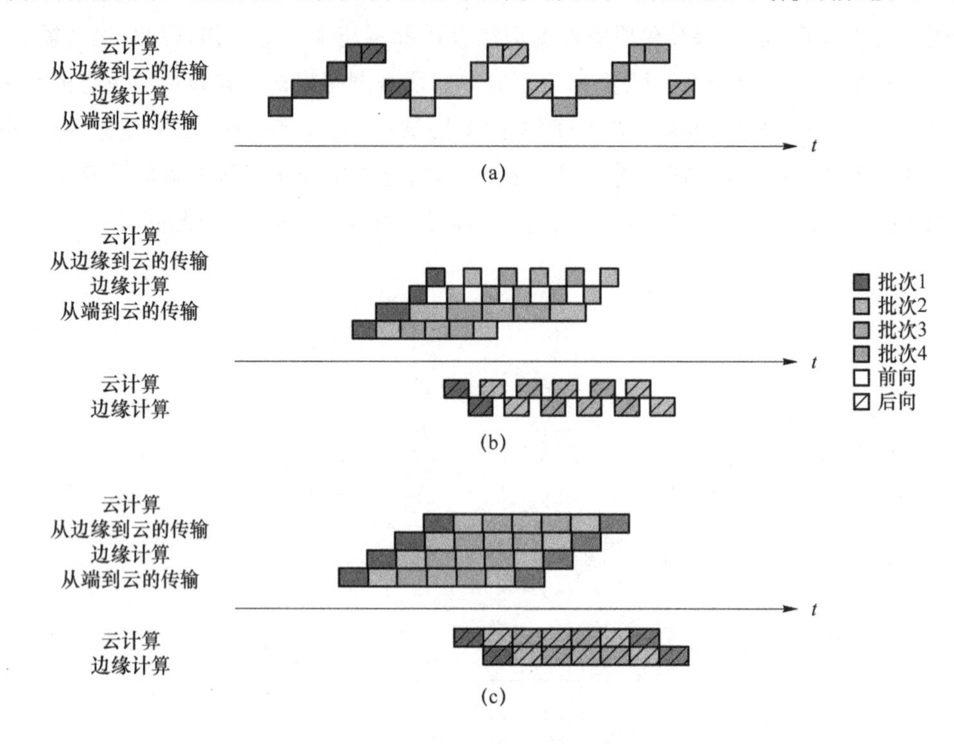


图 4-52　DNN 分阶段训练过程

**表 4-16　异步 DNN 训练模型**

| 流程：异步 DNN 训练模型。 | |
|---|---|
| 1 | 初始化：DNN 模型 $G$，划分后的 DNN 子模型 $\{G_1, G_2, \cdots, G_k\}$ |
| 2 | 循环 $T$(训练轮数)次 |
| 3 | 　　从 1 到 $K$ 个计算节点并行执行 |
| 4 | 　　　　等待前一个计算节点 $K-1$ 的前向计算结果 |
| 5 | 　　遍历 $G_k$ 中的 DNN 层 |
| 6 | 　　　　执行前向算法 |
| 7 | 　　将前向计算结果传给下一节点 $K+1$ |
| 8 | 　　等待后一个计算节点 $K+1$ 的后向计算结果 |
| 9 | 　　遍历 $G_k$ 中的 DNN 层： |
| 10 | 　　　　执行后向算法 |
| 11 | 　　将后向计算结果传给前一节点 $K-1$ |
| 12 | 　　遍历 $G_k$ 中的 DNN 层： |
| 13 | 　　　　根据后传计算结果计算梯度，结合学习率更新模型参数 |

在异步训练中，每个计算节点严重依赖于前节点和后节点的数据。不同的块之间存在间隙，这意味着如果不同阶段的处理时间差异较大，会造成一些空闲时间，从而影响计算资源和通信资源的利用。为了解决这个问题，四个阶段消耗的时间应该平衡，如图 4-52(c)所

示，采用流水线工作流机制。在流水线工作流机制中，每个阶段可以描述如下。

阶段 1：终端设备将第 $i$ 批训练数据发送到边缘服务器。

阶段 2：在边缘服务器上部署分区点之前的 DNN 层，边缘服务器同时执行第 $i$ 批数据的前传和第 $i$ 批数据的后传。

阶段 3：边缘服务器将第 $i$ 批数据的中间结果发送到核心云，并接收从核心云发送的第 $i$ 批数据的中间梯度值。

阶段 4：在核心云上部署分区点后的 DNN 层，核心云对第 $i$ 批数据进行前传并完成梯度聚合，同时对第 $i-1$ 批数据进行反传。

同时可以注意到，核心云使用批量优化的参数执行 $D_{i+2}$ 的前传，在这种情况下，称核心云的异步步长为 1。同样，从边缘服务器的角度来看，核心云的异步速度为 4。需要注意的是，服务器内部被参数等大量数据占用的内存在以后的计算中没有使用的时候会被释放，所以不会影响服务器的性能。

接下来，讨论每个阶段的延迟定义，作为平衡它们的先验。$n$ 层 DNN 训练任务可以描述为 $G_n$。$E_i^f$ 和 $C_i^f$ 分别表示第 $i$ 层在边缘服务器和核心云上批量执行的转发时间。$E_i^b$ 和 $C_i^b$ 表示第 $i$ 层在边缘服务器和核心云上后传执行的时间。$R_i$ 表示第 $i$ 层输出数据的大小。$D$ 表示训练数据。$K$ 表示训练批次数。定义四个阶段的时间消耗，即 $t_1$、$t_2$、$t_3$、$t_4$。

$$t_1 = D/B_1 \tag{4-7-1}$$

其中，$B_1$ 为终端设备到边缘服务器的光路由带宽。

$$t_2 = \sum_{i=1}^{P} E_i^f + E_i^b \tag{4-7-2}$$

式中，$P$ 表示 DNN 分区点。

$$t_3 = R_p / B_3 \tag{4-7-3}$$

其中，$B_3$ 为边缘服务器到核心云的光路由带宽。

$$t_4 = \sum_{i=P}^{n} C_i^f + C_i^b \tag{4-7-4}$$

在流水线并行工作流模型中，$G_n$ 的训练时间取决于这四个阶段的最大时间。忽略梯度聚合和更新消耗的少量时间，训练时间 $T_{G_n}$ 定义为式(4-7-5)。

$$T_{G_n} = K \max\{t_1, t_2, t_3, t_4\}, p \in [0, 1, \cdots, n] \tag{4-7-5}$$

因此，问题就变成了选择分区点 $P$ 来最小化 $T_{G_n}$。

### 4.7.3 资源感知均衡分配算法

对于到达某个时隙的所有任务 $i \in I$，需要确定分区点，以便在不同的服务器上合理分配不同的层。之后，确定用于传输中间数据的带宽。然后，对边缘服务器和核心云的计算资源进行分配。

根据之前对异步训练模型的描述，服务延迟由四个阶段中耗时最长的阶段决定。在多任务优化场景下，本小节提出一种资源感知均衡分配算法(Resource Aware Balance Allocation algorithm，RABA)。通过合理的计算资源和带宽资源分配策略，均衡各训练阶段的延迟时间，实现通信资源和计算资源的最大化利用。

划分点的确定应综合考虑当前网络、计算节点和任务本身的特点。由于计算资源和通信资源是两个不同的资源维度，所以根据它们的利用率来评估它们。这两种资源中的哪一种先被用完，成为阻塞服务完成的瓶颈。因此，我们所需要的策略应该均匀地消耗边缘服务器和核心云的计算资源，以及它们之间的通信资源。通过这种方式，可以防止某些类型的资源被过快消耗，从而导致服务阻塞。

在本小节的算法中，基于以下两个带宽和计算资源分配规则，定义了一个变量EVEN来描述资源占用的均匀性。

(1) 带宽分配规则

一旦确定了分区点，就可以确定传输的数据量。以最大业务时延作为传输时延的上限，选择满足传输时延限制的最小槽位数传输 $B$。

$$X_{i,j}=\text{ceil}\left(\frac{D_{i,j}}{B \cdot T_{i,\max}}\right) \cdot B \tag{4-7-6}$$

式中，$X_{i,j}$表示将 $j$ 层作为任务 $i$ 的分区点的槽号分配，ceil 表示向上舍入函数。

(2) 计算资源分配规则

以传输时延为上限确定计算资源占用。分配计算资源，使计算延迟等于传输延迟就足够了。过多的资源消耗不会加速服务的完成。假设满算能力计算节点的计算时延为 $m$，传输时延为 $n$，则占用率设置为 $m/n$。

$$Z_{i,v,j}=\frac{\sum_{j'=1}^{j} T_{i,j',v} \cdot X_{i,j}}{D_{i,j}}, \quad \forall v \in \text{EN} \tag{4-7-7}$$

$$Z_{i,v,j}=\frac{\sum_{j'=j}^{L_i} T_{i,j',v} \cdot X_{i,j}}{D_{i,j}}, \quad \forall v \in \text{CN} \tag{4-7-8}$$

其中，$Z_{i,v,j}$表示节点 $v$ 中使 $j$ 层作为任务 $i$ 分区点的分配决策。EN 表示边缘服务器集合，CN 表示核心云服务器。

根据以上两条规则，可以定义$\text{EVEN}_{i,j}$，表示资源占用的均匀性$\text{EVEN}_{i,j}$的值越小，资源利用越均匀。另外，可以计算在 $L+1$(包括全在边缘和全在核心)的分区点确定策略下的资源占用情况，选择资源占用最均匀的策略。

$$U_{i,j,2}=R_v-Z_{i,v,j}, v=N_i \tag{4-7-9}$$

$$U_{i,j,3}=\frac{\text{FS}_{\max}-(\text{FS}_{\text{right}}+X_{i,j})}{\text{FS}_{\max}} \tag{4-7-10}$$

$$U_{i,j,4}=R_v-Z_{i,v,j}, v=\text{CN} \tag{4-7-11}$$

$$\text{EVEN}_{i,j}=\text{std}(U_{i,j,s}), s=[2,3,4] \tag{4-7-12}$$

$$Y_i=\text{argmin}_{j(\text{EVEN}_{i,j})}, j \in \{0,1,\cdots,L_i\} \tag{4-7-13}$$

$U_{i,j,s}$表示任务 $i$ 在阶段 $s$ 分区点 $j$ 的剩余资源策略率。$s$ 表示阶段号，$R_v$ 表示计算节点的剩余计算资源。$FS_{max}$表示任务 $i$ 所在的边缘服务器与核心云之间的最大光路由槽位数，$FS_{right}$表示最大已用槽位数。选择最小 EVEN 的分区点 $j$ 作为 $Y_i$，这是所有可用分区点中的最佳策略。RABA 算法的具体流程见表 4-17。

**表 4-17 RABA 算法**

| 算法：RABA 算法。 |
|---|
| 1 初始化：网络拓扑、节点算力、链路带宽、业务请求集合 |
| 2 对于业务集合中的每一个业务 $i$ |
| 3 获取边缘 E 的剩余算力 |
| 4 获取核心云 C 的剩余算力 |
| 5 使用 Dijkstra 算法为 E 和 C 之间寻找光路径 |
| 6 获取光路径上的最大占用频段 $FS_{right}$ 和总频段 $FS_{max}$ |
| 7 遍历 $i$ 中的 DNN 层 $j$ 作为划分点 |
| 8 按照式(4-7-9)、式(4-7-10)、式(4-7-11)、式(4-7-12)计算当前划分层 $j$ 的 EVEN 估值 |
| 9 选取 EVEN 估值最小的 $j$ 作为划分层次 |
| 10 校验传输资源和算力资源是否充足 |
| 11 如果充足，则业务选用此方案进行资源占用，否则业务阻塞 |

## 4.7.4 仿真实验与数值分析

为了评估所提算法的性能，在城域光网络中进行仿真实验。参数设置见表 4-18。作者模拟了不同任务负载下的 DNN 训练，将所提算法的性能与确定性层分区策略进行比较，确定性层分区策略为所有服务选择相同的分区点。

**表 4-18 仿真参数设置**

| 变量 | 数值 |
|---|---|
| 每条光纤链路的总频隙数 | 400 |
| 每个频隙的带宽 | 6.25 Gbit/s |
| 训练任务的数据量 | [5 000,10 000]Gbit |
| 每层的输出与输入数据大小之比 | [0.5,1] |
| 边缘环境 DNN 层计算延迟(计算资源满时) | [50,200]ms |
| 云环境下 DNN 层计算延迟(计算资源充足) | [5,20]ms |
| 每个任务的总层 | 5 |

图 4-53 说明了低负载场景下确定性层分区策略和 RABA 算法的资源使用情况。在确定性层分区策略下，随着边缘服务器上部署的层数越来越多，边缘服务器上的剩余计算资源减少，而核心云中的剩余计算资源增加，分配的槽位数量也减少。作为对比，RABA 算法的边缘云算力资源、通信资源、核心云算力资源的占用情况如图 4-53 中虚线所示，相比于确定性分区策略，RABA 算法使得这三类资源被均匀地消耗，从而避免了其

中一类资源被快速消耗完而引起业务阻塞，保证了算力网络的资源均衡。

图 4-54 展示了不同负载下服务的平均延迟和阻塞率。随着服务负载的增加，平均延迟和阻塞率都趋于增加。当服务负载固定时，可以看到，当划分点位于所有 DNN 层的中间时，与位于整个网络的前部或后部相比，平均延迟和阻塞率较低。这也意味着当分区点居中时，可以充分利用边缘服务器和云的计算资源以及通信资源。然而，RABA 算法的平均延迟和阻塞率均低于确定性层分区策略的最小值（任务数等于 50 时延迟稍高除外）。在 100、150、200 个任务场景下，RABA 算法的平均延迟比确定性策略下的最小值分别降低了 11.5%、10.3%、8.5%。

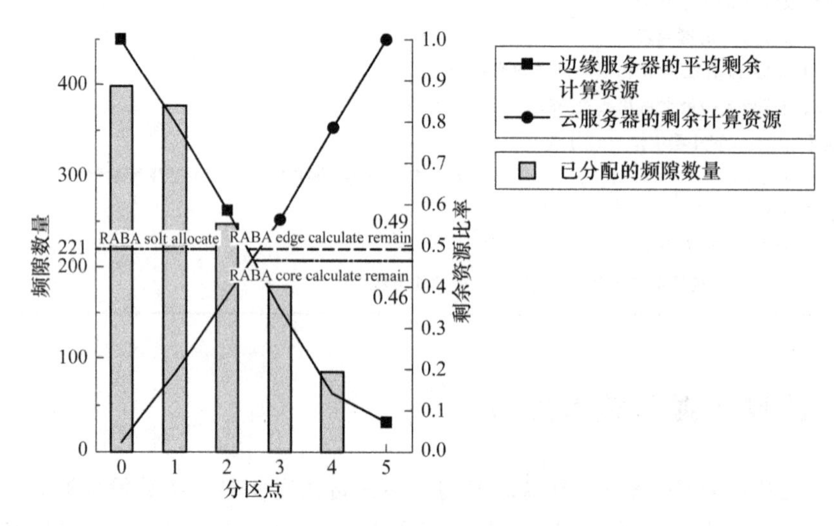


图 4-53　50 个任务的确定性层划分的资源占用

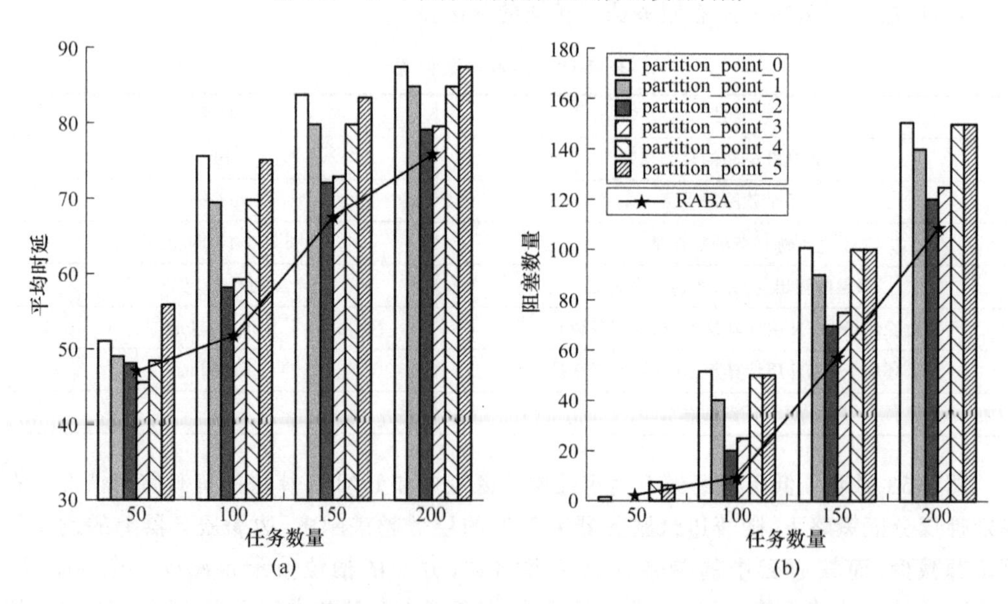


图 4-54　不同负载下服务的平均延迟和阻塞率

综上所述，RABA 算法在城域光网络中展现了卓越的性能，相较于确定性层分区策略，其资源利用更均匀，有效地缓解了边缘服务器和云之间的计算资源不平衡问题。在不同负载场景下，RABA 算法在平均延迟和阻塞率方面均优于确定性层分区策略，特别是在高负载的情境下。

# 参考文献


[1] BUYYA R, YEO C S, VENUGOPAL S, et al. Cloud computing and emerging IT platforms: Vision, hype, and reality for delivering computing as the 5th utility [J]. Future Generation computer systems, 2009, 25(6): 599-616.

[2] ABBAS N, ZHANG Y, TAHERKORDI A, et al. Mobile edge computing: A survey[J]. IEEE Internet of Things Journal, 2017, 5(1): 450-465.

[3] TALEB T, SAMDANIS K, MADA B, et al. On multi-access edge computing: A survey of the emerging 5G network edge cloud architecture and orchestration[J]. IEEE Communications Surveys & Tutorials, 2017, 19(3): 1657-1681.

[4] RIMAL B P, VAN D P, MAIER M. Mobile edge computing empowered fiber-wireless access networks in the 5G era[J]. IEEE Communications Magazine, 2017, 55(2): 192-200.

[5] MAO Y, YOU C, ZHANG J, et al. A survey on mobile edge computing: The communication perspective[J]. IEEE communications surveys & tutorials, 2017, 19(4): 2322-2358.

[6] SHU C, ZHAO Z, HAN Y, et al. Multi-user offloading for edge computing networks: A dependency-aware and latency-optimal approach[J]. IEEE Internet of Things Journal, 2019, 7(3): 1678-1689.

[7] CAO X, WANG F, XU J, et al. Joint computation and communication cooperation for energy-efficient mobile edge computing[J]. IEEE Internet of Things Journal, 2018, 6(3): 4188-4200.

[8] MAHMOODI S E, UMA R N, SUBBALAKSHMI K P. Optimal joint scheduling and cloud offloading for mobile applications[J]. IEEE Transactions on Cloud Computing, 2016, 7(2): 301-313.

[9] TRAN T X, POMPILI D. Joint task offloading and resource allocation for multi-server mobile-edge computing networks[J]. IEEE Transactions on Vehicular Technology, 2018, 68(1): 856-868.

[10] CHEN L, ZHOU S, XU J. Computation peer offloading for energy-constrained mobile edge computing in small-cell networks[J]. IEEE/ACM transactions on networking, 2018, 26(4): 1619-1632.

[11] ZHANG Q, GUI L, HOU F, et al. Dynamic task offloading and resource allocation for mobile-edge computing in dense cloud RAN[J]. IEEE Internet of Things Journal, 2020, 7(4): 3282-3299.

[12] HUANG S, YANG C, YIN S, et al. Latency-aware task peer offloading on overloaded server in multi-access edge computing system interconnected by metro optical networks [J]. Journal of Lightwave Technology, 2020, 38 (21): 5949-5961.

[13] FAN Q, ANSARI N. Green energy aware user association in heterogeneous networks[C]//2016 IEEE wireless communications and networking conference. IEEE, 2016: 1-6.

[14] KANI J, TERADA J, SUZUKI K I, et al. Solutions for future mobile fronthaul and access-network convergence[J]. Journal of Lightwave Technology, 2017, 35 (3): 527-534.

[15] WANG C, YU F R, LIANG C, et al. Joint computation offloading and interference management in wireless cellular networks with mobile edge computing[J]. IEEE Transactions on Vehicular Technology, 2017, 66(8): 7432-7445.

[16] MOGHADDAM E E, BEYRANVAND H, SALEHI J A. Routing, spectrum and modulation level assignment, and scheduling in survivable elastic optical networks supporting multi-class traffic[J]. Journal of Lightwave Technology, 2018, 36(23): 5451-5461.

[17] YIN S, ZHANG W, CHAI Y, et al. Dependency-aware task cooperative offloading on edge servers interconnected by metro optical networks[J]. Journal of Optical Communications and Networking, 2022, 14(5): 376-388.

[18] WANG S, YIN S, HUANG S. Delay-Energy-Aware Dependent Task Offloading Based on Orchard Algorithm in Collaborative Cloud-Edge Optical Networks [C]//2023 Asia Communications and Photonics Conference/2023 International Photonics and Optoelectronics Meetings (ACP/POEM). IEEE, 2023: 01-05.

[19] KAVEH M, MESGARI M S, SAEIDIAN B. Orchard Algorithm (OA): A new meta-heuristic algorithm for solving discrete and continuous optimization problems[J]. Mathematics and Computers in Simulation, 2023, 208: 95-135.

[20] 刘立浩.基于机器学习的城域光网络中的泛化性资源分配方案[D].北京:北京邮电大学,2023.

[21] TANG B, CHEN J, HUANG Y C, et al. Optical network routing by deep reinforcement learning and knowledge distillation[C]//Asia Communications and Photonics Conference. Optica Publishing Group, 2021: T4A. 82.

[22] LI Z, ZHAO Y, LI Y, et al. Self-optimizing optical network with cloud-edge

collaboration: Architecture and application [J]. IEEE Open Journal of the Computer Society, 2020, 1: 220-229.

[23] CHEN X, PROIETTI R, LIU C Y, et al. A multi-task-learning-based transfer deep reinforcement learning design for autonomic optical networks [J]. IEEE Journal on Selected Areas in Communications, 2021, 39(9): 2878-2889.

[24] YIN S, JIAO Y, YOU C, et al. Reliable adaptive edge-cloud collaborative DNN inference acceleration scheme combining computing and communication resources in optical networks [J]. Journal of Optical Communications and Networking, 2023, 15(10): 750-764.

[25] XU Z, LIANG W, JIA M, et al. Task offloading with network function requirements in a mobile edge-cloud network [J]. IEEE Transactions on Mobile Computing, 2018, 18(11): 2672-2685.

[26] LIU M, LI Y, ZHAO Y, et al. Adaptive DNN model partition and deployment in edge computing-enabled metro optical interconnection network [C]//2020 Optical Fiber Communications Conference and Exhibition (OFC). IEEE, 2020: 1-3.

[27] LI H, OTA K, DONG M. Learning IoT in edge: Deep learning for the Internet of Things with edge computing [J]. IEEE network, 2018, 32(1): 96-101.

[28] LIU D, CHEN X, ZHOU Z, et al. HierTrain: Fast hierarchical edge AI learning with hybrid parallelism in mobile-edge-cloud computing [J]. IEEE Open Journal of the Communications Society, 2020, 1: 634-645.

[29] KANG Y, HAUSWALD J, GAO C, et al. Neurosurgeon: Collaborative intelligence between the cloud and mobile edge [J]. ACM SIGARCH Computer Architecture News, 2017, 45(1): 615-629.

[30] LIU X, CHAI Y, DUAN Z, et al. Joint Resources Allocation for Asynchronous Distributed Training in Cloud-Edge Collaborative Optical Networks [C]//2023 Asia Communications and Photonics Conference/2023 International Photonics and Optoelectronics Meetings (ACP/POEM). IEEE, 2023: 1-5.

[31] CISCO U. Cisco annual internet report (2018—2023) white paper [J]. Cisco: San Jose, CA, USA, 2020, 10(1): 1-35.

[32] DINH H T, LEE C, NIYATO D, et al. A survey of mobile cloud computing: architecture, applications, and approaches [J]. Wireless communications and mobile computing, 2013, 13(18): 1587-1611.

[33] YANG G, DENG J, PANG G, et al. An IoT-enabled stroke rehabilitation system based on smart wearable armband and machine learning [J]. IEEE journal of translational engineering in health and medicine, 2018, 6: 1-10.

[34] PEREIRA S, PINTO A, ALVES V, et al. Brain tumor segmentation using

convolutional neural networks in MRI images[J]. IEEE transactions on medical imaging, 2016, 35(5): 1240-1251.

[35] SUN W, LIU J, ZHANG H. When smart wearables meet intelligent vehicles: Challenges and future directions[J]. IEEE wireless communications, 2017, 24(3): 58-65.

[36] EROL-KANTARCI M, SUKHMANI S. Caching and computing at the edge for mobile augmented reality and virtual reality (AR/VR) in 5G[C]//Ad Hoc Networks: 9th International Conference, AdHocNets 2017, Niagara Falls, ON, Canada, September 28-29, 2017, Proceedings. Springer International Publishing, 2018: 169-177.

[37] Cisco Visual Networking Index: Forecast and Trends, 2017—2022. Cisco, San Jose, CA, USA, 2018.

# 第 5 章

# 城域光网络中考虑生存性的资源优化

随着信息技术的快速发展，城域光网络已经成为现代通信基础设施的重要组成，承载了大量的新型业务，如 5G、物联网、边缘计算等。这些业务对网络的稳定性和恢复能力有着极高的要求。随着网络规模的扩大和业务需求的多样化，城域光网络的资源优化研究也面临着新的生存性挑战。例如，如何在保证生存性的同时，实现网络资源的高效利用；如何应对实时变化的业务流量模式，提供灵活的网络配置和动态路由；以及如何应对新型传输技术约束等。

城域光网络中考虑生存性的资源优化问题的研究不仅关系到网络的可靠性，也是推动网络技术进步、提升用户体验和保障社会经济活动正常运行的关键因素。基于研究成果和技术创新，可以提高城域光网络的抗毁能力，减少故障对业务的影响，从而为社会提供更加稳定和高效的通信服务。本章将在概述生存性资源优化技术的基础上，介绍作者在城域光网络中考虑生存性的高可靠资源优化方面取得的一些研究成果。相关研究主要从保护路径计算与资源分配、备份路径资源共享、考虑生存性的虚拟网络嵌入等方面出发，克服城域光网络中业务高可靠性要求与传输管控升级带来的资源优化新挑战。

## 5.1　考虑生存性的光网络资源优化技术

网络生存性(Survivability)是指网络在发生故障后，仍能保持业务数据传输的能力，又可称为网络的抗毁性。影响网络生存性的主要因素是网络拓扑结构和生存性技术。光网络中的生存性技术可以大致分为两类：保护技术和恢复技术。根据生存性技术的特点与保护范围的不同，保护技术和恢复技术又可分为通道保护、链路保护、分段保护、通道恢复、链路恢复等，其关系如图 5-1 所示。

在保障网络生存性时充分考虑资源优化，能够有效地提升网络抗毁能力。例如保护路径计算与选择、保护资源共享、动态资源调整、多路径保护等结合资源优化，能够有效地提高网络效率，为业务提供高效、高可靠的通信服务。通过这些技术和策略的结合，网络运营者可以构建更加健壮和可靠的通信网络，确保在各种不利条件下，关键业务和服务能够持续运行。这对于金融、医疗、紧急服务等对网络稳定性要求极高的行业尤为重要。

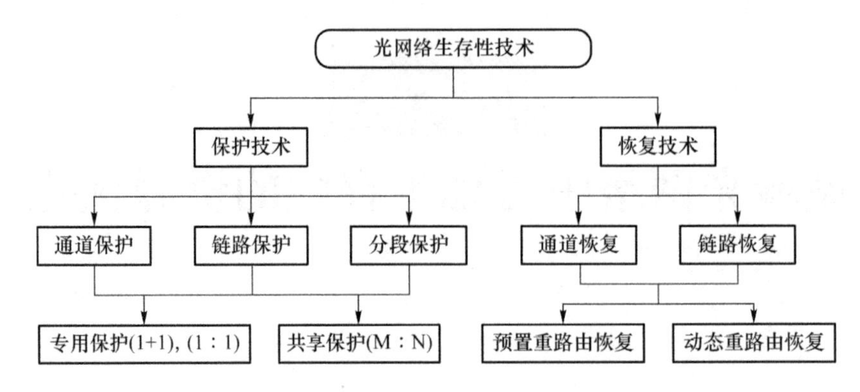


图 5-1　光网络生存性技术主要分类

## 5.1.1　光网络中的保护技术

保护技术是一种主动型生存性技术，保护技术在故障发生前建立工作路由时，就为业务请求计算分配备份路由及资源，以便当故障发生时，快速地将业务从工作路由切换到备份路由，维持正常的通信传输。在计算备份路由时，应尽可能地避免工作路由和保护路由同时发生故障的情况，即工作路由和备份路由尽可能地链路分离和共享风险分离。由于保护技术的一大核心是预留备份资源，采用专用保护的业务恢复速度会非常快。但是，由于该部分备份资源不能被其他业务使用，导致网络资源利用率降低。因此，结合资源优化技术对工作和备份资源进行进一步的全局优化，有望在提高保护资源效率的同时保障网络生存性。根据备份资源是否共享，保护技术又可以分为专用保护和共享保护。

### 1. 专用保护

专用保护指为业务所预留的备用保护资源不允许被其他业务所占用，只允许该业务单独使用。在这种场景下，网络中大量的资源可能会被闲置，直到故障发生时，相应的预留备份资源才会被调用，因此，专用保护虽然反应速度快、可靠性高，但是降低了网络资源的利用率。常见的专用保护技术包括 1+1 保护和 1∶1保护。

1+1 保护：发送端在工作通道和备用通道上同时发送相同的业务数据。在正常情况下，接收端只接收工作通道上的数据。当工作通道出现故障时，接收端会切换到接收备用通道上的数据，从而实现业务的快速恢复。这种模式的优点是倒换时间短，缺点是资源利用率低，因为备用通道在正常工作时不承载业务，但发送端需要同时在两个通道上发送数据。

1∶1保护：在这种模式下，发送端只在工作通道上发送业务数据，而备用通道在正常情况下不承载业务。当工作通道发生故障时，发送端会将业务数据切换到备用通道上发送,接收端也会相应地切换到备用通道接收数据。这种模式的优点是在正常工作时只占用一个通道,从而提高了资源利用率。但是,由于需要两端设备都进行切换操作,倒换时间可能会比1+1保护稍长。

**2. 共享保护**

共享保护是指网络中的保护资源是公有的,不再是单独分配的,允许多个业务/保护路由共享同一个备用预留资源的保护策略。与专用保护相比,由于共有的保护资源能被多个业务/保护路由所占用,共享保护技术减少了网络中预留的保护资源,有效地提高了网络资源利用率。需要注意的是,允许共享备用资源的多个业务/工作路由之间需要满足共享条件:两个或两个以上的业务连接;只有当其工作通路的链路分离(工作路由不相交)时,它们的保护通路才可以共享备份带宽资源。其中,M:N保护是经典的共享保护技术。

M:N保护是一种通过共享来实现保护的生存性技术,$M$条工作通道与$N$条保护通道共享,具体哪条工作通道使用哪条保护通道并未事先指定。在链路发生故障时,业务在工作路由上会根据预设的约束机制或通过抢占方式选择使用保护路由。在通常情况下保护通道也会用来传输一些业务,通常为优先级比较低的业务。当故障发生时,传送优先级最低的业务的通道会被终止当前业务,即抛弃这些低优先级的业务,用来承接故障通道的高优先级业务,从而实现保护。该机制的带宽利用率高,但策略复杂度高,资源优化的引入能有效地提升机制的效果。

## 5.1.2 光网络中的恢复技术

无论采用哪种保护技术都需事先预留资源,这将大大地降低网络资源的利用率。因此,光网络中除了采用恰当的保护方式之外,通常还可以采用网络恢复的方法对业务进行保护。恢复技术是指在网络发生故障后,利用网络中的冗余资源,根据某种特定算法为业务动态地计算新的传输路径来实现通信保障和网络的生存性的一种技术。由于网络恢复是根据网络的实时状况及空闲容量配置新路由来替换故障路由的,所以该方式受网络中业务分配和网络资源冗余度的影响,需要网络管理层来进行集中控制,为恢复倒换提供所需的信息。与保护技术不同,恢复技术的机制为动态过程,恢复路由不是预设的,而是在发生故障时进行的路由计算,所以恢复所需的时间较长,恢复过程中存在不确定性,但是其资源利用率相对较高。

根据恢复范围,恢复技术可分为通道恢复和链路恢复。通道恢复是指为业务在源节点和目的节点之间重新寻找一条可用通路。链路恢复不需要为业务在源节点和目的节点之间重新寻找路由,只需要在受损链路的两个节点之间重新寻找路由即可。恢复技术根据管控特征又可分为两种:预置重路由恢复和动态重路由恢复。预置重路由恢复是指网络故障发生前,通过预先计算源节点和目的节点间的恢复路由,在业务正常传输中关闭该路由,使之不承载业务,当工作路径发生故障后,激活该恢复路由,重新传输业务;动态重路由恢复是指在故障发生后通过信令实时地计算恢复路径。计算恢复路径依赖故障信息、网络拓扑和路由策略等，并采用一定的机制排除网络中的故障节点和链路。

### 5.1.3 生存性资源优化关键指标

一般认为在网络发生故障后，受损业务恢复耗时越短，网络生存性越强，资源优化效果越显著。为进行策略选择和性能优化，需要一些指标来直观地衡量生存性技术和资源优化的效果。常见的评估网络生存性的指标有恢复时间、资源冗余度、业务恢复率等。

#### 1. 恢复时间

恢复时间指从网络出现故障时开始计时到网络可以正常传输业务数据为止所消耗的时间总和。恢复时间的长短可以很客观地反映网络生存性的优劣，恢复时间越短，表示网络生存能力越强；反之，恢复时间越长，则表示网络生存性能力越弱。城域光网络中的保护路径倒换时延不应超过 100 ms。若整体故障处理时延超过 2 s，则恐怕很难保障业务通信质量，会导致严重的后果。

#### 2. 资源冗余度

冗余度是网络中空闲资源的容量与工作占用资源容量之比。保护路径预留的资源越多，冗余度越高，发生故障时网络生存性的表现也越好。但是预留空闲的网络资源越多，意味着成本代价越高，因此，如何在成本（预留的空闲资源数量）与生存能力之间进行权衡是生存性资源优化研究中的一个重点课题。

#### 3. 业务恢复率

网络中的业务恢复率指网络发生故障后恢复传输的业务量与受损中断业务量之比。该项指标描述了网络发生故障后的恢复效果，若网络业务恢复率较高，则表示网络生存性能力较强，两者呈现正比关系。

## 5.2 基于环覆盖的多路径串扰感知生存性资源共享优化

### 5.2.1 研究背景和问题描述

空分复用弹性光网络（SDM-EON）的高容量和灵活性使其在支持大规模数据传输方面具有优势，但也因此一旦发生故障，可能导致巨大的业务损失和社会影响。所以在SDM-EON 网络发生故障时，能够快速、高效地进行恢复对于减少经济损失和社会影响至关重要。SDM-EON 网络往往采用多核光纤（MCF）来实现容量的增加，但这同时也引入了影响通道传输质量的多核之间的串扰[1]。为了降低其对网络性能的影响，SDM-EON 网络生存性策略需要充分考虑 MCF 的特殊性，在资源优化中考虑串扰约束。传统生存性方法如路径保护、p-cycle 等在解决 SDM-EON 网络生存性问题上存在资源利用效率不高、未考虑串扰约束、恢复速度较慢和适应性不足等问题。

为了应对这些问题，本节将介绍一种基于环形覆盖的链路保护策略[2]。环覆盖法是一种基于环形结构的保护技术，通过构建环形覆盖来实现对网络的保护。该方法具有良好的鲁棒性和可恢复性，能够在网络发生故障时提供有效的保护，并且在资源高效利用、快速恢复和适应性强等方面有良好表现。通过动态生成环覆盖，该方法可以在提供足够保护的同时，最小化频谱资源的占用，实现资源的高效利用。环覆盖法能够在故障发生时快速恢复，减少业务中断的时间，提高了网络的可用性。由于环的动态生成，该方法具有较强的适应性，能够适应不同的网络条件和环境变化，提高了策略的灵活性。

对于 SDM-EON 网络而言，环覆盖的链路保护策略展现了显著的优势。首先，SDM-EON 网络利用多核光纤技术，而环覆盖法在处理多核光纤时，能够高效地进行路径优化和频谱资源的智能分配。其次，该策略通过构建多条备份路径，显著地提升了 SDM-EON 网络的鲁棒性，使其能够更好地应对可能出现的网络故障。最后，SDM-EON 网络对频谱的连续性和一致性有特定需求，环覆盖法通过动态构建环形网络，有效地满足了这些需求，同时提高了频谱资源的使用效率。

## 5.2.2 SDM-EON 网络及串扰模型

### 1. SDM-EON 光网络数学模型

使用图 $G(V,L)$ 描述 SDM-EON 光网络，其中 $V=\{v_1,v_2,\cdots,v_{\max}\}$ 表示网络中的节点，$L=\{l_1,l_2,\cdots,l_{\max}\}$ 表示网络中的链路。节点和链路的数量分别用 $|V|$ 和 $|L|$ 表示。每条链路由一个 MCF 组成，由 $C$ 表示，$C=\{c_1,c_2,\cdots,c_{\max}\}$。每根纤芯之间有一定数量的频隙(FS)，$F=\{f_1,f_2,\cdots,f_{\max}\}$，$|F|$ 是 FS 的数量。假设每个 FS 具有相同的带宽($B_{\text{slot}}$)，因此，请求 $r_i$ 所需的 FS 数量 $N_{i,f}$，在调制级别 $M_i$，BPSK 调制模式对应带宽 $B_i$ 和所需保护带宽数量为 $N_g$ 的条件下，可根据式(5-2-1)计算得出。

$$N_{i,f}=\left\lceil\frac{B_i}{M_i\times B_{\text{slot}}}\right\rceil+N_g \tag{5-2-1}$$

令 $R$ 为请求集，$R=\{r_1,r_2,\cdots,r_{\max}\}$，$r_i=(s_i,d_i,N_{i,f})$，其中 $s_i$ 和 $d_i$ 分别是请求 $i$ 的源节点和目的节点。对于每个请求，计算 $K$ 条最短路径，然后被分配的 FS 和纤芯需要满足频谱连续性约束、频谱邻接约束和纤芯连续性约束，即 $r_i$ 在所通过链路上必须分配给索引相同的纤芯。

### 2. 串扰模型

在 MCF 中，存在核芯间串扰，即相邻两个纤芯之间的光功率干扰[1]。串扰会对当前核芯造成干扰，进而影响接收端的信号质量。考虑串扰仅在相邻核中占用相同的 FS 时才会发生，MCF 中的串扰可以通过式(5-2-2)和式(5-2-3)计算[3]。

$$\mathrm{XT}=\frac{n-n\cdot\exp[-(n+1)\cdot\tilde{h}\cdot E]}{1+n\cdot\exp[-(n+1)\cdot\tilde{h}\cdot E]} \tag{5-2-2}$$

$$\tilde{h}=\frac{2k^2r}{\beta w_r} \tag{5-2-3}$$

在式(5-2-2)中，$n$ 为所选纤芯的相邻纤芯的数量，$E$ 代表传输距离，$\tilde{h}$ 为单位长度的串扰增量，可由式(5-2-3)计算得出。在式(5-2-3)中，$k$、$r$、$\beta$ 和 $w_r$ 分别代表耦合系数、弯曲半径、传输常数和纤芯间距。

## 5.2.3 基于环覆盖的多路径资源共享保护策略

在本节中，作者提出一种基于环覆盖的多路径资源共享保护策略。该策略包括三个部分：环设计、恢复方案和资源优化方案。接下来分别介绍一种在多阈值下获得环覆盖的方法、一种通过多路径恢复损坏的路由的重路由方案和一种串扰感知的核芯资源分区方案。

### 1. 覆盖环设计

本节以具有 14 个节点和 21 条链路的 NSFNET 为例。两个不同节点之间的距离以千米为单位。作者通过深度优先搜索 (DFS) 计算 NSFNET 中的所有环，并将 139 个环存储到$\mathbb{C}$。由于 MCF 中的串扰与距离有关，因此设置不同的长度阈值来限制$\mathbb{C}$中的环长度。目标是选择一组满足所有约束的覆盖环。相关符号和约束如下。

$L$：网络链路集，$L=\{l_1,l,\cdots,l_{\max}\}$。

$\mathbb{C}$：图 $G(V,L)$中所有的环的集合。

$\mathbb{P}$：所有循环集集合，$\mathbb{P}=\{P_1,P_2,\cdots,P_P\}$。

$P_i$：集合$\mathbb{P}$中的第 $i$ 组环，$P_i=\{P_{i,1},P_{i,2},\cdots,P_{i,K}\}$。

$P_{i,k}$：$\mathbb{P}$ 中第 $i$ 个聚合中的第 $k$ 个环。

$d_{th}$：环的距离阈值。

$d_{i,k}$：$\mathbb{P}$ 中第 $i$ 个聚合中的第 $k$ 个环的长度。

$b_{i,k}^l$：表示第 $l$ 条链路是否可以被 $\mathbb{P}$ 中第 $i$ 个聚合中的第 $k$ 个环保护。

$\beta_{i,k}^l$：表示第 $l$ 条链路是否是 $\mathbb{P}$ 中第 $i$ 个聚合中的第 $k$ 个环的环上链路。

其中 $b_{i,k}^l\in\{0,1,2\}$，若 $b_{i,k}^l=2$，表示第 $l$ 条链路是第 $k$ 个环上的跨接链路；若 $b_{i,k}^l=1$，表示第 $l$ 条链路是第 $k$ 个环上的链路；若 $b_{i,k}^l=0$，表示第 $l$ 条链路不能被第 $k$ 个环保护。若 $\beta_{i,k}^l=0$，表示第 $l$ 条链路是环上链路；若 $\beta_{i,k}^l=1$，表示第 $l$ 条链路不是环上链路。

目标函数：

$$\text{minimize } \alpha_1\sum_{k=1}^{K}\sum_{l=1}^{L}\beta_{i,k}^l+\alpha_2\sum_{k=1}^{K}\sum_{l=1}^{L}b_{i,k}^l+\alpha_3\sum_{k=1}^{K}\sum_{l=1}^{L}d_{i,k} \tag{5-2-4}$$

约束条件：

$$d_{i,k} \leqslant d_{th}, \quad \forall k \tag{5-2-5}$$

$$\sum_{k=1}^{K} b_{i,k}^{l} \geqslant 1, \quad \forall l \tag{5-2-6}$$

式(5-2-4)中的参数设置为 $\alpha_1 \gg \alpha_2 \gg \alpha_3$。优化目标的第一个优化重点是尝试利用每条链路的频谱资源，因为如果一条跨接链路没有被任何覆盖环遍历，则该链路的资源将被浪费。第二个优化重点是尽量减少总的保护次数，以实现更高的保护效率。最后，考虑覆盖环集的总长度。式(5-2-5)确保所选的覆盖环均满足阈值限制。式(5-2-6)确保网络的每条链路都受到所选覆盖环集的保护。模型的结果总结在表 5-1 中。结果中所有的链路均被保护，无保护链路数量为 0。

**表 5-1　NSFNET 中的环覆盖计算结果**

| $d_{th}$/km | 覆盖环 | 保护次数 | 距离长度/km | 覆盖环集中的覆盖环数 | 满足阈值的覆盖环总数 |
|---|---|---|---|---|---|
| 8 000 | [1,2,3], [11,12,14,13], [2,3,6,5,4], [6,10,9,13,14], [1,2,4,5,7,8], [4,5,7,8,9,12,11] | 30 | 32 500 | 6 | 17 |
| 9 000 | [1,2,3], [9,12,11,13], [11,12,14,13], [1,2,4,5,7,8], [1,3,6,10,9,8],[4,5,6,14,12,11] | 29 | 35 300 | 6 | 24 |
| 10 000 | [9,12,11,13], [11,12,14,13], [1,2,4,5,7,8],[1,3,6,10,9,8], [4,5,6,14,12,11] | 29 | 35 300 | 6 | 32 |
| 11 000 | [11,12,14,13], [2,3,6,5,4],[6,10,9,13,14],[1,3,6,5,7,8], [1,2,4,11,12,9,8] | 27 | 33 600 | 5 | 41 |
| 12 000 | [1,2,3], [11,12,14,13], [2,3,6,5,4], [1,2,4,5,7,8], [1,3,6,14,13,9,8], [4,5,6,10,9,12,11] | 27 | 32 900 | 5 | 54 |

## 2. 基于覆盖环的重路由方案

恢复过程包括两个步骤：重路由和资源分配。保留适当的资源，以在频谱连续性和核芯连续性的限制下实现更好的恢复效率。快速恢复是覆盖环的优点之一。

为了充分利用这一点，作者设计了一种重路由方案，如图 5-2 所示。以 $d_{th}$ = 8 000 km 的 NSFNET 为例。在基于覆盖环的设计部分计算的覆盖环集为 1-2-3、11-12-14-13、2-3-6-5-4、6-10-9-13-14、1-2-4-5-7-8 和 4-5-7-8-9-12-11。重路由场景可以分为以下四种。

① 源节点、目的节点和故障链路在同一个覆盖环上，如图 5-2(a)所示：工作路径是 3-6-5，节点 3 和节点 5 在同一个环 2-3-6-5-4 上。如果链路 3-6 故障失效，则在环上重新路由，得到新的路由 3-2-4-5。

② 源节点和故障链路在同一个覆盖环上，而目的节点在不同的覆盖环上，如图 5-2(b)

所示：工作路径是 3-6-5-7-8，节点 3 和故障链路 3-6 在同一个环 2-3-6-5-4 上，而节点 8 在环 1-2-4-5-7-8 上。一旦链路 3-6 发生故障，从包含源节点的环的相反方向重新路由，直到它遇到作为原始路由入口的环的节点。最后，它将按照重新路由到目的节点。如图 5-2 (b) 所示，原路由为 3-6-5-7-8，新路由为 3-2-4-5-7-8。

③ 目的节点和故障链路在同一个覆盖环上，而源节点在不同覆盖环上，如图 5-2(c) 所示：工作路径是 8-7-5-6-3，节点 3 和故障链路 3-6 在同一个环 2-3-6-5-4 上，而节点 8 在环 1-2-4-5-7-8 上。先按照原来的方式重路由，直到遇到包含故障链路的环。然后，通过使用环中原始路由段的互补部分，创建一条新的路由到达目的节点。如图 5-2(c)所示，原路由为 8-7-5-6-3，重路由为 8-7-5-4-2-3。

④ 源节点、目的节点和故障链路在不同的覆盖环上，如图 5-2(d)所示：工作路由是 8-7-5-6-3-2-1，源节点 8，故障链路 3-6 和目的节点 1 分别位于环 1-2-4-5-7-8、2-3-6-5-4 和 1-2-4-5-7-8 上。先按照原来的方式重路由，直到遇到包含故障链路的环。然后，利用环中原有路由段的互补部分，创建一条新的路由，穿过环，最终到达目的节点。如图 5-2(d) 所示，原路由为 8-7-5-6-3-2-1，重路由为 8-7-5-4-2-1。

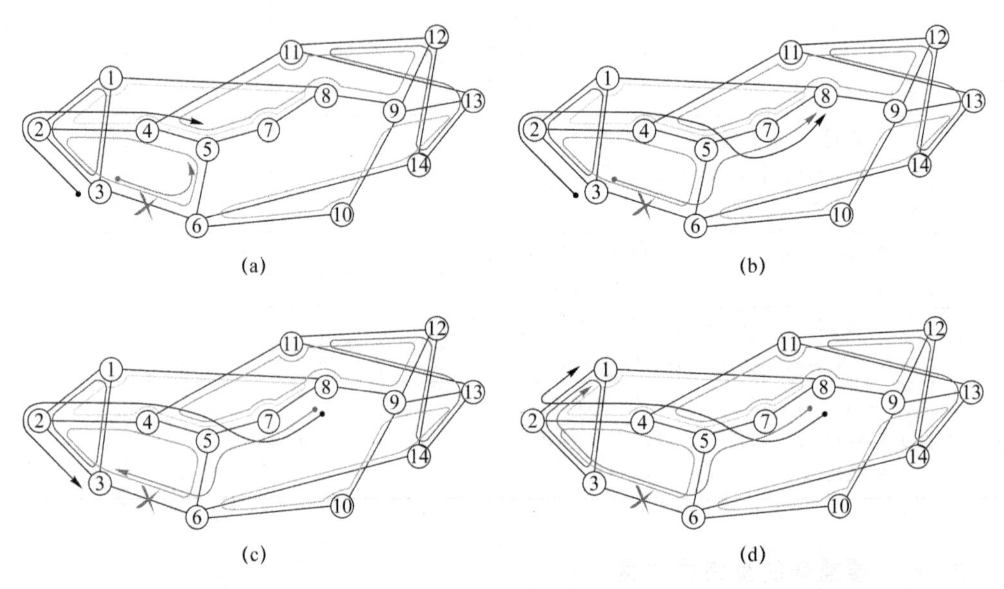


图 5-2　重路由方案

此外，失败的流量请求的新路由数量可能不止一个，因为一条链路位于多个不同的覆盖环中。这意味着，每个请求都可以受到多条路径的保护。以请求 $r$ 为例，它的工作路径是 3-6-5-7-8，它的保护路径可以是 3-2-4-5-7-8、3-2-1-8 和 3-2-4-11-12-8。假设请求 $r$ 的工作路径为 3-6-5-7-8，故障链路为 3-6，则可以得到多条候选保护路径。针对这种情况，选择具有可用资源的最短路径作为新路径。

下面阐述基于覆盖环的重路由恢复方案的原理。在该方案中，$P_l$ 表示包含失效链路 $l$ 的覆盖环集合，$P_l=\{r_{1,l},r_{2,l},\cdots,r_{|P_l|,l}\}$；$P_n$ 表示包含节点 $n$ 的覆盖环集合，$P_n=\{r_{1,n},r_{2,n},\cdots,r_{|P_n|,n}\}$。具体来说，$P_s$ 和 $P_d$ 分别表示源节点和目的节点所在的覆盖环集合。$k$ 是计算的候选路径的数量。该方案的主要功能是为恢复特定流量请求的传输计算

多条候选备份路径,并将选择的最短可用路径进行下文描述的资源分配过程。源节点、目的节点和故障链路的所有位置关系,由它们所在的环的组合表示。对于每种组合,根据前文描述的四种场景,如果其适合某种场景,将采用对应场景的重路由方案计算恢复路径。遍历所有组合后,会得到一个包含 $k$ 条路径的候选路径集。然后,根据路径的长度按升序对路径进行排序,较短的路径具有更高的优先级。最后,可以在此基础上进行资源分配过程。

### 3. 基于核芯的分区保护方案

在选择保护路径后,应为中断的请求重新计算分配可用频谱资源以继续传输。在可用频谱资源计算过程中,需要满足三个约束条件,即频谱连续性、频谱一致性和核芯连续性。针对这个问题,作者根据不同的分区规划提出了两个解决方案。一个是对核芯进行分区,另一个是对 FS 进行分区。

从核芯分区的角度来看,以核芯的形式预留资源来作为备份资源。基于核芯将资源划分为保护区和工作区(protection-working area based on cores, P-W-C)。一旦链路中断故障,所有通过该链路的请求都会被中断阻塞。为了快速恢复被中断阻塞的请求,利用重路由后的保护路径上的保护区资源来恢复这些请求。如图 5-3 所示,核芯＃1 和核芯＃2 是工作区,核芯＃3 是保护区。带宽要求为 2 个 FS 的请求,其工作传输路径为 F-D-E 路径上的核芯＃2。如果链路 F-E 发生故障,则将请求切换到使用核芯＃3 的保护路径 F-A-C-D 上代替传输。

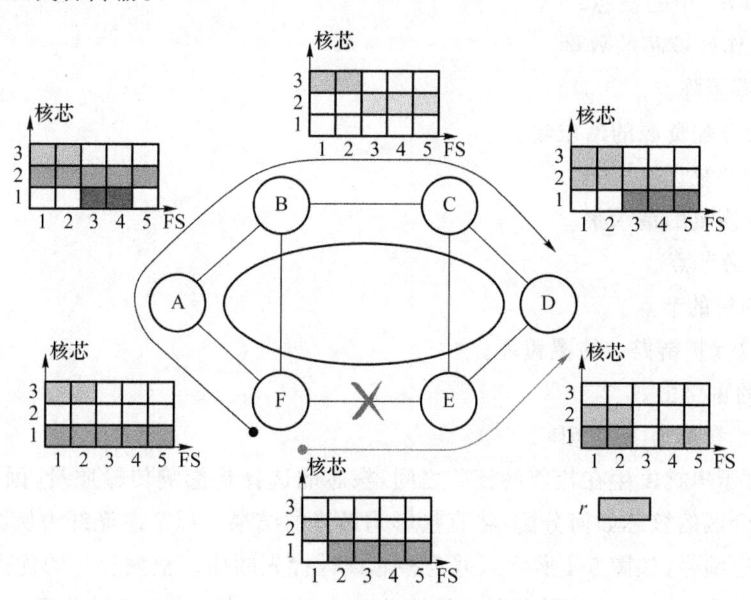


图 5-3 基于核芯的分区保护方案

为了获得更好的效果并减少资源浪费,将 FS 资源根据核芯划分为保护区、工作区和混合区(protection-working-hybrid area based on cores, P-W-H-C)。如果工作区或保护区没有足够的资源,可以使用混合区上的频谱资源。为了更清楚地解释网络资源的状态，定义链路 $l$ 的资源使用情况矩阵 $\mathbf{A}_l$：

$$\mathbf{A}_l=\begin{bmatrix} O_{1,1} & O_{1,2} & \cdots & O_{1,|F|} \\ O_{2,1} & O_{2,2} & \cdots & O_{2,|F|} \\ \vdots & \vdots & & \vdots \\ O_{7,1} & O_{7,2} & \cdots & O_{7,|F|} \end{bmatrix} \tag{5-2-7}$$

其中 $O_{i,j}$ 是一个布尔变量，如果第 $i$ 个核芯的频隙 $j$ 可被占用，则为 0，否则为 1。因此，$r_i$ 路径上的频谱状态为：

$$\mathbf{A}_{r_i}=\boldsymbol{U}_{l\in r_{i,p}}\begin{bmatrix} O_{1,1} & O_{1,2} & \cdots & O_{1,|F|} \\ O_{2,1} & O_{2,2} & \cdots & O_{2,|F|} \\ \vdots & \vdots & & \vdots \\ O_{7,1} & O_{7,2} & \cdots & O_{7,|F|} \end{bmatrix} \tag{5-2-8}$$

根据矩阵 $\mathbf{A}_{r_i}$ 表示的 FS 资源状态，可以确定路径上的可用资源。算法中所使用的参数符号如下。

$\mathbb{H}$：$k$-最短路径集，$\mathbb{H}=\{h_1,h_2,\cdots,h_k\}$。

$h_j$：第 $j$ 条路径。

$W_C$：工作区核芯集，$W_C=\{w_1,w_2,\cdots,w_{\text{num}}\}$。

$P_C$：保护区核芯集。

$c$：$W_C$ 和 $P_C$ 中的核芯。

num：工作区核芯的数量。

$\mathbf{0}$：一个零矩阵。

$R_s$：成功分配资源的请求集。

$h_{r_i}$：$r_i$ 的路径。

$R_r$：需要恢复的请求集。

$s_{r_i}$：$r_i$ 的源节点。

$d_{r_i}$：$r_i$ 的目的节点。

$\text{sp}_e$：可以保护链路 $e$ 的覆盖环。

$\text{rt}_{r_i}$：$r_i$ 的重路由。

$\mathbf{1}$：所有元素都为 1 的矩阵。

此外，由于串扰发生在相邻的核芯之间，核芯的选择将影响传输质量，因此，工作区、保护区和混合区的核芯如何分配，将直接影响最终的结果。以 7 芯光纤为例，从 1 到 7 对每个核芯进行编号(如图 5-4 所示)，并为核芯设计优先顺序。根据核芯的优先选择顺序，可以尽量避免串扰。由于对周围所有的核芯造成严重串扰，核芯 7 被分配最低使用优先级。为了凸显所提算法的性能，作者提出了不同的算法来分配两个序列中的资源，将这些算法命名为 normal P-W-C、prior P-W-C、normal P-W-H-C 和 prior P-W-H-C。前缀“normal”意味着按正常顺序 1-2-3-4-5-6-7 选择核芯，而“prior”意味着按优先顺序 2-4-6-5-3-1-7 选择核芯。

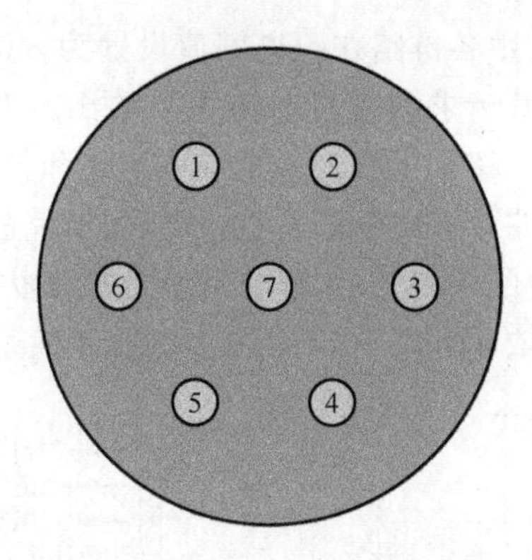


图 5-4 核芯编号及对应优先级

## 5.2.4 仿真实验与数值分析

为评估所提算法的性能，使用具有 14 个节点和 21 条链路的 NSFNET 拓扑，拓扑结构如图 5-5 所示。每条链路有 320 个频隙，频隙带宽为 12.5 GHz。每条链路的传输容量要求均匀分布在 50 GHz、100 GHz、200 GHz 和 400 GHz，调制格式为 BPSK。所有业务的源节点和目的节点在整个网络中均匀分布。流量请求数设置为 1 000。假设 NSFNET 的每条链路都依次发生故障。每个程序执行 100 次循环以计算平均值。其他参数见表 5-2。

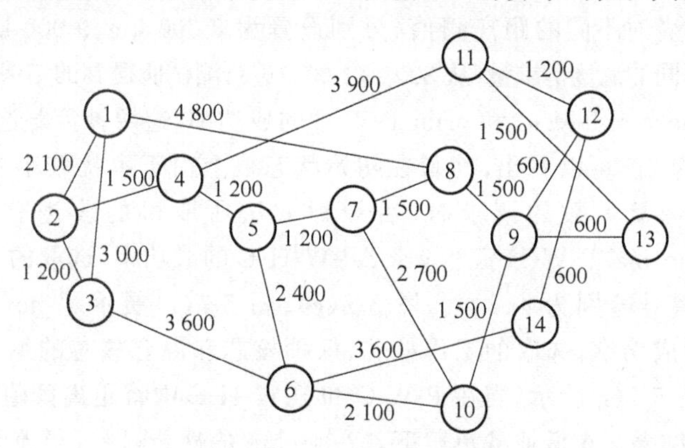


图 5-5 NSFNET 拓扑图

表 5-2 参数设置

| 参数 | 值 |
|---|---|
| $k$ | $3.4\times10^{-4}$ |
| $r$ | $5\times10^{-2}$ m |
| $w_r$ | $4.5\times10^{-5}$ m |
| $\beta$ | $4\times10^{6}$ 1/m |
| 阈值 | $-30$ dB |

图 5-6 为 normal P-W-C 中各链路在距离阈值设置为 8 000 km 时的成功率结果图。成功率指可以成功接受的流量请求数占所有请求数的比。工作核芯分别为核芯＃4、核芯＃5 和核芯＃6，对应的保护核芯为核芯＃3、核芯＃2 和核芯＃1，核芯＃7 为混合区。链路索引为故障链路对应的编号。当链路发生故障时，链路故障状态线与初始状态相比有所下降，并且在基于环覆盖的保护之后，部分流量从故障状态中恢复，有些成功率甚至使网络可以恢复原始状态。依此可见 P-W-C 方案的有效性。

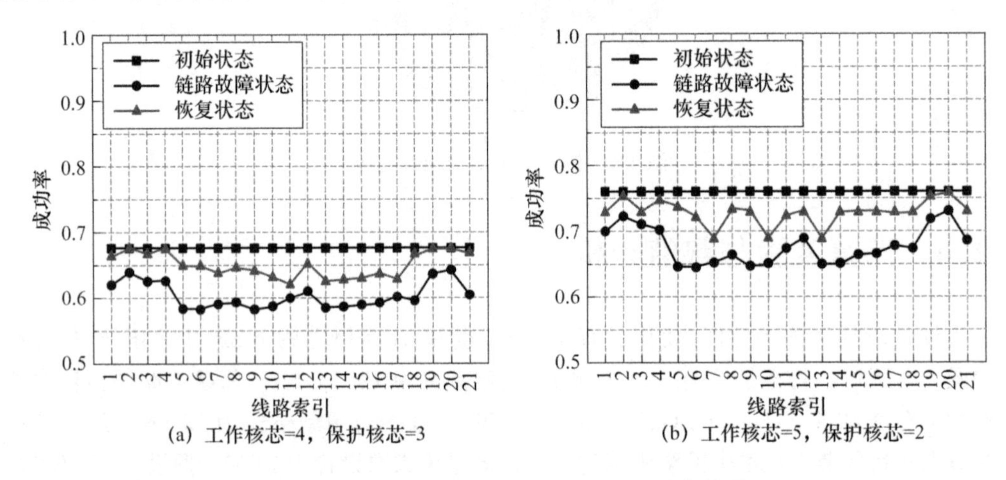


图 5-6　不同工作核芯和保护核芯下成功率结果

图 5-7 中是作者对不同的距离阈值（分别设置为 8 000 km、9 000 km、11 000 km 和 12 000 km）以及不同的流量请求量（从 300 到 1 000）进行测试所得到的结果。其中图 5-7(a)、图 5-7(d)展示了 normal P-W-C 和 prior P-W-C 的成功率，这两种策略选取的工作核芯号为 5，保护核芯号为 2。可以看出，前者在初始状态线上由于串扰较小表现更好。但是，在采取保护措施恢复失败的请求时，后一种方法所取得的改进有限。图 5-7(b)、图 5-7(e)展示了 normal P-W-H-C 和 prior P-W-H-C 的成功率，选取的工作核芯、保护核芯和混合核芯的编号分别为 4、2、1。图 5-7(c)、图 5-7(f)展示了 normal P-W-H-C 和 prior P-W-H-C 的成功率，选取的工作核芯、保护核芯和混合核芯的编号分别为 5、1、1。正如图 5-7(a)～图 5-7(f)所示，当在 P-W-C 和 P-W-H-C 中将距离阈值设置为 9 000 km 时，可以获得最佳结果。在低业务负载下，12 000 km 的性能最差，当流量负载增加时，其成功率仅次于 9 000 km。图 5-7(a)～图 5-7(c)和图 5-7(d)～图 5-7(f)展示了 normal 和 prior 方案的性能差异。总体而言，prior P-W-H-C 的表现比 normal 方案更好。核芯的优先选择略微有所帮助（成功率约增加了 0.2%）。

图 5-8 给出了专用备份路径保护（DPP）和作者所提出的方案的成功率结果。为了提高仿真结果的准确性，DPP 的仿真设置与作者所提出的方案相同。请求的传输容量均匀分布在 50 GHz、100 GHz、200 GHz 和 400 GHz，备份路径采用 K 最短路算法。由图 5-8 可以观察到作者所提出的方案比 DPP 表现更好。当流量数设置为 600 时，作者所提出的方案比 DPP 有明显的优势。因为网络资源是有限的，很难满足所有的流量请求，因此在大规模的流量请求情况下这种性能优势的效果会降低。

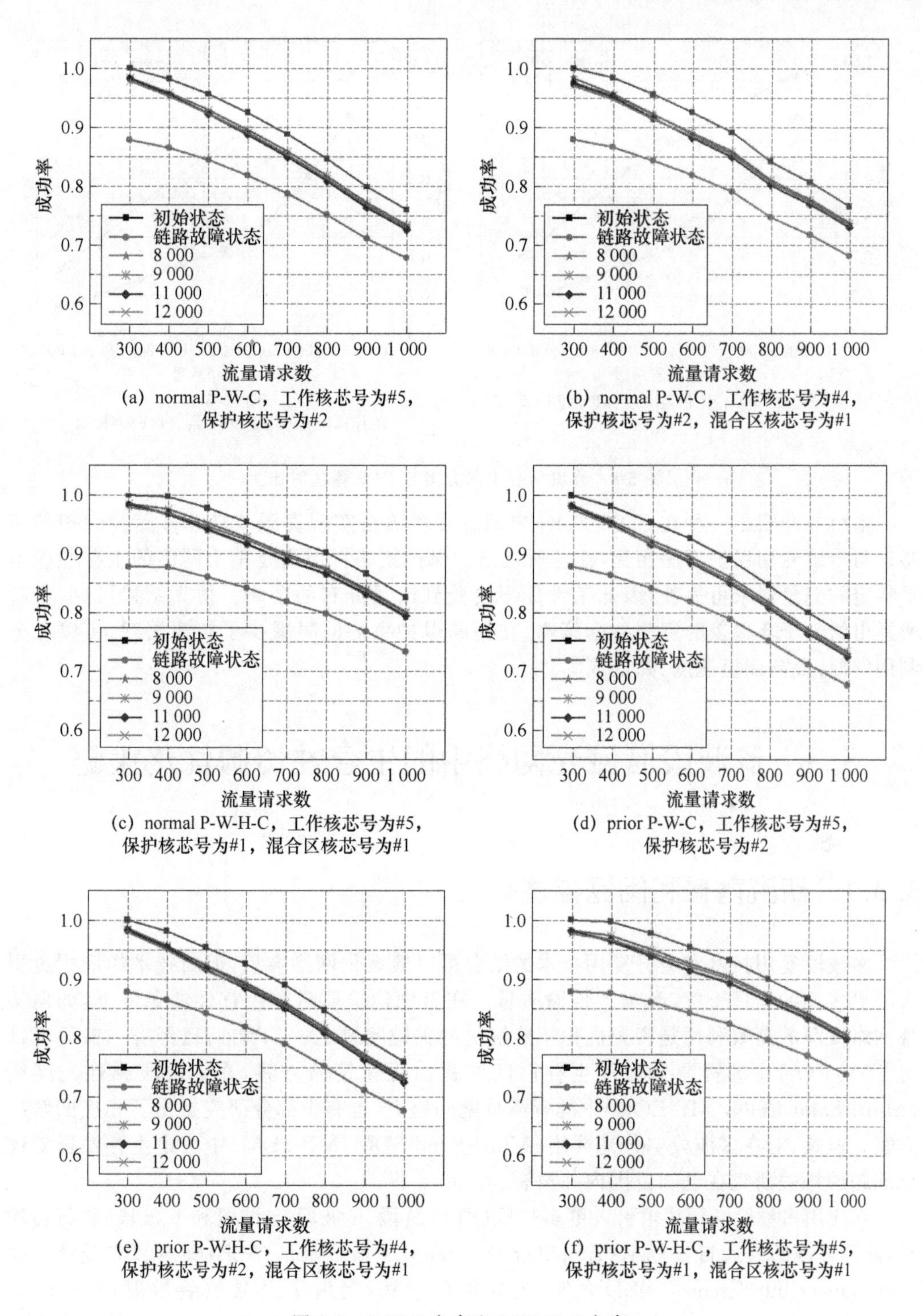


(a) normal P-W-C，工作核芯号为#5，保护核芯号为#2

(b) normal P-W-C，工作核芯号为#4，保护核芯号为#2，混合区核芯号为#1

(c) normal P-W-H-C，工作核芯号为#5，保护核芯号为#1，混合区核芯号为#1

(d) prior P-W-C，工作核芯号为#5，保护核芯号为#2

(e) prior P-W-H-C，工作核芯号为#4，保护核芯号为#2，混合区核芯号为#1

(f) prior P-W-H-C，工作核芯号为#5，保护核芯号为#1，混合区核芯号为#1

图 5-7　P-W-C 方案和 P-W-H-C 方案

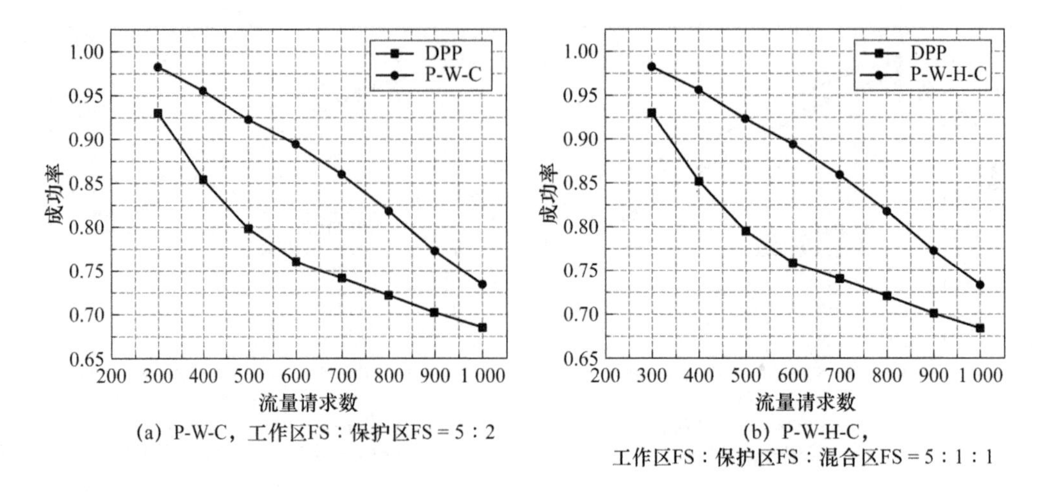


(a) P-W-C，工作区FS：保护区FS = 5：2

(b) P-W-H-C，工作区FS：保护区FS：混合区FS = 5：1：1

图 5-8　作者所提出的方案与 DPP 算法对比

本小节介绍了一种在 SDM-EON 中通过环覆盖法实现资源共享和多路径保护的策略。与传统专用保护方法相比，作者所提出的保护策略考虑的是整个网络的生存性而不是特定的流量请求可靠性，因此其性能不会受到流量分布的影响。仿真结果可见，作者所提出的基于环覆盖的资源共享策略，在提高保护率的同时减少了资源消耗，可以充分利用资源，提高倒换速度，降低成本。

# 5.3　多波段城域光网络中的生存性资源优化策略

## 5.3.1　研究背景和问题描述

多波段复用技术和空分复用技术的结合可以最大化网络容量，但新技术的应用也引入了更多样的物理干扰，影响了传输质量。在考虑传输质量和生存性的条件下，如何实现网络资源的高效利用是资源优化策略解决的关键问题之一。当前，已经有一些研究针对 SDM-EON 中的资源分配和生存性问题提出优化策略方案，在多波段弹性光网络（Multi-Band EON，MB-EON）中的资源分配问题上，也有少部分研究提出了相应的解决方案。但是，对在多波段空分光网络（Multi-Band SDM，MB-SDM）中考虑生存性资源优化问题的相关研究在已知范围内并没有。

在应用多频段复用技术引入更多频段（即 O 波段、E 波段、S 波段和 L 波段）进行传输时，除了常规的放大自发辐射（Amplifier Spontaneous Emission，ASE）噪声和非线性干扰（Non-Linear Interference，NLI）之外，还有物理干扰，新增了受激拉曼散射（Stimulated Raman Scattering，SRS）。在研究中使用 SNR 作为性能指标来评估 QoT。为了综合考虑噪声和干扰对 SNR 的影响，需要重新设计将 SRS 影响考虑在内的计算公式[4-6]。

SNR 通常与 ASE 和 NLI 有关。用 $P^{d}_{\mathrm{ASE}}$表示请求 $d$ 的 ASE 噪声功率，$P^{d}_{\mathrm{NLI}}$表示请求

$d$ 的 NLI 系数，则对于通信请求 $d$ 的 SNR，计算如下：

$$\mathrm{SNR}=\frac{P}{P_{\mathrm{ASE}}^{d}+P_{\mathrm{NLI}}^{d}} \tag{5-3-1}$$

假设每个请求只选择一条路径，并且光纤损耗由 EDFA 进行完全补偿，请求 $d$ 的总 ASE 噪声功率由下式给出：

$$P_{\mathrm{ASE}}^{d}=\sum_{l\in P^{d}}2n_{\mathrm{sp}}hf_{d}B_{d}(e^{\alpha L_{l}}-1) \tag{5-3-2}$$

其中，$P^{d}$、$f_{d}$ 和 $B_{d}$ 分别表示请求 $d$ 的选择路径、请求 $d$ 的带宽和中心频率，$L_{l}$ 是链路 $l$ 的长度，$\alpha$ 是光纤衰减系数，$h$ 是普朗克常数，$n_{\mathrm{sp}}$ 是自发辐射因子。为简化问题，假设 C 波段和 L 波段的自发辐射因子相等。

在计算 NLI 时，将 Kerr 和 SRS 的非线性效应都考虑在内。在选定路径的链路 $l$ 上 NLI 对请求 $d$ 的自信道干扰（Self-Channel Interference，SCI）和跨信道干扰（Cross-Channel Interference，XCI）可通过下列公式计算：

$$P_{\mathrm{SCI}}^{d,l}=\frac{8}{81}\frac{\gamma^{2}P^{3}}{\pi\alpha^{2}}\frac{1}{\phi_{r,i}B_{d}{}^{2}}\times\left[\frac{(2\alpha-D^{l}PC_{r}f_{d})^{2}-\alpha^{2}}{\alpha}\times\mathrm{asin\,h}\left(\frac{3\pi}{2\alpha}\phi_{d}B_{d}{}^{2}\right)+\frac{4\alpha^{2}-(2\alpha-D^{l}PC_{r}f_{d})^{2}}{2\alpha}\times\mathrm{asin\,h}\left(\frac{3\pi}{4\alpha}\phi_{d}B_{d}{}^{2}\right)\right] \tag{5-3-3}$$

$$P_{\mathrm{XCI}}^{d,l}=\frac{16}{81}\frac{\gamma^{2}P^{3}}{\pi^{2}\alpha^{2}}\sum_{d'}\frac{1}{\phi_{d,d'}B_{d'}}\times\left[\frac{(2\alpha-D^{l}PC_{r}f_{d'})^{2}-\alpha^{2}}{\alpha}\times\mathrm{atan}\left(\frac{2\pi^{2}}{\alpha}\phi_{d,d'}B_{d}\right)+\frac{4\alpha^{2}-(2\alpha-D^{l}PC_{r}f_{d'})^{2}}{2\alpha}\times\mathrm{atan}\left(\frac{\pi^{2}}{\alpha}\phi_{d,d'}B_{d}\right)\right] \tag{5-3-4}$$

在上述公式中，$\gamma$ 为光纤非线性系数，$C_{r}$ 是归一化的拉曼增益谱的线性回归的斜率。$\phi_{d}$ 和 $\phi_{d,d'}$ 可以分别通过式(5-3-5)和式(5-3-6)计算。

$$\phi_{d}=\beta_{2}+2\pi\beta_{3}f_{d} \tag{5-3-5}$$

$$\phi_{d,d'}=(\beta_{2}+\pi\beta_{3}[f_{d}+f_{d'}])\times(f_{d'}-f_{d}) \tag{5-3-6}$$

在式(5-3-5)和式(5-3-6)中，$\beta_{2}$ 和 $\beta_{3}$ 分别是群速度色散（Group Velocity Dispersion，GVD）和线性斜率。此外，$D^{l}$ 表示使用链路 $l$ 的请求数量，$D^{l}P$ 表示链路 $l$ 的总功率。

假设 SCI 和 XCI 的累积是不连续的，则请求 $d$ 的总 NLI 功率计算公式为：

$$P_{\mathrm{NLI}}^{d}=\sum_{l\in P^{d}}P_{\mathrm{SCI}}^{d,l}+P_{\mathrm{XCI}}^{d,l} \tag{5-3-7}$$

考虑到多波段传输特性及干扰问题，本节提出了针对 MB-SDM 网络的分区保护资源优化策略。基于频段分区保护方案，作者分别提出了一种对物理干扰严格约束的整数线性规划模型和一种基于遗传算法的资源分配算法。

## 5.3.2 频段分区保护方案及优化模型

### 1. 频段分区保护方案

在频段分区保护方案中，为每个业务请求同时分配工作资源和保护资源，采用“1+1”

保护策略以应对链路故障，实现当网络发生故障时，业务请求的快速切换。虽然"1+1"保护策略会在一定程度上导致频谱资源的浪费，但是由于网络架构采用 MB-SDM，所以有充足的频谱资源来支持当前环境下的业务请求，同时满足业务请求的备份要求。在资源充足的条件下，最小化资源切换延迟，"1+1"保护策略在 MB-SDM 的数据流量保护方面会有优秀的表现性能。

频段分区保护方案的核心思想是将业务请求的工作资源放在 C 波段上，而将保护资源分配在 L 波段上。需要说明的是，频段分区保护方案采用的是冷备份保护策略，只有当链路发生故障时，才会启用相应的预留备份资源，即 L 波段才会被启用/使用。采用这种分区放置的冷备份保护策略主要有两个原因：一是当前传输系统主要集中在 C 波段上，在 C+L 多波段系统内，仍然将工作资源放置在 C 波段上可以减少相关能耗或控制成本；二是当使用多波段时，C 波段会受到其他频段的功率干扰而导致 C 波段的传输质量变差[7]。为了维护 C 波段原有的传输质量，采用冷备份保护策略，只有出现故障时才使用 L 波段，在一定程度上起到提高 C 波段的信噪比的作用。

**2. ILP 模型**

在本节中，作者提出一种同时考虑频段分区保护方案和物理干扰（芯间串扰和 SRS）的整数线性规划模型（ILP）。通过对路由、频谱和核芯分配问题进行数学建模，得到最大频谱效率和最小化 SRS 这两个目标下的最优路由、频谱和核芯分配方案。ILP 模型的方案结果有助于了解 MB-SDM 这一场景下的资源分配的最佳解决方案，也是后续启发式算法性能表现的一个重要评估基准。

1）参数和目标函数

针对城域多频复用空分灵活光网络（MB-SDM）中的资源分配问题，在系统建模的基础上，制定考虑芯间串扰和 SRS 影响，并实现了频段分区保护方案的 ILP 优化模型。模型的参数、变量和目标函数如下。

参数如下。

$G(V,E)$：无向拓扑图。其中 $V$ 表示网络节点的集合，$E$ 表示网络中光纤链路的集合。

$r \in R$：业务请求。$R$ 为业务请求的集合。

$f \in F$：单根光纤中的频隙单元。

$c \in C$：单根光纤中的核芯。

$l \in L$：网络中的光纤链路。

$pp \in PP$：每个请求的链路不相邻的候选路径对。

$p \in pp$：不相邻的候选路径对中的工作路径。

$\tilde{p} \in pp$：不相邻的候选路径对中的保护路径。

$f_c \in F_c \in F$：C 波段上的频隙单元。

$f_l \in F_L \in F$：L 波段上的频隙单元。

常数如下。

$b_r$：请求 $r$ 所需的频隙单元的总数。

$\Omega$：串扰阈值。

$\Xi$：SNR 阈值。

$f_{\text{end}}$：C+L 波段上的频率最高的频隙单元。

$\Delta$：单个频隙单元的带宽大小。

决策变量如下。

$a_p^l(a_{\tilde{p}}^l)$：二进制变量，如果工作路径(保护路径)包含链路 $l$，则为 1，否则为 0。

$\gamma_r^l(\bar{\gamma}_r^l)$：二进制变量，如果链路 $l$ 用于分配给请求 $r$，在其工作路径(保护路径)上，则为 1，否则为 0。

$\theta_p^{r,l}(\bar{\theta}_{\tilde{p}}^{r,l})$：二进制变量，请求 $r$ 的工作(保护)路径包含链路 $l$ 则为 1，否则为 0。

$\delta_{p,\tilde{p}}$：二进制变量，如果路径 $p$ 和 $p'$ 有公共链路，则为 1，否则为 0。

$\tau_r^p(\bar{\tau}_r^{\tilde{p}})$：二进制变量，如果路径 $p$ 承载请求 $r$ 或是它的备份则为 1，否则为 0。

$\psi_r^{l,c}(\bar{\psi}_r^{\bar{l},\bar{c}})$：二进制变量，如果链路 $l$ 上的核芯 $c$ 被应用在请求 $r$ 的工作(保护)资源上，则为 1，否则为 0。

$x_{r,l,c}^f(\bar{x}_{r,l,c}^f)$：二进制变量，如果链路 $l$ 上的核芯 $c$ 上的频隙单元 $f$ 作为请求 $r$ 的工作(保护)资源，则为 1，否则为 0。

$f_r^0(\bar{f}_r^0)$：整数变量，表示工作(保护)路径的请求 $r$ 的起始频隙单元的索引。

$w_{l,c}^f$：表示链路 $l$ 上核芯 $c$ 的频隙单元 $f$ 上的串扰大小。

$\xi_r^p(\xi_r^{\tilde{p}})$：二进制变量，如果工作路径(保护路径)容纳请求 $r$ 则为 1，否则为 0。

$\text{SNR}^r$：请求 $r$ 的 SNR 大小。

$f_{r,i}$：请求 $r$ 的中心频率，可通过下列公式计算得出 $f_{r,i}=f_{\text{end}}-\left(i-1+\dfrac{b_r+g}{2}\right)\Delta$。其中，$i$ 是所选择的第一个频隙单元的索引号。

$F_{\max}(\bar{F}_{\max})$：整数变量，表示在所有网络链路上所有核芯上的、已分配的用于工作资源(保护资源)的频隙单元最大索引号。

目标函数：

$$\text{minimize } F_{\max}(\bar{F}_{\max}) \tag{5-3-8}$$

$$\text{maximize } \text{SNR}^r \tag{5-3-9}$$

ILP 优化问题的目标有两个：一个是最小化已分配的工作 FS 和保护 FS 的最大索引号，旨在使得被分配的 FS 更加密集，最大化资源利用效率，减少碎片情况的发生，并为后续的业务请求节省更多空闲 FS；另一个是最大化业务请求 $r$ 的 SNR，提高网络传输质量，最小化 SRS 的影响。通过求解，获取在网络和资源约束条件下的用于工作和保护的路由、资源分配的最优解。

2) 约束条件

本部分建立了一个实现频段分区保护方案的可生存性路由、资源分配方法的 ILP 模型，在满足各项约束条件的同时最小化已分配的频谱资源的最大频率和 SRS。具体的约束条件如下。

(1) 光路建立

针对所有业务请求的光路建立，需要确保为每个业务请求同时分配工作路径和保护路径两种路径，且确保工作路径和保护路径不存在共同链路，即两者不相交。

$$\sum_{p \in PP} \tau_r^p = 1, \quad \forall r \tag{5-3-10}$$

$$\sum_{\tilde{p} \in PP} \bar{\tau}_r^{\tilde{p}} = 1, \quad \forall r \tag{5-3-11}$$

$$\sum_{p, \tilde{p} \in pp} \theta_p^{r,l} + \bar{\theta}_{\tilde{p}}^{r,l} \leqslant 1, \quad \forall r,l \tag{5-3-12}$$

其中，式(5-3-10)和式(5-3-11)分别表示为业务请求分配工作路径和保护路径；式(5-3-12)确保业务请求 $r$ 的工作路径和保护路径不相交。为获得工作请求 $r$ 的已分配链路，同时方便后续计算，通过式(5-3-13)和(5-3-14)设定 $\gamma_r^l$ 和 $\bar{\gamma}_r^l$ 的值。

$$\sum_{p \in PP} \tau_r^p \times a_p^l = \gamma_r^l, \quad \forall r,l \tag{5-3-13}$$

$$\sum_{\tilde{p} \in pp} \bar{\tau}_r^{\tilde{p}} \times a_{\tilde{p}}^l = \bar{\gamma}_r^l, \quad \forall r,l \tag{5-3-14}$$

(2) 纤芯选择

为节约物理器件成本，5.3 节默认纤芯之间不允许转换。因此在 MB-SDM 中，纤芯选择需要满足纤芯一致性原则，不允许出现纤芯更换，且只有一个纤芯能被分配给业务请求，用于工作资源/保护资源。

$$\sum_{c \in C} \psi_r^{l,c} = \gamma_r^l, \quad \forall r,l \tag{5-3-15}$$

$$\sum_{c \in C} \bar{\psi}_r^{\bar{l},\bar{c}} = \bar{\gamma}_r^l, \quad \forall r,l \tag{5-3-16}$$

$$\psi_r^{l,c} = \frac{\sum_l \sum_{c \in C} \psi_r^{l,c}}{\sum_l \gamma_r^l}, \quad \forall r,l \tag{5-3-17}$$

$$\bar{\psi}_r^{\bar{l},\bar{c}} = \frac{\sum_l \sum_{c \in C} \bar{\psi}_r^{\bar{l},\bar{c}}}{\sum_l \bar{\gamma}_r^l}, \quad \forall r,l \tag{5-3-18}$$

式(5-3-15)和式(5-3-16)分别确保请求 $r$ 的主路径资源和保护路径资源只能被分配一个核芯。式(5-3-17)和式(5-3-18)保证在整条工作(保护)路径上被分配的核芯没有发生变更，从始至终只有一个。

(3) 频谱资源分配

在 MB-SDM 中，频谱资源分配需要满足三大约束：频谱连续性、频谱邻接性、频谱冲突限制。

$$\sum_r x_{r,l,c}^f \leqslant 1, \quad \forall l,f,c \tag{5-3-19}$$

式(5-3-19)定义了每条链路的每个核芯上的每个FS单元同一时间只能被一个业务请求占用，确保了频谱资源的不重叠。

$$\sum_{c} x_{r,l,c}^{f} - 1 \leqslant f - f_{r}^{0}, \quad \forall r,l,f \in f_{c_{\text{end}}} \tag{5-3-20}$$

$$\sum_{c} x_{r,l,c}^{f} - 1 \leqslant f_{r}^{0} + b_{r} - 1 - f, \quad \forall r,l,f \in f_{c_{\text{end}}} \tag{5-3-21}$$

$$\sum_{c} \bar{x}_{r,l,c}^{f} - 1 \leqslant f - \bar{f}_{r}^{0}, \quad \forall r,l,f \in f_{l_{\text{end}}} \tag{5-3-22}$$

$$\sum_{c} \bar{x}_{r,l,c}^{f} - 1 \leqslant \bar{f}_{r}^{0} + b_{r} - 1 - f, \quad \forall r,l,f \in f_{l_{\text{end}}} \tag{5-3-23}$$

$$\sum_{f \in f_{c_{\text{end}}}} \sum_{c} x_{r,l,c}^{f} = b_{r} \times \theta_{p}^{r,l} \quad \forall r,l \tag{5-3-24}$$

$$\sum_{f \in f_{l_{\text{end}}}} \sum_{c} \bar{x}_{r,l,c}^{f} = b_{r} \times \bar{\theta}_{\tilde{p}}^{r,l} \quad \forall r,l \tag{5-3-25}$$

式(5-3-21)～式(5-3-25)都在描述频谱连续性和频谱邻接性约束。当链路$l$的核芯$c$上的频谱资源$f$被分配给请求$r$时($x_{r,l,c}^{f}=1$)，式(5-3-21)和式(5-3-22)的左边为零，因此$f$必须在$[f_{r}^{0}, f_{r}^{0}+b_{r}-1]$区间内。同时，为了保证所有在$f_{r}^{0}(\bar{f}_{r}^{0})$和$f_{r}^{0}+b_{r}-1(\bar{f}_{r}^{0}+b_{r}-1)$之间的FS都被请求$r$占用以用于工作资源或者备份资源，并且无论是工作路径还是备份路径上只有$b_{r}$个FS被分配给业务请求$r$，通过使用式(5-3-24)和式(5-3-25)来进行限制。

在分配频谱资源时，需要确保已分配资源不会超出已有频谱资源的范围，如式(5-3-26)和式(5-3-27)所示。

$$f_{r}^{0} + b_{r} - 1 \leqslant F_{\max}, \quad \forall r \tag{5-3-26}$$

$$\bar{f}_{r}^{0} + b_{r} - 1 \leqslant \bar{F}_{\max}, \quad \forall r \tag{5-3-27}$$

(4) 频段分区保护方案约束

$$\sum_{\tilde{p}} \sum_{c} f_{r}^{0} = 0, \quad \forall r \tag{5-3-28}$$

$$\sum_{p} \sum_{c} \bar{f}_{r}^{0} = 0, \quad \forall r \tag{5-3-29}$$

式(5-3-28)保证了业务请求的所有工作资源都在C波段上；式(5-3-29)保证了业务请求的所有保护资源都在L波段上。

(5) 物理约束

在MB-SDM网络中，存在两种物理干扰：串扰干扰和SRS干扰。其中SRS干扰将直接影响网络SNR。为保证业务请求传输质量，串扰和SNR都需要满足一定的阈值约束。

① 串扰约束

式(5-3-30)表示所有链路上的串扰干扰都应满足低于阈值的串扰限制。具体的串扰大小，可根据式(5-3-2)和式(5-3-3)计算。

$$w_{l,c}^{f}<\Omega, \quad \forall l,c,f \tag{5-3-30}$$

② SNR 约束

式(5-3-31)确保所有业务请求的 SNR 不会低于阈值,同时不会中断已被分配资源的业务请求。具体的 SNR 大小,可根据式(5-3-1)～式(5-3-7)计算得出。

$$\mathrm{SNR}^{r}\geqslant\Xi, \quad \forall r \tag{5-3-31}$$

### 5.3.3 基于遗传算法的高可靠资源优化算法

由于随着网络规模的扩大,ILP 模型的解决时间将呈指数形式增长,难以在可接受的时间内得到求解结果。因此,需要重新设计一个有效的启发式算法,以在多项式时间内解决问题。

本小节作者提出了一种基于遗传算法(GA)框架的启发式算法[8],称为 GA-S-RSCBA-BP(Genetic Algorithm based Survivable RSCBA considering Band Partition)。GA-S-RSCBA-BP 算法可以从全局角度解决 MB-SDM 网络中的生存性 RSCA 问题。同时,GA-S-RSCBA-BP 算法对每个业务需求采取实现一对一保护的频段分区保护方案,以牺牲部分频谱为代价,为业务请求提供更稳定的保护。下面将具体介绍 GA-S-RSCBA-BP 算法的流程及其参数设定。

在遗传算法中,首先需要对一些基本单元进行定义:基因、个体、染色体、种群。由于所提算法是针对静态网络而设计的,在初始时,将获得所有业务请求 $r\in R$,同时根据业务请求的带宽大小,将所有业务请求进行降序排序。为了提高频谱资源利用率,优先为需要更多带宽的业务请求分配资源。对于每个业务请求,通过 $K$ 最短路径算法计算 $K$ 对最短不相交的工作-保护路径对,记为 $k_r\in[1,K]$。此外,$c_r\in C$ 为分配给业务请求 $r$ 的核芯。针对每个业务请求的资源分配可行解(被称为基因),可以定义为:

$$G_r=\{k_r,c_r^{\text{primary}},c_r^{\text{protection}}\}, \quad r=1,2,\cdots,D \tag{5-3-32}$$

其中,$c_r^{\text{primary}}$ 和 $c_r^{\text{protection}}$ 分别代表业务请求 $r$ 在工作路径和保护路径上选择的核芯。此外,$f_r^{\text{primary}}$ 和 $f_r^{\text{protection}}$ 分别为业务请求 $r$ 在工作路径和保护路径上选择的第一个 FS,它们是在考虑串扰和 SNR 的情况下,基于 $k_r$、$c_r^{\text{primary}}$ 和 $c_r^{\text{protection}}$ 采用首次命中方法计算得到的。

一条染色体 $\mathrm{ch}_i$ 由所有业务请求的所有基因构成。$\mathrm{ch}_i$ 表示 MB-SDM 的可生存性 RSCA 问题的一个候选解。$\mathrm{ch}_i$ 的表达式为:

$$\mathrm{ch}_i=\{G_1,G_2,G_3,\cdots,G_D\}, \quad i=1,2,\cdots,S \tag{5-3-33}$$

种群 POP 由多条染色体组成,将种群大小设置为 $S$,则 POP 可以定义为:

$$\mathrm{POP}=\{\mathrm{ch}_1,\mathrm{ch}_2,\cdots,\mathrm{ch}_S\} \tag{5-3-34}$$

GA-S-RSCBA-BP 算法是解决 MB-SDM 的可生存性 RSCA 问题,因此在制定适应度函数时,需要考虑下列因素。

① 保护成功率:成功分配保护路径和资源的业务请求比,定义为 $S_p$。

② 已分配的 FS 的最大索引号:采用首次命中方法优先分配 C 波段和 L 波段上的低

频FS。因此,已分配的FS的最大索引号越小,则剩余的空闲FS越多,以供后续业务请求的占用,这意味着资源利用更高效。

综合考虑上述因素,GA-S-RSCBA-BP的优化目标是最小化已分配的FS的最大索引号,同时提高业务请求的保护成功率。在GA-S-RSCBA-BP中,使用适应度函数来评估每条染色体的质量(即MB-SDM的可生存性RSCA解的优劣程度)。适应度函数定义如下:

$$\text{fitness} = w \times S_p - (1-w) \times \text{avg}\left(\sum_{l \in P} \text{avg}\left(\sum_{c \in C}\left(\frac{f^{c\text{-max}}}{f_{c_{\text{end}}}} + \frac{f^{l\text{-max}}}{f_{l_{\text{end}}}}\right)\right)\right) \tag{5-3-35}$$

其中,$w$是权重参数,$f^{c\text{-max}}$和$f^{l\text{-max}}$分别是C波段和L波段上已经被占用的FS的最大索引号,$f_{c_{\text{end}}}$和$f_{l_{\text{end}}}$分别是C波段和L波段上的FS的最后一个索引号。

遗传算法的基本过程是染色体选择、交叉和突变。重复上述步骤,直到迭代结束或算法收敛。对于GA-S-RSCBA-BP,在选择过程中,采用精英选择,将$M$个优秀个体保留到新的种群中。然后,使用赌轮选择算法选择剩余的个体进入新种群,直到新种群中的个体数量达到目标种群规模。在交叉操作过程中,使用两点交叉算法。两点交叉算法指从新种群中随机选择两个个体,并生成一个均匀分布为0-1的随机数$\zeta_c$。如果$\zeta_c \leqslant \rho_C$($\rho_C$是交叉概率),则两个个体交叉[9]。然后,调用两点交叉算法,随机选取两个交叉点,将两个亲本的两个交叉点的中间部分进行交换,生成两个新的后代。在变异过程中,对于新种群中的每个个体,抽取一个0-1均匀分布的随机数$\zeta_m$,如果$\zeta_m \leqslant \rho_M$($\rho_M$为变异概率),则对该个体进行变异操作。针对需要变异的个体随机选择其基因片段,针对随机选择的基因片段进行随机突变。变异后的个体被添加到新的种群中,否则原始个体将被添加到新的种群中。

在遗传算法中,交叉概率$\rho_C$和变异概率$\rho_M$是影响遗传算法行为和性能的关键因素,直接影响算法的收敛性。通过引入自适应策略,$\rho_C$和$\rho_M$可以随着适应度值自动变化。当种群中个体的适应度值趋于相同或趋于局部最优时,$\rho_C$和$\rho_M$增加,反之亦然。因此,自适应遗传算法可以在保证种群多样性的同时保证遗传算法的收敛性。

$\rho_C$和$\rho_M$根据式(5-3-36)和式(5-3-37)进行自适应调整:

$$\rho_C = \begin{cases} k_1, & g' < g_a \\ \dfrac{k_2 \times (g_{\text{best}} - g')}{g_{\text{best}} - g_a}, & g' \geqslant g_a \end{cases} \tag{5-3-36}$$

$$\rho_M = \begin{cases} k_3, & g < g_a \\ \dfrac{k_4 \times (g_{\text{best}} - g)}{g_{\text{best}} - g_a}, & g \geqslant g_a \end{cases} \tag{5-3-37}$$

其中,$g_{\text{best}}$是种群的最大适应度值;$g'$是要交叉的两个个体的较大适应度值;$g$是要突变的个体的适应度值。$k_1$、$k_2$、$k_3$和$k_4$都是设置在(0, 1)之间的常数,并且必须满足$k_1 < k_2$,$k_3 < k_4$。

在最后一轮迭代中,GA-S-RSCBA-BP算法选择适应度值最大的染色体作为MB-SDM的可生存性RSCA的解。表5-3总结了GA-S-RSCBA-BP算法流程。

**表 5-3 GA-S-RSCBA-BP 算法流程**

算法:GA-S-RSCBA-BP 算法。

输入:网络拓扑 $G(V,E)$ 和业务请求集合 $R$。
输出:最优适应度值。
1 根据业务请求 $r$ 的带宽大小,将所有业务请求进行降序排序
2 初始化种群 POP,初始种群内的基因均为随机产生
3 While 算法没有收敛 do
4 For 每条染色体 $ch_i \in$ POP do
5 对每个 $G_r \in ch_i$ 进行解码,得到资源分配方案
根据适应度函数来计算适应度
选择操作,基于精英选择法
交叉操作,基于两点交叉算法
变异操作
6 End For
7 End While
8 获得最优 $ch_i$
9 返回最优适应度值

## 5.3.4 仿真实验与数值分析

在本小节中,作者评估和比较了基于频段分区保护方案的 ILP 模型和基于 GA 的启发式算法 GA-S-RSCBA-BP 在 MB-SDM 的可生存性 RSCA 问题上的性能。在小规模网络模型中运行模拟 ILP 模型和 GA-S-RSCBA-BP 算法,结果表明,作者所提出的启发式算法的效果接近 ILP 模型的解。对于大规模网络,由于 ILP 模型在实际大规模网络中计算复杂且难以处理,所以只用其评估启发式算法。为了证明所提算法的优越性,作者将 GA-S-RSCBA-BP 算法与其他的对比启发式算法(GA-C+L-mix、GA-C only、D-C only 和 D-C+L-BP)进行性能对比。本小节将针对对比启发式算法,对仿真场景和仿真结果及其分析进行描述。

### 1. 仿真场景

使用图 5-9(a)中的 6 节点拓扑作为小规模网络拓扑,使用图 5-9(b) 中具有 14 个节点和 21 条链路的 NSFNET 拓扑作为大规模网络拓扑。

假设在大规模网络仿真场景中,单条链路内有 12 个核芯。在小规模网络仿真场景中,为使 ILP 能在可行时间内得到解,设单条链路内有 3 个核芯。设置 C 波段和 L 波段分别拥有 446 个 FS,每个 FS 的带宽为 12.5 GHz,使用的调制格式为 BPSK。业务请求的到达服从泊松分布,每个业务请求的不相交工作-保护路径对($K$)的数量设为 5。仿真模拟中涉及的其他参数见表 5-4。

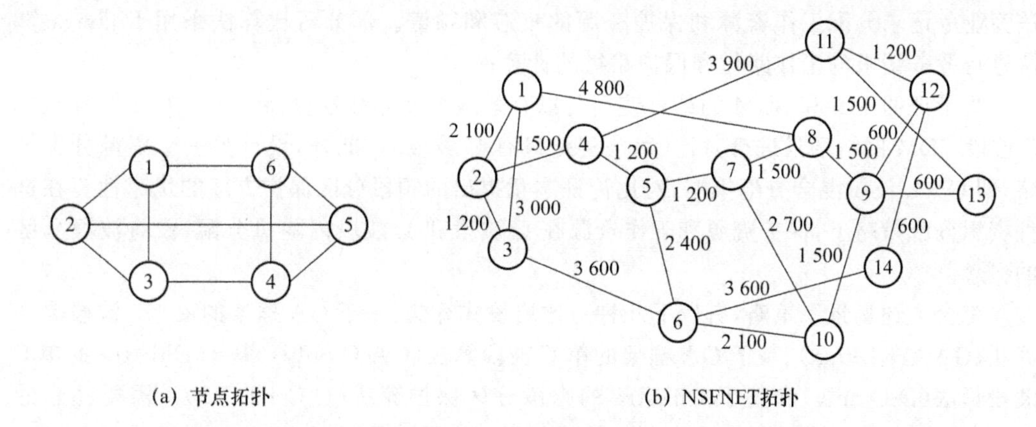


图 5-9　仿真拓扑

**表 5-4　参数设定**

| 参数设定 | 参数 | 值 |
|---|---|---|
| SNR 计算有关参数 | $f_{\text{end}}$ | 196.04 THz |
| | $\alpha$ | 0.2 dB/km |
| | $\beta_2$ | $-21.6$ ps$^2$/km |
| | $\beta_3$ | 0.14 ps$^3$/km |
| | $P$ | $1.0\times10^{-3}$ W |
| | $\Xi$ | 9 dB |
| | $n_{\text{sp}}$ | 1.5 |
| | $\gamma$ | 1.2 1/W/km |
| | $C_r$ | 0.028 1/W/km/THz |
| 串扰计算有关参数 | $\varepsilon$ | $3.4\times10^{-4}$ |
| | $r$ | $5\times10^{-2}$ m |
| | $\beta$ | $4.5\times10^{-5}$ m |
| | $w_r$ | $4\times10^{6}$ 1/ m |
| | $\Omega$ | $-30$ dB |
| GA 计算有关参数 | $w$ | 0.5 |
| | $k_1$、$k_3$ | 0.1 |
| | $k_2$、$k_4$ | 0.001 |

## 2. 对比算法

接下来介绍用以验证作者提出的频段分区保护方案和 GA-S-RSCBA-BP 算法的策略性能的对比算法。

在对比算法中，根据业务请求到来的先后顺序为其分配频谱资源，采用首次命中方法为业务请求分配工作资源和保护资源的核芯和频谱。部分对比算法采用 Dijkstra 算法进行业务请求的工作路径和保护路径的计算。

为了证明 MB 和 SDM 的结合使用可以有效地扩展光纤容量，将 MB-SDM 场景与单 C 波段-SDM 网络场景进行对比（每条链路只有 C 波段）。此外，设计另一个资源分配策略，即 C+L 波段混合分配策略，对比论证本章提出的频段分区保护方案的优越性。在这种资源分配策略下，保护资源和工作资源在 C 波段和 L 波段内随机分配，没有波段分区的概念。

综合上述场景和策略，有以下几种对比启发式算法：基于 GA 框架的 C+L 波段混合算法（GA-C+L-mix）、基于 GA 框架的单 C 波段算法（GA-C only）、基于 Dijkstra 的单 C 波段算法（D-C only）和基于 Dijkstra 的频段分区保护算法（D-C+L-BP）。需要注意的是，GA-C+L-mix 算法和 GA-C only 算法的适应度函数是根据式(5-3-38)计算的。

$$\text{fitness} = w \times \text{PS} - (1 - w) \times \text{avg}\left(\sum_{l \in P} \frac{\sum_{c \in C} f_{\max}}{f_{\text{end}}}\right) \tag{5-3-38}$$

此外，为了确认频段分区保护方案的有效实施性，作者还设计了 ILP-MIX 对比仿真场景。ILP-MIX 中的大部分参数设置和约束与 ILP-BP 中的相同，只是 ILP-MIX 中没有频段分区保护方案约束，它从 FS 低频方向（C 波段）开始向高频方向（L 波段）采用首次命中方法，为业务请求分配 FS 资源。

表 5-5 总结了所有仿真环境中的算法，包括所提算法模型和对比算法模型。

**表 5-5　仿真算法及其场景**

| 仿真算法及其场景 | 名称 |
| --- | --- |
| 基于频段分区保护的 ILP 模型 | ILP-BP |
| 基于波段混合场景的 ILP 模型 | ILP-mix |
| 基于 GA 框架的频段分区保护算法 | GA-S-RSCBA-BP |
| 基于 Dijkstra 的频段分区保护算法 | D-C+L-BP |
| 基于 GA 框架的单 C 波段算法 | GA-C only |
| 基于 Dijkstra 的单 C 波段算法 | D-C only |
| 基于 GA 框架的 C+L 波段混合算法 | GA-C+L-mix |

### 3. 仿真结果分析

在小规模网络仿真中，将 ILP 模型的性能与 GA-S-RSCBA-BP 算法的性能进行比较，同时，比较两种 ILP 模型结果以分析工作资源在 ILP-BP 场景下的 C 波段内收敛。将业务请求数 $D$ 设置为 250、300 和 350。每个业务请求所需的 FS 为 $b_r \in [3,10]$。

图 5-10 展示了在 ILP-BP 和 GA-S-RSCBA-BP 两种场景下，已分配的 FS 的最大索引号与业务请求数之间的关系。因为 ILP 可以为所有业务请求找到目标函数的最优解，所以 ILP-BP 实现了较小的已分配的 FS 的最大索引号。GA-S-RSCBA-BP 内已分配的 FS 的最大索引号接近 ILP-BP 的最优结果，与 ILP-BP 结果的最大差异在 8%以内，表明 GA-S-RSCBA-BP 在资源分配上具有优越的性能。图 5-11 证明了与 ILP-mix 相比较，在

ILP-BP 中，所有的工作资源都在 C 波段上收敛，实现了多频段保护策略。

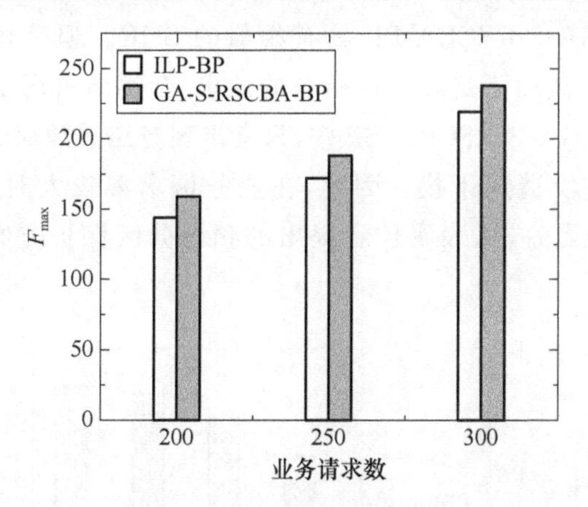


图 5-10 在 ILP-BP 和 GA-S-RSCBA-BP 场景下已分配的 FS 的最大索引号

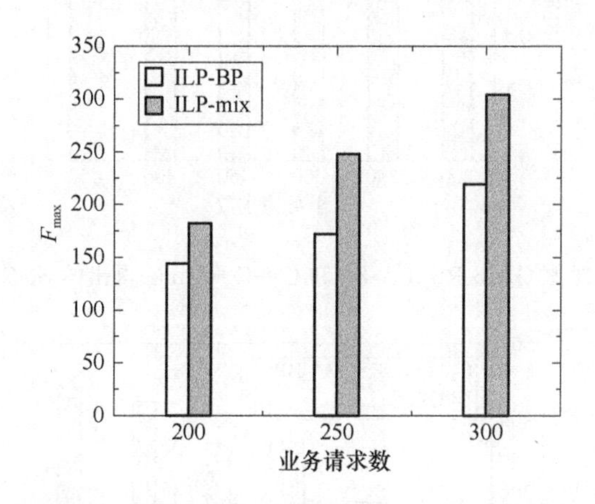


图 5-11 在两种 ILP 模型场景下工作路径上已分配的 FS 的最大索引号

在大规模网络仿真中，将 GA-S-RSCBA-BP 与其他可替代启发式算法进行对比。在 C+L 双波段仿真场景下，$D$ 的大小设置为 50～750，而在单 C 段波仿真场景下，$D$ 的大小设置为 50～450。每个业务请求所需的 FS 为 $b_r \in [3,10]$。

为了证明频段分区保护方案的性能，作者比较了 GA-S-RSCBA-BP 和 GA-C+L-mix，并将两者的 SNR 的比值（SNR RATIO）作为评估指标，根据式（5-3-39）计算该值。

$$\text{SNR RATIO}=\frac{\text{GA-S-RSCBA-BP 的平均 SNR}}{\text{GA-C+L-mix 的平均 SNR}} \tag{5-3-39}$$

图 5-12 和图 5-13 展示了将 GA-S-RSCBA-BP 与 GA-C+L-mix 进行比较的仿真结果。图 5-13 通过占用 FS 的最大索引号证明了在 GA-C+L-mix 中，工作资源并没有只占用 C 波段资源，而 GA-S-RSCBA-BP 通过分区策略，使得工作资源只占用了 C 波段。由图 5-12 可以看出，随着业务请求数的增加，SNR RATIO 逐渐增加，这意味着 GA-S-RSCBA-BP 具有更高的 SNR。当业务请求集非常小时，C 波段足以承载所有的工作资源

和保护资源，使得 GA-C+L-mix 内的 L 波段并没有被占用。因此，当业务请求集较小时，GA-C+L-mix 和 GA-S-RSCBA-BP 具有相似的 SNR。但是，随着业务请求数的增加，GA-C+L-mix 的 C 波段不足以支持所有的请求，会逐渐占用 L 波段的资源，对 C 波段造成干扰。然而，在 GA-S-RSCBA-BP 中，只有出现链路故障时 L 波段才会被激活，所以 L 波段不会对 C 波段造成干扰。因此，在业务请求集较大时，GA-S-RSCBA-BP 的 SNR 会更高，性能也会更好，这表明作者提出的频段分区保护方案起到了增加 SNR 的作用。

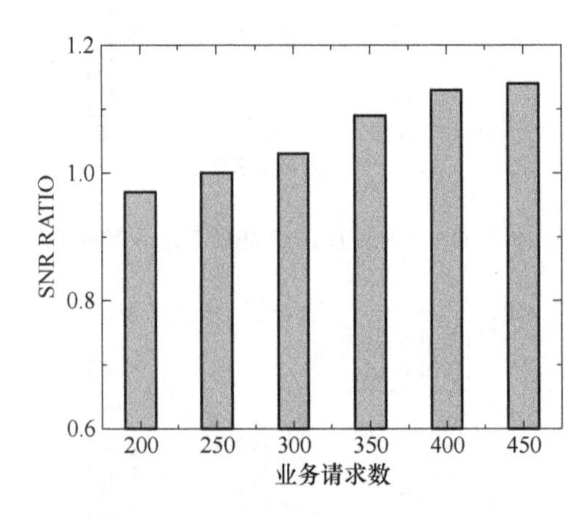


图 5-12　对比 GA-S-RSCBA-BP 和 GA-C+L-mix 得出的 SNR RATIO

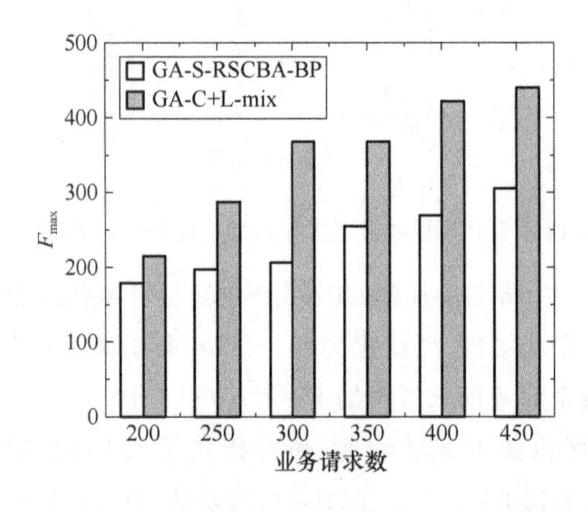


图 5-13　在 GA-C+L-mix 和 GA-S-RSCBA-BP 场景下工作路径所占用的 FS 的最大索引号

为了进一步确认频段分区保护方案的优越性，作者分别比较了基于 GA 框架与 ILP 框架的场景中 mix 和 BP 方案的可用空间大小，以证明频段分区保护方案在资源紧凑度方面的优越性。仿真结果如图 5-14 和图 5-15 所示。频段分区保护方案的优势在于通过牺牲一小部分 FS 来提高网络 SNR，同时实现资源分配的紧凑性。无论是频段分区保护方案还是频段混合场景，FS 的分配都是从低频到高频，所以空闲空间主要集中在单一波段的末端。

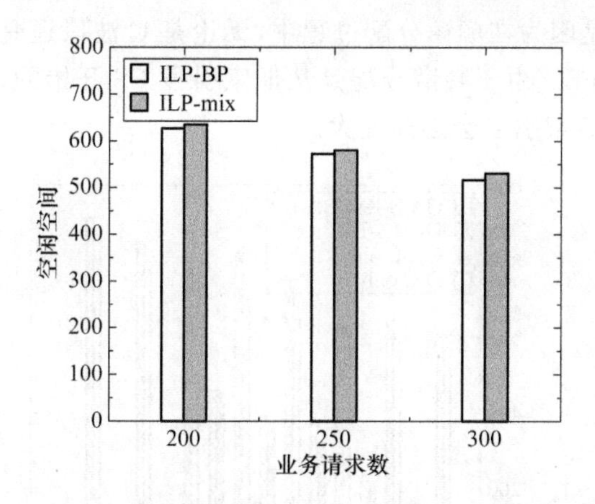


图 5-14 两种 ILP 场景下的空闲空间大小:C+L-mix; C+L-BP(频段分区保护)

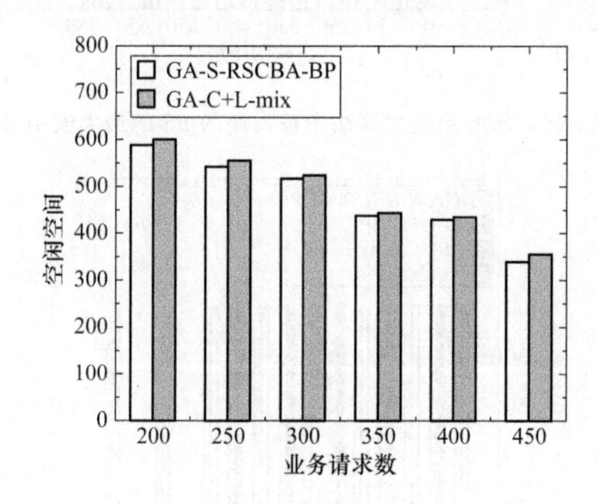


图 5-15 两种 GA 场景下的空闲空间大小: C+L-mix; C+L-BP(频段分区保护)

图 5-14 和图 5-15 展示了不同策略下 C+L-mix 和 C+L-BP(频段分区保护)两种场景下的可用空间分布。在 C+L-BP 中,有两个空闲空间,这是因为作者在频段分区保护方案中设置了工作-保护资源分离约束,导致频段分区保护方案中 C 波段的末端有一个空闲空间。如果空闲空间太小,则将该空闲空间称为碎片。然而,波段混合场景没有这样的限制,所以它仅在 L 波段的末端有一个空闲空间。

图 5-16、图 5-17 比较了基于 GA 的启发式算法与基于 Dijkstra 的启发式算法的性能。此外,还可以从图中看到 C+L 多波段方案与单波段方案的性能比较。已分配的 FS 的最大索引号可以隐含地表示资源利用率,这是资源分配问题中的重要评估因素。保护率表示成功找到保护资源的业务请求数占所有业务请求数的比,保护率大小反映了所提算法在网络生存性方面的性能优劣。在仿真环境下,选择 GA-S-RSCBA-BP、GA-C only、D-C only 和 D-C+L-BP 作为代表算法进行比较。

图 5-16 展示了上述四种算法在已分配的 FS 的最大索引号方面的仿真结果。与基于 Dijkstra 的算法相比,基于 GA 框架的算法已分配的 FS 的最大索引号较小,这证明了启发式算法在作者所提策略中的贡献。此外,随着请求数量的增加,已分配的 FS 的最大

索引号逐渐增大。这是因为在频谱分配过程中，无论是C波段还是L波段，都是从低频开始(低索引号)分配FS。由于频谱分配是从低索引号FS开始的，所以当低频FS都被占用时，可供分配的FS索引号会逐渐变大。

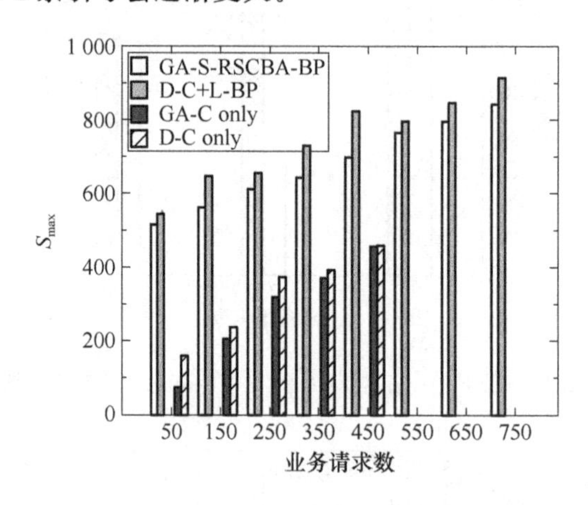


图 5-16 所有启发式算法中被占用的FS的最大索引号

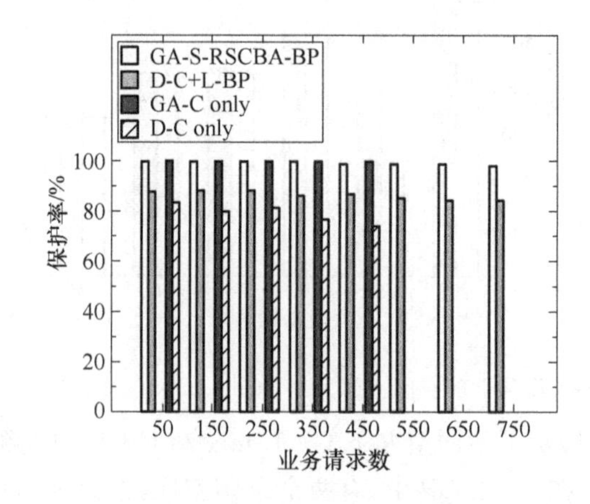


图 5-17 所有启发式算法中的保护率

保护率的仿真结果如图5-17所示。由于GA框架相对于Dijkstra算法具有优越性，基于GA框架的算法(GA-S-RSCBA-BP、GA-C only)比基于Dijkstra的算法(D-C+L-BP、D-C only)的性能更好。在所有场景中，GA-C only和D-C only的性能最差。这是因为GA-C only和D-C only只有一个单C波段能够使用，传输频率并没有包含L波段。因此，与C+L多波段场景相比，它们的频谱资源更少，可承载的业务请求数也更少。同时，与其他启发式算法相比，GA-S-RSCBA-BP和D-C+L-BP具有更高的保护率。GA-S-RSCBA-BP和D-C+L-BP的共同点是它们都使用频段分区保护方案。在频段分区保护方案中，工作资源和保护资源被分开放置在C波段和L波段。这种方法可以降低高频对低频的影响而引起的SRS，从而提高链路的SNR，使得链路上有更多的FS可供选择和分配。

在本节中，作者研究了MB-SDM的可生存性RSCA问题。综合考虑多频段特性、保护与资源备份和SRS影响，作者提出了频段分区保护方案以提高网络生存性。为解决

MB-SDM 中的可生存性 RSCA 问题，所提的 ILP 模型和 GA-S-RSCBA-BP 算法不仅考虑了核芯间串扰，还考虑了 SRS 影响。为验证频段分区保护方案和所提算法的性能，作者设计了几种基于简单策略和不同频段环境的对比算法。仿真结果表明，GA-S-RSCBA-BP 算法表现出比对比算法更好的性能，作者所提出的频段分区保护方案有效地提高了网络的 SNR 并实现了良好的已分频谱资源的紧凑性。此外，MB 和 SDM 的组合使用可以大大地增加网络容量，较之单波段网络能够满足更多的业务请求与应用场景。

## 5.4 抗多故障的多路径虚拟网络嵌入资源优化策略

本节提出了一种针对 EON 中多个故障的可生存多径虚拟网络嵌入方案(Survivable Multipath Virtual Network Embedding，SMVNE)[10]。该方案可以通过一到多节点映射和多路径配置(Multi Path Provisioning，MPP)来解决高可靠的虚拟网络嵌入(Survivable Virtual Network Embedding，SVNE)问题，使得在固定数量的链路故障下，虚节点之间的通信不会中断；此外，它还提高了资源利用效率。作者研究了该方案的参数设计，构建了一个整数线性规划(ILP)模型并求解，从而适应具有 MPP 和一到多节点映射的 RSA 的新需求。

### 5.4.1 研究背景和问题描述

近年来，网络虚拟化已成为一种被广泛接受的很有前途的方法，可以在不同的用户/服务之间以逻辑隔离的方式共享物理基础设施。随着如弹性光网络等光网络技术的发展，物理网络能力开始增长，这为承载更多的虚拟网络和服务铺平了道路，但网络虚拟化也会扩大故障的影响范围。因此，以抗物理故障为目标的高可靠虚拟网络嵌入(SVNE)已成为网络虚拟化技术的一大突破方向[11-14]。SVNE 在将虚拟网络映射到物理底层网络资源上的同时，会确定底层网络资源的利用效率和虚拟网络的生存能力[12]。

多路径通信技术已被证明在传输层提供端到端不相交的路径场景中有很不错的表现。研究表明，MPP 可以提供比单路径配置(Single Path Provisioning，SPP)更有效的完全或部分保护[15-17]。MPP 带来的"多样性"为城域光网络带来诸多好处，如负载平衡、效率、更高的吞吐量、上下文感知服务、隐私匿名化等。在软件定义光网络和网络功能虚拟化技术的帮助下，可以实现节点一对多映射和可生存的多路径 VNE，从而获得更高的可靠性和资源效率。

### 5.4.2 抗多故障的 SMVNE 方案

如果 $M$ 表示故障总数，则 $M\geqslant 2$ 表示多个故障场景。$M_1$($M_1\geqslant 1$)是链路故障数，$M_2$($M_2\geqslant 2$)是源节点或目的节点故障数，$M=M_1+M_2$。链路故障是由多条不相交的路径提供的。如果源节点或目的节点出现故障，则只有备份基板会有所帮助。当一个虚拟节点被映射到足够数量的多个衬底节点时,VNE 将在多个节点故障的情况下提供帮助,但它会消耗更多的衬底节点资源。通过 MPP 和部分保护,可以节省衬底节点的大量资源。

在本节中,假设虚拟网络需要部分保护。物理层拓扑 $G(V,L)$ 由节点集 $V$ 和链路集 $L$ 组成。VN 由 $G'(V',L')$ 表示,虚拟层拓扑由虚拟节点集 $V'$ 和虚拟链路集 $L'$ 组成。虚拟链路由 $l'=\langle s',d',\rho,b\rangle$ 表示,其中,$s'$ 是源虚拟节点,$d'$ 是目标虚拟节点,$b$ 是 $l'$ 的频谱要求(频隙数量),$\rho$ 是部分保护要求。$\rho=0$ 表示无保护(未讨论);$\rho=1$ 表示完全保护;$0<\rho<1$ 表示部分保护,$\rho$ 表示要保护的流量百分比。

$N(v')$ 是携带虚拟节点 $v'$ 的物理节点的数量,$N(l')$ 是虚拟链路 $l'$ 的链路不相交路径的数量,$N(s,d,l')$ 是物理节点 $s$ 和 $d$ 之间的虚拟链路 $l'$ 的路径数,$N(l')$ 和 $N(s,d,l')$ 之间的关系如式(5-4-1)所示。$l'_{s,d}(b)$ 用于表示物理节点 $s$ 和 $d$ 之间路径的频谱需求之和。$B^r_{s,d}$ 指虚拟链路 $l'$ 路径的物理节点 $s$ 与 $d$ 之间路径的频隙需求。对于相同的 $l'$,$B^r_{s,d}$ 必须相同才能消耗最少的频隙[18]。

$$N(l') = \sum_{s,d}(s,d,l'), \quad N(l') \geqslant 2 \tag{5-4-1}$$

虚拟节点 $v'$ 的 CPU 需求由 $R_{v'}$ 表示,而物理节点 $v$ 处的虚拟节点 $v'$ 之间的 CPU 需求由 $R_v^{v'}$ 表示。$G$ 是保护带宽的频隙要求。

**1. 节点数量和资源需求的确定**

当 $M_2\neq 0$ 时,为了防止 $M_2$ 故障,备份节点的数量应为 $M_2$,因此,物理节点的总数至少应该是 $M_2+1$。尽管节点数量的增加可能会减少资源消耗,但映射到虚拟节点的节点越多,成本就越高。由于控制成本和时延在 NFV 网络中很重要,因此承载虚拟节点 $v'$ 的物理节点的数量应是

$$N(v')=M_2+1 \tag{5-4-2}$$

同时,可用的物理节点($M_2+1$)是否足以承载一个虚拟节点取决于物理层拓扑。如图 5-18 所示,$M_2=2$,3 个物理节点($A$、$B$、$C$)承载着虚拟节点 $a$。但当物理节点 $A$ 和 $C$ 发生故障时,虚拟链路 $a$-$b$ 也发生故障,$M_2+1$ 个物理节点无法为 $M_2$ 个节点故障提供足够的保护。这意味着物理层拓扑决定了网络是否能够容忍 $M_2$ 个故障。

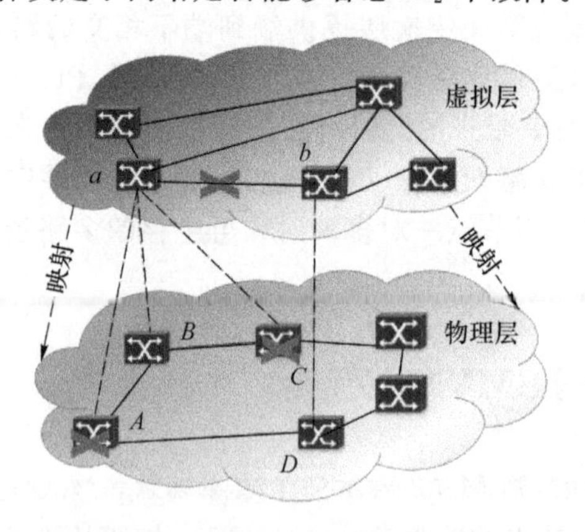


图 5-18 $M_2=2$ 的虚拟节点映射

当有足够的节点满足式(5-4-2)时,每个物理节点 $R_v^{v'}$ 的资源需求为

$$R_v^{v'}=\rho R_{v'} \tag{5-4-3}$$

当满足式(5-4-2)的节点不够时,源节点和目的节点不能得到充分的 $M_2$ 故障保护,式(5-4-3)中的 $R_v^{v'}$ 是可以提供的最佳值。

当 $M_2=0$ 时,可能需要一个以上的物理节点,因为两个节点之间可能没有足够的路径,如图 5-19(a)所示。节点的数量应该是最少的,以针对 $M_1$ 获得足够的不相交路径。

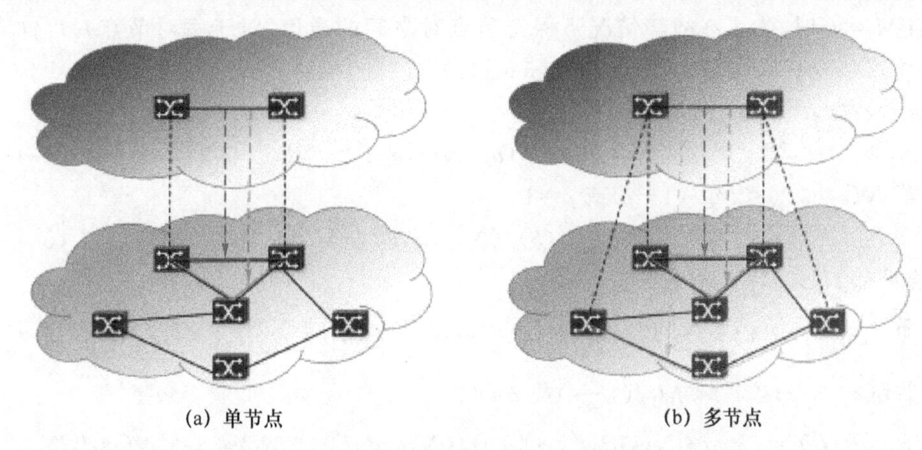

(a) 单节点　　(b) 多节点

图 5-19　$M_1=2$、$M_2=0$ 时物理层映射节点数对不相交路径的影响

对于 MPP,每个节点的资源需求应该相同,以确保资源消耗最少。然而,对于 NFV,因为在节点上运行的 VNF 是不同的,并且它们的资源需求基于 VNF 的类型。为了简化问题,假设对于相同的 $v'$,$R_v^{v'}$ 彼此相等。

$$R_v^{v'}=R_{v'}/N(v')=R_{v'}/(M_2+1) \tag{5-4-4}$$

**2. 每条路径的频谱需求的确定**

SRG 和 $M_2$ 会影响路径的数量,但不会直接影响频谱需求。SRG 的影响将在下文讨论。

当 $N(v')=0$ 或 $M_2=0$ 时,所有路径都具有相同的频谱要求,即 $B_{s,d}^{l'}=B^{l'}$,并且它们应该彼此不相交。然后有

$$l'_{s,d}(b)=N(s,d,l')\cdot B^{l'} \tag{5-4-5}$$

其中,$B^{l'}$ 由 $M_1$($M_1<N(l')$)和 $l'(b)$ 确定。根据文献[20]:

① 当 $0<\rho<1$ 时,若 $N(l')\geqslant M_1/(1-\rho)$,

$$B^{l'}=l'(b)/N(l') \tag{5-4-6}$$

若 $N(l')<M_1/(1-\rho)$ 或 $\rho=1$,

$$B^{l'}=l'(b)/(N(l')-M_1) \tag{5-4-7}$$

② 当 $\rho=1$ 时,

$$B^{l'}=l'(b)/N(l') \tag{5-4-8}$$

式(5-4-8)可以看作式(5-4-7)的一种特殊情况。由于每条路径的频谱相同,链路 $l'$ 的频

谱总消耗为

$$\text{Sum}B(l')=N(l')\cdot(B^{l'}+G) \tag{5-4-9}$$

如果 $N(l')\geqslant M_1/(1-\rho)$，

$$\text{Sum}\ B(l')=l'(b)+G\cdot N(l') \tag{5-4-10}$$

如果 $N(l')<M_1/(1-\rho)$或 $\rho=1$，

$$\text{Sum}\ B(l')=\rho\cdot N(l')\cdot l'(b)/(N(l')-M_1)+G\cdot N(l') \tag{5-4-11}$$

当 $M_2\neq 0$ 时，为了在故障情况下保持节点对之间的通信，对于每对节点对$l'_{s,d}(b)\geqslant l'(b)$，将式(5-4-6)、式(5-4-7)改为式(5-4-12)、式(5-4-13)。

若 $N(s,d,l')\geqslant M_1/(1-\rho)$，

$$B^{l'}_{s,d}=l'(b)/N(s,d,l') \tag{5-4-12}$$

此外，若 $N(s,d,l')<M_1/(1-\rho)$或 $\rho=1$

$$B^{l'}_{s,d}=\rho l'(b)/(N(s,d,l')-M_1) \tag{5-4-13}$$

若所有 $N(s,d,l')\geqslant M_1/(1-\rho)$，

$$\text{Sum}\ B(l')=\sum_{s,d}l'_{s,d}(b)=\frac{1}{2}\cdot N(v')\cdot l'(b)+\sum_{s,d}G\cdot N(s,d,l') \tag{5-4-14}$$

此外，若所有 $N(s,d,l')<M_1/(1-\rho)$或 $\rho=1$，

$$\text{Sum}B(l')=\sum_{s,d}\rho\cdot N(s,d,l')\cdot l'(b)/(N(s,d,l')-M_1)+G\cdot N(s,d,l') \tag{5-4-15}$$

若 $N(s,d,l')\leqslant M_1/(1-\rho)$且 $N(s',d',l')\geqslant M_1/(1-\rho)$，

$$\text{Sum}\ B=\sum_{s,d}\rho\cdot N(s,d,l')\cdot l'_{s,d}(b)/(N(s,d,l')-M_1)+\sum_{s,d}l'(b)+\sum_{s,d}G\cdot N(s,d,l') \tag{5-4-16}$$

### 3. 路径数量的确定

路径的数量，如 $N(s,d,l')$和 $N(l')$，取决于拓扑的连通性，因为路径应该是不相交的。当涉及 SRG 时，会有一些额外的路径，它们的故障应该得到保护[21]。本部分讨论了两个问题：一是 SRG 的数量如何影响频谱消耗，二是如何用图论计算 $N(s,d,l')$。

(1) SRG 与频谱消耗

当 $0<\rho<1$ 时，考虑$l'_{s,d}(b)$和 $G$，根据式(5-4-6)～式(5-4-16)和文献[20]，若 $N(l')\geqslant M_1/(1-\rho)$，

$$N(l')=\lceil M_1/(1-\rho)\rceil \tag{5-4-17}$$

$$N(s,d,l')=\lceil M_1/(1-\rho)\rceil \tag{5-4-18}$$

使用式(5-4-6)和式(5-4-12)计算 $B^{l'}$ 以及 $B^{l'}_{s,d}$，并且

$$\text{Sum}\ B(l')=l'(b)+G\cdot\lceil M_1/(1-\rho)\rceil \tag{5-4-19}$$

如果不相交路线不够，$N(l')\leqslant M_1/(1-\rho)$或 $\rho=1$，在这种情况下，$N(l')$应四舍五入到最接近 $M_1+\sqrt{\rho M_1 l'(b)/G}$的整数

$$N(l')=\text{round}(M_1+\sqrt{\rho M_1 l'(b)/G}) \tag{5-4-20}$$

这同样适用于

$$N(s,d,l')=\text{round}(M_1+\sqrt{\rho M_1 l'(b)/G}) \tag{5-4-21}$$

$B^{l'}$ 由式(5-4-7)来计算，且

$$\text{Sum}B(l')=\rho l'^{(b)}+\sqrt{\rho GM_1 l'(b)} \tag{5-4-22}$$

当同一 SRG 中存在 $ss$ 路径时，对于式(5-4-17)，应找到 $M'_1=M_1+ss\lceil M'_1/(1-\rho)\rceil$ 条不相交路径，使得 $N(s)=\lceil(M_1+ss)/(1-\rho)\rceil$，且数据所需的频隙数量是恒定的。然而，从式(5-4-19)中可以看出，$\text{Sum}B(l')$ 随着 $ss$ 的增加而增加。如果没有足够的路径，则必须参考式(5-4-20)。由式(5-4-11)得出：

$$\begin{aligned}\text{Sum}B(l')&=\rho\cdot N(l')\cdot l'^{(b)}/(N(l')-M'_1)+G\cdot N(l')\\&=\rho l'^{(b)}\cdot(M'_1+\sqrt{\rho M'_1 l'^{(b)}/G})/\sqrt{\rho M'_1 l'^{(b)}/G}+G(M'_1+\sqrt{\rho M'_1 l'^{(b)}/G})\\&=\rho l'^{(b)}+M'_1G+2\sqrt{\rho l'^{(b)M_1}G}\\&=\rho l'^{(b)}+M'_1G+G\cdot ss\cdot 2\sqrt{\rho l'(b)(M_1+ss)G}\end{aligned} \tag{5-4-23}$$

因此 $\text{Sum}B(l')$ 也随着 $ss$ 的增长而增加。这适用于式(5-4-22)、式(5-4-14)和式(5-4-15)。这表明路径应该是 SRG 不相交的。

总之，如果 $l'(b)+\lceil M_1/(1-\rho)\rceil\cdot G<\rho l'(b)+\sqrt{\rho GM_1 l'(b)}$，当 $M_2\neq 0$ 时，必须尝试使不同节点对之间的路径数如式(5-4-18)所示，并使用式(5-4-12)来计算 $B^{l'}_{s,d}$；如果没有足够的路径或 $\rho=1$ 或 $l'(b)+\lceil M_1/(1-\rho)\rceil\cdot G>\rho l'(b)+\sqrt{\rho GM_1 l'(b)}$，则需要式(5-4-21)中的路径，并且使用式(5-4-13)计算 $B^{l'}_{s,d}$；如果该数量不满足式(5-4-21)，则节点之间的路径数量与 SRG 不相交路由的最大数量相同，这取决于拓扑结构，并且用式(5-4-13)计算 $B^{l'}_{s,d}$；如果该数量小于 $M_1+1$，则需要更多的节点对。当 $M_2=0$ 时，同时考虑 SRG，路径数由式(5-4-17)、式(5-4-20)和拓扑的连通性决定。每条路径的频谱需求按式(5-4-6)或式(5-4-7)计算，当路径数小于式(5-4-20)计算得到的路径数时，使用更多节点承载虚拟节点，路径总数为 $M_1+1$。不同节点对之间的路径数取决于节点的资源和拓扑结构。

(2) 使用图论计算路径数

众所周知，由于拓扑结构的基本约束，没有任何 SVNE 策略可以使虚拟网络在所有类型的故障中保持运行。拓扑结构的连通性对不相交路径数量有很大影响。考虑到这一点，利用图论来获得节点对之间不相交路径的最大数量。

以下定理提供了网络生存性所需的一些简单但有用的条件。先定义以下概念。切割是将节点集划分为两个部分，$S$ 和 $\bar{S}=V-S$。每个切割定义一组边，这些边由 $L$ 中的边组成，一个端点在 $S$ 中，另一个端点在 $\bar{S}$ 中，这组边被称为与切割 $\langle S,V-S\rangle$ 相关的切割集，或简称为 $CS(S,V-S)$。剪切集中的边数 $|CS(S,V-S)|$ 是剪切集的大小。利用最小割集的大小和 Menger 定理，可以获得节点对之间不相交路径的最大数量。设 $v_1$ 和 $v_2$ 是两个不同的顶点，Menger 定理指出，$v_1$ 和 $v_2$ 的最小割集的大小(移除使 $v_1$ 和 $v_2$ 断开的边的最小数量)等于 $v_1$ 和 $v_2$ 之间链路不相交路径的最大数量。该定理可以根据最

大流最小割定理导出[18]。同时,最大流最小割定理证明了最大网络流和最小割集的大小是相等的。通过使用多项式时间方法 Edmonds-Karp 算法[19],可以解决最小割问题,并获得两个节点之间链路不相交路径的最大数量。

**4. 对比方案**

为了比较 MPP 和 SPP、一对一节点映射和一对多节点映射的频谱效率,提出三种对比方案:可生存单路径虚拟网络嵌入方案(SSVNE)、一对多路径虚拟网络嵌入式方案(OMVNE)和一对一单路径虚拟网络嵌入方案(OSVNE)。图 5-20 展示了 SMVNE 方案以及这三种方案。

使用 SMVNE 方案,每个虚拟节点都映射到一个或多个物理节点,每条虚拟链路也映射到一条或多条物理链路。在 SSVNE 方案中,每个虚拟节点都映射到一个或多个物理节点,但每条虚拟链路只映射到一条物理链路。在 OMVNE 方案中,每个虚拟节点只映射到一个物理节点,每条虚拟链路映射到一条或多条物理链路。此外,使用 OSVNE 方案,每个虚拟节点只映射到一个物理节点,每条虚拟链路只映射到另一条物理链路。

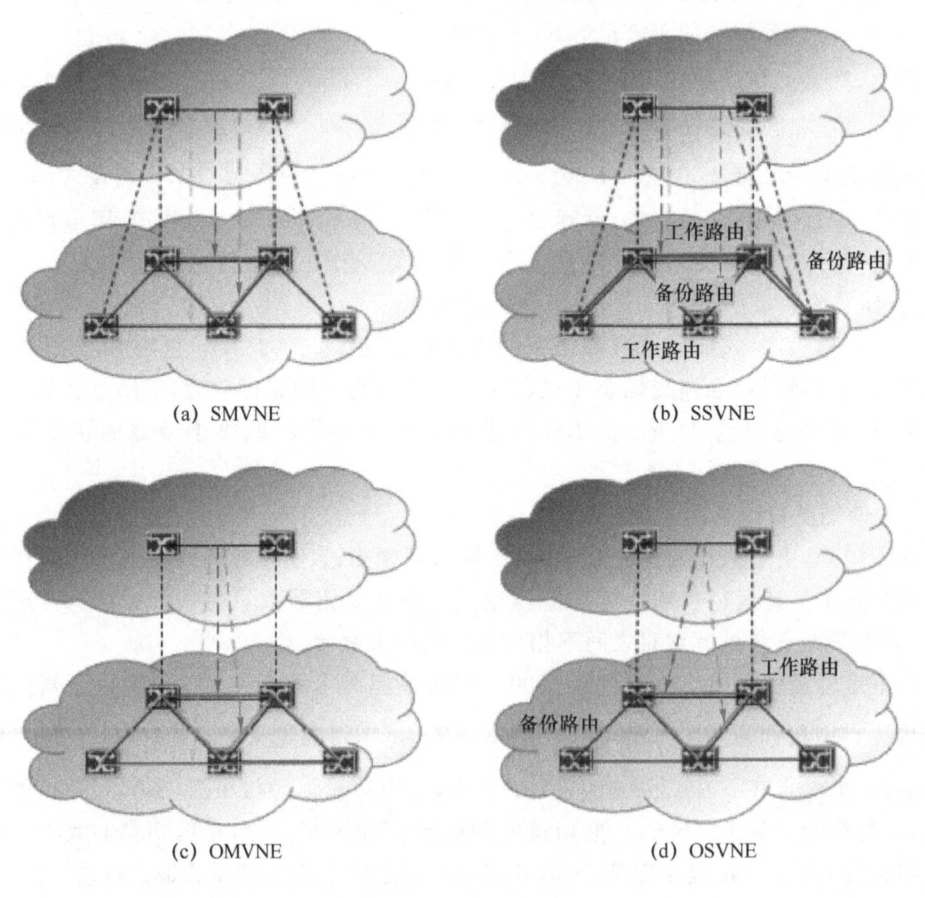


(a) SMVNE　　(b) SSVNE

(c) OMVNE　　(d) OSVNE

图 5-20　VNE 方案

图5-20所示的VN很简单,包括两个节点和一条链路。假设在$M=2$、$M_1=1$和$M_2=1$的情况下资源是足够的。在SMVNE方案中,每个虚拟节点被映射到2个物理节点,虚拟链路被映射到3条不相交的路径〔见图5-20(a)〕,而在SSVNE方案中,每个虚拟节点被映射到2个物理节点,因为每对节点之间有2条不相交路径,4条路径被映射到虚拟链路〔见图5-20(b)〕。在OMVNE方案和OSVNE方案中,每个虚拟节点只能映射到一个物理节点。对于MPP,使用3条不相交的路径〔见图5-20(c)〕,对于SPP,使用2条不相交路径〔见图5-20(d)〕。

### 5.4.3 SMVNE资源优化模型

本小节给出了所提出的SMVNE策略的数学模型。按照上述方法,ILP公式可以实现最有效的资源分配。物理节点$s$和$d$之间的链路不相交路径是用班达里的不相交路径算法[20]计算的,它们的频隙需求是用式(5-4-6)、式(5-4-7)、式(5-4-12)和式(5-4-13)计算的。利用ILP模型进行节点映射、路径选择(SRG不相交)和频谱分配。

已知参量声明如下。

$G(V,L)$:由节点集$V$和链路集$L$组成的物理拓扑。

$G'(V',L')$:由节点集$V'$和链路集$L'$组成的虚拟拓扑。

$l_m$:物理链路$l_m \in L, m \in \{1,2,\cdots,|L|\}$,且$l_m \leqslant s,d > s,d \in V$。

$l_i'$:虚拟链路$l_i' \in L', i \in \{1,2,\cdots,|L'|\}$,且$l_i' \leqslant s',d',\rho,b > s',d' \in V'$,其中$\rho$是保护级别,$b$是链路的频隙要求。

$v_m$:物理节点,$v_m \in V, m \in \{1,2,\cdots,|V|\}$。

$v'_i$:虚拟节点,$v'_i \in V', i \in \{1,2,\cdots,|V'|\}$。

$R_{v'_i}$:虚拟节点$v'_i$的CPU需求。

SRG:$\mathrm{srg}_i$的集合,表示具有相同风险的一组链路。

$W$:每条物理链路上的频隙数。

$G$:防护带的频隙要求。

$R$:每个物理节点上的CPU资源。

$K$:$k_{s,d}$的集合,$k_{s,d}$是节点$s$和$d$间链路不相交路径最大数。$k_{s,d}=k_{d,s}$。

$P$:$p_{s,d}^k$的集合,表示物理节点$s$和$d$之间的第$k$条路径,此外,作为物理链路的集合,$k \in \{1,2,\cdots,k_{s,d}\}$。

$p_{s,d}^k$:物理链路,这些链路构成了物理节点$s$和$d$之间的第$k$条路径。

$p_{s,d}(\mathrm{srg}_m)$:整数值,表示物理节点$s$和$d$之间的路径数,包括SRG $\mathrm{srg}_m$中的链路。

$p_{s,d}(\mathrm{srg})$:正整数值,是$p_{s,d}(\mathrm{srg}_m)$的最大值。

$p_{s,d}^k(l_m)$:布尔值,表示$l_m$是否包含在$p_{s,d}^k$中,如果包含,则$p_{s,d}^k(l_m)=1$,否则$p_{s,d}^k(l_m)=0$。

$p_{s,d}^k(\mathrm{srg}_i)$:布尔值,表示路径是否包含$\mathrm{srg}_i$中的链接,如果包含,则$p_{s,d}^k(\mathrm{srg}_i)=1$,否则$p_{s,d}^k(\mathrm{srg}_i)=0$。

$\mathrm{NN}_1$:$\mathrm{nn}_{s,d}^1$的集合,其中$\mathrm{nn}_{s,d}^1$是表示$k_{s,d}-p_{s,d}(\mathrm{srg})$是否大于$\lceil M_1/(1-\rho) \rceil$的布尔值,

如果是，则$nn_{s,d}^1=1$，否则$nn_{s,d}^1=0$。

$NN_2$：$nn_{s,d}^2(l'_i)$的集合，其中$nn_{s,d}^2(l'_i)$是表示$k_{s,d}-p_{s,d}(srg)$是否小于$\lceil M_1/(1-\rho)\rceil$并大于$round(M_1+\sqrt{\rho M_1 l'(b)/G})$的布尔值，如果是，则$nn_{s,d}^2(l'_i)=1$，否则$nn_{s,d}^2(l'_i)=0$。

$M_1$：链路故障数，$M_1\geqslant 1$。

$M_2$：节点（物理链路的端点）故障数，$M_2\geqslant 0$。

$M_{node}$：布尔值，表示是否$M_2\geqslant 0$，如果是，则$M_{node}=1$，否则$M_{node}=0$。

KK：$kk_{l_i'}$的集合，其中$kk_{l_i'}$是一个布尔值，表示$\rho\neq 1$且$l'_i(b)+\lceil M_1/(1-\rho)\rceil\cdot G$是否小于$\rho l'(b)+\sqrt{\rho G M_1\ l'_i(b)}$，如果是，则$kk_{l_i'}=1$，否则$kk_{l_i'}=0$。

变量如下。

$S_{l_m}$：正整数变量，表示物理链路$l_m$上使用的最大频隙索引。

$N(v'_i)$：正整数变量，表示携带虚拟节点$v'_i$的物理节点的数量。

$N(l'_i)$：正整数变量，表示虚拟链路$l'_i$的SRG不相交路径的数量。

$N(s,d,l'_i)$：正整数变量，表示物理节点$s$和$d$之间虚拟链路$l'_i$的SRG不相交路径的数量。

$v'_i(v_m)$：布尔变量，表示物理节点$v_m$是否携带虚拟节点$v'_i$，如果携带，则$v'_i(v_m)=1$，否则$v'_i(v_m)=0$。

$R_{v_m}^{v'_i}$：正整数变量，表示物理节点$v_m$处虚拟节点$v'_i$的CPU需求。

$B_{s,d}^{l'_i}$：正整数变量，表示虚拟链路$l'_i$的物理节点$s$和$d$之间路径的频隙要求。

$l'_i(p_{s,d}^k)$：布尔变量，表示物理节点$s$和$d$之间的第$k$条物理路径是否承载虚拟链路$l'_i$，若承载，则$l'_i(p_{s,d}^k)=1$，否则$l'_i(p_{s,d}^k)=0$。

$sl'_i(l_m)$：表示频隙索引的正整数变量，该频隙是虚拟链路$l'_i$在链路$l_m$上使用的第一个频隙。$sl'_i(l_m)\in[0,W]$。如果$sl'_i(l_m)=0$，则意味着虚拟链路$l'_i$不由链路$l_m$承载。

$el'_i(l_m)$：表示频隙索引的正整数变量，该频隙是虚拟链路$l'_i$在链路$l_m$上使用的最后一个频隙。$el'_i(l_m)\in[0,W]$。如果$sl'_i(l_m)=0$，则意味着虚拟链路$l'_i$不由链路$l_m$承载。

$\varphi(l_m,l'_1,l'_2)$：布尔变量，表示链路$l_m$上$l'_1$使用的频隙是否在$l'_2$使用的频隙之后。如果是，则$sl'_1(l_m)>sl'_2(l_m)$，并且$\varphi(l_m,l'_1,l'_2)=1$，否则$\varphi(l_m,l'_1,l'_2)=0$。

目标：以最小的节点映射成本实现最大的频谱效率。

目标函数：

$$\text{Min}\sum_{m=1}^{|L|}S_{l_m}+\alpha\sum_{n=1}^{|V'|}N(v'_n) \tag{5-4-24}$$

其中，$\alpha$是一个变量，用于加权最小化同一虚拟节点的物理节点数量的重要性。目标函数包括两部分：①最小化$S_{l_m}$的总和，这意味着更少的碎片、更少的频隙消耗和更高的频谱效率；②物理节点的使用计数，计数越小，节点映射成本就越低。

目标函数受到以下约束条件的约束：概念约束条件〔式(5-4-25)～式(5-4-30)〕，所用频隙条件之间的位置关系〔式(5-4-31)、式(5-4-32)〕，可生存约束条件〔式(5-4-33)、式(5-4-34)〕，节点和路径的数量条件〔式(5-4-35)～式(5-4-40)〕，频隙邻接性条件

〔式(5-4-41)〕,频隙唯一性条件〔式(5-4-42)～式(5-4-45)〕,链路资源需求条件〔式(5-4-46)～式(5-4-47)〕,节点资源需求条件〔式(5-4-48)、式(5-4-49)〕、SRG 不相交条件〔式(5-4-50)、式(5-4-51)〕和频隙连续性条件,它们构成变量设计的一部分。

约束条件:

$$S_{l_m} \geqslant el'_i(l_m) l_m \in L, l'_i \in L' \tag{5-4-25}$$

式(5-4-25)保证 $S_{l_m}$ 是链路 $l_m$ 上使用的频隙索引的最大值。$S_{l_m}$ 越小,所使用的频隙就越紧凑、越少。

$$N(v'_i) = \sum_{v_m \in V} v'_i(v_m) \tag{5-4-26}$$

$$N(l'_i) = \sum_{s,d} N(s,d,l'_i) \tag{5-4-27}$$

$$N(s,d,l'_i) = \sum_{s} l'_i(p^k_{s,d}) \tag{5-4-28}$$

式(5-4-26)～式(5-4-28)确保 $N(v'_i)$、$N(l'_i)$和 $N(s,d,l'_i)$与其定义一致。

$$sl'_i(l_m) < el'_i(l_m) \quad (sl'_i(l_m) \neq 0) \tag{5-4-29}$$

$$sl'_i(l_m) = el'_i(l_m) \quad (sl'_i(l_m) = 0) \tag{5-4-30}$$

式(5-4-29)确保对于 Vlink $l'_i$ 在同一 Slink 上第一个使用的频隙不在最后一个使用的频隙的后面。

$$sl'_1(l_m) - sl'_2(l_m) < W \cdot \varphi(l_m, l'_1, \quad l'_2), \quad l'_1 \neq l'_2 \tag{5-4-31}$$

$$sl'_1(l_m) - sl'_2(l_m) < W \cdot [1 - \varphi(l_m, l'_1, l'_2)], \quad l'_1 \neq l'_2 \tag{5-4-32}$$

式(5-4-31)和式(5-4-32)确保由同一 Slink 上的两个 Vlink 使用的频隙之间的位置关系与 $\varphi(l_m, l'_1, l'_2)$一致。

$$N(v'_i) \geqslant M_2 + 1 \tag{5-4-33}$$

$$N(l'_i) \geqslant (M_2 + 1) \cdot (M_1 + 1) \tag{5-4-34}$$

式(5-4-33)确保针对节点故障已经将足够的 Snodes 映射到 Vnodes,式(5-4-34)确保针对链路故障有足够的路径。

$$N(l'_i) \geqslant \mathbf{kk}_{l'_i} \cdot M_1 / (1 - \rho) \tag{5-4-35}$$

$$N(l'_i) \geqslant (1 - \mathbf{kk}_{l'_i}) \cdot \left[M_1 + \sqrt{\rho M_1 l'(b)/G}\right] \tag{5-4-36}$$

$$N(s,d,l'_i) \geqslant [s'(s) \cdot d'(d) + d'(s) \cdot s'(d)] \cdot M_{\text{node}} \cdot \mathbf{kk}_{l'_i} \cdot \text{nn}^1_{s,d} \cdot M_1 / (1 - \rho)$$
$$s \neq d, s, d \in V \tag{5-4-37}$$

$$N(s,d,l'_i) \geqslant [s'(s) \cdot d'(d) + d'(s) \cdot s'(d)] \cdot M_{\text{node}} \cdot (1 - \mathbf{kk}_{l'_i}) \cdot \text{nn}^2_{s,d} \cdot \left[M_1 + \sqrt{\rho M_1 l'(b)/G}\right]$$
$$s \neq d, s, d \in V \tag{5-4-38}$$

$$N(s,d,l'_i) \geqslant [s'(s) \cdot d'(d) + d'(s) \cdot s'(d)] \cdot M_{\text{node}} \cdot [\mathbf{kk}_{s,d} - p_{s,d}(\text{srg})] \cdot (1 - \text{nn}^2_{s,d})$$
$$s \neq d, s, d \in V \tag{5-4-39}$$

式(5-4-35)～式(5-4-39)根据 5.4.2 小节决定约束路径的数量。

$$N(s,d,l'_i) \leqslant [s'(s) \cdot d'(d) + d'(s) \cdot s'(d)] \cdot [k_{s,d} - p_{s,d}(\text{srg})]$$
$$s \neq d, s, d \in V \tag{5-4-40}$$

式(5-4-40)根据图论和 SRG 约束不相交路径的数量。

$$p_{s,d}^{k}(l_n)=1,\quad p_{s,d}^{k}(l_m)=1,\quad l'_i(p_{s,d}^{k})=1$$
$$l_m\neq l_n,\quad l_m,l_n\in L, el'_i(l_m)=el'_i(l_n) \tag{5-4-41}$$

式(5-4-41)确保不同链路上的任何一条路径所使用的频隙是连续的。

$$l_m\neq l_n,\quad l_m,l_n\in L,\quad sl'_1(l_m)\neq 0, sl'_2(l_m)\neq 0$$
$$el'_1(l_m)\neq 0,\quad el'_2(l_m)\neq 0$$
$$sl'_1(l_m)-el'_2(l_m)<W\cdot\varphi(l_m,l'_1,l'_2) \tag{5-4-42}$$
$$el'_2(l_m)-sl'_1(l_m)<W\cdot[1-\varphi(l_m,l'_1,l'_2)] \tag{5-4-43}$$
$$sl'_2(l_m)-el'_1(l_m)<W\cdot[1-\varphi(l_m,l'_1,l'_2)] \tag{5-4-44}$$
$$el'_1(l_m)-sl'_2(l_m)<W\cdot\varphi(l_m,l'_1,l'_2) \tag{5-4-45}$$

式(5-4-42)～式(5-4-45)确保每个频隙仅由一条路径使用,没有任何重叠。

$$el'_i(l_m)-sl'_i(l_m)\geqslant p_{s,d}^{k}(l_m)\cdot l'_i(p_{s,d}^{k})\cdot(B_{s,d}^{l'_i}+G)-1 \tag{5-4-46}$$

式(5-4-46)确保 Slink$l_m$ 上的 Vlink $l'_i$ 使用足够的频隙来满足频隙需求 $B_{s,d}^{l'_i}$和保护带 $G$。

$$\begin{aligned}B_{s,d}^{l'_i}\geqslant&(1-M_{\text{node}})\cdot \text{kk}_{l'_i}\cdot(1-\rho)l'_i(b)/M_1+\\&(1-M_{\text{node}})\cdot(1-\text{kk}_{l'_i})\cdot\sqrt{\rho\cdot G\cdot l'_i(b)/M_1}+\\&M_{\text{node}}\cdot \text{nn}_{s,d}^{1}\cdot \text{kk}_{l'_i}\cdot(1-\rho)l'_i(b)/M_1+\\&M_{\text{node}}\cdot \text{nn}_{s,d}^{1}\cdot(1-\text{kk}_{l'_i})\cdot\sqrt{\rho\cdot G\cdot l'_i(b)/M_1}+\\&M_{\text{node}}\cdot \text{nn}_{s,d}^{2}\cdot\sqrt{\rho\cdot G\cdot l'_i(b)/M_1}+\\&M_{\text{node}}\cdot(1-\text{nn}_{s,d}^{2})\cdot(1-\text{nn}_{s,d}^{1})\cdot\\&\rho l'_i(b)/(k_{s,d}-p_{s,d}(\text{srg})-M_1)\end{aligned} \tag{5-4-47}$$

式(5-4-47)根据 5.4.2 小节中的条件来约束路径的带宽。

$$R_{v_m}^{v'_i}=v'_i(v_m)\cdot[M_{\text{node}}\cdot\rho R_{v'_i}+(1-M_{\text{node}})\cdot R_{v'_i}/(M_2+1)] \tag{5-4-48}$$

式(5-4-48)根据 6.5.2 小节中的条件来约束节点资源的需求。

$$\sum_{v'_i}R_{v_m}^{v'_i}\leqslant R \tag{5-4-49}$$

式(5-4-49)确保所使用的资源不多于每个物理节点上的 CPU 的资源。$\forall\,\text{srg}_i, l'_j$,

$$\sum_{s,d,k}p_{s,d}^{k}(\text{srg}_i)\cdot l'_j(p_{s,d}^{k})\leqslant 1 \tag{5-4-50}$$
$$\sum_{s,d,k}p_{s,d}^{k}(l_m)\cdot l'_j(p_{s,d}^{k})\leqslant 1 \tag{5-4-51}$$

式(5-4-50)、式(5-4-51)确保相同 Vlink 的路径是 SRG 不相交的。

### 5.4.4 仿真实验与数值分析

本小节通过仿真和比较研究了所提出的 SMVNE 方案的性能。为了比较 MPP 和 SPP、多节点映射和单节点映射的频谱效率(Spectrum Efficiency, SE),还对其他三种方案(SSVNE 方案、OMVNE 方案和 OSVNE 方案)进行了仿真。用于模拟的物理拓扑如图 5-21 所示。

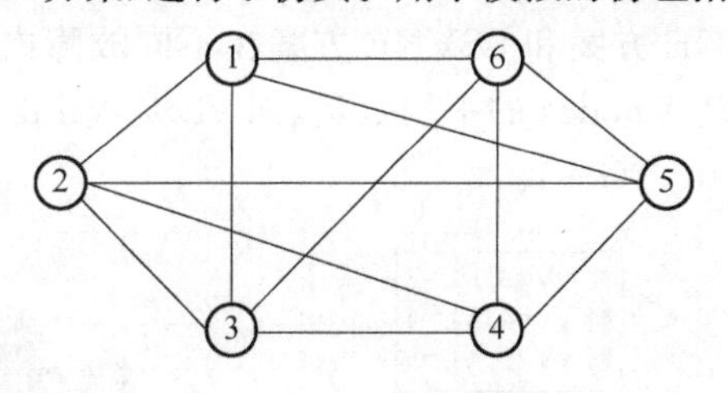


图 5-21 物理拓扑图

ILP 模型是使用 MATLAB 和 YALMIP 工具箱进行求解的。假设每个频隙的带宽为 6.25 GHz,每个光纤上有 700 个频隙($W=700$)。基板节点的 CPU 资源的实际数量是 80($R=80$)。每个虚拟节点的 CPU 资源需求是 4,这意味着 $R_{v'_i}=4$。表 5-6 展示了仿真参数和性能数据。为了显示部分保护,在大多数模拟中假设 $\rho=0.8$。参数 $\alpha$ 和 $\beta$ 表示节点拆分开销的权重和生存性加权参数。考虑到该方案的均衡和数量级,假设 $\alpha=10$,$\beta=5$。

表 5-6 仿真参数和性能数据

| 类型 | 符号 | 描述 |
|---|---|---|
| 参数 | vV | Vnode 的平均数 |
| 参数 | vL | Vlinks 的平均数 |
| 参数 | $l'(b)$ | Vlink$l'$的频隙需求数量,$l'(b)$的值可以是 8、16、32,分别代表 100 Gbit/s、200 Gbit/s、400 Gbit/s |
| 参数 | $\rho$ | 保护率 |
| 参数 | SRG | SRLG 是否考虑 |
| 参数 | $G$ | 保护带的频隙带宽 |
| 参数 | $M_1$ | 链路故障数 |
| 参数 | $M_2$ | 节点故障数 |
| 参数 | $\alpha$ | 节点拆分开销的权重 |
| 参数 | $\beta$ | 生存性加权参数 |
| 数据 | $S$ | $S=\sum_{m=1}^{\lvert L\rvert} S_{l_m}$ |
| 数据 | $NV$ | $NV=\sum_{n=1}^{\lvert V'\rvert} N(v'_i)$ |
| 数据 | $NL$ | $NL=\sum_{n=1}^{\lvert V'\rvert} N(l'_i)$ |

## 1. SMVNE 方案的性能

为了研究所提出的 SMVNE 方案在多个故障下的性能,将 ILP 的解决方案与不同的方案或变量进行了比较。假设 $\alpha=10$。

(1) 频谱效率

图 5-22 展示了 SMVNE 方案和 SSVNE 方案在不同故障次数下的 SE 结果,说明了 MPP 对 SE 的影响。vV 是 Vnodes 的平均数量,而 vL 是 Vlink 的平均数量。在仿真中,设 $l'(b)=16$,无 SRG,$\rho=0.8$,$G=1$。

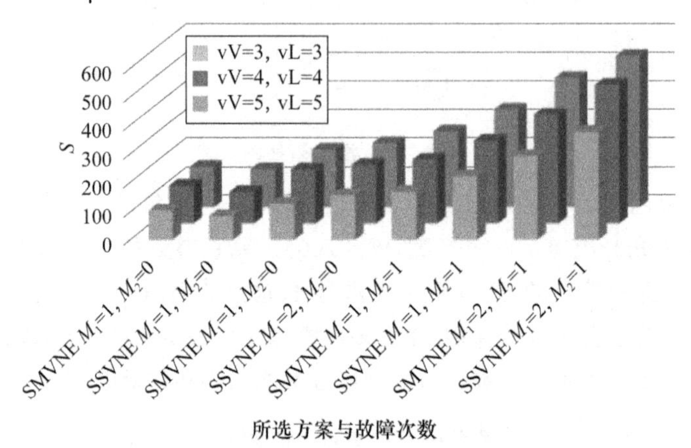


图 5-22 不同故障次数的最大使用频隙索引和(S)的比较

$S$ 为物理链路上使用的最大频隙索引的总和。因此,它可以同时反映频隙消耗和频谱效率。对于单链路故障($M_1=1,M_2=0$),SPP 比 MPP 消耗更少的频隙。在这种情况下,对于 MPP,添加的保护带频隙的数量以及增量频隙的总数大于保存的频隙的数量。在其他情况下,使用 MPP 的 $S$ 小于使用 SPP 的 $S$。这意味着多径传输可以很好地提高多次故障下的频谱效率,并且应该考虑整个消耗来使用它。结果表明,SMVNE 方案比 SSVNE 方案最多可减少约 22%的 $S_{l_m}$ 总和。

图 5-23 展示了不同 $l'(b)$ 值的 SMVNE 方案、OMVNE 方案、SSVNE 方案和 OSVNE 方案的 SE 结果,它反映了多节点的 SE 效应。对于模拟,假设 vV=4,vL=4,无 SRG,$\rho=0.8$,$G=1$。结果表明,SMVNE 方案的 $S_{l_m}$ 之和总是小于 OMVNE 方案的 $S_{l_m}$ 之和,SSVNE 方案的 $S_{l_m}$ 之和也总是小于 OSVNE 方案的 $S_{l_m}$ 之和,也就是多节点方案可以显著地降低 $S_{l_m}$ 的总和。

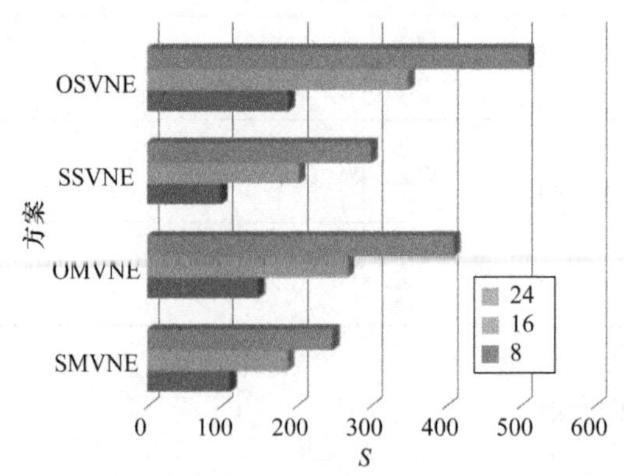


图 5-23 虚拟链路不同频隙需求量对不同方案的最大使用频隙索引和(S)的影响

(2) CPU 资源消耗

图 5-24 说明了不同方案在不同故障次数下的 CPU 资源(CCS)消耗。由于 OMVNE 方案和 OSVNE 方案无法保护流量免受多节点故障的影响,因此仅考虑 $M_1=2$、$M_2=0$ 下的 CCS。在模拟中,假设 vV=4,vL=4,$l'(b)=16$,无 SRG,$\rho=0.8$,$\alpha=10$,$\beta=5$,$G=1$。从结果中可以看出,即使故障次数发生变化,CCS 也保持不变,并且 SSVNE 方案的 CCS 小于 SMVNE 方案的 CCS,即所提出的方案实现的更高的频谱效率牺牲了部分计算资源。

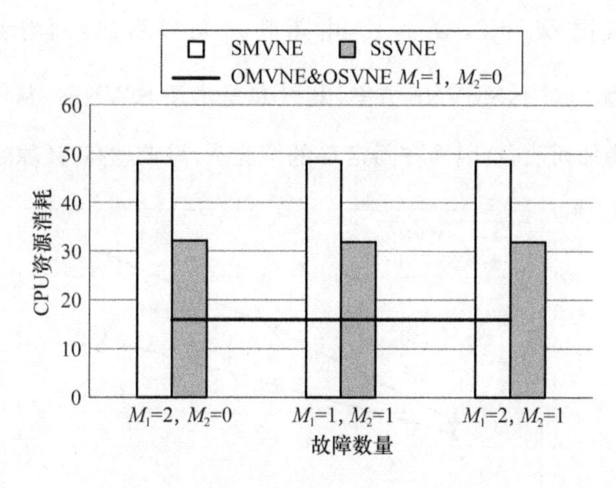


图 5-24 不同故障次数的 CPU 资源消耗

(3) 生存性

图 5-25 中的结果说明了 SMVNE 方案、OMVNE 方案、SSVNE 方案和 OSVNE 方案的生存性能。网格的浅色部分表示,使用该方案,VN 会随着故障数量的变化而失败,而深色部分表示,使用该方案,即使故障数量发生变化,VN 也可以生存。假设 vV=4,vL=4,$l'(b)=16$,无 SRG,$\rho=0.8$,$G=1$。

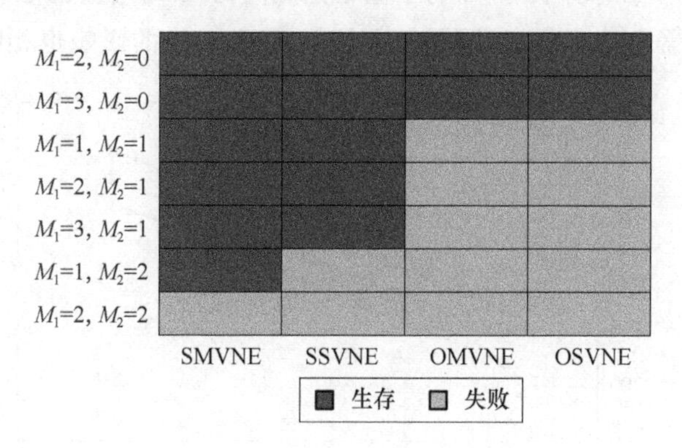


图 5-25 不同方案的生存性比较

考虑到七种不同的场景,由图 5-25 可以看出,SMVNE 方案的生存率为 85.7%,

SSVNE 方案的生存率为 71.4%，OMVNE 方案和 OSVNE 方案的生存率为 28.6%。这表明 SMVNE 方案具有显著的生存性，可以有效地提高网络的生存性。

**2. 参数影响**

为研究相关参数对所提出的 SMVNE 方案的影响，求解具有不同参数的模型。当特意指出时，假设 vV=4，vL=4，$l'(b)=16$，无 SRG，$\rho=0.8$，$\alpha=10$，$\beta=5$，$G=1$。

(1) 需求的影响

对于该模拟，假设 $M_1=2$，$M_2=1$。由图 5-26 可以看出，随着业务需求的增加，$S(S=\sum_{m=1}^{|L|}S_{l_m})$ 增加。对于 SMVNE 方案，其 $S$ 总是小于 SSVNE。从图中可以明显地看出，SE 随着需求的增加而改善，因为在固定 $G$ 的情况下，需求越高，频隙的节省就越多。

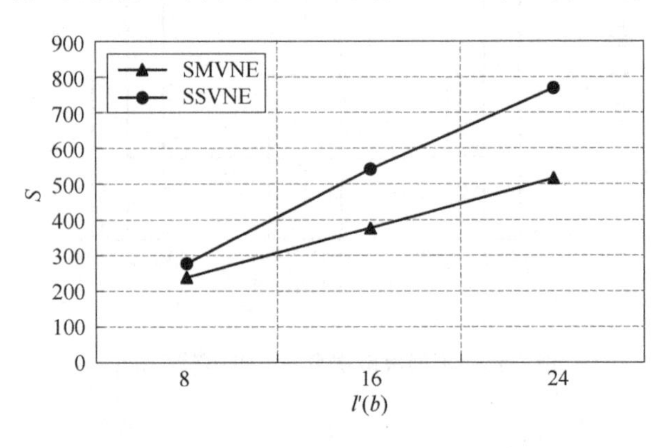


图 5-26　业务量对最大使用频隙索引和($S$)的影响

(2) 保护带带宽的影响

从图 5-27 中可以看出，在保护带带宽($G$)不同的情况下，$S$ 随着业务需求的增加而增加。即使在不同的带宽需求条件下，$S$ 的增量也是相同的，$G$ 的增量也是一样的(即 $\Delta G=1$)。这是因为随着带宽需求的不同，多路径的数量保持不变，$G$ 的影响也相同。

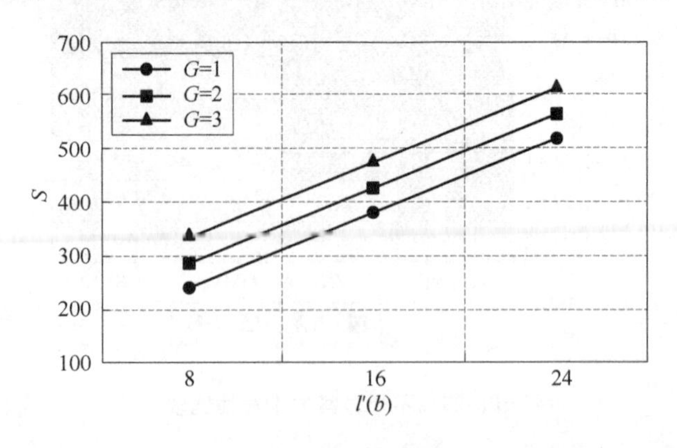


图 5-27　$G$ 值对最大使用频隙索引和($S$)的影响

(3) 保护级别的影响

在 vV=4、vL=4、无 SRG、$G=1$ 的情况下,研究保护级别的影响,结果如图 5-28 所示。结果表明,对于不同的流量需求,$S$ 随保护级别的增加而成比例增加,因为保护级别越高,保护所需的插槽数量就越多。可以看出,SMVNE 方案的消耗量小于 SSVNE 方案。

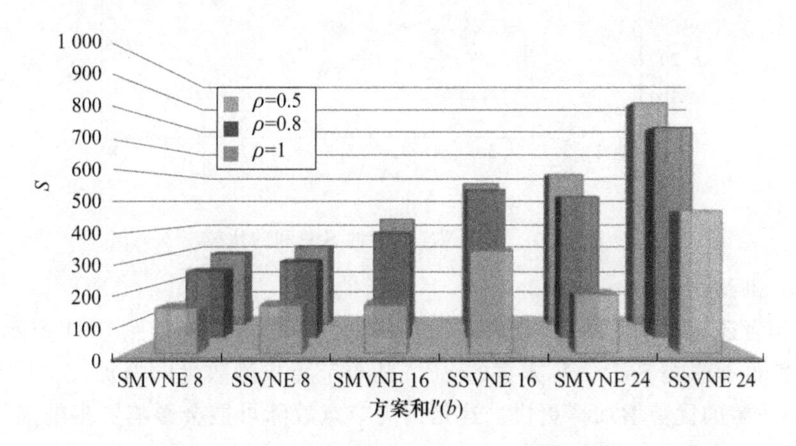


图 5-28 不同保护级别之间 $S$ 的比较

(4) SRLG 的影响

5.4.2 小节论述了 SRG 对带宽需求的影响。在一个 SRG 中使用不同数量的链路来研究 SRG 的影响,如图 5-29 所示。随着 SRG 中包括的链路数量的增加,带宽需求也会增加,因为一个 SRG 中的链路数量越多,可以同时映射到 Vlink 的链路数量就越少。

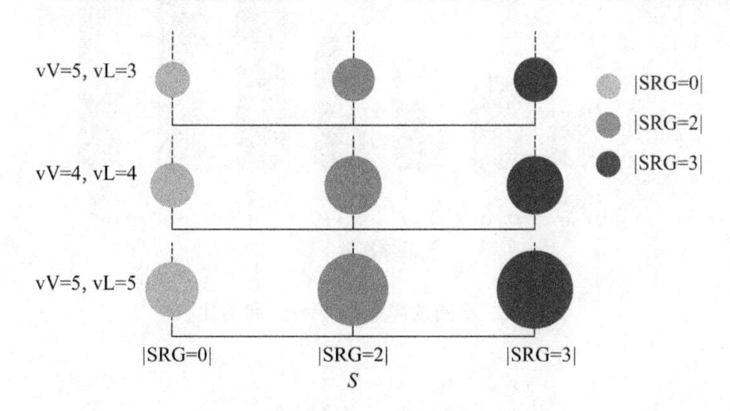


图 5-29 不同 SRG 的 $S$ 之和的比较

(5) vV 和 vL 的影响

从图 5-30 中可以看出,VN 的规模会影响 $S$。在 vV 保持不变的情况下,$S$ 随着 vL 的增加而增加。然而,在 vL 保持不变的情况下,$S$ 随着 vV 的增加而减少。这是因为,随着 vV 的增加,VLink 可以映射到更多对 Snodes;此外,保护频带消耗降低,$S$ 也随之降低。

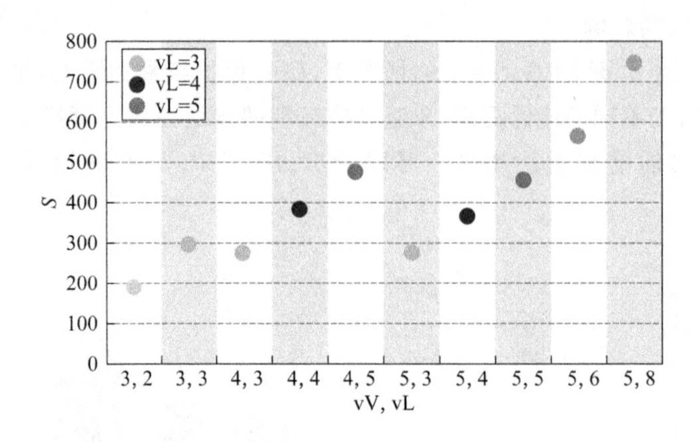


图 5-30 不同 VN 标度的 $S$ 总和的比较

(6) $M_1$ 和 $M_2$ 的影响

此外，作者还比较了不同故障次数下的策略效果，仿真结果如图 5-31 所示。可以看出，故障次数显著影响 SMVNE 方案的 SE。随着节点故障数量的增加，SMVNE 方案的优势比链路故障的优势增加得更快。这是因为节点故障可能会影响更多的虚拟链路，而 SMVNE 方案可以更好地保护它们。

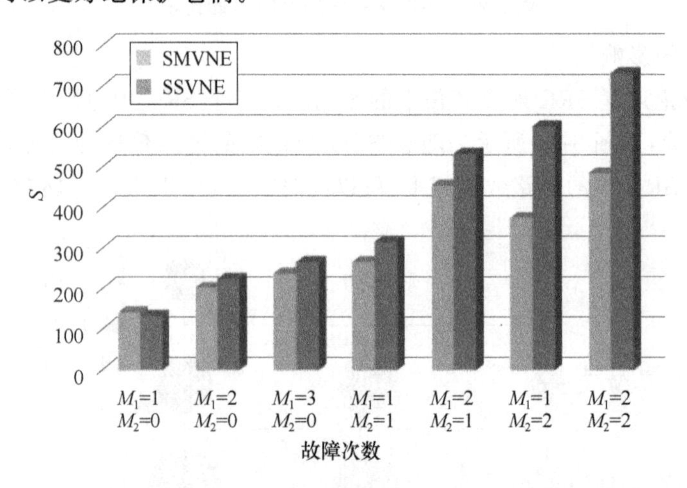


图 5-31 不同故障次数下 $S$ 总和的比较

# 参考文献

[1] SARIDIS G M, Alexandropoulos D, Zervas G, et al. Survey and evaluation of space division multiplexing: From technologies to optical networks[J]. IEEE Communications Surveys & Tutorials, 2015, 17(4): 2136-2156.

[2] YIN S, GUO S, MENG X, et al. XT-considered multiple backup paths and

resources shared protection scheme based on ring covers[J]. Optics Express, 2021, 29(5): 6737-6755.

[3] YAO Q, YANG H, XIAO H, et al. Crosstalk-aware routing, spectrum, and core assignment in space-division multiplexing optical networks with multicore fibers[J]. Optical Engineering, 2017, 56(6): 066104-066104.

[4] MEHRABI M, BEYRANVAND H, EEADI M J. Multi-band elastic optical networks: inter-channel stimulated Raman scattering-aware routing, modulation level and spectrum assignment[J]. Journal of Lightwave Technology, 2021, 39(11): 3360-3370.

[5] MITRA A, SEMRAU D, GAHLAWAT N, et al. Effect of channel launch power on fill margin in C+ L band elastic optical networks[J]. Journal of Lightwave Technology, 2020, 38(5): 1032-1040.

[6] FERRARI A, FILER M, BALASUBRAMANIAN K, et al. GNPy: an open source application for physical layer aware open optical networks[J]. Journal of Optical Communications and Networking, 2020, 12(6): C31-C40.

[7] FERRARI A, PILORI D, VIRGILLITO E, et al. Power control strategies in C+L optical line systems[C]//Optical Fiber Communication Conference. Optica Publishing Group, 2019.

[8] LUO Z, YIN S, ZHAO L, et al. Survivable routing, spectrum, core and band assignment in multi-band space division multiplexing elastic optical networks[J]. Journal of Lightwave Technology, 2022, 40(11): 3442-3455.

[9] WHITLEY D. A genetic algorithm tutorial[J]. Statistics and computing, 1994, 4: 65-85.

[10] YIN S, HUANG S, LIU H, et al. Survivable multipath virtual network embedding against multiple failures for SDN/NFV[J]. IEEE Access, 2018, 6: 76909-76923.

[11] MODIANO E, NARULA-TAM A. Survivable lightpath routing: a new approach to the design of WDM-based networks[J]. IEEE Journal on Selected Areas in Communications, 2002, 20(4): 800-809.

[12] KURANT M, THIRAN P. Survivable routing of mesh topologies in IP-over-WDM networks by recursive graph contraction[J]. IEEE Journal on Selected Areas in Communications, 2007, 25(5): 922-933.

[13] JIANG H, WANG Y, GONG L, et al. Availability-aware survivable virtual network embedding in optical datacenter networks[J]. Journal of Optical Communications and Networking, 2015, 7(12): 1160-1171.

[14] YE Z, PATEL A N, JI P N, et al. Survivable virtual infrastructure mapping with dedicated protection in transport software-defined networks[J]. Journal of

Optical Communications and Networking, 2015, 7(2): A183-A189.

[15] RUAN L, XIAO N. Survivable multipath routing and spectrum allocation in OFDM-based flexible optical networks[J]. Journal of Optical Communications and Networking, 2013, 5(3): 172-182.

[16] RUAN L, ZHENG Y. Dynamic survivable multipath routing and spectrum allocation in OFDM-based flexible optical networks[J]. Journal of Optical Communications and Networking, 2014, 6(1): 77-85.

[17] YIN S, HUANG S, Guo B, et al. Shared-protection survivable multipath scheme in flexible-grid optical networks against multiple failures[J]. Journal of Lightwave Technology, 2017, 35(2): 201-211.

[18] LEIGHTON T, RAO S. Multicommodity max-flow min-cut theorems and their use in designing approximation algorithms[J]. Journal of the ACM (JACM), 1999, 46(6): 787-832.

[19] CORMEN T H. Introduction to Algorithms [M]. Cambridge: MIT Press, 2001.

[20] BHANDARI R. Survivable networks: algorithms for diverse routing [M]. Cambridge: MIT Press, 1999.

# 第6章 城域光网络资源优化与机器学习

城域光网络资源优化对算力网络、自动驾驶等多种技术的发展与应用具有重要的支撑作用,同时城域光网络资源优化也面临多种挑战。一方面挑战来自光通信技术与算网技术的发展,这使得城域光网络中的资源异质,特征与传输约束多样且关联复杂;另一方面挑战主要来自资源优化问题本身的复杂性,这使得传统的模型求解与确定性算法给出的解决方法可能存在最优化和泛化性不足等问题。同时,随着光网络复杂性的不断增加,传统的人工调控在光网络中需要耗费大量的时间,还可能导致陷入局部最优,无法达到全局最优。可见,传统调控方法在延迟、可扩展性和精度方面无法满足未来光网络的要求。为此,需要在光网络的监控感知、管理规划、运维调度中引入更多的智能化,减少人工干预,提高网络的灵活性和自动化水平。机器学习算法可以通过从输入数据和环境反馈中迭代学习来处理复杂问题。在机器学习技术的帮助下,智能光网络可以从数据和环境中学习内部关系,从而实现更自动化、更灵活的网络调控,突破传统基于人工、规则和静态优化的网络调控局限性。

机器学习(Machine Learning, ML)[1]是一种人工智能(Artificial Intelligence,AI)技术,它使计算机能够通过数据学习并改进其性能,而无须显式编程。机器学习技术为城域光网络资源优化带来的进步主要体现在三点。一是动态优化,利用机器学习算法,分析历史数据,预测未来流量,结合实时流量数据,可以实现动态资源优化和序列优化,为城域光网络服务提供更确定的传输保障和资源应用的时间累积效率优化。二是自适应调控,机器学习智能体范式可以令网络管控智能化,更好地理解用户服务质量需求,自适应不同的网络条件和用户请求,实现自适应的网络调控。三是智能优化,借助于机器学习算法求解资源优化策略,例如使用深度学习算法来优化频谱分配,或者使用强化学习(Reinforcement Learning,RL)[2]来动态调整光网络中的路由和资源分配策略等。在本书前序章节中也有应用机器学习算法解决城域光网络中资源分配问题的策略介绍,本章主要从上述三点出发,介绍作者的几项研究成果,希望能为读者了解相关技术应用提供更直观的示例。

# 6.1 机器学习简述

## 6.1.1 机器学习的基本概念

机器学习是人工智能的研究和发展中非常重要的一部分，也是人工智能发展到一定阶段的必然产物。二十世纪五十年代到七十年代初，人们普遍认为，如果机器能够具备逻辑推理功能，就能实现智能。但是，随着科学技术的发展，工程师逐步地意识到仅具有强大的逻辑推理能力是远远不足以实现人工智能的。机器学习在经历了超过七十年的演变后，迎来了以深度学习为核心的新时代。深度学习技术模仿了人脑的多层结构和神经元之间的复杂交互，通过自适应和自学习的能力，利用高效的并行处理机制，实现了在多个领域内的显著突破。本小节将介绍机器学习的一些基本概念。

（1）训练数据集

训练数据集（Training Data Set）是在学习过程中使用的示例数据集，用于拟合神经网络模型的参数，如分类器网络模型等。训练数据集通常应用于监督学习过程，用来拟合特定、有价值和意义的函数。数据训练集的目标是训练网络模型，生成一个拟合模型来推广到未知的数据中。在计算机系统中，训练数据集通常以历史数据的方式存在，并需要针对历史数据进行关键特征信息的提取，对每一个历史数据进行“打标”。给历史数据“打标”的这一过程，最终的结果是每一个训练数据都会有固定的标签值，以表示这个数据的类别。换句话说，每一个样本数据都会有明确的结果值、输出值。例如：$D=\{x_1,x_2,x_3,\cdots,x_m\}$表示训练数据容量大小是$m$的数据训练集。假若每个训练数据的样本都由$d$个属性进行描述，则可以表示为$x_i=\{x_{i1},x_{i2},x_{i3},\cdots,x_{id}|L\}$的向量表示，其中$L$表示这个样本数据的标签。

（2）测试数据集

测试数据集（Test Data Set）是独立于训练数据集的。测试数据集是与训练数据集拥有相同概率分布的数据集合，即测试数据集中的数据与训练数据集中的数据类型是一致的，只不过它们之间没有交集。测试数据集的主要作用是评估训练网络模型的泛化性能问题。换句话说，在训练设计好的网络模型时，可以使用测试数据集验证设计的网络模型是否学到了“知识”，即是否拥有泛化的能力。

（3）验证数据集

验证数据集（Validation Data Set）是监督学习中数据集合的一种，它也是和训练数据集同源的，两者在结构上完全一致，且相互独立。验证数据集是用于调整网络模型的超参数的示例数据集，它有时也被称为“开发集”。网络模型中的超参数包括每层中隐藏单元的数量。如果为了避免定义的网络模型在训练后出现过拟合的情况，除了必要的训练和测试数据集外，还要有验证数据集合。用验证数据集来比较性能，最后采用测试数据集获取特征数据,比如准确度、灵敏度等。

(4) 经验误差与过拟合

经验误差与过拟合分别描述了神经网络模型的一些特征。在机器学习中,一般情况下可以将分类错误的样本数占训练集合中样本总数的比值称为“错误率”(Error Rate)。如果当前在含有 $N$ 个样本空间的样本数据中,有 $m$ 个样本分类错误,那么当前的错误率是 $R=m/N$;对应地,$1-m/N$ 称为“精度”(Accuracy)。在其他数值特征方面,将学习模型的实际预测输出与样本的真实输出间的差异称为“误差”。训练集上的误差称为“训练误差”或者“经验误差”。同时,在训练网络模型的过程中,为了得到最好的网络模型,训练样本应该尽可能地学习到潜在训练集中的“普遍规律”,这样才能在遇到新的样本数据时,展现它的泛化性的正确判断。然而,如果把一个网络模型训练得太好,它仅仅适用于当前的训练数据集,那么训练好的模型就很容易出现泛化性下降的问题。这种现象在机器学习中被称为“过拟合”。相对于“过拟合”,还有对应的“欠拟合”,其是指训练好的网络模型没有达到预期效果,在训练数据和新数据上表现都不是很好。

(5) 聚类

聚类是将一个没有标签的数据集,按照一定的策略分成一个或者多个小分类的过程。通常在无监督学习中使用聚类方法。聚类的目标是通过对未标记的样本数据进行学习,以揭示数据中的内在规律,为后续的数据分析提供帮助。以 $K$-means[3] 为代表的聚类算法能作为一个单独的过程,用于寻找数据内在的分布结构,也可以作为分类等其他任务的先决条件。

(6) 决策树

决策树(Decision Tree)[4]是一种常见的机器学习方法。采用二分类作为例子,从给定的训练数据集合中训练出一个模型,将其用于对新样本数据进行分类,这个可以把样本分类的任务充斥着“决策”和“判定”的过程,这样的过程称为决策树方法。决策树是基于树形结构进行决策的,这也是一种人类在决策问题的时候很自然的处理机制。

(7) 神经网络

人工神经网络(Artificial Neural Networks,ANN)[5],通常简称为神经网络(Neural Networks,NN),是模拟动物大脑的生物神经系统的计算机系统。神经网络(NN)和神经元的关系密不可分。神经网络是由一个或多个神经元构成的。通常,神经元和神经元之间的连线随着学习过程的深入而调整它们的权重。神经元有一个阈值,这样只有在输入的信号超过阈值时,才会把信号传递给下一个神经元,否则就不进行传输。图 6-1 所示为一个最简单的“M-P”神经元模型。当前神经元接收其他 $n$ 个神经元传递过来的信号作为当前神经元的输入信号,这些信号通过带有权重的连接进行传递,之后根据一定的“激活函数”处理以产生当前神经元的输出。

神经网络(NN)是由一个或多个神经元组合而成的,而且有的神经网络存在多层网络结构,这个时候它就被称为深度神经网络(Deep Neural Networks,DNN),如图 6-2 所示,深度神经网络由输入层、隐藏层、输出层共同组成,其中隐藏层的层数可根据建模调整。

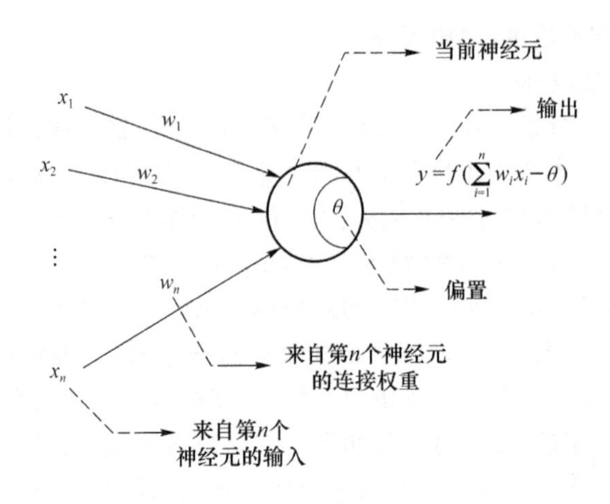


图 6-1　神经元模型

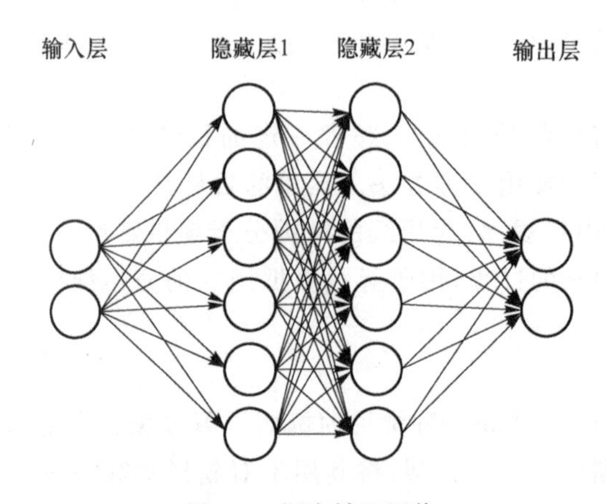


图 6-2　深度神经网络

(8) 深度学习

深度学习(Deep Learning,DL)[6]是一类机器学习算法,使用多层神经网络从原始的输入中提取更高级别的特征。同时,深度学习的网络模型是通过深度神经网络(DNN)实现的。深度学习是监督学习的一种具体的实现。通常,利用深度学习设计好深度神经网络模型来拟合未知的函数,使得最后训练出来的模型具有泛化的能力。深度神经网络模型想拥有强大的泛化能力,通常有两种途径,一种是增加神经元的数量,另一种是增加DNN 网络模型的层数。

(9) 马尔可夫决策过程

马尔可夫决策过程(Markov Decision Processes,MDP)[7]是一个离散时间的随机控制过程。在决策者或智能体的控制下,MDP 提供了一个数学模型来对决策问题进行建模,其中的结果是部分随机的。对于研究通过动态规划和强化学习技术解决优化的问题,MDP 是非常有用的。通常,可以把 MDP 定义成$(S,A,p,r)$这样的四元组,其中 $S$ 是一个有限的状态集,$A$ 是一个有限的动作集,$p$ 是在动作 $a$ 下从当前状态 $s$ 到下一个状态 $s'$的转移概率,$r$ 是动作 $a$ 执行后得到的即时奖励。MDP 的目的是找到使奖励功能最大化的一个最优的政策。

### 6.1.2 机器学习的分类

机器学习已经发展了多年,根据侧重点的不同,可以分为不同的类别,了解机器学习的分类有助于从不同角度了解多种机器学习方法的特征。

**1. 基于策略的分类**

(1) 模拟人脑的机器学习

符号学习:符号学习是一种基于认知心理学基本原理的学习方法,旨在模拟人类大脑的宏观心理学学习过程。该方法使用符号数据作为输入,采用符号运算和推理过程在图或状态空间中进行搜索,用以学习概念和规则等。符号学习包含多种典型方法,如类比学习、示例学习、演绎学习和记忆学习等。

神经网络学习:又称为连接学习,旨在模拟人类大脑的微观生理级学习过程。该方法以大脑和神经科学原理为基础,采用人工神经网络的函数结构模型,并使用数值数据作为输入,用运算数值作为方法。同时,利用迭代过程在系数空间进行有效的搜索,以学习函数。典型的神经网络学习包括权值修正学习和拓扑结构学习等。

(2) 直接采用数学方法的机器学习

直接采用数学方法的机器学习主要是统计机器学习。统计机器学习依照对样本数据的初步认识和学习最终目的进行分析,选择合适的数学模型,并确定超参数。然后,按照一定的要求输入样本的测试数据,利用适宜的学习算法进行模型训练,最终运用训练好的模型对数据进行分析和预测。此外,统计机器学习包含三个主要要素:模型、策略和算法。模型在未进行数据训练前可能有多个甚至无穷多个参数,这些模型构成的集合就是假设空间;策略是指从假设空间中挑选出最优的模型作为标准,其设计的模型与实际情况的误差越小越好;算法则是通过计算来求解最佳模型参数的方法。

**2. 基于学习方式的分类**

机器学习根据学习方式主要可以分为监督学习(Supervised Learning)、无监督学习(Unsupervised Learning)以及强化学习。

(1) 监督学习

监督学习的核心原理是利用输入变量的向量值来预测一个或多个输出变量值。这些输出变量可以是连续的(用于解决回归问题),也可以是离散的(用于解决分类问题)。训练数据集通常由特定的输入变量及其相应的输出值(标签)组成。

监督学习经常被应用于各种各样的科技应用,例如语音识别、对象识别以及图片识别。一般监督学习需要训练集、测试集,为了防止训练出来的网络模型出现过拟合的情况还会有验证集。通常情况下,可以使用深度学习实现监督学习。在监督学习中,训练集、测试集和验证集刚开始都在同一个样本数据集合中,而且每一个样本数据都会有基本的向量数据以及相对应的结果或者标签，然后采用流出法分别建立训练集、测试集和验证集。

(2) 无监督学习

无监督学习在社会学网络分析、基因聚类以及市场研究方面应用较为成功。在无监督学习的情况下，训练集合仅由一组输入向量 $X$ 组成。聚类是对数据进行分组，让每一组数据的内部相似度非常高，而每组之间的数据相似度却很低的过程。其中相似度在一般情况下，采用距离函数表示。但是在特定的情况下，具体如何表示数据之间的相似度，需要根据数据的类型最终确定。目前有很多聚类的算法，其中最常见的两种算法是 $K$-means聚类算法和高斯混合模型聚类算法[8]。

$K$-means 聚类算法是一种迭代式算法，首先它会将数据划分成 $K$ 个簇，然后，计算每一个聚类的中心，并将数据点分配给距离中心最近的聚类。对前面描述的中心计算和数据分配的过程进行迭代重复，直到分配不改变或者达到预定义的最大的迭代次数。最后，这个算法可能停止在局部最优解的分区。高斯混合模型(GMM)是高斯分布的线性叠加，是目前应用最广泛的聚类方法之一。模型的参数为各个高斯分量的混合系数、各高斯分布的均值和协方差。对于 GMM 的参数初始化，可以采用 $K$-means 聚类算法来完成。具体的初始化过程可以采用 $K$-means 算法得到聚类样本的均值以及协方差，用来对每一个高斯分量的均值和方差进行赋值。GMM 的混合系数可以设定为 $K$-means 分配给每个聚类的数据点的分数。

(3) 强化学习

在强化学习的过程中，智能体(Agent)通过与环境进行交互来学习其最优策略。特别注意的是 Agent 观察它目前的状态，然后采取动作，并且得到在该动作下的即时奖励和它的下一个状态，如图 6-3 所示。在操作上述动作的同时，它也会利用观察奖励信息和新的状态来更新 Agent 的策略，并且重复这一过程，直到 Agent 的策略收敛。

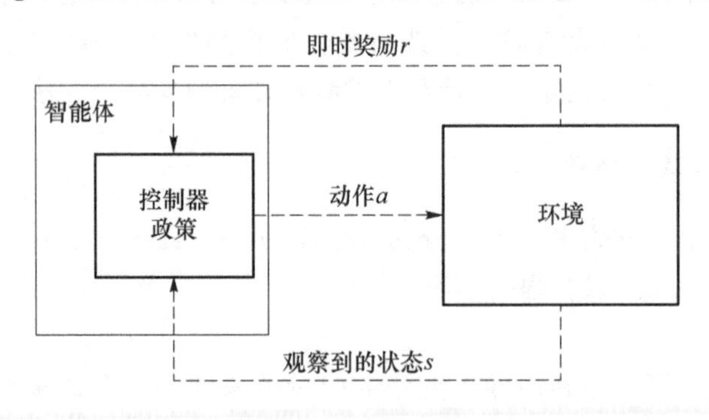


图 6-3　强化学习

随着技术的发展，强化学习与深度学习结合，产生了深度强化学习(Deep Reinforcement Learning，DRL)。深度强化学习(DRL)利用深度神经网络(DNN)的优势来训练学习过程，从而提高了学习速度和学习算法的性能。目前，深度强化学习被广泛地应用于机器人技术、计算机视觉[9]、自然语言处理和语音识别领域。例如，采用深度强化学习实现的 AlphaGo 机器人，它是第一个击败围棋世界冠军的机器人。

通常可以将强化学习依照基于策略的强化学习(Policy-Based RL)和基于价值的强化学习(Value-Based RL)进行分类。Policy-Based RL 通常采用直接输出动作概率的方式,根据对应的概率选取接下来的动作。但并不是某个动作的概率最大,就会选取该动作,还是会进行整体的考虑。基于策略的强化学习适用于非连续和连续的动作。相比之下,基于价值的强化学习输出的是动作的价值,真正执行的时候,实际上选择的是价值最高的动作。基于价值的强化学习适用于非连续的动作。常见的方法有 Q-learning 和 Sarsa。此外,更加厉害的是基于策略以及基于价值的强化学习结合的产物 Actor-Critic,其中 Actor 根据概率做出动作,Critic 根据前面所选取的动作给出对应的价值,从而加快整体任务的学习过程。

## 6.1.3 常见的强化学习算法

强化学习具有较强的决策能力,在生活中应用十分广泛。在网络资源优化问题中,强化学习具有决策优化、自动化、长期规划、多目标优化等优势。强化学习智能体能够根据实时网络状态和流量模式自动调整其策略,使得资源分配更加灵活和适应性更强,也可以既考虑短期的奖励,又能够学习长期的策略,这有助于优化整个网络的长期性能。强化学习减少了人工干预的需求,可以自动化地进行网络资源的管控和优化,降低运维成本。另外,强化学习可以同时考虑多个优化目标,如最大化吞吐量、最小化延迟、保证公平性等,实现多目标的平衡。可见,强化学习是城域光网络智能优化中必须被考虑的策略,为此,本小节针对强化学习中比较常见的强化学习算法,分别进行介绍。

### 1. 蒙特卡罗强化学习

蒙特卡罗强化学习(Monte Carlo Reinforcement Learning)是一种基于统计采样的强化学习方法。它是一种无模型、无须事先学习环境动态模型的方法,通过与环境的交互来学习最优策略。在蒙特卡罗强化学习中,智能体通过与环境进行一系列的交互来学习。每个交互包括观察状态、执行动作、获得奖励以及转移到下一个状态。智能体在与环境的交互中收集大量的经验样本,并使用这些样本来评估和改进策略。具体而言,蒙特卡罗强化学习通过采样多条完整的轨迹(即从初始状态开始到终止状态结束的一系列状态、动作和奖励),使用这些轨迹来估计策略的价值函数或行动价值函数。其中,价值函数用于评估不同状态或状态-动作对的好坏,而策略则是智能体根据当前状态选择动作的规则。

总的来说,蒙特卡罗强化学习是第一个不基于模型的强化学习求解问题的方法。它可以避免动态规划求解问题的复杂性,同时还可以在事先不知道环境的情况下转换模型,因此这个算法可以应用在海量数据和复杂模型上面。但是,该强化学习算法也存在自己固有的缺点。它的每一次采样都需要收集一个完整的状态序列。如果在解决问题的过程中,很难获取到比较多的完整的状态序列,蒙特卡罗强化学习可能就失效了。

**2. Q-Learning 算法**

Q-Learning 是一种无模型的强化学习算法，也是一种基于价值（Value-Based）的强化学习算法。基于价值的强化学习算法根据方程（特别是 Bellman 方程）更新值函数。与它相对的强化学习类型是基于策略的强化学习，其依靠在上次策略改进中获得贪婪策略来估计价值函数。Q-Learning 是一种 off-policy 学习器，其在选择策略的时候，会按照使用 $\varepsilon$ 的贪婪策略选择执行的动作，也就是其存在一定的探索功能，防止出现求解出局部最优解，无法得到想要的训练结果。同时，对于任意的有限马尔可夫决策过程（Finite Markov Decision Process，FMDP），Q-Learning 可以找到一个可以最大化所有步骤的奖励期望的策略。Q-Learning 算法是在 1989 年由 Chris Watkin 提出的，1992 年，针对该算法的收敛证明在由 Chris Watkin 和 Peter Dayan 发表的论文中得到了证明。

Q-Learning 算法中的"Q"代表动作的质量。质量表示给定动作在获得未来奖励方面的有用程度，即存储对应动作的奖励值。在算法的设计方面，一般情况下都会设定折扣因子 $\gamma$，Q-Learning 算法的奖励值计算的公式如下：

$$Q^{\text{new}}(s_t, a_t) \leftarrow (1-\alpha)Q(s_t, a_t) + \alpha(r_t + \gamma \cdot \max Q(s_{t+1}, a)) \tag{6-1-1}$$

其中 $r_t$ 表示从状态 $s_t$ 到状态 $s_{t+1}$ 所得到的奖励值；$\alpha$ 是学习率，其取值范围为 $0<\alpha\leqslant 1$；$\gamma$ 为折扣因子，或者可以称为衰减系数，取值范围为 $0\leqslant\gamma\leqslant 1$，$\gamma$ 越大，说明当前的策略越重视未来获得的长期奖励，反之，说明策略越重视短期的回报，不计较长期的回报所带来的价值。

在 Q-Learning 算法中，最重要的操作就是如何存储奖励回报值。在该算法中，使用 Q 表存储奖励回报值。Q 表是计算每个状态下行动的最大预期未来奖励的数据结构。在选择动作的过程中，利用 Q 表来选择最佳动作。图 6-4 展示的是 Q-Learning 算法的流程。

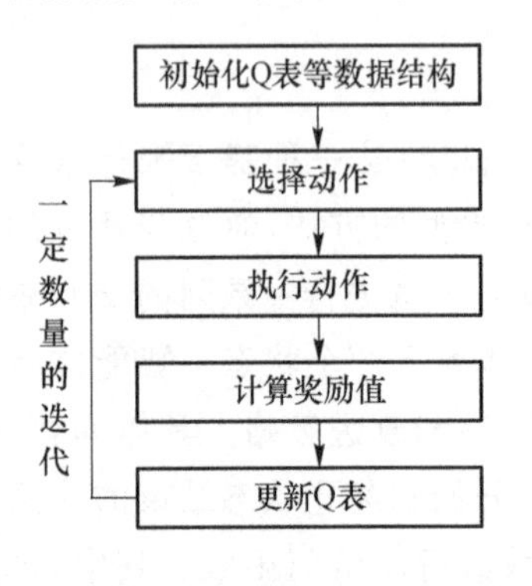


图 6-4　Q-Learning 算法的流程

在图 6-4 中，算法先进行初始化，然后按照一定的策略选择执行的动作，紧接着与环境交互，执行当前的动作，根据环境返回值计算最终的奖励值，之后更新 Q 表数据。经过一段时间的迭代，达到最终优化的目标。

Q-Learning 算法最大的优点就是简单，易于理解，但是它的缺点也是显而易见的。该算法只能处理有限马尔可夫决策过程（FMDP）的情况，受限于状态和动作空间的数目，处理问题的灵活度严重地受到影响。

**3. DQN 算法**

Q-Learning 算法通过存储并更新表格探寻最优解，故只能被用于有限且离散状态下的问题解决场景。然而在实际中，像智能驾驶场景、游戏场景等，每秒会产生连续的帧变化，且每帧图片包含数以千万计的像素点，无法通过表格来维护如此庞大的 Q 表。深度强化学习（DRL）的出现突破了传统强化学习的局限，其将深度学习和强化学习的优势结合在一起;深度学习具备较强的感知能力,能够通过对海量数据的训练掌握数据背后的潜在规律并实现对数据的预测;强化学习则通过不断的探索和交互进行策略优化。DQN 算法的出现为负载场景下的决策问题提供了解决方案。

基于 Q-Learning 思想,在面向复杂环境状态 $S$ 时,需要求出该状态下的 $Q$ 值。若能找出 $Q$ 和 $S$ 间对应的函数关系,该问题就迎刃而解,而神经网络的存在刚好解决了这一问题。为了突破 Q-Learning 通过表格存储奖励的方法在面临连续、无穷状态下的局限,可以用价值函数近似动作-价值对,并借助神经网络构建这一函数,将状态输入到神经网络中,输出不同动作得到的 Q 值,通过训练并调整神经模型优化参数,使得模型收敛。图 6-5 和图 6-6 分别展示了 Q-Learning 算法和 DQN 算法的原理。

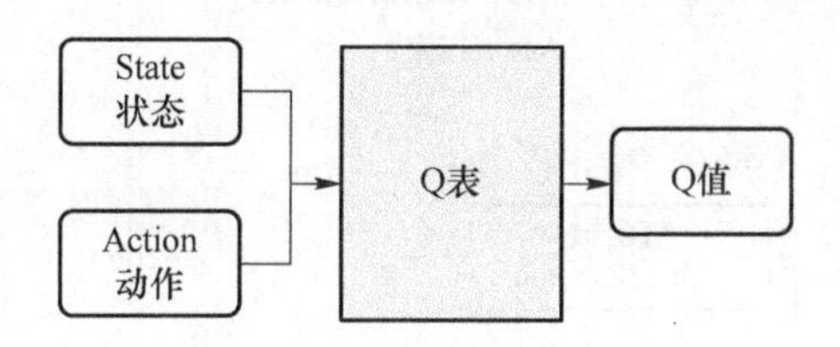


图 6-5 Q-Learning 算法的原理

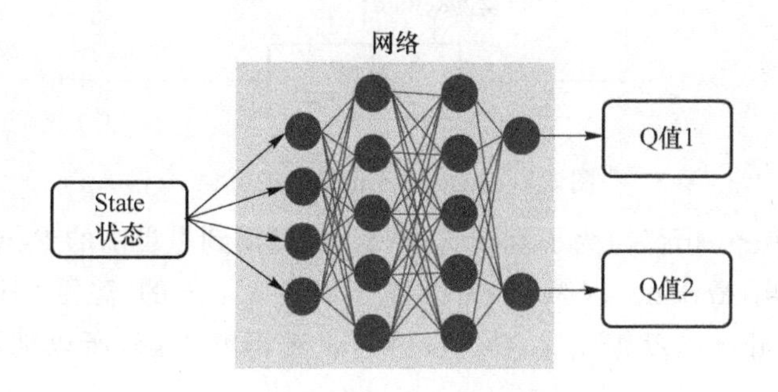


图 6-6 DQN 算法的原理

DQN 算法改进了 Q-Learning 算法,向 DQN 的神经网络部分输入状态,得到状态对应动作的 Q 值,同时训练网络不断逼近价值函数。除此之外,DQN 算法还采用经验回放的方式训练模型,使得模型能够更快地收敛,得到最优效果。经验回放是指将当前状态 $S$、执行动作 $A$、动作获得的回报值 $R$ 和下一状态 $S'$ 组成四元组放入经验池,在训练模型时,神经网络每次会从经验池中随机取出指定条数的数据,梯度下降计算损失更新权重参数。经验回放能够将现有数据打散,以消除数据间的相关性、提高数据利用率,帮助神经网络存储历史数据。深度强化学习的出现,在一定程度上突破了状态空间和动作空间的限制,也在一定程度上使得强化学习的适用性更强。

**4. Actor-Critic 算法**

Actor-Critic 算法(AC 算法)采用的是时序差分(Temporal-Difference,TD)算法策略。Actor-Critic 算法同时基于策略(Policy-Based)和价值(Value-Based),其中,策略结构被称为 Actor,相对地,估计值函数被称为 Critic。对应地,网络模型分为 Actor 网络模型和 Critic 网络模型。Actor 网络模型是基于策略的网络模型，Critic 是基于价值的网络模型。Actor 网络会根据当前的状态做出策略，选择出当前执行的动作(Action)。选择出的 Action 与环境进行交互得到当前动作的回报值以及下一个状态。然后 Critic 网络会根据当前 Actor 产生的动作所对应的回报对它进行评价。Actor 网络根据 Critic 网络的评价，自动地调整自己的策略(就是 Actor 神经网络的权重参数)，以便在下一次进行决策的时候选择出更好的动作。同时 Critic 网络也会根据系统给出的价值回报来调整自己的打分策略，实现对自身网络参数的优化。图 6-7 是 Actor-Critic 算法的流程。

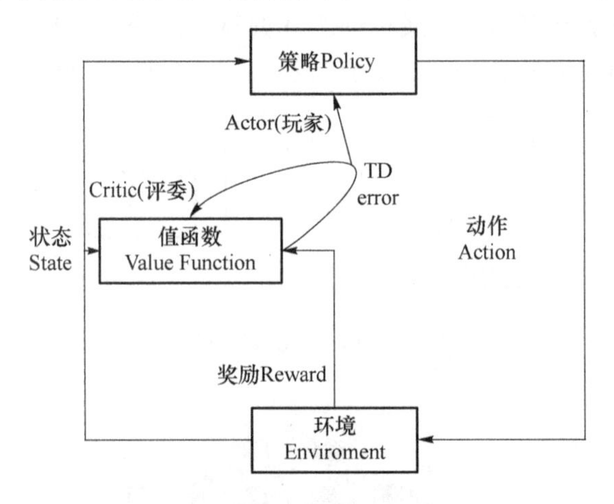


图 6-7　Actor-Critic 算法的流程

在图 6-7 中，Actor(玩家)为了玩转这个“游戏”以得到尽量高的 Reward，需要一个策略：输入 State，输出 Action。因为 Actor 是基于策略 Policy 的，需要 Critic(评委)来计算出对应 Actor 的 value 以反馈给 Actor，告诉它表现得好不好，所以就要使用到之前的 $Q$ 值。

AC 算法的评估点是基于时序差分误差的算法策略。虽然 AC 算法已经是一个很好的算法框架了，但是它距离实际的应用还是很远，主要的原因是 Actor 网络和 Critic 网络这两个神经网络都需要进行梯度的更新，而且相互依赖。

**5. A3C 算法**

异步优势 Actor-Critic(Asynchronous Advantage Actor-Critic，A3C)算法是最流行的强化学习算法之一。A3C 算法是结合了策略梯度和价值评估的优点，并且使用计算机多线程异步的方式实现的算法。基于策略的算法通常具有以下优点：①更好的收敛属性；②处理高维度和连续动作空间具有很强的优势；③在解决问题的过程中，可以采取随机策略。之前的 DQN 算法为了让智能体算法更加容易收敛，加入了“经验”回放，类似的，在 Actor-Critic 算法中也使用了“经验”回放的技巧，让算法更容易收敛。但是 DQN 算法和 Actor-Critic 算法中的“经验”回放方法存在一个致命性的缺点，那就是回放池中的“经验”数据相关性很强，当用于训练智能体时，智能体获取到的“经验”效果不是那么理想。A3C 算法利用多线程的方法，在每个线程中，每一个智能体同时分别与各自的环境进行交互学习,之后再把各自的学习成果汇聚起来,整理并保存在一个全局智能体中。与此同时,每一个线程中的智能体也会定期地从全局智能体中复制、更新自己的智能体配置参数。图 6-8 展示了全局智能体和每一个线程智能体之间的关系。

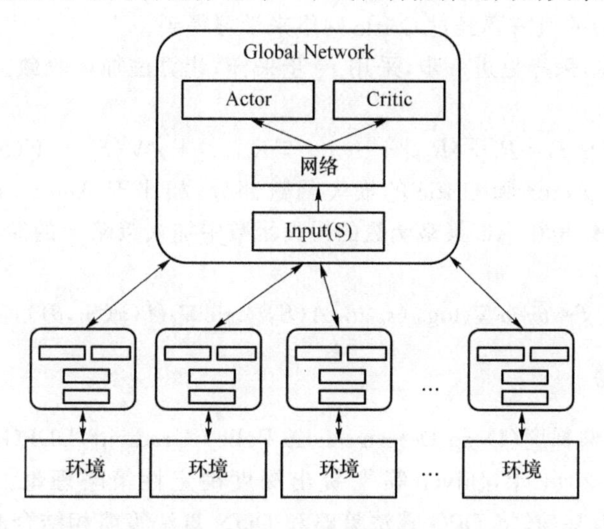


图 6-8 A3C 算法架构

图 6-8 中 Global Network 表示全局智能体的部分,保存着每一个线程与环境交互学习得到的经验数据。每一个全局智能体以及每一个独立线程的智能体中包含了 Actor 网络和 Critic 网络。通过这样的设计进行多线程异步策略更新,A3C 算法在一定程度上避免了经验回放数据相关性过强的问题,同时也实现了异步并发的强化学习模型。Actor 网络模型角色和 Critic 网络模型角色与 Actor-Critic 算法中的定义类似,都是针对当前的状态按照一定的策略选择出执行的动作。Critic 是为了评价 Actor 执行这个动作的评价,根据表现奖励值决定神经网络具体参数的调整。

相比于 Actor-Critic 算法,A3C 算法将网络结构优化,将 Actor 网络和 Critic 网络模型结合在一起共同地处理当前的状态 $S$,输出状态价值 $V$ 和对应的策略 $\pi$,当然,也可以把 Actor 网络、Critic 网络看成独立的两个部分,它们之间的关系如图 6-9 所示。

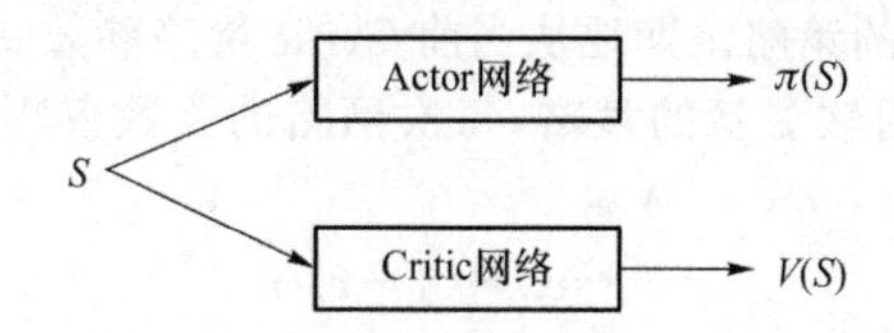


图 6-9 Actor 网络、Critic 网络之间的关系

同时,A3C 算法也对 Critic 网络模型的评估点进行相应的优化操作,在 Actor-Critic 算法中,Critic 网络模型评估点会有很多种选择方式,使用优势函数 $A$ 作为 Critic 评估点,优势函数 $A$ 在时刻 $t$ 不考虑参数的默认表达式为:

$$A(S,A,t)=Q(S,A)-V(S) \tag{6-1-2}$$

$Q(S,A)$的值一般可以通过单步采样近似估计,即

$$Q(S,A)=R+\gamma V(S') \tag{6-1-3}$$

这样的优势函数去掉动作可以表达为：

$$A(S,t)=R+\gamma V(S')-V(S) \tag{6-1-4}$$

上面的公式中 $V(S)$ 的值需要经过 Critic 网络来学习得到。

在 A3C 算法中，采样更进一步，采用 $N$ 步采样，让算法加速收敛。这时候它的优势函数的表达式为：

$$A(S,t)=R_t+\gamma R_{t+1}+\cdots+\gamma^{n-1}R_{t+n+1}+\gamma^n V(S')-V(S) \tag{6-1-5}$$

A3C 算法对于 Actor 和 Critic 的损失函数部分，相比于 Actor-Critic 算法，基本相同。一个小小的优化是在 AC 策略函数的损失函数中加入策略 $\pi$ 的熵项，系数为 $c$，也就是策略参数更新为：

$$\theta \leftarrow \theta+\alpha \nabla_\theta \log_{\pi\theta}(s_t,a_t)A(S,t)+c\nabla_\theta H(\pi(S_t,\theta)) \tag{6-1-6}$$

**6. DDPG 算法**

深度确定性策略梯度（Deep Deterministic Policy Gradient，DDPG）算法是强化学习的主流算法之一。2014 年，Silver 等[10]提出深度确定性策略理论。DDPG 算法是以 Actor-Critic 框架为基础，将 DPG 算法策略和 DQN 算法策略相结合的产物[11]。DDPG 通过双网络模型和经验回收机制，而且在此基础上增加了一些其他方面的优化，在一定程度上解决了 Actor-Critic 很难收敛的问题。DDPG 算法是采用 4 个网络实现的，分别是当前 Actor 网络、目标 Actor 网络、当前 Critic 网络和目标 Critic 网络。这 4 个网络的功能定位分别如下。

① 当前 Actor 网络负责更新和迭代策略网络参数 $\theta$，并根据当前状态 $S$ 选择动作 $A$，以便与环境进行交互得到 $S'$ 和 $R$。

② 目标 Actor 网络负责从“经验回放池”采样下一个状态 $S'$，并选择最优的下一个动作 $A'$。该网络的参数 $\theta'$ 的每个相同的学习步数定期地从 $\theta$ 中进行复制。

③ 当前 Critic 网络负责更新和迭代价值网络参数 $\omega$，并计算当前的 $Q$ 值 $Q(S,A,\omega)$ 和目标 $Q$ 值 $y_i=R+\gamma Q'(S',A',\omega)$。

④ 目标 Critic 网络负责计算目标 $Q$ 值表达式中的 $Q'(S',A',\omega)$ 部分值。目标 Critic 网络中的参数 $\omega'$ 按照一定的策略定期地从当前 Critic 网络参数 $\omega$ 进行复制。

同时，DDPG 算法使用软更新的策略，每次网络的参数仅更新一点点，如式(6-1-7)和式(6-1-8)所示：

$$\omega' \leftarrow \tau\omega+(1-\tau)\omega' \tag{6-1-7}$$

$$\theta' \leftarrow \tau\theta+(1-\tau)\theta' \tag{6-1-8}$$

上面的公式中 $\tau$ 为每一次的更新系数，也可以称为学习率。与此同时，为了实现在 DDPG 算法的学习过程中增加随机性和学习全面性，DDPG 算法针对选择出来的动作 $A$ 会增加一定的噪声 $\mathcal{N}$，那么最后选择的动作 $A$ 表达式为：

$$A=\pi_\theta(S)+\mathcal{N} \tag{6-1-9}$$

对于 DDPG 算法的损失函数，由于它是基于 Actor-Critic 模式基础实现的，所以针对 Actor 网络和 Critic 网络具有不同的损失函数。对于 Critic 网络，损失函数如下：

$$J(\theta)=\frac{1}{N}\sum_{i=1}^{N}(y_i-Q(s_i,a_i\mid\theta^Q))^2 \tag{6-1-10}$$

对于 Actor 网络,其损失函数不同于之前阐述的 A3C 损失函数,这是因为确定性策略的原因。损失函数如下:

$$\nabla_{\theta\mu}J\approx\frac{1}{N}\sum_{i=1}^{N}\nabla_a Q(s,a\mid\theta^Q)\mid_{s=s_i,a=\mu(s_t)}\nabla_{\theta\mu}\mu(s\mid\theta^{\mu})\mid_{s_i} \tag{6-1-11}$$

# 6.2 基于 *K*-means 的城域资源节能优化策略研究

## 6.2.1 研究背景与问题描述

为了满足物联网时代虚拟现实(VR)、增强现实(AR)等各种新型应用场景的需求,将城域光网络、边缘计算节点和无线网状网络结合,组成边缘云增强的城域光纤无线混合接入网(Edge Cloud Enhanced Metro-Fi-Wi)[14]。该结构将城域接入光网络(MAON)中的光网络单元(ONU)与无线网状网络(WMN)中的无线网关集成,构成光网络单元-网状端点(ONU-MPP)。同时,考虑到 ONU 作为光网络后端与无线前端的重要结合点,将移动边缘计算(MEC)服务器部署在 ONU-MPP 处,构成 mONU-MPP[15],以此为终端用户提供更近距离的计算和存储资源,同时减小回程网络的负载压力。

具体的 Edge Cloud Enhanced Metro-Fi-Wi 网络拓扑架构如图 6-10 所示,主要分为城域接入光网络(MAON)和无线网状网络(WMN)两部分。城域接入光网络是传统城域网与光接入网的结合,实现了资源共享,扩大了接入范围,提高了带宽利用率。MAON 由多个光网络终端(OLT)、远程节点(RN)和光网络单元(ONU)组成,其中多个 OLT 部署在中心局(CO)。MAON 改进了传统无源光网络的树形拓扑结构,将中心局和多个 RN 连接成一个环,并将每个区域中的 ONU 以树状连接到相应的 RN。WMN 由多个相互连接的网状接入点(MAP)组成,移动终端可以连接到接入范围内的任何 MAP,即每个 MAP 既是源节点又是目的节点。为了实现 MAON 和 WMN 之间的相互通信,每个 ONU 都配备了一个无线模块(MPP),MAP 可以无线连接到通信范围内的任何 ONU-MPP,并且每个 ONU-MPP 处都连接了 MEC 服务器,用于为延迟敏感、计算密集型业务提供服务。

Edge Cloud Enhanced Metro-Fi-Wi 虽然很好地解决了带宽、延迟、移动性方面的问题,但边缘计算增强的城域光纤无线混合接入网中由于扩展了接入范围,设备需要更加密集地部署,同时计算密集型业务的高负载由此带来了增加的能耗,因此如何构建一个能量有效的 Edge Cloud Enhanced Metro-Fi-Wi 已成为一个重要的研究方向。

ONU 的节能机制中最常用的方案是在 ONU 负载较低时关闭相关的组件并将其置于睡眠状态,而当网络中的负载增加时在适当的时机唤醒睡眠 ONU 并将其置于活跃状态。Takahiro Kikuchi 等人提出了周期性睡眠,来将 ONU 周期性地转移到睡眠模式[12]。

Pulak Chowdhury 等人提出，当负载低于预定阈值时，将 ONU 置于睡眠状态[13]。另外，传统的方案很少考虑以下两个问题。一是能耗不能自动调整以适应负载变化，导致 mONU-MPP 容量利用率低。二是由于缺乏位置感知，某个区域的 mONU-MPP 在低负载阶段可能都处于睡眠状态。为此，在 WMN 中，流量可能被重新路由到具有更多跳数的其他设备，导致更大的路径延迟。因此，基于以上两个问题，本节提出了一种基于聚类的负载自适应优化策略。如图 6-11 所示，与传统睡眠方案〔图 6-11(a)〕相比，所提出的策略〔图 6-11(b)〕增加了睡眠 mONU-MPP 的数量，可有效地实现节能。同时，活跃 mONU-MPP 分布更均匀，减少了路径延迟。仿真结果表明，所提出的策略在节省能量的同时，其路径延迟保持在可接受的水平。

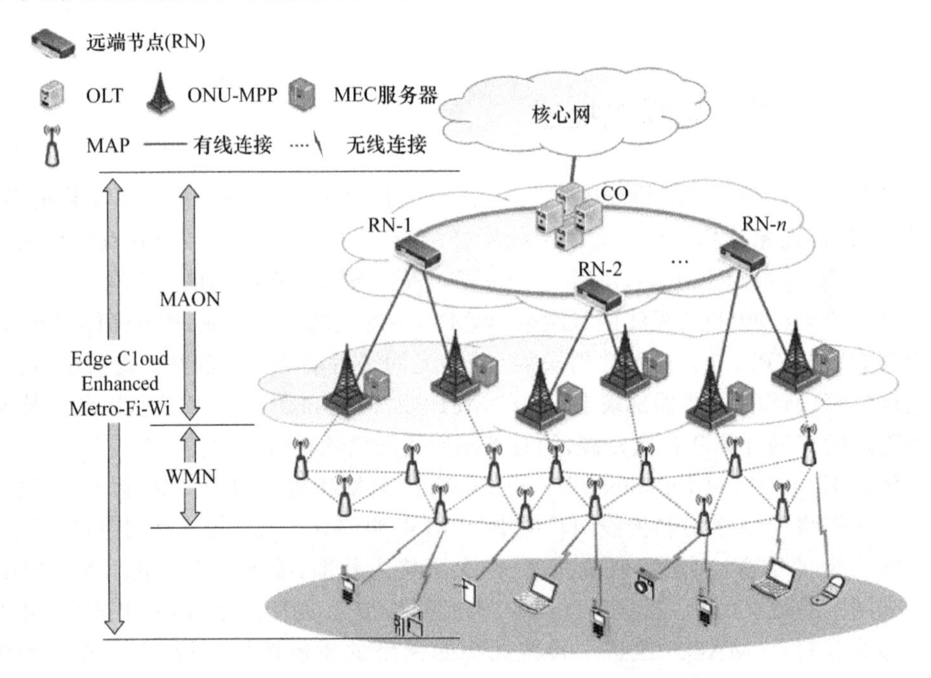


图 6-10　Edge Cloud Enhanced Metro-Fi-Wi 网络拓扑架构

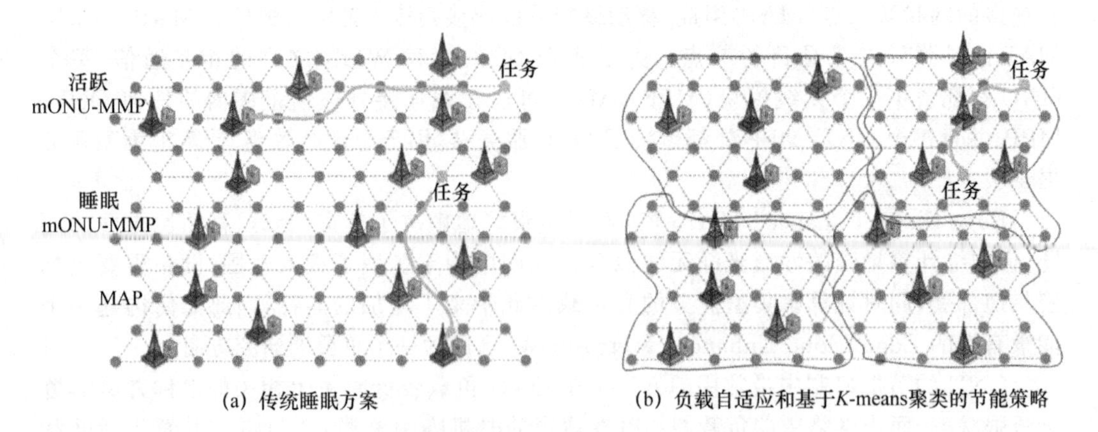


图 6-11　策略对比

### 6.2.2 节能与资源优化问题建模

**1. 节能问题的定义与分析**

本节考虑了从 MAP 到 mONU-MPP 的上行流量。假设在单位时间 $T$ 内，设备保持活跃或睡眠状态，流量负载稳定。mONU-MPP 的 ONU 模块和所连接的 MEC 服务器处于睡眠状态，而 mONU-MPP 的 MPP 模块需要保持活跃状态才能在其覆盖区域内提供服务。$P_A$ 和 $P_S$ 分别表示 ONU 在活跃和睡眠状态下的功率[13]。假设 MEC 服务器在睡眠状态下的功率为零，并且在活跃状态下的功率如式(6-2-1)所示：

$$P_{(t)} = P_{\text{idle}} + EC_{(t)} \tag{6-2-1}$$

其中，$P_{(t)}$（单位为 W）表示时间 $t$ 的功耗，$C_{(t)}$（单位为 bit/s）表示时间 $t$ 的业务负载，$P_{\text{idle}}$ 表示为零时的空闲功率，常数 $E$ 表示线性斜率。对于 MEC 服务器，该睡眠方案避免了由 $P_{(t)}$ 引起的能量浪费，并且对所有 MEC 服务器的第二项之和没有影响。这是因为 MEC 服务器的功率与负载线性相关，并且睡眠方案将睡眠服务器的通信量卸载到其他活跃服务器，所以所有 MEC 服务器的式(6-2-1)中第二项的总和保持不变。

基于上述分析，通过式(6-2-2)计算单位时间 $T$ 内睡眠方案节省的能量。

$$E = [(P_A - P_S + P_{\text{idle}})N_S]T \tag{6-2-2}$$

其中，$N_S$ 表示单位时间 $T$ 内睡眠 mONU-MPP 的数量。式(6-2-2)表示单位时间内消耗的能量取决于 $N_S$，这促使我们增加睡眠设备的数量以节省能量。

如上所述，本节研究的节能目标是通过不同负载情况下最佳的睡眠 mONU-MPP 数目实现的，即在给定负载状态下最小化活跃 mONU-MPP 数目，由于提高活跃 mONU-MPP 利用率可以使得更多 mONU-MPP 进入睡眠，因此问题可以转化为在满足给定的容量和延迟约束条件下活跃 mONU-MPP 的吞吐量最大化问题。该问题是一个 NP-hard 的混合整数非线性规划(MINLP)问题，本节基于一个基于贪心算法的启发式算法获得其近似解。结合匹配博弈先选择出当前负载情况下的最小活跃 mONU-MPP 数目和组合，再判断当前的活跃 mONU-MPP 能否满足容量限制和跳数限制。如果满足，则当前的活跃 mONU-MPP 数目和组合是最佳的节能方案；如果不满足，则应用贪心算法，唤醒下一个最适合保持活跃状态的 mONU-MPP，依此类推，直到迭代出满足容量和跳数约束的活跃 mONU-MPP 数目和组合。

在 ONU 的部署策略中，大部分研究者的结果是 ONU 不会均匀地分布在地理位置上。在以往 Fi-Wi 中的 ONU 睡眠策略中，很少看到有基于位置感知的方案，这带来的一个问题是在某一时段某一区域的低负载 ONU 可能全部进入睡眠状态，此时指向睡眠 ONU 的数据会被重路由到其他活跃 ONU 上，而其他活跃 ONU 在距离当前流量负载较远的位置，从而导致大的路径时延。本节研究注意到这一点，并且运用 $K$-means 聚类算法对此进行改进，其基本思想是保证每个区域内至少有一个处于中心位置的 mONU-MPP 时刻保持活跃状态，以避免大范围 mONU-MPP 睡眠引发的大大地增加的路径时延问题。显然这个处于区域中心位置的 mONU-MPP 就是 $K$-means 聚类算法的簇心，本节的目标就是将地理上非均匀分布的 mONU-MPP 分为 $K$ 簇，然后通过在 $K$ 簇中根据负载变化情况选取适当的 mONU-MPP 保持活跃状态来承载相应的流量业务。

综上，本节将基于贪心算法的负载自适应节能策略与基于 $K$-means 聚类算法的位置感知节能策略相结合，提出了负载自适应和基于 $K$-means 聚类的节能策略。

### 2. 节能策略建模

负载自适应和基于 $K$-means 聚类的节能策略(KCS)旨在优化能源效率，同时保持可接受的延迟。在睡眠方案中，睡眠设备的数量决定了能耗的大小，同时处于睡眠状态的 mONU-MPP 的分布对路径延迟有显著的影响。因此，该策略优化了不同负载条件下睡眠设备的数量和组合。该策略将负载自适应算法(LAS)与 $K$-means 聚类算法相结合，KCS 采用 $K$-means 算法将网络节点划分为 $K$ 个簇，并在每个簇中实现 LAS。

负载自适应方案在不同的负载条件下合理地切换 mONU-MPP 的状态，使睡眠设备的数目最大化。一方面，该方案确定活跃 mONU-MPP 的初始数目，并逐渐增加该值以满足业务需求，直到不存在网络拥塞。另一方面，该方案通过建立唤醒序列表来选择最适合的 mONU-MPP 保持活跃状态。根据列表的标准，活跃 mONU-MPP 更接近于重负载的 MAP，这使得更少的设备能够支持更多的流量负载，同时减少路径延迟。这样，网络的资源分配就可以完全适应业务负载，在不显著增加时延的情况下实现更多的节能。在负载自适应方案中，主要需要解决两个问题。

第一个问题是活跃 mONU-MPP 数目如何选取，即选取几个 mONU-MPP 保持活跃状态；第二个问题是唤醒序列表如何确定，即确定哪些 mONU-MPP 保持活跃状态。对于第一个问题，由于本节的目标是最大化 mONU-MPP 的利用率，因此初始活跃 mONU-MPP 的数目应在满足当前负载的承载下限后尽可能地小，所以本节的初始活跃 mONU-MPP 数目 $N_{A(t)}$ 由负载总和 $C(t)$ 与 mONU-MPP 的容量 ML 之商向上取整得到，即

$$N_{A(t)} = \lceil C(t)/ML \rceil \tag{6-2-3}$$

在确定初始活跃 mONU-MPP 数目后，若网络出现拥塞，则在此数目的基础上继续增加，直到网络畅通无阻。

对于第二个问题，注意到活跃 mONU-MPP 的数目决定能耗的大小，而选取地理上不同位置的 mONU-MPP 则会影响路径长度，因此需要一个标准来衡量各个 mONU-MPP 的活跃状态对于整个网络的效用，即 mONU-MPP 保持活跃可以给网络带来多大的优势。mONU-MPP 的一个重要角色是流量聚合点，因此各个汇集到当前 mONU-MPP 的 MAP 负载是 mONU-MPP 负载的组成部分，其负载之和的大小对于 mONU-MPP 是否进入睡眠状态有着决定性的作用。除此之外，考虑到整个网络的服务质量(QoS)，从某个 MAP 路由到当前 mONU-MPP 的路径长度会影响全网吞吐量和延迟性能。综合以上两点，将所有指向第 $k$ 个 mONU-MPP 的 $j$ 个 MAP 的负载 $C_{j(t)}$ 与两者之间的跳数 $h_j^k$ 之商的总和作为评价标准 $D_{K(t)}$，即

$$D_{K(t)} = \sum_{j=1}^{M_i} (C_j(t)/h_j^k) \tag{6-2-4}$$

显然，$D_{K(t)}$的值越大对于全网越有利，其能够增大吞吐量、减少路径延迟，因此第 $k$ 个 mONU-MPP 保持活跃状态的概率就越大。结合第一个问题的解决方案，将 mONU-MPP 先根据 $D_{K(t)}$的值从大到小进行排序，然后选择前 $N_A(t)$个的 mONU-MPP 保持活跃状态，其余的进入睡眠状态。

LAS 虽然大大地减少了能量消耗，但与传统的睡眠方案一样，在低负载条件下，活跃 mONU-MPP 都处于某一区域，导致较大的路径延迟。因此，基于整个网络的拓扑结构，采用 $K$-means 聚类算法将网络节点适当地划分为 $K$ 个簇，使活跃 mONU-MPP 在地理上分布更广，从而缩短了 MAP 到活跃 mONU-MPP 的距离。具体来说，根据 MAP 到 mONU-MPP 的距离，首先选择合适的 mONU-MPP 作为簇头，使其时刻保持活跃状态，其次根据容量限制和跳数约束进行聚类，最后在每个簇中实现 LAS。

在本节场景下，$K$-means 聚类算法需要解决两个问题：第一个是初始簇的个数 $K$ 的选取和初始簇心的选取，第二个是聚类需要满足 MAP 个数限制和簇内跳数约束，以避免出现分簇区域范围差异过大带来的网络性能降低。针对第一个问题，首先设置每个簇内允许的 MAP 个数上限 $M_{max}$，显而易见，簇的最小值不应该小于 MAP 总数 $M$ 与 MAP 个数上限 $M_{max}$之商，所以本节将初始簇的个数 $K$ 选取为该商的向上取整，即 $K=\lceil M/M_{max} \rceil$。其次，考虑到将地理上不均匀分布的 mONU-MPP 进行聚类的目标是减小路径延迟，所以尽量选取处在区域中心的 mONU-MPP 作为初始簇心，但是这 $K$ 个初始簇心在地理距离上尽可能远，以保证其能够均匀分布。对于第二个问题，通过设置 MAP 个数上限 $M_{max}$和最大跳数 $H$ 来进行约束，在 $K$ 个簇初步形成后，需要遍历每个簇，依次判断其簇内 MAP 个数是否小于 $M_{max}$，簇内跳数是否小于 $H$。若不满足条件，则需要通过增加 $K$ 的值来缩小聚类之后的范围，从而提高 QoS。

### 6.2.3　基于 *K*-means 的自适应节能资源优化策略

所提出的负载自适应和基于 $K$-means 聚类的节能策略的具体步骤见表 6-1。策略的输入是边缘云增强的城域光纤无线混合接入网的网络拓扑、mONU-MPP 的总数目 $N$、MAP 的总数目 $M$、每个簇中 MAP 的最大数目 $M_{max}$、mONU-MPP 的最大负载限制 ML；策略的输出是睡眠 mONU-MPP 的数量 $N_{S(t)}$、平均路径长度 $D_{(t)}$、mONU-MPP 利用率 $U_{(t)}$。策略分为两部分：$K$-means 聚类方案（KCS）和负载自适应方案（LAS）。

策略首先执行 $K$-means 聚类方案，其主要分为四步。第一步，根据 Floyd 算法，计算每个 MAP 到每个 mONU-MPP 的距离，并且将其值存在距离列表 $T_1$ 中。第二步，根据 $K=\lceil M/M_{max} \rceil$，计算分簇的个数 $K$。第三步，从 $N$ 个 mONU-MPP 中选择 $K$ 个 mONU-MPP 作为初始簇心，基于距离列表 $T_1$，依次将每个 MAP 分配至最近的簇心所属的簇中。第四步，遍历 $K$ 个簇，计算第 $i$ 个簇内的 MAP 数量 $M_i$ 和簇内 MAP 到 mONU-MPP 的最长跳数$h_i$。如果 $M_i < M_{max}$并且$h_i < H$，将这 $K$ 个簇心设置为主 ONU，否则将 $K$ 的值加 1，以使得聚类结果能够满足每个簇内的 MAP 个数限制和跳数约束。当算法收敛时，算法结束，否则就从 $N$ 个 mONU-MPP 中重新选择 $K$ 个簇心，然后重复执行第

三步到第四步，直到 $K$-means 聚类算法收敛。

策略接着执行负载自适应方案（LAS）。该方案主要分为五步。第一步，基于泊松分布，该方案随机生成每个 MAP 的流量负载 $C_{j(t)}$（第 $j$ 个 MAP 的负载）。第二步，根据 $C_i(t)=\sum_{j=1}^{M_i}C_j(t)$ 计算第 $i$ 簇内所有 MAP 的总负载 $C_i(t)$，并且根据 $N_{A_i}(t)=\lceil C_i(t)/\mathrm{ML}\rceil$ 计算第 $i$ 簇内初始的活跃 mONU-MPP 数目。第三步，遍历第 $i$ 簇中的每个 mONU-MPP，根据 $D_{K(t)}=\sum_{j=1}^{M_i}(C_j(t)/h_j^k)$，计算第 $k$ 个 mONU-MPP 的 $D_k(t)$，并且将其按照降序排序，相应地存储在唤醒列表 $L_i$ 中。第四步，将唤醒列表 $L_i$ 中的前 $N_{A_i}(t)$ 个 mONU-MPP 置为活跃状态，其余的置为睡眠状态。如果存在网络拥塞，则将 $N_{A_i}(t)+1$，并且重复第四步，直到网络中不存在拥塞。第五步，在每簇中的活跃 mONU-MPP 确定之后，基于 Dijkstra 算法，将剩余容量作为链路权重进行路由。策略的最后根据 $N_{S(t)}=N-\sum_{i=1}^{K}N_{A_i}(t)$ 计算睡眠 mONU-MPP 数目，根据 $D_{(t)}=\left[\sum_{j=1}^{M}(h_j^k\cdot C_j(t))\right]/\sum_{j=1}^{M}C_j(t)$ 计算平均路径时延，根据 $U_{(t)}=\sum_{j=1}^{M}C_j(t)\Big/\left(\mathrm{ML}\cdot\sum_{i=1}^{K}N_{A_i}(t)\right)$ 计算 mONU-MPP 的利用率。

**表 6-1　负载自适应和基于 $K$-means 聚类的节能策略**

算法：负载自适应和基于 $K$-means 聚类的节能策略。

输入：Edge Cloud Enhanced Metro-Fi-Wi 网络拓扑，$N$，$M$，$H$，$M_{\max}$，ML。

输出：睡眠 mONU-MPP 数目 $N_{S(t)}$，MAP 平均路径长度 $D_{(t)}$、mONU-MPP 利用率 $U_{(t)}$。

$K$-means 聚类方案（KCS）

```
1   根据 Floyd 算法，计算每个 MAP 到每个 mONU-MPP 的距离，并且将其值存在距离列表 T1 中
2   K=⌈M/Mmax⌉
3   while 没有收敛 do
4       从 N 个 mONU-MPP 中选择 K 个作为初始簇心；基于 T1，将每个 MAP 分配至最近的簇中
5       for 第 i 簇
6           计算 Mi 和hi
7           if Mi<=Mmax && hi<=H
8               将 K 个簇心设为主 mONU-MPP
9           else
10              K=K+1
11          end if
12      end for
13      从 N 个 mONU-MPP 中重新选择 K 个簇心
14  end while
```

负载自适应方案（LAS）

```
1   基于泊松分布，该方案随机生成第 j 个 MAP 的流量负载 Cj(t)
2       for 第 i 簇
```

续表

| 算法:负载自适应和基于 $K$-means 聚类的节能策略。 |
|---|
| 3　　根据 $C_i(t)=\sum_{j=1}^{M_i}C_j(t)$ 计算第 $i$ 簇内所有 MAP 的总负载 $C_i(t)$,并且根据 $N_{A_i(t)}=\lceil C_i(t)/\mathrm{ML}\rceil$ 计算第 $i$ 簇内初始的活跃 mONU-MPP 数目 |
| 4　　for 第 $i$ 簇中第 $k$ 个 mONU-MPP |
| 5　　　$D_{K(t)}=\sum_{j=1}^{M_i}(C_j(t)/h_j^k)$ |
| 6　　end for |
| 7　　将 $D_{K(t)}$ 按降序排序,并将相应的 mONU-MPP 存储在唤醒列表 $L_i$ 中 |
| 8　　while 没有收敛 do |
| 9　　　将唤醒列表 $L_i$ 中的前 $N_{A_i}(t)$ 个 mONU-MPP 置为活跃状态,其余的置为睡眠状态 |
| 10　　　if 存在网络拥塞 |
| 11　　　　$N_{A_i}(t)=N_{A_i}(t)+1$ |
| 12　　　end if |
| 13　　end while |
| 14　　基于 Dijkstra 算法,将剩余容量作为链路权重进行路由 |
| 15　end for |
| 16　根据 $N_{S(t)}=N-\sum_{i=1}^{K}N_{A_i}(t)$,$D_{(t)}=\left[\sum_{j=1}^{M}(h_j^k\cdot C_j(t))\right]\Big/\sum_{j=1}^{M}C_j(t)$,$U_{(t)}=\dfrac{\sum_{j=1}^{M}C_j(t)}{\mathrm{ML}\cdot\sum_{i=1}^{K}N_{A_i}(t)}$,分别计算睡眠 mONU-MPP 数目、MAP 平均路径时延和 mONU-MPP 的利用率 |

## 6.2.4 仿真实验与数值分析

考虑如下网络拓扑:假设每个节点之间的距离相等,94 个 MAP 是均匀分布的,16 个由 OLT 驱动的 mONU-MPP 是随机分布的。利用 MATLAB 中基于泊松分布的流量模型进行仿真。为了进行性能比较,采用了文献[13]中的传统睡眠方案,其将低阈值设定为 20%;同时将负载自适应方案(LAS)、传统睡眠方案与 $K$-means 聚类方案相结合的策略在同一网络拓扑下进行仿真,以便验证提出的策略的性能。变量的定义和数值的设置见表 6-2。

表 6-2　变量的定义和数值的设置

| 变量 | 变量定义 | 数值 |
|---|---|---|
| $M$ | ONU 总数目 | 16 |
| $N$ | mONU-MPP 总数目 | 94 |
| $ML$ | mONU-MPP 容量限制 | 100 Mbit/s |

续 表

| 变量 | 变量定义 | 数值 |
| --- | --- | --- |
| $M_{max}$ | 每簇中 MAP 的最大数目限制 | 30 |
| $M_i$ | 第 $i$ 簇中 MAP 的数目 | — |
| $h_i$ | 第 $i$ 簇中从 MAP 到 mONU-MPP 的最长路径长度 | — |
| $h_j^k$ | 从第 $j$ 个 MAP 到第 $k$ 个 mONU-MPP 的最短路径长度 | — |
| $C$ | 无线链接容量 | 54 Mbit/s |
| $H$ | 每簇中最长跳数限制 | 4 |
| $K$ | 最短路径数目 | 5 |

图 6-12 展示了在四种不同方案下，mONU-MPP 设备被置为睡眠状态的百分比。由于节能主要通过设备睡眠来实现，显然，LAS 具有很好的节能效果，其中睡眠 mONU-MPP 的数量与负载呈线性关系。这是因为 LAS 根据负载找到了最佳的睡眠 mONU-MPP 数并进行了良好的资源分配，使得睡眠 mONU-MPP 数目完全适应于负载变化。LAS 与 KCS 相结合的策略(提出的策略)虽然节能效果略低于 LAS，但仍远优于传统睡眠方案。这是因为 KCS 将网络划分为 $K$ 个簇，网络规模缩小后共享资源减少，需要增加活跃 mONU-MPP 的数量以保证其服务能力。低负载时每个簇中至少保证有一个 mONU-MPP 保持活跃状态，当负载增加时，每个簇内的睡眠 mONU-MPP 数目与负载大致呈线性相关，然而，对于 $K$ 簇而言，睡眠 mONU-MPP 的总和与总负载之间存在一定的误差。具体来说，当负载增加至略超过当前活跃 mONU-MPP 的承载能力时，可能会触发唤醒不止一个睡眠 mONU-MPP。这是因为每个簇内可能都会因为负载超过当前活跃 mONU-MPP 承载范围而唤醒一个 mONU-MPP，从而导致负载增加一点，却同时唤醒多个簇的 mONU-MPP，并且当负载在某个范围内增加时，睡眠 mONU-MPP 数目不变，这是因为当前负载在当前数目的活跃 mONU-MPP 承载范围内。

因此，提出的策略的睡眠 mONU-MPP 数目近似呈阶梯状下降。如图 6-12 所示，在传统睡眠方案和带有 KCS 的传统睡眠方案中，当 MAP 平均负载超过 2 Mbit/s 时，睡眠 mONU-MPP 的数目大大地减少，从而造成资源冗余。由于传统睡眠方案中 mONU-MPP 负载超过阈值时就会被唤醒，因此，当 MAP 平均负载超过 2 Mbit/s 时，大部分睡眠 mONU-MPP 被唤醒，造成睡眠 mONU-MPP 数目的大幅降低。图 6-12 表明，即使使用聚类，资源仍然充足，因此 KCS 对传统睡眠方案没有明显的影响。

图 6-13 展示了四种方案的平均路径长度。在四种方案中，提出的策略路径延迟始终处于中等水平，并且随着负载状态的变化，路径延迟无明显的波动。这是因为分簇减小了平均路径长度，MAP 只需要在簇内进行路由，即使簇内只有一个活跃 mONU-MPP，其簇内总路径长度与 mONU-MPP 全部保持活跃状态时的差异也不大。只有负载自适应方案(LAS)的路径延迟随着负载的增大而平缓地减小，这是因为其睡眠 mONU-MPP 数目随着负载的增大而线性减小，MAP 可以被路由到更近的活跃 mONU-MPP 上。

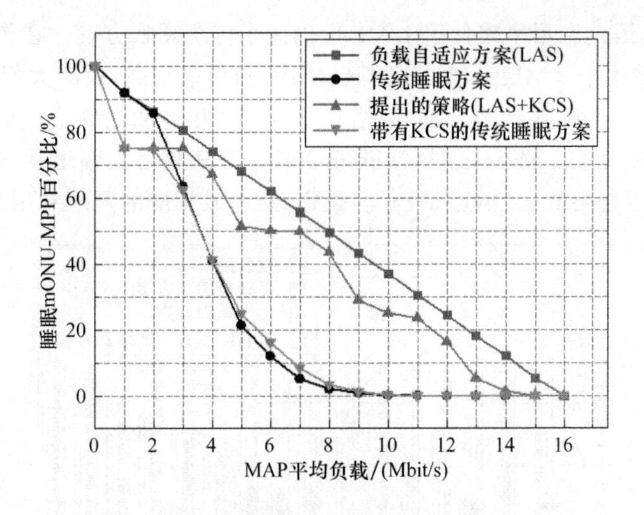


图 6-12　睡眠 mONU-MPP 百分比

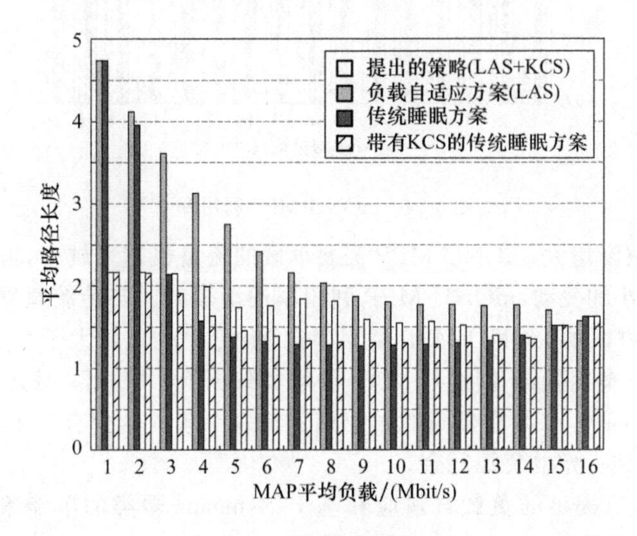


图 6-13　平均路径长度

但是由于缺乏 KCS,负载自适应方案(LAS)的路径延迟在四种方案中始终较高。对比传统睡眠方案与带有 KCS 的传统睡眠方案的路径延迟性能,当 MAP 平均负载大于 2 Mbit/s时,两种方案的路径延迟相差无几,这是因为此时两种方案的睡眠 mONU-MPP 的数目大幅减少,大部分 mONU-MPP 处于活跃状态,从而 KCS 的时延降低不明显。然而,当 MAP 平均负载小于 2 Mbit/s 时,睡眠 mONU-MPP 的数目较大,带有 KCS 的传统睡眠方案的路径延迟远低于传统睡眠方案,这验证了 KCS 能有效地避免某个区域内所有设备都睡眠的情况,使得活跃 mONU-MPP 分布更加均匀,从而大大地减少了 MAP 到活跃 mONU-MPP 的路径延迟。

如图 6-14 所示,LAS 的 mONU-MPP 利用率一直保持在最高水平,这表明 LAS 已经充分利用了网络资源。为了保持较低的延迟,提出的策略将 LAS 与 KCS 相结合,略微减少了共享资源，因此利用率略低于 LAS，但仍优于传统睡眠方案。在传统睡眠方案中，当 MAP 平均负载小于 2 Mbit/s 时，mONU-MPP 利用率很高，此时大部分 mONU-MPP 负载低于低阈值，处于睡眠状态，因此网络充分利用了极少数活跃 mONU-MPP 的资源。当 MAP 平均负载大于 2 Mbit/s 时，活跃 mONU-MPP 数目大幅增加，然而实际网络负载并不能完全利用充裕的 mONU-MPP 容量资源，造成相应的网络利用率的大幅下降。

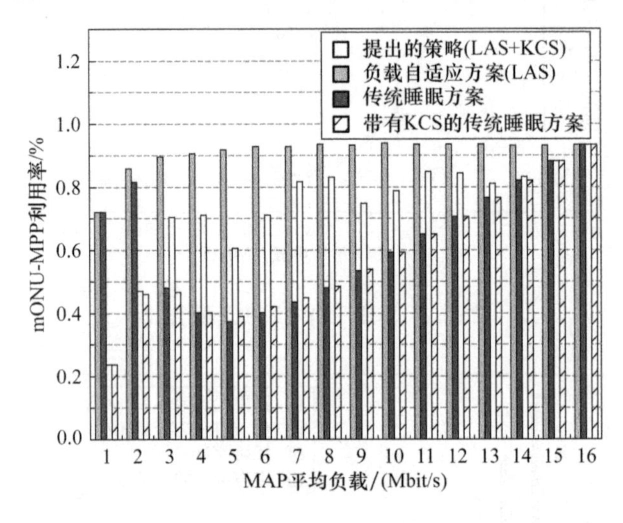


图 6-14　mONU-MPP 利用率

随着负载的逐渐增大，mONU-MPP 需要承载的流量也越来越多，但是活跃 mONU-MPP 数量保持很小的变动，mONU-MPP 利用率逐渐攀升。与传统睡眠方案相比，带有 KCS 的传统睡眠方案的 mONU-MPP 利用率在 MAP 平均负载大于 2 Mbit/s 时的变化趋势与传统睡眠方案相同，不同的是 MAP 平均负载小于 2 Mbit/s 时其 mONU-MPP 利用率也较低，这是因为 KCS 在低负载时仍然保持每个簇内至少有一个 mONU-MPP 在活跃状态，因此造成一定的资源冗余。

综上所述，本节提出的负载自适应和基于 *K*-means 聚类的节能策略包括 LAS 和 KCS 两个方案，该策略的 LAS 方案根据负载情况确定最优的 mONU-MPP 数目和组合，从而大大地降低了非高峰负载时的能耗；KCS 方案避免了活跃 mONU-MPP 地理分布不均造成的延迟。仿真结果表明，与传统睡眠策略相比，该策略在保持可接受的路径时延的前提下，显著地增强了系统的节能效果，在能耗与路径时延上取得了良好的折中。

## 6.3　MON 中基于预测的 DQN 资源均衡策略研究

### 6.3.1　研究背景与问题描述

根据用户的生活、办公、娱乐场景，通信请求具有接入位置会随着时间发生变化的特性，城域网光网络负载也会随着时间呈现周期性的变化趋势。白天业务分布多集中于商业区，夜晚业务分布多集中于住宅区，且每天会在较为固定的时间区域内形成流量的峰值和谷值，这一现象被称为流量潮汐（Tidal Traffic）现象。流量潮汐现象最初发生于 IP 网络中，由于 IP 网络和光网络相互承载和耦合的关系，所以光网络中也存在着表征明显的流量潮汐现象。流量潮汐现象的产生会导致城域光网络面临区域负载压力和资源配置性能问题。

用传统思路研究弹性光网络路由分配算法一般利用最短路算法求得权重和最小的路径，可以理解为在为每一项业务分配所需资源时，采取的是一种局部最优的策略，该策略能够保证网络在现阶段找到权重最短的路径，但无法预知未来网络的流量负载变化和拥塞风险，造成资源分配不均的问题。

本节针对城域网络中传统路由和资源分配策略存在的问题进行分析，提出了一种潮汐场景下融合机器学习方法的流量感知策略 TA-KSP-DQN。TA-KSP-DQN 策略以强化学习 DQN 算法为基础建立模型，考虑网络负载变化和最优路径集合并且模拟潮汐场景下的网络拓扑及业务特征（作为实验环境），通过状态空间、动作空间、回报函数的定义建立模型，并调整参数，使得模型在不断训练的过程中完成对环境的学习，最终得到一种适应城域光网络的资源最优分配策略。该策略的设计目标是平衡流量潮汐现象下的网络负载，使得网络资源充分得到利用，进而降低业务阻塞率。

## 6.3.2 TA-KSP-DQN 模型架构

TA-KSP-DQN 模型可以拆分为三个模块，分别是流量感知（Traffic Aware，TA）模块、路径计算模块和强化学习 DQN 算法模块。进行基于流量感知的强化学习建模的目的是将业务信息和流量信息有效地利用起来，选择最优的路径分配频谱资源。流量感知模块能够帮助提取拓扑链路内不同时刻下的流量特征，在分配前获取更详尽的资源信息；路径计算模块用于计算多条备选路径，以便后续从中选择合适的路径成为工作路由，规避原始算法分配资源时仅考虑链路权重最小，却不考虑链路负载的问题；强化学习 DQN 算法模块能够针对全局范围内的状态和动作学习，训练并得到更灵活的分配策略。

随着光网络承载业务数目的增多，需要思考如何对于资源分配策略进行优化，才能尽可能多地满足业务需求的承载。由于不同网络拓扑的设计和业务到来的特性的不同，不同场景下的业务需求表征也是复杂多变的。如果用一种算路方法和资源分配策略应对所有场景，会导致网络服务能力的下降，故加入流量感知模块。

### 1. 流量感知模块

流量感知模块负责提取网络的流量信息，实时感知链路上的负载变化。在具体实践中，随着天维度下不同业务需求的动态到达、停留和离去，随之而来的就是资源的占用和释放。通过定时采集各条链路上的负载信息，提取当前拓扑网络中的流量分布特征和流量负载特征。采集到的数据有两方面的用途，分别用于当前时刻下流量的感知和未来时刻下流量的预测。

TA-KSP-DQN 算法感知了流量信息，并将流量负载信息应用于强化学习状态空间的定义，可以让模型在训练的过程中基于网络变化状况调整分配方案，实现智能化的调度。

**2. 路径计算模块**

路径计算模块的主要工作是为每一条业务计算 $K$ 条备选路径，传统的 Dijkstra 算法每次只计算 1 条最短路由，使得在分配资源的过程中只考虑了路径的权重，一旦资源存量不满足则无法成功承载业务。若同时计算 $K$ 条最短路径，就能够在路径权重的基础上综合考虑路径资源占用情况，做出更有利于长期价值的判断。

路径计算的过程参考 Yen 算法，以首节点、目的节点作为输入，输出满足首末节点的 $K$ 条路径集合 $P_k=\{p_1,p_2,\cdots,p_k\}$，且路径满足以下条件。

① $K$ 条路径的权重从小到大排列，若假设路径的权重表示距离，那么路径 $p_1$ 距离最短，路径 $p_2$ 次短，依此类推。

② $P_k$ 是满足首末节点的路径中最短的 $K$ 条，其他路径的权重不会低于 $P_k$ 内的任何一条。

③ $K$ 条路径按照次序计算得到，即 $p_{i+1}$是在 $p_i$ 的基础上确定的。

**3. 强化学习 DQN 算法模块**

TA-KSP-DQN 算法是一种建立在 DQN 强化学习原理上的算路及资源分配策略。其中关于 DQN 的部分已经在 6.1.3 小节进行了阐述。强化学习 DQN 算法模块的重点是将流量潮汐场景下弹性光网络的资源分配过程建立为强化学习模型，使得智能体能够在该场景中训练和探索，基于得到的经验判断网络状态，选取合适的路径，最终减少业务阻塞数目、提高频谱资源的利用率。

该模块的算法执行思路如下。首先，获取业务基本信息，遍历每一条业务需求，记录业务首末节点、停留时长、到来时间、带宽需求作为业务基本信息，通过路径计算模块计算业务的 $K$ 条候选最短路径。其次，借助流量感知模块，感知当前时刻下链路频谱占用信息和未来时刻的负载预测信息，从感知信息中提取得到业务 $K$ 条候选路径的特征信息。最后，将业务基本信息和该条业务的 $K$ 条路径信息作为 DQN 智能体 Agent 的输入状态 State。智能体基于状态 State，选取动作 Action 进行执行，在该场景下的动作为智能体选择的路径编号，执行动作作用于环境获取行为对应的奖励 Reward 和下一个输入状态_State。不断地重复上述过程，直到所有业务遍历完成，代表一个回合游戏结束，在训练的过程中需要循环往复多个回合游戏直到模型收敛，收敛后意味着智能体能够根据状态做出长期最优的分配决策。TA-KSP-DQN 算法流程见表 6-3。

表 6-3 TA-KSP-DQN 算法流程

| 算法：TA-KSP-DQN 算法。 |
| --- |
| 1 初始化：设置经验池 $D$，经验池能够存储的最大记忆数目为 $N$，初始化 Q 网络参数，初始化流量潮汐场景网络环境，设置 $K$ 值 |
| 2 定义光网络拓扑结构，定义天维度不同时刻到来的业务需求数目，按照流量潮汐场景特性生成业务基本信息(包含首节点、尾节点、占用频隙数目、停留时长) |
| 3 for each episode $\in [1,M]$ |
| 4 初始化网络状态，获取第一个状态 $S$ |
| 5 while 天维度业务未全部遍历完成 do |
| 6 根据状态 $S$，利用智能体决策选择某一动作 $A$ |
| 7 执行动作 $A$，将动作和环境进行交互，得到环境的回报值 $R$，从环境中获取下一个状态 $\_S$，并获取判断回合是否结束的标识 done |
| 8 将四元组($S$,$A$,$R$,$\_S$)存储于经验池 $D$ |
| 9 在 $D$ 中抽取 batch 大小样本输入 Q-eval 网络得到 Q-eval 的值 |
| 10 计算 Q-target |
| 11 利用梯度下降计算损失函数 loss |
| 12 将下一个状态赋值给当前状态 $S \leftarrow \_S$ |
| 13 每隔 $C$ 步更新一次 Q-target 网络 |
| 14 end while |
| 15 end for |

## 6.3.3 TA-KSP-DQN 模型建模

上一小节详细地阐述了 TA-KSP-DQN 算法的模块架构和执行流程，将需要解决的流量潮汐场景路径选择资源分配问题转化为和当前状态、历史状态相关的迭代问题进行求解，并通过训练让智能体从每一次选择中学习经验，以求获得长期最大累计奖励，这一系列过程可以被理解为马尔可夫决策过程，建立模型需要定义状态空间、动作空间、回报函数等。

### 1. 状态空间定义

用 $G=(V,E,W)$ 定义网络拓扑信息，其中，$V$ 表示拓扑中的节点集合，$E$ 表示连接节点的链路集合，$W$ 表示链路权重集合；用 $R=(E,F)$ 表示网络资源信息，$E$ 同上述，表示网络链路集，$F$ 表示每一条链路包含的频隙数目。其中网络拓扑信息用来帮助业务选择权重最小的候选路径，资源信息用来帮助链路进行业务承载，规定链路承载的上限，并实时记录更新链路频谱占用情况。

强化学习算法需要在流量潮汐场景下进行路由选择和资源分配，故针对每一个状态来说，不仅需要包含该业务的请求信息，还需要包含该时刻和未来时刻的网络环境信息。业务请求信息包括业务请求的源节点、目的节点、业务停留时长和业务需求频隙数目；网络环境信息包括通过业务源、宿节点和网络权重求得的 $K$ 条路径信息，路径经过的链路，以及每条链路在该时刻和下一时刻下的频隙占用情况。为了更好地解决流量潮汐场景下的负载均衡问题，在设计状态空间的表达时融入负载均衡的思路，通过路径负载均衡率来反映当前时刻和未来时刻的路径资源占用状态。状态空间 $S$ 包含的元素如下：

$$S=\{s,t,d,w,\{p_k^1,p_k^2\}\,|k\in[1,K]\} \tag{6-3-1}$$

其中，$s$ 表示业务请求的源节点(Source node)，$t$ 表示业务请求的目的节点(Target node)，$d$ 为业务持续时间，$w$ 为业务请求的频隙数目，$K$ 表示每条业务的候选路径条数，$k$ 代表第 $k$ 条候选路径，$p_k^1$ 和 $p_k^2$ 分别代表当前时刻和未来时刻的路径负载均衡率。采用 one-hot 编码来描述源节点和目的节点的特征，故该模型状态空间 $S$ 的大小为 $2N+2+2K$，其中 $N$ 为拓扑节点总数。

**2. 动作空间定义**

TA-KSP-DQN 算法通过计算得出了 $K$ 条候选路径，故动作空间大小和 KSP 算法的参数 $K$ 密切相关。业务计算得到 $K$ 条路由，则动作空间大小为 $K$，若计算得到的候选路径不足 $K$ 条，则在现有数目路径中进行选择，若计算出的路径数目为 0，则意味着没有路由满足业务需求，记为业务阻塞。

**3. 回报函数定义**

TA-KSP-DQN 算法的提出旨在提高网络资源利用率并平衡链路负载，进而减小阻塞风险，故回报函数的设计度量了路径的负载均衡程度。通过前文描述已知，智能体每一次行为的目的就是为业务选取 $K$ 条链路中的一条作为工作路由，为了更好地衡量路径的价值，引入负载均衡程度的度量到回报函数中，使得智能体每次趋向于选取负载小且均衡程度高的路径，获得较高的长期累计回报，达到疏导流量潮汐的目的。回报函数表达式如下：

$$R=\begin{cases}1+20\times(1-\mathrm{PLR}_{\mathrm{before}}), & \text{分配成功}\\ -1, & \text{分配失败}\end{cases} \tag{6-3-2}$$

其中，$\mathrm{PLR}_{\mathrm{before}}$ 为资源分配前路径的负载均衡率，当所选路径上的链路集负载差值小且负载均较低时，PLR 值较小，反之，若所选路径上的链路集负载差值大或负载较高，PLR 值较大。故当智能体选择的路径流量越均衡、越低时，较小的 PLR 使得回报函数在该行为回合的得分越高，长久地训练和更新参数后智能体习得经验——选择流量低且负载均衡的路径。若业务无可用候选路径或候选路径资源不足，则业务承载失败，此时奖励值为$-1$。

## 6.3.4 仿真实验与数值分析

本小节以传统最短路 First-Fit 策略(SP-FF)作为对比算法和基于流量感知的强化学习策略 TA-KSP-DQN 一起进行仿真实验，并评估两个算法的结果和性能。通过模型训练得出 $K=3$ 和 $K=5$ 时收敛结果相同的结论，故在进行性能比对时选用 $K=3$ 作为 TA-KSP-DQN 策略的参数。下文对比了两种算法在业务阻塞率、资源利用率和链路负载率方面的数据表现。

### 1. 业务阻塞率

在城域网流量潮汐场景网络拓扑和业务到达特征的背景下，以天为维度作为一个轮次，分别采用 SP-FF 算法和 TA-KSP-DQN 算法进行资源分配，得到的业务阻塞率统计对比如图 6-15 所示。由该图可知，TA-KSP-DQN 算法收敛后，阻塞率大致稳定在 25.16%，传统 SP-FF 算法进行资源分配后的阻塞率为 27.21%，使用 TA-KSP-DQN 算法进行路由及频谱分配，能够在流量潮汐场景下降低 2.05%的业务阻塞率，提升网络的性能和整体容量。

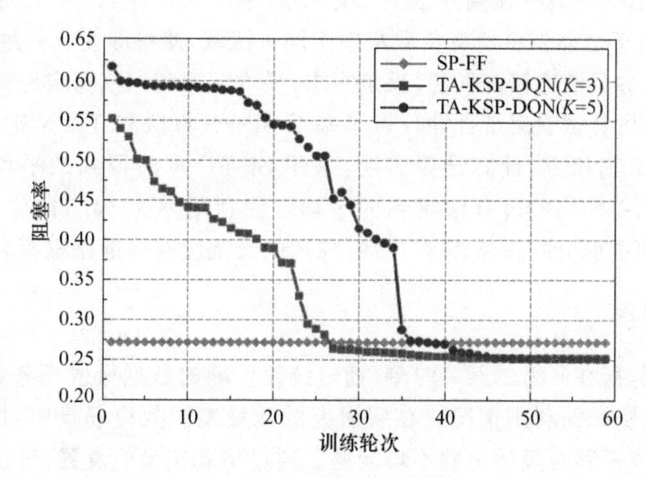


图 6-15 网络业务阻塞率

### 2. 资源利用率

资源利用率能够衡量网络的资源损耗，基于路由及频谱分配策略下的网络资源利用率越高，即证明该策略的分配性能越好。本小节对比分析传统 SP-FF 策略和 TA-KSP-DQN 策略在天维度上 24 小时内的网络资源分配效率。仿真结果表明，两种策略的网络平均资源利用率差异显著，具体数据和趋势如图 6-16 所示。

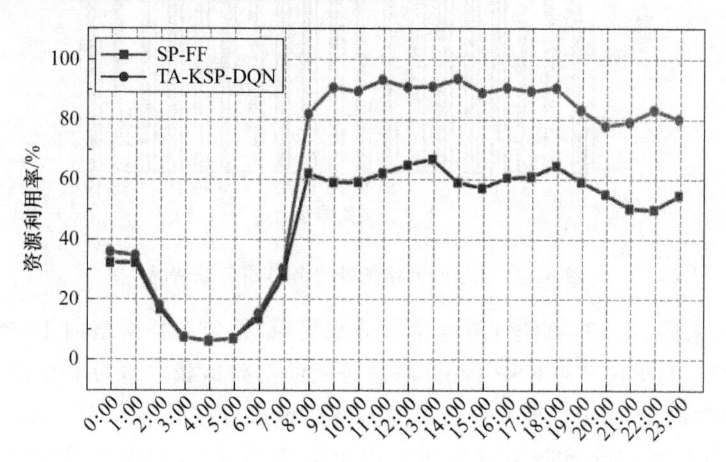


图 6-16 天维度不同时刻下网络平均资源利用率

由图 6-16 可以看出，在上午 8:00 前，由于业务到来数目较少，无论使用传统方法还是强化学习方法进行资源分配，均能够近乎满足全部的需求，所以平均资源利用率基本相同。8:00～18:00 时间段业务请求数目大幅增加，SP-FF 算法使得链路负载分配不均衡，且商业区附近链路大幅阻塞，导致大部分业务无法寻找到有资源空闲的链路而被阻塞，所以在该时段内网络平均资源利用率较低。而 TA-KSP-DQN 算法能够在每次选路时都考虑到路径负载变化，将原本集中在商业区链路上的负载分布开来，尽可能使得每条链路都有承载业务的余量资源，从而建立更多的光通路。18:00 开始是潮汐迁移时段，业务的请求从 18:00 前集中在商业区到 18:00 后集中在住宅区，与上述原因相同，TA-KSP-DQN 算法由于之前未将所有负载集中于同一区域，使得即使业务数目增加、业务接入位置改变，也能够灵活地调配资源、满足需求，平均资源利用率稳定地高于传统算法。

在定量层面，仿真试验后统计并计算了基于 SP-FF 算法和 TA-KSP-DQN 算法在天时间维度内的资源利用率，计算结果表明：采用 SP-FF 算法得到的平均资源利用率为 45.16%，采用 TA-KSP-DQN 算法得到的平均资源利用率为 64.34%。相比之下，TA-KSP-DQN 算法的资源分配策略提高了 19.18%的天维度网络链路资源利用率。

**3. 链路负载率**

链路负载率是指在网络的某一时刻，通过链路传输的数据量或任务量占链路容量的比率，反映了链路资源的利用情况。在所研究的流量潮汐效应场景中，核心是解决业务量高峰时段和潮汐迁移时段的负载不均问题。通过仿真实验的设置，对比 SP-FF 算法和 TA-KSP-DQN 算法分配资源的天维度，即业务到来量小高峰时段 12:00 和需求位置迁移时段 18:00 这两个时刻下每条链路的负载状况，对比图分别如图 6-17 和图 6-18 所示。

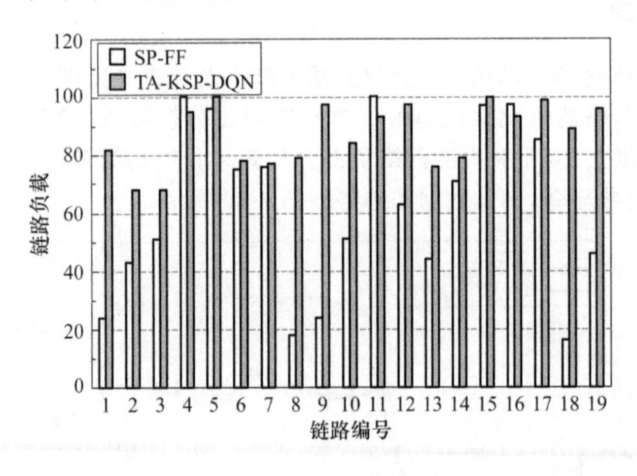


图 6-17　12:00 网络拓扑中各链路负载情况

在 12:00，采用 SP-FF 算法计算路由并分配资源，得到拓扑网络内 19 条链路的负载方差为 866.275，而采用 TA-KSP-DQN 算法得到的链路负载方差为 116.029；同理，在需求接入位置迁移时刻 18:00，两种策略得到的链路负载方差分别为 833.251 和 132.930。通过观察图 6-17、图 6-18 和计算方差可以得出结论，TA-KSP-DQN 算法能够将高负载链路上的业务请求分流到低负载链路,在潮汐的峰值时段显著地平衡了各条链路上的负载,由此承载更多业务请求,提高了每条链路上的资源利用率。与负载均衡前相比,更多的网络资源能够得到利用。

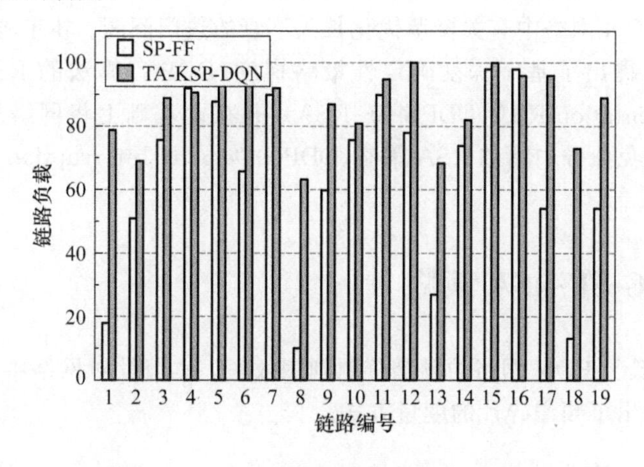


图 6-18 18:00 网络拓扑中各链路负载情况

综上所述,本节围绕光网络流量潮汐场景下的路由及资源分配策略展开,提出了融合强化学习的流量感知策略 TA-KSP-DQN,分析了传统策略在此场景下的局限性,即链路负载不均衡的问题是如何产生的,如何度量链路的负载大小和均衡程度,在分析问题的基础上,对 TA-KSP-DQN 策略的模型架构、建模过程进行了详细的阐述,定义了模型所需要的状态空间、动作空间和回报函数。仿真实验表明,相比于传统资源分配策略,TA-KSP-DQN 策略能够有效地降低流量潮汐场景下的业务阻塞率、平衡链路负载、提高网络的资源利用率,为流量潮汐场景下提高网络业务容量提供解决方案。

## 6.4 基于 DDPG 的路由与频谱资源分配策略研究

### 6.4.1 研究背景与问题描述

在弹性光网络(EON)中,路由与频谱分配策略(RSA)根据用户业务带宽需求,从源节点到目的节点建立一条可用的路由,并且分配频谱等资源。在弹性光网络中,为了简化 RSA 问题,通常会将 RSA 问题分解成两个子问题:路由分配(Routing Assignment,RA)问题和频谱分配(Spectrum Assignment,SA)问题。

路由分配问题,也就是为业务找到从开始节点到结束节点的一条可用的路由,使得业务信息在该路由上进行通信传输。频谱资源分配指的是在业务分配完工作路由之后,将路由上适当的频谱资源分配给用户业务的过程。在 EON 网络中,频谱资源的分配需要满足频谱连续性约束、频谱一致性约束和频谱不可重叠性约束,同时还可能要考虑业务之间需要保留一个或多个频隙(FS)资源充当业务之间的保护频带(Guard Band),保障业务传输质量。EON 网络资源灵活性和多重频谱分配约束,使得在 EON 资源优化中必须考虑一个关键问题即频谱碎片(SF)。如何通过资源优化减少频谱碎片,提高 EON 资源利用效率,是 EON 网络中有关资源优化长久不衰的热门问题。本节考虑 EON 网络中的频谱碎片问题,提出了基于深度确定性策略梯度(DDPG)算法的 RSA 策略(DDPG-Spectrum Fragmentation-RSA,DDPG-SF-RSA),并在此基础上将网络故障概率引入资源优化,提出了避免业务中断的 RSA 策略(DDPG-Demand Interruption-RSA,DDPG-DI-RSA)。

## 6.4.2 DDPG-SF-RSA 策略

频谱碎片降低了 EON 网络的频谱资源利用效率。本节针对网络中的频谱碎片问题进行分析,并且给出了频谱碎片的度量方式。

**1. 频谱碎片的产生**

在弹性光网络中,在路由与资源分配的过程中,用户需求业务的开始节点和结束节点具有随机性,业务分配网络频谱资源受到三大约束。这些问题导致了网络的链路资源中产生了大量的频谱碎片。图 6-19(a)展示了具有 4 个节点的简单网络拓扑。图 6-19(b)表示的是业务请求及其承载路径和所需频谱量。例如:A-B-C:2 表示这个用户业务需要承载在 A-B、B-C 的链路上,并且需要的频谱资源数量是 2 个。在这里假设本拓扑结构中每条链路上拥有 13 个频隙(FS)资源。4 个业务分配按图 6-19(c)所示从上到下依次分配,并且要同时满足频谱资源分配约束的特性。图 6-19(c)为这几个业务的分配结果(注:这里没有给业务之间加上保护带宽)。由于约束条件的存在,必然导致一些频谱资源在今后的业务分配过程中是无法使用的,这就造成了频谱碎片。例如,图 6-19(c)中画虚线位置的频谱资源就是在其他业务分配的过程中无法再次使用的碎片资源。

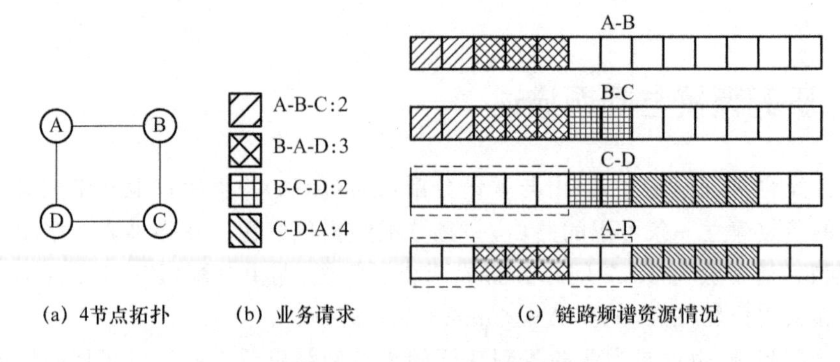


图 6-19 资源碎片示意图

简单来说,业务在路由与资源分配(RSA)的过程中,频谱资源分配的三大约束以及业务之间的保护带宽等种种原因,造成链路上的一些频谱资源在接下来的分配过程中无法再次被使用,即产生了频谱碎片,这导致网络中链路上的频谱利用率不高。

**2. 频谱碎片的度量**

一些文献将 EON 网络中的频谱碎片化程度称为链路上频谱资源的松散度。描述 EON 网络中频谱碎片程度的方法有很多,很多的文献都有所提及。为了更加简单地描述 EON 网络中的频谱碎片化程度,本节采用如下公式进行度量:

$$F_{\text{ext}}=1-\frac{\text{FS}_{\max}}{N_{\text{fre}}} \tag{6-4-1}$$

在式(6-4-1)中,$\text{FS}_{\max}$用来描述在链路的频谱资源中,连续空闲的最大频谱资源的个数,$N_{\text{fre}}$表示的是该链路上的频谱资源中所有没有使用的资源的数量总和。$F_{\text{ext}}$越接近 1,表明没有使用的频谱资源块分布越分散,同时也表明频谱资源的碎片化程度越高,资源的利用率十分不理想。反之,$F_{\text{ext}}$越接近 0,说明当前的频谱资源的碎片化程度越低,使用分配频谱资源的策略优秀,频谱资源的利用率高。

在图 6-20 中,被斜线和网格标注的频谱资源是已经被用户业务占用的频谱资源,剩下没有标注的频谱资源,是没有被占用的频谱资源。假设每条链路上的资源个数是 13 个频谱资源,接下来分别计算每一种情况下的 $F_{\text{ext}}$。根据频谱碎片度量公式式(6-4-1),对于图 6-20(a),经过计算,$\text{FS}_{\max}$为 8,$N_{\text{fre}}$为 8,$F_{\text{ext}}$为 0,也就是说,图 6-20(a)中的情况没有产生频谱碎片,频谱资源的使用率最高,其他的业务也可以使用剩余的频谱资源。对于图 6-20(b),$\text{FS}_{\max}$为 2,相应的 $N_{\text{fre}}$为 6,$F_{\text{ext}}$约为 0.67,说明了频谱的碎片程度在升高,不可利用的资源在增加。对于图 6-20(c),$\text{FS}_{\max}$为 1,相应的 $N_{\text{fre}}$为 7,$F_{\text{ext}}$约等于0.86,接近 0.9,这说明频谱碎片率非常高,根据图中的表示,任何频谱需求带宽大于 1 的业务都无法进行分配,资源的可利用率非常低,频谱碎片化程度极高。

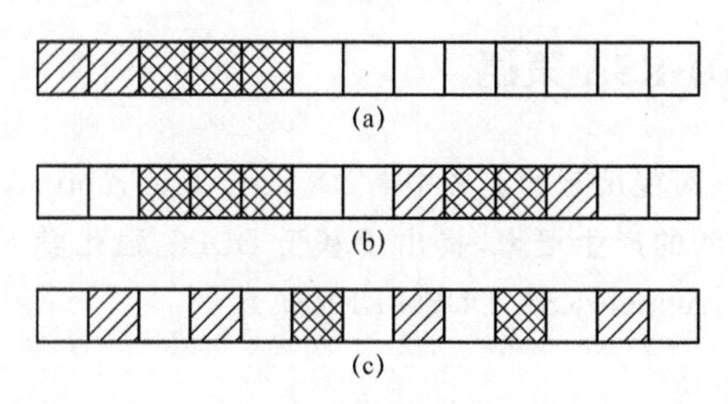


图 6-20　频谱资源占用图

**3. 策略设计**

DDPG-SF-RSA 策略的基本思想如下。先根据待分配业务使用 KSP 算法找到 $k$ 条备选路由,收集这 $k$ 条备选路由上的关键特征信息(比如每一条路径上的频谱资源的占用情况)。然后,DDPG 智能体(Agent)使用这 $k$ 条备选路由的特征信息与业务开始节点、结束节点、业务需求带宽等特征信息作为DDPG智能体的输入状态$S$。之后，智能体根据当前的输入状态$S$选择出执行动作$A$，执行动作$A$与EON网络环境进行交互。智能体从EON网络环境得到动作$A$的奖励值$R$和下一个输入状态$S'$。经过DDPG智能体与EON网络环境的大量交互，DDPG智能体可以学习到最优的RSA分配策略。DDPG-SF-RSA策略流程见表6-4。

**表6-4 DDPG-SF-RSA策略流程**

| 算法：DDPG-SF-RSA策略。 | |
|---|---|
| 1 | 初始化经验存储数据结构$M$，随机初始化智能体网络模型参数，初始化单波段EON网络环境，同时设置$K$值 |
| 2 | 根据网络拓扑结构，随机生成2 000个业务，并且随机生成每一个业务占用的频隙数目，数目在4～12之间 |
| 3 | while 没有收敛 do |
| 4 | 　　从EON网络环境中获取第一个状态$S$ |
| 5 | 　　while 没有结束 do |
| 6 | 　　　　根据当前的状态$S$和智能体的策略选择出动作$A$ |
| 7 | 　　　　执行动作$A$，并与环境进行交互，从环境得到奖励$R$、下一个状态$S'$、是否结束done等信息 |
| 8 | 　　　　将$(S,R,S',\text{done})$四元组存储到$M$中 |
| 9 | 　　　　if $M$存储满了 then |
| 10 | 　　　　　　使用$M$中的经验数据更新智能体网络模型参数 |
| 11 | 　　　　　　清除$M$中所有的数据 |
| 12 | 　　　　end if |
| 13 | 　　　　将下一个状态赋值给当前状态$S \leftarrow S'$ |
| 14 | 　　end while |
| 15 | end while |

## 6.4.3 DDPG-DI-RSA策略

针对EON网络中可能出现的业务中断(Demand Interruption，DI)问题，为了降低EON网络中业务中断的产生概率，提出了基于DDPG强化学习算法的RSA策略(DDPG-Demand Interruption-RSA，DDPG-DI-RSA)。

### 1. 业务中断的产生

在多波段EON网络中，并不是所有用户业务经过路由与资源分配(RSA)的过程，就会一直顺利地传输业务数据。网络中的节点和链路都属于EON网络的硬件资源，它们都有一定的可用性，也存在着一定的失效、无法使用的概率。这些节点或者链路失效，导致承载在这些硬件资源上的业务无法正常地传输。这就是本节讨论的业务中断的问题。业务中断的产生，不仅会影响业务传输，也会影响EON网络的服务质量(QoS)和传输质量(QoT)。

图 6-21 表示的是一个由 6 个节点、8 条链路组成的简单 EON 网络拓扑结构。在这个 EON 网络中，每个节点或者链路上的浮点数字表示的就是这个节点或链路可以正常使用的概率，它的取值范围在 0～1 之间。例如图中 A 节点中的 0.5 表示这个节点可以正常使用的概率是 50%。同样的道理，A-B 链路上面的 0.6 表示该链路有 60% 的概率是可以使用的，也就是存在 40% 的失效概率，无法为业务提供服务。

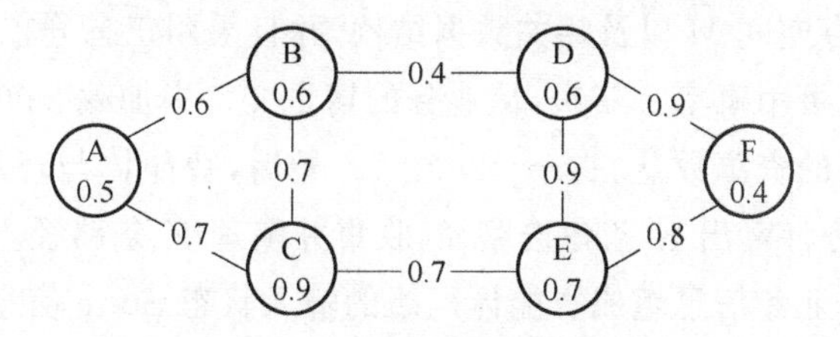


图 6-21 EON 网络拓扑结构

假设当前有一个业务 D1 是 A 到 F 的需求，承载在图 6-21 所示的网络拓扑上，并且这个业务的路由是 A-B-C-E-F。在该业务数据传输的某一时刻，B 节点突然失效，无法正常地工作，这个时候就会导致业务 D1 无法将业务传输数据从 A 节点传递到 D 节点。这就是多波段 EON 网络中的业务中断问题。

**2. 业务中断的度量**

在 EON 网络中，在对用户业务进行 RSA 过程后，会为这个业务分配承载的节点和链路等硬件资源。这些节点、链路等硬件资源之间都是首尾相接的。所以，EON 网络中业务被分配的节点和链路资源可以使用的概率都是互不相关的。例如，EON 网络中之前举例的业务 D1 是 A 到 F 的需求，该业务承载被分配的路由是 A-B-C-E-F。根据前面的阐述，这些资源是互不相关的关系，为了表示业务可以在该路由上正常地进行信息传递的概率，可以将节点和链路可用的概率相乘，得到的数值就描述了该路由上业务的可用性。所以，在这里提出业务中断度量公式，如式(6-4-2)所示：

$$P_{\mathrm{D}} = 1 - \prod_{i=1}^{n} p_{Ni} \cdot \prod_{j=1}^{m} p_{Lj} \tag{6-4-2}$$

其中，$P_{\mathrm{D}}$ 表示的是 EON 网络中业务 D 的业务路由中断度量数值，$p_{Ni}$ 表示当前业务承载路由中 $n$ 个节点中编号为 $i$ 的节点可以使用的概率，同理 $p_{Lj}$ 表示当前业务承载在 $m$ 条链路中编号为 $j$ 的链路可以使用的概率。$P_{\mathrm{D}}$ 的值越大，表明该业务越容易被中断。$P_{\mathrm{D}}$ 的取值范围是 0～1 之间的浮点数。式(6-4-2)中，节点和链路之间都是连乘的关系，而且它们的数值都是 0～1 之间的一个浮点数。

**3. 策略设计**

在 EON 网络中，有很多种方法可以让用户业务正常地传递信息。例如可以给用户业务增加保护路由(Backup Path)，当该业务的工作路由不能工作后，可以直接使用保护路由传递用户业务信息。本小节基于强化学习(RL)算法,利用智能体可以与环境交互得到执行动作策略经验的优势,提出降低业务中断率的 RSA 策略。该策略通过强化学习范式多次大量的训练,有望获得更好的路由与资源效果,从而提高网络的传输质量与服务质量。

DDPG-DI-RSA 策略的算法思想如下。首先,初始化强化学习(RL)的智能体、多波段网络环境、数据缓存空间 $M$ 以及相关数据结构,并且采用正态分布,为网络拓扑上的每个节点和链路初始化可用概率。其次,从业务的请求文件中加载 2 000 个用户业务,并且每一个用户业务占用的资源数量在 4～12 之间。最后,智能体与环境进行交互,同时采用 KSP 算法为该业务计算出 $K$ 条备选路径,收集并整理 $K$ 条路径上的频谱资源使用信息。这些特征信息与业务信息组成智能体网络的输入状态 State 信息。智能体根据当前状态得到动作,并与网络环境进行交互,从环境中得到奖励和下一个状态信息,并且将这些信息存储在缓存空间 $M$。经过一定训练轮次的算法迭代,直到该策略算法收敛。DDPG-DI-RSA 策略流程见表 6-5。

**表 6-5 DDPG-DI-RSA 策略流程**

算法:DDPG-DI-RSA 策略。

```
1   初始化经验存储数据结构 M,随机初始化智能体网络模型参数,初始化多波段 EON 网络环境,同时设置 K 值
2   采用正态分布初始化多波段 EON 网络中节点与链路的可用的概率
3   从文件中加载 2 000 个业务,同时每个业务占用的资源数目在 4～12 之间
4   while 没有收敛 do
5       从 EON 网络环境中获取第一个状态 S
6       while 没有结束 do
7           根据当前的状态 S 和智能体的策略选择出动作 A
8           执行动作 A,并与环境进行交互,从环境得到奖励 R、下一个状态 S′、是否结束 done 等信息
9           将(S,R,S′,done)四元组存储到 M 中
10          if M 存储满了 then
11              使用 M 中的经验数据更新智能体网络模型参数
12              清除 M 中所有的数据
13          end if
14          将下一个状态赋值给当前状态 S←S′
15      end while
16  end while
```

## 6.4.4 仿真实验与数值分析

在仿真的网络拓扑选择上,本节采用 NSFNET 拓扑结构,它是由 14 个节点、21 条链路组成的网络拓扑。如图 6-22 所示,两个节点之间的距离在链路上标出,它的单位是千米,同时假设每条链路是单核心的,并且频隙(FS)资源为 320 个。

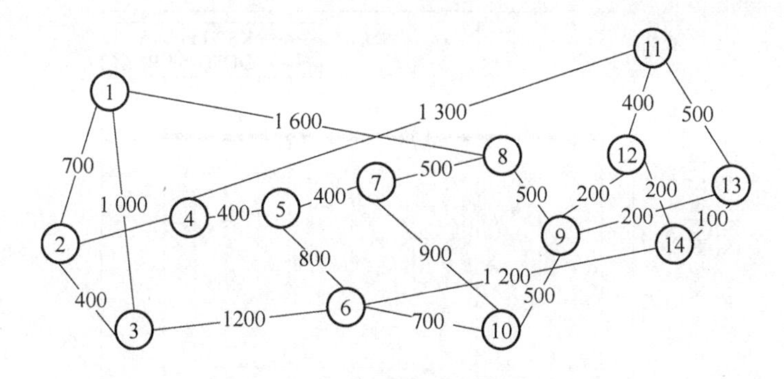


图 6-22　NSFNET 网络拓扑

针对仿真的用户业务是随机产生的，业务数量为 2 000 个，并且每一个业务占用的频隙(FS)数目在 4～12 个之间，随机生成。某一次随机生成的业务频隙(FS)分布如图 6-23 所示。

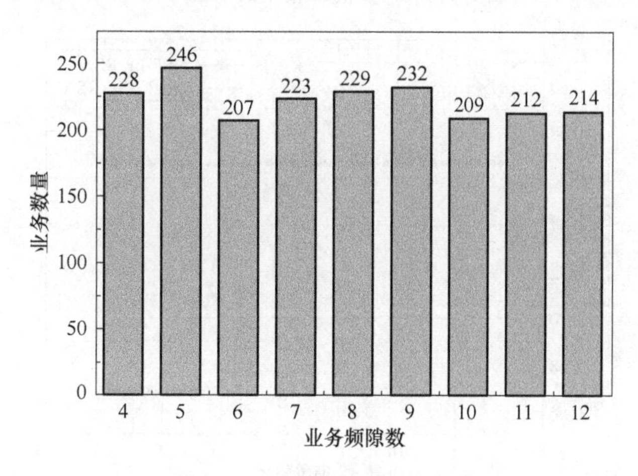


图 6-23　业务频隙(FS)分布

**1. DDPG-SF-RSA 仿真结果与数值分析**

图 6-24 和图 6-25 展示的是 KSP-FF-RSA 策略与 DDPG-SF-RSA 策略在 $K$ 值取不同值时，频谱碎片情况的对比图，展示了不同时刻不同策略下碎片率的变化趋势。当 $K=5$ 时，与 KSP-FF-RSA 策略相比，DDPG-SF-RSA 策略网络中的频谱碎片程度下降了 10%。当 $K=3$ 时，与 KSP-FF-RSA 策略相比，DDPG-SF-RSA 策略网络中的频谱碎片程度下降了 8%。由此可见，本章提出的 DDPG-SF-RSA 策略在单波段 EON 网络中，可以有效地减少频谱碎片的产生，同时也可以降低网络中的频谱碎片率。

图 6-26 和图 6-27 展示的是 DDPG-SF-RSA 策略与 KSP-FF-RSA 策略在网络中的业务阻塞方面的对比图。无论 $K$ 值取值为 3 还是 5，在 DDPG-SF-RSA 策略最终收敛时，网络中的业务阻塞都要比 KSP-FF-RSA 策略低，网络中的业务阻塞率下降至少 1%。这说明 DDPG-SF-RSA 策略在网络中的业务阻塞方面，降低了网络中的用户业务阻塞率，提升了网络的整体性能。

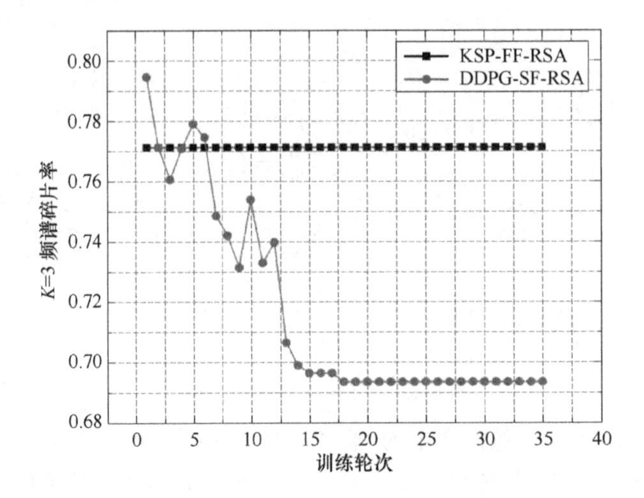


图 6-24　$K=3$ 时网络中的频谱碎片

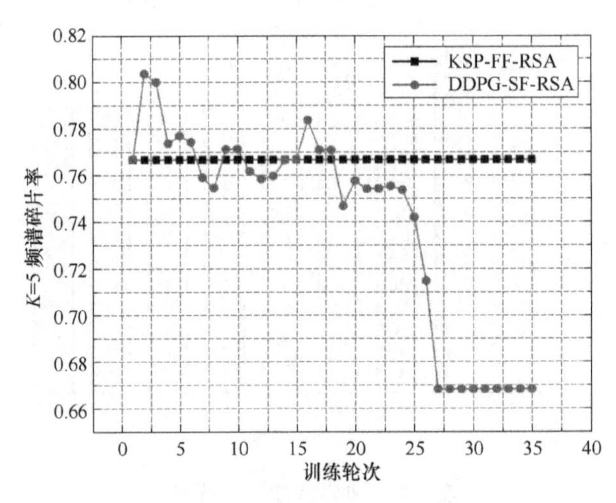


图 6-25　$K=5$ 时网络中的频谱碎片

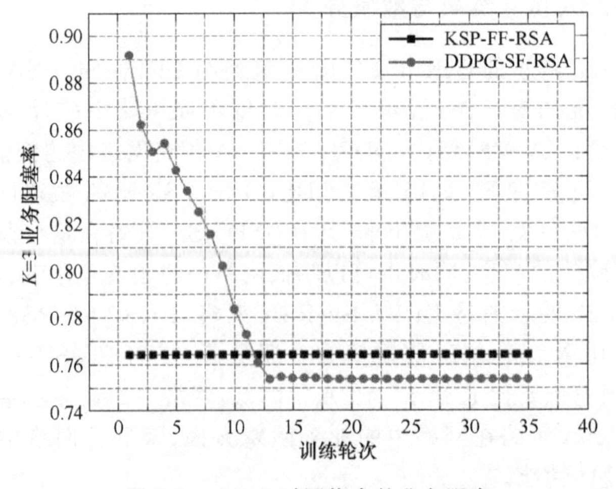


图 6-26　$K=3$ 时网络中的业务阻塞

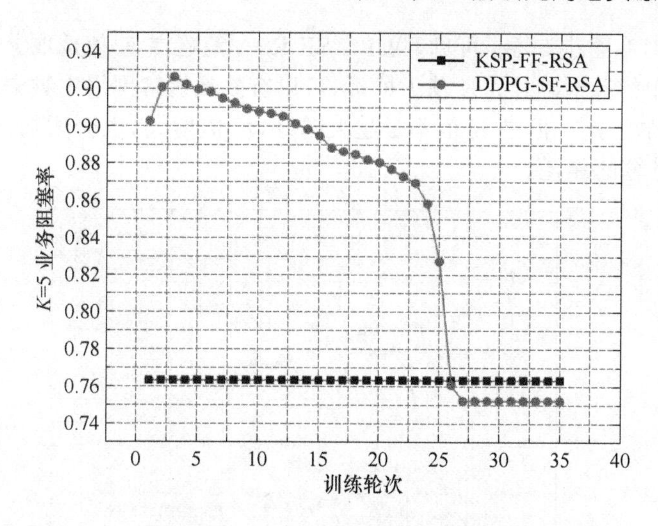


图 6-27　$K=5$ 时网络中的业务阻塞

图 6-28 展示的是 DDPG-SF-RSA 策略在 $K$ 值不同时，每轮训练的得分情况。在 DDPG-SF-RSA 策略刚开始运行的阶段，会有一定的探索和振荡。随着训练的进行，算法智能体逐渐地从 EON 网络环境中学习到"知识"。当 $K=3$ 时，收敛的速度比较快一些，这是因为此时 DDPG-SF-RSA 策略智能体输出的动作空间仅有 3 个，比 $K=5$ 时要少 2 个动作，这样 DDPG-SF-RSA 策略能更容易地学习到"知识"，但是当策略最终收敛时，每轮得分却比 $K=5$ 的情况下要少。这是因为 $K=5$ 时，策略的备选路径更多，选择更加广泛。智能体在最后做出的 RSA 策略可以更好地解决 EON 网络中频谱碎片的问题，更容易得到比较优的 RSA 策略，让 EON 网络中的碎片率更低，具有更强的网络性能与更大的传输容量。

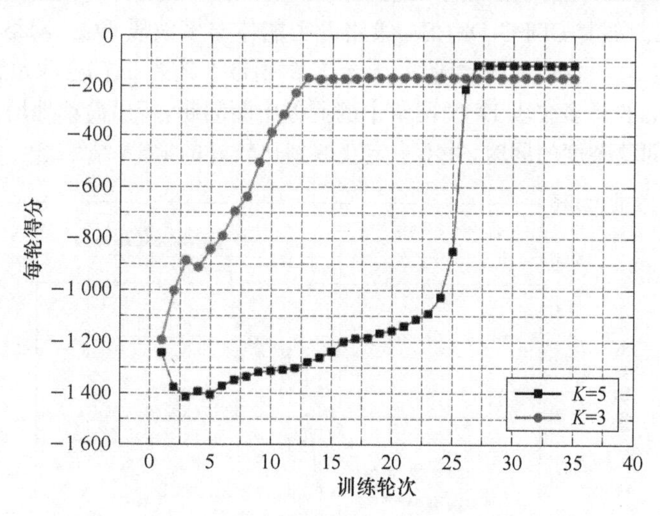


图 6-28　每轮得分受 $K$ 影响的情况

图 6-29 展示的是 DDPG-SF-RSA 策略在 $K$ 值选取不同时，NSFNET 网络拓扑中的频谱碎片程度。在图 6-29 中，纵坐标的值越大，说明网络的频谱碎片越多；纵坐标的值越小，表明该网络的频谱碎片越少。在 DDPG-SF-RSA 策略最后收敛时，$K=3$ 的频谱碎片

程度要比 $K=5$ 时高至少 5%。可见，DDPG-SF-RSA 策略在 $K$ 值选取上的不同，也会影响到 EON 网络中的频谱碎片。$K$ 值大的话，可以有效地缓解网络中频谱碎片的产生，从而提升网络整体的性能。但是 $K$ 值不是越大越好，$K$ 值增大，也会增加计算过程中的复杂度，增加网络计算的能耗。

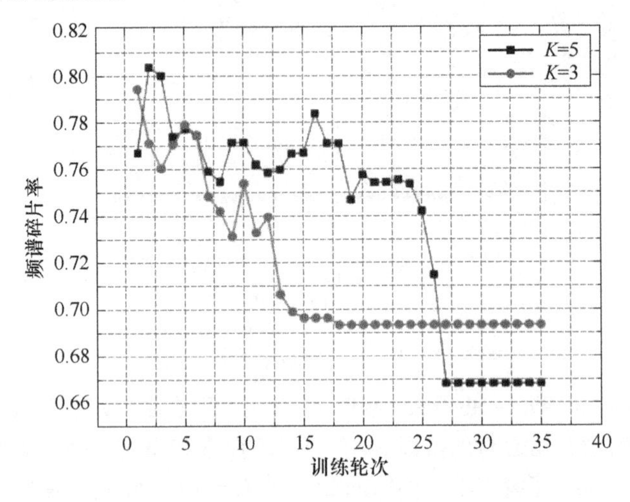


图 6-29　网络中频谱碎片受 $K$ 影响的情况

## 2. DDPG-DI-RSA 仿真结果与数值分析

图 6-30 展示的数据是 DDPG-DI-RSA 策略在取不同的 $K$ 值时，每轮训练的得分情况。由该图可知，在训练的开始阶段，由于智能体选择的策略不稳定，同时也存在策略预热的过程，每轮得分很低。随着 DDPG-DI-RSA 策略的智能体与多波段 EON 网络环境进行互动，每轮得分慢慢地上升。在最后收敛阶段，无论 $K$ 的值取 3 还是 5，都会收敛到相同得分。这是因为该策略考虑的是多波段 EON 网络中的业务中断问题，所以简单地增大 $K$ 的值，在增加策略计算的时间复杂度的同时，并不一定获取到比较好的 RSA 结果。

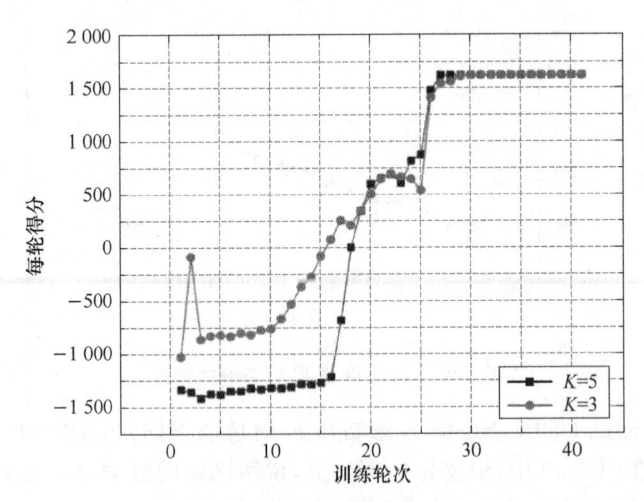


图 6-30　$K$ 值不同时每轮得分情况

图 6-31 展示的是 DDPG-DI-RSA 策略在 $K$ 值分别取 3 和 5 时，每轮训练网络中业务中断率的对比。在策略训练的开始阶段，智能体与网络环境互动，慢慢地从环境中学习到“知识”。从该图中可以发现，在该策略最终的收敛阶段，$K$ 的值无论取 3 还是 5，最后网络中业务中断的概率都会收敛到同一个值。这表明，增大该策略的 $K$ 的初始值，是不能明显地降低网络中的业务中断率的，同时这会增加该策略在计算备选路由上的复杂度，消耗更多的计算资源。

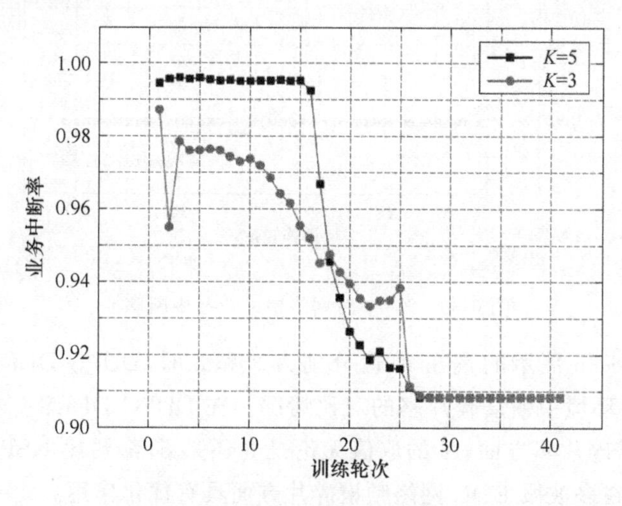


图 6-31 网络中的业务中断

图 6-32 和图 6-33 展示的是在 $K$ 值不同时 DDPG-DI-RSA 策略与 KSP-FF-RSA 策略在业务中断率方面的对比情况。在训练的开始阶段，由于智能体处于探索阶段，输出的结果存在一定的浮动性，所以有一些训练过程存在一定的上下浮动。由图 6-32 和图 6-33 可知，当 DDPG-DI-RSA 策略最终收敛时，无论 $K=3$ 还是 $K=5$，与传统的 KSP-FF-RSA 策略相比，多波段 EON 网络中的业务中断概率降低程度都超过 1%，证明了本节提出的策略在网络中的业务中断方面具有可用性。

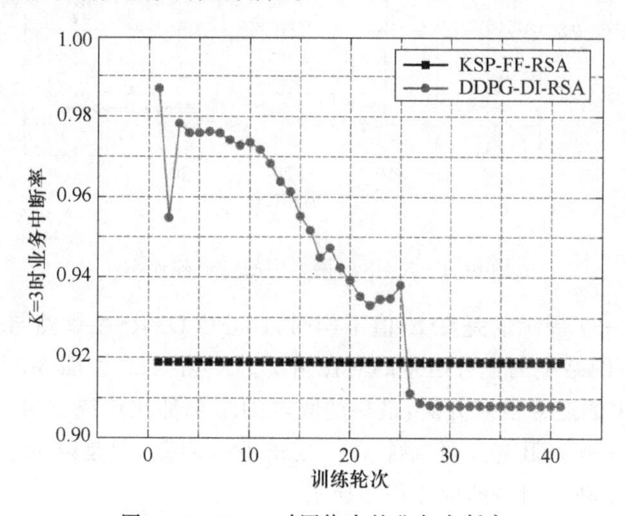


图 6-32 $K=3$ 时网络中的业务中断率

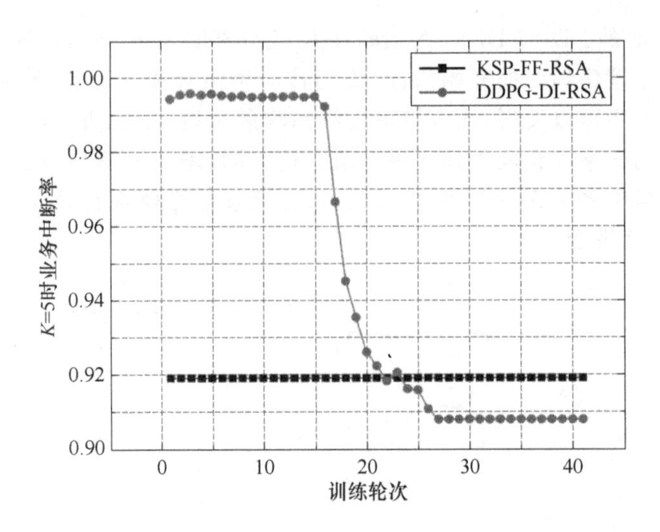


图 6-33 $K=5$ 时网络中的业务中断率

图 6-34 和图 6-35 展示的是在 $K$ 值分别为 3 和 5 时，DDPG-DI-RSA 策略与 KSP-FF-RSA 策略网络环境中频谱碎片率的对比情况。在 DDPG-DI-RSA 策略最后收敛时，针对网络中的频谱碎片率方面，$K$ 的取值无论是 3 还是 5，都要比 KSP-FF-RSA 策略小得多，说明该策略在多波段 EON 网络频谱碎片方面具有优化作用。

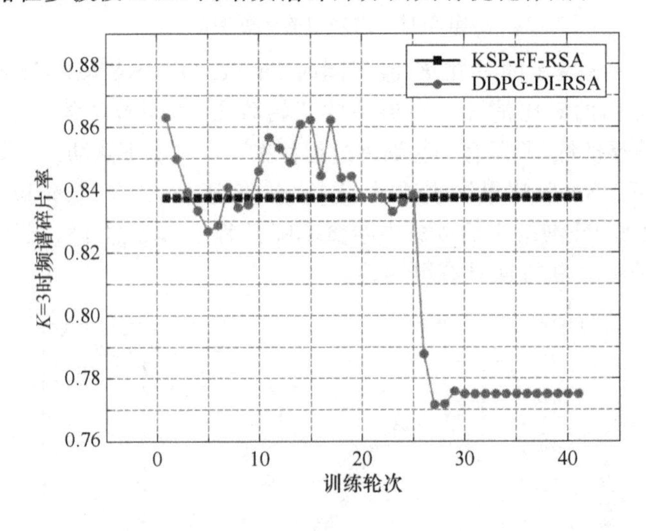


图 6-34 $K=3$ 时网络中的频谱碎片率

图 6-36 和图 6-37 展示的是在 $K$ 值不同时，DDPG-DI-RSA 策略与 KSP-FF-RSA 策略在训练的过程中网络中的业务阻塞的对比情况。由图 6-36 和图 6-37 可知，DDPG-DI-RSA 策略在网络中的业务阻塞方面，最后的收敛的结果都比传统 KSP-FF-RSA 策略差。本节提出的策略，在业务阻塞方面，牺牲了一定的业务阻塞，但是降低了网络中的用户业务中断概率，进而提高了网络的业务传输质量。

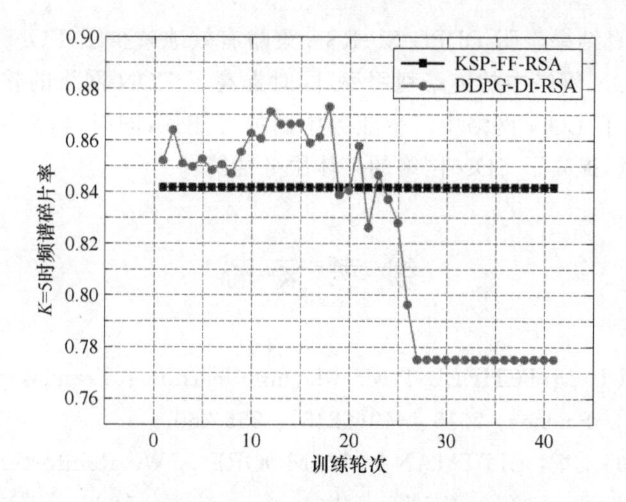


图 6-35 $K=5$ 时网络中的频谱碎片率

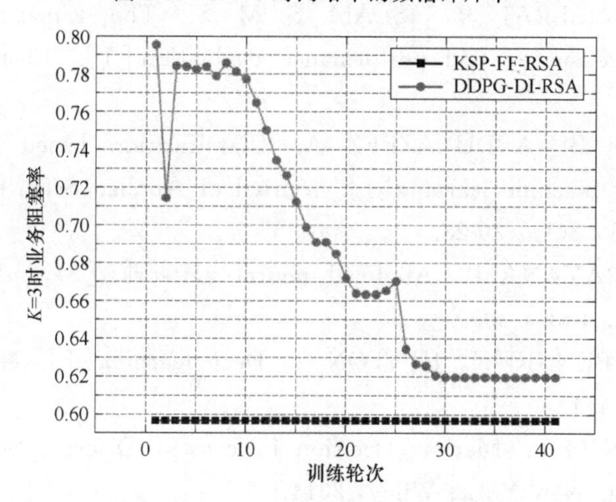


图 6-36 $K=3$ 时网络中的业务阻塞率

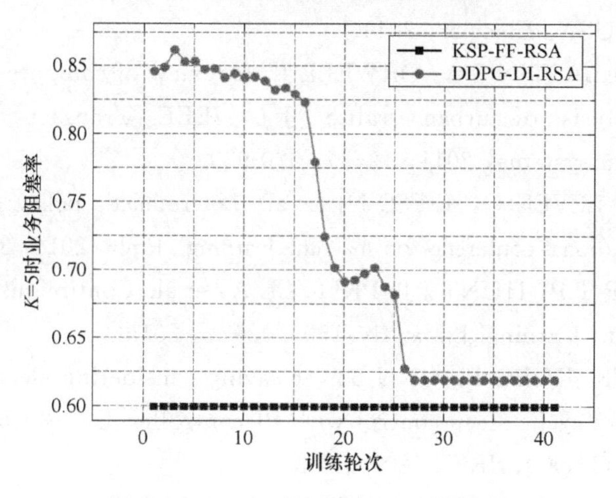


图 6-37 $K=5$ 时网络中的业务阻塞率

综上所述，仿真结果表明 DDPG-SF-RSA 策略有效地减少了 EON 网络中频谱碎片的产生，提高了 EON 网络中的链路利用率，同时提高了 EON 网络的整体性能。DDPG-DI-RSA 策略降低了 EON 网络中产生业务中断的可能性；同时，提高了 EON 网络的传输质量和服务质量，提高了 EON 网络的整体服务性能。

# 参考文献


[1] JORDAN M I，MITCHELL T M. Machine learning：Trends，perspectives，and prospects[J]. Science，2015，349(6245)：255-260.

[2] KAELBLING L P，LITTMAN M L，MOORE A W. Reinforcement learning：A survey[J]. Journal of artificial intelligence research，1996，4：237-285.

[3] AHMED M，SERAJ R，ISLAM S M S. The k-means algorithm：A comprehensive survey and performance evaluation[J]. Electronics，2020，9(8)：1295.

[4] CHARBUTY B，ABDULAZEEZ A. Classification based on decision tree algorithm for machine learning[J]. Journal of Applied Science and Technology Trends，2021，2(1)：20-28.

[5] YEGNANARAYANA B. Artificial neural networks[M]. New Delhi：PHI Learning Pvt. Ltd.，2009.

[6] LECUN Y，BENGIO Y，HINTON G. Deep learning[J]. Nature，2015，521(7553)：436-444.

[7] PUTERMAN M L. Markov Decision Processes：Discrete Stochastic Dynamic Programming. New York：Wiley，2014.

[8] HAN J. PEI J，KAMBER M. Data Mining：Concepts and Techniques[M]. San Diego，CA，USA：Elsevier，2011.

[9] BUCH N，VELASTIN S A，ORWELL J. A review of computer vision techniques for the analysis of urban traffic[J]. IEEE Transactions on intelligent transportation systems，2011，12(3)：920-939.

[10] SILVER D，LEVER G，HEESS N，et al. Deterministic policy gradient algorithms[C]//International conference on machine learning. Pmlr，2014：387-395.

[11] LILLICRAP T P，HUNT J J，PRITZEL A，et al. Continuous control with deep reinforcement learning[J]. arXiv：1509.02971，2015.

[12] KIKUCHI T，KUBO R. ONU power saving considering sleep period limitation in QoS-aware cyclic sleep control with PI controller[C]//2015 20th Microoptics Conference (MOC). IEEE，2015：1-2.

[13] CHOWDHURY P，TORNATORE M，SARKAR S，et al. Building a green

wireless-optical broadband access network (WOBAN)[J]. Journal of Lightwave Technology, 2010, 28(16): 2219-2229.

[14] YIN S, CHU Y, YANG C, et al. Load-adaptive energy-saving strategy based onmatching game in edge-enhanced metro FiWi[J]. Optical Fiber Technology, 2022, 68: 102762.

[15] CHU Y, YIN S, YANG C, et al. A Load Adaptive and Cluster-based Strategy for Energy Saving in Metro FiWi Access Network[C]//2020 Opto-Electronics and Communications Conference (OECC). IEEE, 2020: 1-3.